2025 MBA MPA MEM MPAcc

管理类、经济类联考逻辑

论证逻辑400题

100%仿真题

紧扣真题新考法

抢分冲刺

主编 ◎ 吕建刚 李大海 任松

中国政法大学出版社

2024 · 北京

图书在版编目（CIP）数据

管理类、经济类联考逻辑．论证逻辑 400 题 / 吕建刚，李大海，任松主编．—北京：中国政法大学出版社，2024.11 （2024.11 重印）
ISBN 978-7-5764-1475-2

Ⅰ．①管… Ⅱ．①吕… ②李… ③任… Ⅲ．①逻辑－研究生－入学考试－习题集 Ⅳ．①B81-44

中国国家版本馆 CIP 数据核字(2024)第 102679 号

出 版 者	中国政法大学出版社
地　　址	北京市海淀区西土城路 25 号
邮寄地址	北京 100088 信箱 8034 分箱　邮编 100088
网　　址	http://www.cuplpress.com (网络实名：中国政法大学出版社)
电　　话	010-58908285(总编室) 58908433（编辑部）58908334(邮购部)
承　　印	保定市中画美凯印刷有限公司
开　　本	787mm×1092mm　1/16
印　　张	20.5
字　　数	481 千字
版　　次	2024 年 11 月第 1 版
印　　次	2024 年 11 月第 2 次印刷
定　　价	79.80 元

· 论证逻辑如何拿分？ ·

一、论证逻辑难吗？

很多同学对论证逻辑感到畏惧，请不要担心，你们有我。下面，我将从几个角度出发，向你证明论证逻辑其实并不像你想的那么困难。

1. 论证逻辑有母题

什么是母题呢？母题其实就是命题的来源，是所有题的“妈妈”。搞定母题，就可以一生二、二生四，以至无穷。所有的真题，其实都是由母题变化而来的。这就像孙悟空有七十二般变化，但无论它如何变化，它还是个猴。特别是论证逻辑题，它的套路性非常强，强到拿过一道题来，我们 5 秒钟就可以看出它的解法。

来看 2 道真题：

真题 1.（2017 年管理类联考真题）婴儿通过触碰物体、四处玩耍和观察成人的行为等方式来学习，但机器人通常只能按照编定的程序进行学习。于是，有些科学家试图研制学习方式更接近于婴儿的机器人。他们认为，既然婴儿是地球上最有效率的学习者，为什么不设计出能像婴儿那样不费力气就能学习的机器人呢？

以下哪项最可能是上述科学家观点的假设？

（A）婴儿的学习能力是天生的，他们的大脑与其他动物幼崽不同。

（B）通过触碰、玩耍和观察等方式来学习是地球上最有效率的学习方式。

（C）即使是最好的机器人，它们的学习能力也无法超过最差的婴儿学习者。

（D）如果机器人能像婴儿那样学习，它们的智能就有可能超过人类。

（E）成年人和现有的机器人都不能像婴儿那样毫不费力地学习。

真题 2.（2019 年管理类联考真题）某研究机构以约 2 万名 65 岁以上的老人为对象，调查了笑的频率与健康状态的关系。结果显示，在不苟言笑的老人中，认为自身现在的健康状态“不怎么好”和“不好”的比例分别是几乎每天都笑的老人的 1.5 倍和 1.8 倍。爱笑的老人对自我健康状态的评价往往较高。他们由此认为，爱笑的老人更健康。

以下哪项如果为真，最能质疑上述调查者的观点?

（A）乐观的老年人比悲观的老年人更长寿。

（B）病痛的折磨使得部分老人对自我健康状态的评价不高。

（C）身体健康的老年人中，女性爱笑的比例比男性高 10 个百分点。

（D）良好的家庭氛围使得老年人生活更乐观，身体更健康。

（E）老年人的自我健康评价往往和他们实际的健康状况之间存在一定的差距。

【题干分析】

锁定真题 1 题干中的“他们认为”，可知此前是论据，此后是论点。

论据：婴儿（S）通过触碰物体、四处玩耍和观察成人的行为等方式来学习（P1），但机器人通常只能按照编定的程序进行学习。

论点：既然婴儿（S）是地球上最有效率的学习者（P2），那么，应该设计出能像婴儿那样不费力气就能学习的机器人。

可见，本题论据中的核心概念是“婴儿的学习方式”，论点中的核心概念是“最有效率”，二者不一致。

锁定真题 2 题干中的“他们由此认为”，可知此前是论据，此后是论点。

论据：爱笑的老人（S）对自我健康状态的评价往往较高（P1）。

论点：爱笑的老人（S）更健康（P2）。

可见，本题论据中的核心概念是“对自我健康状态的评价”，论点中的核心概念是“健康”，二者不一致。

【命题规律】

这 2 道真题一道为假设题，一道为削弱题，看起来考点并不相同，但是，这 2 道真题的论证出现了同样的问题，即核心概念不一致，所以，这 2 道真题的母题模型完全一样。老吕将这种母题模型命名为“论据论点拆桥搭桥模型”。

2. 论证逻辑的解法套路化很强

以上面 2 道真题为例，当我们确定了它们均为“论据论点拆桥搭桥模型”后，解题方法就随之确定了。现在，我们解出这 2 道真题。

【母题方法】

真题 1：

论据中的核心概念是“婴儿的学习方式”，论点中的核心概念是“最有效率”。

论证的核心概念发生了变化，假设题就用“搭”（搭桥法），即：建立“婴儿的学习方式”与“最有效率”的联系，故此题选（B）。

真题 2：

论据中的核心概念是“对自我健康状态的评价”，论点中的核心概念是“健康”。

论证的核心概念发生了变化，削弱题就用“拆”（拆桥法），即：指出“对自我健康状态的评价”与“健康”有区别，故此题选（E）。

观察以上 2 道真题的解法，可知这 2 道真题用的是同一种方法，即拆/搭桥法（双 P），可以使用口诀：“对象概念有变化，此题就考拆和搭。支持假设就搭桥，削弱就要找差异”解题。

3. 论证逻辑的干扰项（选项比较）套路化很强

以上面 2 道真题为例，我们分析它们的干扰项。

真题 1 干扰项分析：

（A）项，题干的论证并未涉及婴儿的大脑与其他动物幼崽大脑之间的比较，无关选项。（干扰项·新比较）

（C）项，题干没有对最好的机器人与最差的婴儿学习者的学习能力进行对比，无关选项。（干扰项·新比较）

（D）项，题干说的是有些科学家试图研制学习方式“更接近于”婴儿的机器人，而此项说的是“超过”人类，偷换概念，无关选项。（干扰项·概念不一致）

（E）项，题干并未涉及“成年人”的学习能力，无关选项。（干扰项·对象不一致）

真题 2 干扰项分析：

（A）项，题干的论证未涉及“乐观的老年人”和“悲观的老年人”哪个更长寿的比较，无关选项。（干扰项·新比较）

（B）项，此项指出了部分老人对自我健康状态评价不高的原因，但题干不涉及对原因的分析，无关选项。（干扰项·话题不一致）

（C）项，题干的论证不涉及男性和女性的比较，无关选项。（干扰项·新比较）

（D）项，此项指出了老年人生活更乐观、身体更健康的原因，但题干不涉及对原因的分析，无关选项。（干扰项·话题不一致）

可见，论证逻辑解题的套路性和干扰项（选项比较）的套路性都非常强，搞定母题模型，练熟解题套路，分数就可以提上来。

二、论证逻辑如何提高解题速度和正确率?

论证逻辑做得慢、正确率低，有以下几种可能的原因。

原因 1：不会快速读题。

论证逻辑想要做题又快又准，正确的读题顺序是先决条件。但是，很多同学在读题上存在误区，这种误区主要有以下几种表现：（1）从头到尾读题；（2）边读题边到处画线；（3）只看"题型"。本书的第 1 部分第 1 节重点介绍了快速读题的 4 个步骤，以帮助大家正确且快速地读题。

原因 2：不会识别母题模型并套用母题方法。

多数论证逻辑题是以母题模型为基础的，如果母题模型的识别和方法掌握不熟练，论证逻辑可能很难学好。看下面的例题：

例 1. 已知：G，这一定是因为 Y。

请问如何支持上述结论?

【分析】

【题干分析】

题干强调因果关系（摆现象、析原因）。

【选项分析】

支持方式：①因果相关（YG 搭桥）；②排除他因；③排除因果倒置（排除 YG 倒置）；④无因无果（无 Y 无 G）。

例 2.（2015 年管理类联考真题）自闭症会影响社会交往、语言交流和兴趣爱好等方面的行为。研究人员发现，实验鼠体内神经连接蛋白的蛋白质如果合成过多，会导致自闭症。由此他们认为，自闭症与神经连接蛋白的蛋白质合成量具有重要关联。

以下哪项如果为真，最能支持上述观点?

（A）生活在群体之中的实验鼠较之独处的实验鼠患自闭症的比例要小。

（B）雄性实验鼠患自闭症的比例是雌性实验鼠的 5 倍。

（C）抑制神经连接蛋白的蛋白质合成可缓解实验鼠的自闭症状。

（D）如果将实验鼠控制蛋白合成的关键基因去除，其体内的神经连接蛋白就会增加。

（E）神经连接蛋白正常的老年实验鼠患自闭症的比例很低。

【分析】

这道题看起来比例1复杂很多，但实际上此题就是把例1进行了场景化。

【题干分析】

题干：实验鼠体内神经连接蛋白的蛋白质如果合成过多，会导致自闭症（现象G）。由此他们认为，自闭症与神经连接蛋白的蛋白质合成量具有重要关联（原因Y）。

题干先描述了一个现象，又分析了这一现象的原因，故此题为现象原因模型。

【选项分析】

(A)项，此项指出"生活方式"可能会影响实验鼠患自闭症的比例，另有他因，削弱题干。

(B)项，此项指出"性别"可能会影响实验鼠患自闭症的比例，另有他因，削弱题干。

(C)项，此项指出抑制神经连接蛋白的蛋白质合成（无因）可缓解实验鼠的自闭症状（无果），无因无果，支持题干。

(D)项，题干涉及的是"神经连接蛋白与自闭症"的关系，而此项涉及的是"基因与神经连接蛋白"的关系，无关选项。

(E)项，此项中出现"神经连接蛋白"和"老年"两个影响因素，故无法确定哪个因素在起作用。(干扰项·不确定项)

【答案】(C)

通过以上例题，可以发现：

多数论证逻辑题的本质，还是母题模型。本书第1部分的第2节和第4节重点介绍了高频模型和偶考模型的破解方法，学会这部分的内容，基本就可以解决论证逻辑的大多数题型。

原因3：不清楚一题多模型如何处理。

部分论证逻辑题中会出现一道题有多个考点，这容易让我们感觉到混乱，或者我们自己找到的考点与解析中给出的考点不一致。看下面的例题：

例 3.（2019年管理类联考真题）研究人员使用脑电图技术研究了母亲给婴儿唱童谣时两人的大脑活动，发现当母亲与婴儿对视时，双方的脑电波趋于同步，此时婴儿也会发出更多的声音尝试与母亲沟通。他们据此认为，母亲与婴儿对视有助于婴儿的学习与交流。

以下哪项如果为真，最能支持上述研究人员的观点？

（A）在两个成年人交流时，如果他们的脑电波同步，交流就会更顺畅。

（B）当父母与孩子互动时，双方的情绪与心率可能也会同步。

（C）当部分学生对某学科感兴趣时，他们的脑电波会渐趋同步，学习效果也随之提升。

（D）当母亲和婴儿对视时，他们都在发出信号，表明自己可以且愿意与对方交流。

（E）脑电波趋于同步可优化双方的对话状态，使交流更加默契，增进彼此了解。

【分析】

锁定例 3 题干中的“他们据此认为”，可知此前是论据，此后是论点。

论据：当母亲与婴儿对视（S）时，双方的脑电波趋于同步（P1）且婴儿发声尝试交流。

论点：母亲与婴儿对视（S/措施 M）有助于婴儿的学习与交流（P2/目的 P）。

可见，本题论据中的核心概念是“双方的脑电波趋于同步”，论点中的核心概念是“婴儿的学习与交流”，故此题可能考“论据论点拆桥搭桥模型”。同时，此题也涉及措施目的的分析，故此题也可能考“措施目的模型”。

分析完题干后，有些学生会纠结，此题解题时应优先考虑“论据论点搭桥”，还是考虑措施目的模型相关的思路呢？其实，解题时，“论据论点拆桥搭桥模型”的优先级要高于“措施目的模型”的优先级，故此题应该优先考虑“论据论点搭桥（双 P）”，即优先寻找在“双方的脑电波趋于同步”和“婴儿的学习与交流”之间搭建联系的选项，故（E）项正确。

针对上述问题，本书第 1 部分的第 3 节重点介绍了模型的优先级，学会这部分的内容，可以帮助考生在遇到“一题多模型”的论证逻辑题时思路更清晰。

原因 4：两个选项纠结半天总选错。

很多同学在做论证逻辑题时遇到的最大问题是在两个选项中纠结，不仅不知道选项比较的标准，还经常容易选择错误的那个选项，不仅耗费了大量时间，还选错了答案，令许多同学十分苦恼。看下面的例题：

例 4.（2022 年管理类联考真题）有科学家进行了对比实验：在一些花坛中种植了金盏草，而在另外一些花坛中未种植金盏草。他们发现：种植了金盏草的花坛，玫瑰长得很繁茂；而那些未种植金盏草的花坛，玫瑰却呈现病态，很快就枯萎了。

以下哪项如果为真，最能解释上述现象？

（A）为了利于玫瑰的生长，某园艺公司推荐种植金盏草而不是直接喷洒农药。

（B）金盏草的根系深度不同于玫瑰，不会与其争夺营养，却可保持土壤湿度。

（C）金盏草的根部可分泌出一种能杀死土壤中害虫的物质，使玫瑰免受其侵害。

（D）玫瑰花坛中的金盏草常被认为是一种杂草，但它对玫瑰的生长具有奇特的作用。

（E）花匠会对种有金盏草和玫瑰的花坛施肥较多，而对仅种有玫瑰的花坛施肥偏少。

【分析】

【题干分析】

题干：

第①组（种植金盏草）：玫瑰长得很繁茂；
第②组（未种植金盏草）：玫瑰呈现病态，很快就枯萎了；

待解释的现象：种植金盏草的玫瑰长得很繁茂，但是未种植金盏草的玫瑰很快就枯萎了。

题干涉及一组对比实验，故此题为求异法模型。

【选项分析】

(A) 项中园艺公司的“推荐”未必能说明事实情况，属于非事实项，可直接排除。考生容易在剩下的四个选项中纠结，其实完全没有必要纠结，(B) 项中的“土壤湿度”、(D) 项中的“奇特作用”、(E) 项中的“施肥量”均为不确定项，因为它们对金盏草的作用是不确定的，故均可排除。反观 (C) 项，此项指出和金盏草一同种植的玫瑰可以免受土壤中害虫的侵害，正常生长；未种植金盏草的花坛中，由于土壤中害虫的存在，致使玫瑰呈现病态进而枯萎，即明确指出了金盏草与玫瑰生长的关系，故最能解释题干中的现象。

通过以上例题，可以发现：

考生容易在两个选项中纠结的本质，归根结底还是没有掌握选项比较的方法论。本书的第 2 部分重点介绍了选项比较的方法论，包括选项判断的 4 大基本原则、选项力度比较的 8 大标准以及 7 大常见干扰项，学会这部分的内容，不仅能帮助考生在选项比较时提高正确率，还能帮助考生快速排除一些干扰项，从而提升考生解论证逻辑题的“速度”和“准度”。

原因 5：技巧不熟练，题做得太少。

掌握好正确的母题方法和选项比较技巧后，即本书的第 1、2 部分，然后再进行刷题训练，即本书的第 3 部分，也可以在考前做一下老吕的《模拟 8 套卷》《考前 6 套卷》等。

但刷题不是刷得越多就越好，把我们出版的书做好，你的做题量就已经足够了。而且，刷题要以正确的方法为前提，盲目地刷题、刷质量不高的题，反而可能会越做越差。

三、本书内容与备考建议

本书既包括论证逻辑的母题模型和选项比较技巧，也包括刷题训练。为了更好地帮助大家提分，建议如下使用本书：

本书框架	内容说明	备考建议
第 1 部分 论证逻辑的高分方法论	本部分主要介绍了快速读题的步骤、高频必考模型、一题多考点的破解和偶考模型。	第 1 节学习 1 遍即可；第 2 节、第 3 节和第 4 节是本部分最核心的内容，建议学习 2 遍。
第 2 部分 选项比较方法论	本部分主要介绍了选项判断的基本原则、选项力度比较的标准和常见干扰项。	这部分的内容都很重要，建议学习 1 遍，总结 1 遍。

续表

本书框架	内容说明	备考建议
第 3 部分 满分必刷卷	本部分包括 10 套论证逻辑题（每套 30 题）。	先限时模考 1 遍，再总结错题 1 遍。总结错题的关键并不是看懂答案，而是要分析错的这个题是哪个类型，并把同类型的题进行分析和总结。注意总结错题时无须抄题，只需要总结思路。

说明：

（1）本书作为一本纯论证逻辑专项刷题书，着重解决学生“不会做，没有思路”“时间不够，做不完”“错的多，提分难”等问题，帮助学生在短时间内找到解题突破口。

（2）本书的满分必刷卷以近 6 年真题为核心，充分还原了真题的命题特点，同时加入了很多干扰项设置的变化，并针对可能出现的考法做了一定的预测，在试题的原创和改编过程中，也将传统的论证逻辑与最新的命题趋势进行了结合，旨在帮助各位考生应对各种场景的变化。

（3）建议将本书与《综合推理 400 题》《条件充分性判断 400 题》搭配使用。一方面，带你搞定逻辑的难点——综合推理题；另一方面，帮你搞定管综数学的难点——条件充分性判断。

（4）为了在考前冲刺阶段进行仿真模考，推荐你使用老吕的《模拟 8 套卷》《考前 6 套卷》。通过这 2 本书，应用本书技巧进行模拟实战，提高“不同场景”下的应试技能，以不变应万变，掌握论证逻辑解题本质。

四、声明

我们整个教研团队（尤其是吕建刚老师、任松老师和李大海老师）付出了大量的心血研究真题、改编新题，使用或改编本书的方法或题目请注明出处，否则均为侵权，我司将保留诉诸法律的权利。

衷心希望我们的这本《论证逻辑 400 题》能对考生有所裨益，我们整个教研团队虽花费了大量的时间和精力进行校对，但书中疏漏之处在所难免，若有疑问和建议，可通过以下渠道联系我们：

小红书：老吕吕建刚（答疑号）、乐学喵图书

微信公众号：老吕考研

微博：老吕考研吕建刚－MBAMPAcc

微信：miao-lvlv1、miao-lvlv2

加油吧，愿你能学会努力，愿你能一直努力，请坚信：每一份努力都会有收获。让我们一起加油，一起上岸，好吗？

吕建刚

2024 年 10 月 1 日

CONTENTS 目录

第 1 部分　论证逻辑的高分方法论

第 2 部分　选项比较方法论

第3部分 满分必刷卷

第 1 部分

论证逻辑的高分方法论

第1节 快速读题4个步骤

说明：

（1）强烈建议大家扫码听本书的免费配套课程。在这些课程里，我会讲解很多论证逻辑的快速解题方法论。这些方法论用文字的形式较难表达，但通过课堂上的板书形式则比较容易把思路说明白。所以，听课的学习效果会比单纯看书好很多，相信你掌握这些方法论以后，解题速度和准确率都会有所提高。

（2）本书的例题部分甄选了一些经典真题或典型试题，这些题你有可能做过，但是请你再认真听一遍解题的方法论。

（3）本书的习题部分以最新公务员、事业单位的考试真题为主，我们根据管综、经综的命题特点对其进行了一些改编。习题部分的课程是付费的，你按需选择即可。

论证逻辑想要做题又快又准，正确的读题顺序是先决条件。但是，很多同学在读题上存在误区，这种误区主要有以下几种表现：

1. 从头到尾读题。

这样的读题方法会让你看到大量的干扰信息，这不仅会让读题速度变慢，而且，干扰信息读得越多，错误率会越高。请谨记一点，没有“论证”的题干内容是不会命题的，因为我们考的是“论证逻辑”。

2. 边读题边到处画线。

读题时画线太多是不对的，因为这会让你关注到大量的无效信息。正确的方法是用简单的符号来标记重点内容，在本书后文中我们会向你介绍方法。

3. 只看“题型”。

读问题时，判断完题型是削弱题、支持题、解释题等题后立即开始做题，忽略了题干削弱、支持、解释的对象。

综上，正确且快速地读题，应该按照以下步骤：

论证逻辑的读题步骤	
第 1 步　读问题	读问题要注意以下 3 点: （1）题型 如削弱、支持、假设、解释等题型。 （2）“除了”“不能” 如: “以下除哪项外，均能削弱上述论证?” “以下哪项不能削弱上述论证?” （3）提问对象 如: “以下哪项最能削弱上述观点?” “以下哪项最能削弱上述论证/论断?” “以下哪项最能说明上述建议无效?” “以下哪项最能削弱学者的推断?”
第 2 步　读论点	（1）通过“因此”“据此推断”“由此认为”“对此表示”等论点标志词找到论点。 （2）若题干中无论点标志词，则可以通过找“断定”的方法来找论点。论点一定表现为“有所断定”。 （3）读论点时要重点关注论点的对象（S2）及对象的性质（P2）。
第 3 步　读论据	（1）先读论点再读论据。这是因为论点更简单易读，这样的读题顺序让我们不易受到背景信息的干扰。 （2）论据一般紧跟在“因此”“据此推断”“由此认为”等标志词的前面。 （3）论据中如果出现“但是”等转折词，则这些转折词后面的部分一般要重点看。 （4）读论据时也要重点关注论据的对象（S1）及对象的性质（P1）。
第 4 步　读选项	（1）如果题干涉及拆搭桥，则直接选拆搭桥的项。 （2）如果题干不涉及拆搭桥，则逐个选项分析，但要注意读选项时也要优先看涉及论点的 S 和 P 的选项。

典型例题

例 1.（2012 年管理类联考真题）1991 年 6 月 15 日，菲律宾吕宋岛上的皮纳图博火山突然大喷发，2 000 万吨二氧化硫气体充入平流层，形成的霾像毯子一样盖在地球上空，把部分要照射到地球的阳光反射回太空。几年之后，气象学家发现这层霾使得当时地球表面的温度累计下降了 0.5℃。而皮纳图博火山喷发前的一个世纪，因人类活动而造成的温度效应已经使地球表面温度升高了 1℃。某位持“人工气候改造论”的科学家据此认为，可以用火箭弹等方式将二氧化硫充入大气层，阻挡部分阳光，达到给地球表面降温的目的。

以下哪项如果为真，最能对该科学家提议的有效性构成质疑?

(A) 如果利用火箭弹将二氧化硫充入大气层，会导致航空乘客呼吸不适。

(B) 如果在大气层上空放置反光物，就可以避免地球表面强烈阳光的照射。

(C) 可以把大气中的碳取出来存储到地下，减少大气层的碳含量。

(D) 不论何种方式，“人工气候改造”都将破坏地球的大气层结构。

(E) 火山喷发形成的降温效应只是暂时的，经过一段时间温度将再次回升。

【读题步骤】

第1步：读问题。

题干的问题为“以下哪项如果为真，最能对该科学家提议的有效性构成质疑?”。

第2步：读“有效性”。

“有效性”即效果或目的，即“达到给地球表面降温的目的”，锁定关键词“降温”，可知只有(E)项涉及，故选(E)项。

【答案】(E)

例 2.（2023年管理类联考真题）处理餐厨垃圾的传统方式主要是厌氧发酵和填埋，前者利用垃圾产生的沼气发电，投资成本高；后者不仅浪费土地，还污染环境。近日，某公司尝试利用蟑螂来处理餐厨垃圾。该公司饲养了3亿只“美洲大蠊”蟑螂，每天可吃掉15吨餐厨垃圾。有专家据此认为，用“蟑螂吃掉垃圾”这一生物处理方式解决餐厨垃圾，既经济又环保。

以下哪项如果为真，最能质疑上述专家的观点?

(A) 餐厨垃圾经发酵转化为能源的处理方式已被国际认可，我国这方面的技术也相当成熟。

(B) 大量人工养殖后，很难保证蟑螂不逃离控制区域，而一旦蟑螂逃离，则会危害周边生态环境。

(C) 政府前期在工厂土地划拨方面对该项目给予了政策扶持，后期仍需进行公共安全检测和环境评估。

(D) 我国动物蛋白饲料非常缺乏，1吨蟑螂及其所产生的卵鞘，可产生1吨昆虫蛋白饲料，饲养蟑螂将来盈利十分可观。

(E) 该公司正在建设新车间，竣工后将能饲养20亿只蟑螂，它们虽然能吃掉全区的餐厨垃圾，但全市仍有大量餐厨垃圾需要通过传统方式处理。

【读题步骤】

第1步：读问题。

题干的问题为“以下哪项如果为真，最能质疑上述专家的观点?”。

第2步：读论点（观点）。

专家：用“蟑螂吃掉垃圾”(S)这一生物处理方式解决餐厨垃圾，既经济(P1)又环保(P2)。

第3步：读论据。

论据：该公司饲养了3亿只“美洲大蠊”蟑螂，每天可吃掉15吨餐厨垃圾。

但是，由于此题的提问方式直接针对“观点”，故优先找直接质疑论点的选项。

第4步：读选项。

(A) 项，不涉及P1，也不涉及P2，排除。

(B) 项，此项说明蟑螂会危害周边生态环境，直接否定P2，正确。

(C) 项，此项指出后期仍需进行公共安全检测和环境评估，但评估的结果不确定（不确定项），排除。

(D) 项，此项说明饲养蟑螂有经济利益，支持 P1。

(E) 项，不涉及 P1，也不涉及 P2，排除。

【答案】 (B)

例 3.（2011 年在职 MBA 联考真题）自然界的基因有千万种，哪种基因最为常见和最为丰富？某研究机构在对大量基因组进行成功解码后找到了答案，那就是有“自私 DNA”之称的转座子。转座子基因的丰度和广度表明，它们在进化和生物多样性的保持中发挥了至关重要的作用。生物学教科书一般认为在光合作用中能固定二氧化碳的酶是地球上最为丰富的酶，有学者曾据此推测能对这种酶进行编码的基因也应当是最丰富的。不过研究却发现，被称为“垃圾 DNA”的转座子反倒统治着已知基因世界。

以下哪项如果为真，最能支持该学者的推测？

(A) 转座子的基本功能就是到处传播自己。

(B) 同样一种酶有时是用不同的基因进行编码的。

(C) 不同的酶可能有同样的基因进行编码。

(D) 基因的丰富性是由生物的多样性决定的。

(E) 不同的酶需要不同的基因进行编码。

【读题步骤】

第 1 步：读问题。

题干的问题为“以下哪项如果为真，最能支持该学者的推测？”，故除了“学者的推测”，其余信息均为无关信息。

第 2 步：读学者的推测（论点），并重点关注对象及对象的性质。

学者的推测：能对这种酶进行编码的基因（S2）也应当是最丰富（P）的。

第 3 步：读学者推测的论据，并重点关注对象及对象的性质。

学者推测的论据：在光合作用中能固定二氧化碳的酶（S1）是地球上最丰富（P）的酶。

第 4 步：读选项。

题干中的 S1 和 S2 不一致，故直接使用搭桥法，即搭建“酶多”和“基因多”的关系。

(A) 项与 (D) 项不涉及“酶”和“基因”，直接排除。

(B) 项，同样一种酶有时用不同的基因进行编码（一对多），那就说明酶和能对其进行编码的基因的种类不是对应的，削弱学者的推测。

(C) 项，不同的酶可能有同样的基因进行编码（多对一），那就说明酶和能对其进行编码的基因的种类不是对应的，削弱学者的推测。

(E) 项，指出不同的酶需要不同的基因进行编码，那么酶越多则需要的基因就越多（多对多），搭桥法，支持学者的推测。

【答案】 (E)

第2节 高频必考4大模型

必考模型1：SP法解拆桥搭桥模型

模型1.1 论据论点拆桥搭桥（双S型、双P型）

若题干的论据与论点之间出现了对象、核心概念、话题的不一致，则优先考虑论据论点拆桥搭桥模型。请看下表：

<table>
<tr><td>第1步
识别论证类型</td><td>题干特点：题干的论据与论点之间存在不一致，如对象不一致、核心概念不一致、话题不一致。</td></tr>
<tr><td>第2步
套用母题方法</td><td><table><tr><td>削弱</td><td>拆桥法，即指出论据与论点中的对象、概念、话题有差异。</td></tr><tr><td>支持/假设</td><td>搭桥法，即指出论据与论点中的对象、概念、话题具备一致性。</td></tr></table>【论据论点间的拆桥搭桥模型】
对象概念有变化，此题就考拆和搭。
支持假设就搭桥，削弱就要找差异。
在论证逻辑中，我们可以把论证对象记为“S”，把论证对象所具备的性质记为“P”。 如果两个“S”不一样，则在两个“S”中拆桥搭桥；如果两个“P”不一样，则在两个“P”中拆桥搭桥。
例如：
题干：酱宝（S）喜欢酱心（P1），因此，酱宝（S）爱酱心（P2）。
支持/假设：喜欢是爱（P1与P2搭桥）。
削弱：喜欢不是爱（P1与P2拆桥）。</td></tr>
</table>

说明：
表格中的“S”指论证对象（主项 subject），“P”指论证对象具备的性质（谓项 predicate）。

典型例题

例4.（2020年管理类联考真题）尽管近年来我国引进不少人才，但真正顶尖的领军人才还是凤毛麟角。就全球而言，人才特别是高层次人才紧缺已呈常态化、长期化趋势。某专家由此认为，未来10年，美国、加拿大、德国等主要发达国家对高层次人才的争夺将进一步加剧，而发展中国家的高层次人才紧缺状况更甚于发达国家，因此，我国高层次人才引进工作急需进一步加强。

以下哪项如果为真，最能加强上述专家的论证？

(A) 我国理工科高层次人才紧缺程度更甚于文科。

(B) 发展中国家的一般性人才不比发达国家少。

(C) 我国仍然是发展中国家。

(D) 人才是衡量一个国家综合国力的重要指标。

(E) 我国近年来引进的领军人才数量不及美国等发达国家。

【第 1 步　识别论证类型】

提问方式：以下哪项如果为真，最能加强上述专家的论证？

专家：未来 10 年，美国、加拿大、德国等主要发达国家对高层次人才的争夺将进一步加剧，而发展中国家（S1）的高层次人才紧缺状况更甚于发达国家，因此，我国（S2）高层次人才引进工作急需进一步加强。

S1 与 S2 不一致，故此题为拆桥搭桥模型（双 S 型）。

【第 2 步　套用母题方法】

(A) 项，题干的论证并未涉及我国理工科高层次人才与文科高层次人才紧缺程度的比较，无关选项。(干扰项 • 新比较)

(B) 项，题干的论证对象是“高层次人才”，而此项的论证对象是“一般性人才”，无关选项。(干扰项 • 对象不一致)

(C) 项，此项建立了“发展中国家”与“我国”之间的联系，搭桥法（双 S)，支持专家的论证。

(D) 项，题干讨论的是高层次人才的紧缺状况，而此项讨论的是人才的重要性，无关选项。(干扰项 • 话题不一致)

(E) 项，题干讨论的是“未来 10 年”的情况，而此项讨论的是“近年来”的情况，二者在时间上并不一致，无关选项。(干扰项 • 时间不一致)

【答案】(C)

例 5.（2022 年管理类联考真题）有些科学家认为，基因调整技术能大幅延长人类寿命。他们在实验室中调整了一种小型土壤线虫的两组基因序列，成功将这种生物的寿命延长了 5 倍。他们据此声称，如果将延长线虫寿命的科学方法应用于人类，人活到 500 岁就会成为可能。

以下哪项如果为真，最能质疑上述科学家的观点？

(A) 基因调整技术可能会导致下一代中一定比例的个体失去繁殖能力。

(B) 即使将基因调整技术成功应用于人类，也只会有极少的人活到 500 岁。

(C) 将延长线虫寿命的科学方法应用于人类，还需要经历较长一段时间。

(D) 人类的生活方式复杂而多样，不良的生活习惯和心理压力会影响身心健康。

(E) 人类寿命的提高幅度不会像线虫那样简单倍增，200 岁以后寿命再延长基本不可能。

【第 1 步　识别论证类型】

提问方式：以下哪项如果为真，最能质疑上述科学家的观点？

题干：科学家在实验室中调整了一种小型土壤线虫（S1）的两组基因序列，成功将这种生物的寿命延长了 5 倍。因此，如果将延长线虫寿命的科学方法应用于人类，人（S2）活到 500 岁就会成为可能。

S1 与 S2 不一致，故此题为拆桥搭桥模型（双 S 型）。

【第 2 步　套用母题方法】

(A) 项，题干讨论的是基因调整技术对“寿命延长”的作用，并未涉及个体的“繁殖能力”是否会缺失，无关选项。(干扰项 · 话题不一致)

(B) 项，此项看似想要削弱科学家的观点，实则指出了有的人可以通过基因调整技术活到 500 岁，支持题干。(干扰项 · 明否暗肯)

(C) 项，此项指出基因调整技术成功应用于人类还需要经历较长一段时间，但并未说明这项技术对人类寿命的延长是否有作用，故无法质疑题干。

(D) 项，题干的论证并未涉及影响人类身心健康的因素，无关选项。

(E) 项，此项指出人和线虫本质上有区别，活到 500 岁是不可能实现的，即割裂了“人”和“线虫”之间的联系 (双 S)，削弱题干。

【答案】(E)

例 6. (2017 年管理类联考真题) 婴儿通过触碰物体、四处玩耍和观察成人的行为等方式来学习，但机器人通常只能按照编定的程序进行学习。于是，有些科学家试图研制学习方式更接近于婴儿的机器人。他们认为，既然婴儿是地球上最有效率的学习者，为什么不设计出能像婴儿那样不费力气就能学习的机器人呢？

以下哪项最可能是上述科学家观点的假设？

(A) 婴儿的学习能力是天生的，他们的大脑与其他动物幼崽不同。

(B) 通过触碰、玩耍和观察等方式来学习是地球上最有效率的学习方式。

(C) 即使是最好的机器人，它们的学习能力也无法超过最差的婴儿学习者。

(D) 如果机器人能像婴儿那样学习，它们的智能就有可能超过人类。

(E) 成年人和现有的机器人都不能像婴儿那样毫不费力地学习。

【第 1 步　识别论证类型】

提问方式：以下哪项最可能是上述科学家观点的假设？

题干：婴儿 (S) 通过触碰物体、四处玩耍和观察成人的行为等方式来学习 (P1)，但机器人通常只能按照编定的程序进行学习。科学家认为，既然婴儿 (S) 是地球上最有效率的学习者 (P2)，那么，应该设计出能像婴儿那样不费力气就能学习的机器人。

P1 与 P2 不一致，故此题为拆桥搭桥模型 (双 P 型)。

【第 2 步　套用母题方法】

(A) 项，题干的论证并未涉及婴儿的大脑与其他动物幼崽大脑之间的比较，无关选项。(干扰项 · 新比较)

(B) 项，此项建立了“婴儿的学习方式”与“最有效率”之间的联系，搭桥法 (双 P)，必须假设。

(C) 项，题干的论证并未涉及最好的机器人与最差的婴儿学习者关于学习能力的比较，无关选项。(干扰项 · 新比较)

(D) 项，题干说的是有些科学家试图研制学习方式“更接近于”婴儿的机器人，而此项说的是“超过”人类，偷换概念，不必假设。

(E) 项，题干并未涉及“成年人”的学习能力，无关选项。(干扰项 · 对象不一致)

【答案】(B)

例 7. 英国第一次大规模人口迁移发生在 6 000 年前。这些人的祖先大多来自一个被称为早期欧洲农民的群体。第二次迁徙发生在青铜时代早期，迁徙群体的祖先最终产生了英格兰和威尔士至少 90%的基因组成。为了确定第三次人口迁移，研究团队对考古遗骸的近 800 个基因组进行了测序，发现从青铜时代早期到晚期，英格兰和威尔士早期欧洲农民的血统平均比例从 30%左右增加到 36%左右。而在铁器时代，这一比例稳定在人口的近一半。研究人员据此表示，他们发现了法国人大规模移民至英国的证据。

以下哪项最可能是上述研究人员的假设？

(A) 迁徙的法国人中拥有一定比例的早期欧洲农民血统。

(B) 青铜时代的中后期是英国与包括法国在内的西欧联系紧密的时期。

(C) 基因测序利用的遗骸是在英国、西欧的考古遗址中发现的。

(D) 今天生活在英格兰和威尔士的人比青铜时代早期的人拥有更多的早期欧洲农民血统。

(E) 从青铜时代到铁器时代，研究人员发现了诸多法国人和英国人贸易往来的证据。

【第 1 步　识别论证类型】

提问方式：以下哪项最可能是上述研究人员的假设？

题干：英国（S）人的祖先大多来自一个被称为早期欧洲农民（P1）的群体。研究团队通过对考古遗骸的近 800 个基因组进行测序，发现从青铜时代早期到晚期，英格兰和威尔士（S）早期欧洲农民（P1）的血统平均比例从 30%左右增加到 36%左右。而在铁器时代，这一比例稳定在人口的近一半。研究人员据此表示，他们发现了法国人（P2）大规模移民至英国（S）的证据。

P1 与 P2 不一致，故此题为拆桥搭桥模型（双 P 型）。

【第 2 步　套用母题方法】

(A) 项，此项指出“迁徙的法国人（P2）中拥有一定比例的早期欧洲农民血统（P1）”，搭桥法，必须假设。

(B) 项，此项指出在青铜时代的中后期英国与法国联系紧密，而题干涉及的是是否有法国人大规模移民至英国，无关选项。（干扰项・话题不一致）

(C) 项，题干不涉及基因测序利用的遗骸的发现地点，无关选项。

(D) 项，题干不涉及“‘今天’生活在英格兰和威尔士的人”，也不涉及这些人与“青铜时代早期”生活在英格兰和威尔士的人关于拥有更多早期欧洲农民血统的比较，无关选项。（干扰项・新比较）

(E) 项，此项涉及的是法国人和英国人“贸易往来”的证据，而题干涉及的是法国人大规模“移民”至英国的证据，无关选项。（干扰项・话题不一致）

【答案】(A)

例 8. 分散的农户经营不成规模，已经远远不能适应各个城市群规模化、批量化的农产品需求，也限制了农民收入的提高。如果不解决农户的组织化这个问题，就无法推广农业机械化、规模化，也无法降低农业的经营成本。因此，可以通过推进农户的组织化，让现有的农民实现增产增收。

以下哪项如果为真，最能支持上述论证？

(A) 当前分散的农户是农村的农业经营主体。

(B) 机械化、规模化种植能有效实现农业增产。

(C) 推广农业机械化、规模化不需要花费较长时间。

(D) 实现农业机械化生产后，劳动力投入将有所减少。

(E) 农民在分散的小农户面积、简陋的设备和低水平的技术条件下经营，导致他们难以获得良好的生产效益。

【第 1 步　识别论证类型】

提问方式：以下哪项如果为真，最能支持上述论证？

题干：如果不解决农户的组织化（S）这个问题，就无法推广农业机械化、规模化（P1），也无法降低农业的经营成本（P2）。因此，可以通过推进农户的组织化（S），让现有的农民实现增产（P3）增收（P4）。

"P1 与 P3""P2 与 P4"均不一致，故此题为拆桥搭桥模型（双 P 型）。

【第 2 步　套用母题方法】

(A) 项，题干不涉及"农村的农业经营主体"是谁，无关选项。(干扰项·话题不一致)

(B) 项，此项指出"机械化、规模化种植（P1）能有效实现农业增产（P3）"，搭桥法，支持题干。

(C) 项，题干不涉及推广农业机械化、规模化花费的"时间"，无关选项。(干扰项·话题不一致)

(D) 项，题干不涉及实现农业机械化生产后对"劳动力投入"的影响，无关选项。（干扰项·话题不一致）

(E) 项，此项只能说明分散的农户经营确实无法获得良好的生产效益，但无法说明，通过推进农户的组织化就可以获得良好的生产效益，故不能支持题干。

【答案】 (B)

例 9. 工业废气排放是温室气体增加的重要原因，但还有大量温室气体来自水下。湖泊、池塘和河流等水体的底部沉积物会产生甲烷，甲烷主要以气泡的形式冒出水面，进入大气。研究发现，富含营养的水体沉积物会释放更多甲烷。因此有专家建议，为降低水体温室气体排放，应限制化肥的滥用。

以下哪项最可能是上述专家的假设？

(A) 水体沉积物排出的甲烷量比工业废气还多。

(B) 甲烷是温室气体的最主要成分。

(C) 化肥极易通过水体给环境造成污染。

(D) 滥用化肥很容易给水体沉积物带来过多营养。

(E) 限制化肥的使用不会使得农民收益大大降低。

【第 1 步　识别论证类型】

提问方式：以下哪项最可能是上述专家的假设？

题干：研究发现，富含营养的水体沉积物（S1）会释放更多甲烷（P1）。因此有专家建议，为降低水体温室气体排放（P2），应限制化肥（S2）的滥用。

"S1 与 S2""P1 与 P2"均不一致，故此题为拆桥搭桥模型。

另外，锁定关键词"为……，应……"，易知此题也为措施目的模型。

【第 2 步　套用母题方法】

(A) 项，题干不涉及水体沉积物和工业废气关于“甲烷排放量”的比较，无关选项。(干扰项 • 新比较)

(B) 项，此项指出甲烷是温室气体的“最主要成分”，而题干仅要求甲烷“属于”温室气体即可，假设过度。

(C) 项，此项涉及的是“环境污染问题”，而题干涉及的是“温室气体排放问题”，无关选项。(干扰项 • 话题不一致)

(D) 项，此项指出“滥用化肥”(S2) 很容易“给水体沉积物带来过多营养”(S1)，搭桥法 (双 S)，必须假设。

(E) 项，题干不涉及“农民的收益”问题，无关选项。(干扰项 • 话题不一致)

【答案】 (D)

模型 1.2　论点内部拆桥搭桥（SP 型）

论点内部的拆桥搭桥分为两种情况：

情况 1：题干中没有论据，且提问针对论点。

情况 2：题干中有论据，且提问针对论点。

我们将以上这两种情况总结如下：

<table>
<tr><td>第 1 步
识别论证类型</td><td>（1）题干特点
情况 1：题干中无论据，且提问针对论点，一般考虑论点内部拆桥搭桥。
情况 2：题干中有论据，且提问针对论点，一般有如下两种考法：论点内部拆桥搭桥、其他论证模型。
（2）提问方式
题干的提问方式针对观点本身，如：
“以下哪项如果为真，最能支持上述研究人员的观点/推断/断定/预测？”
“以下哪项如果为真，最能削弱上述研究人员的观点/推断/断定/预测？”</td></tr>
<tr><td>第 2 步
套用母题方法</td><td><table><tr><td>削弱</td><td>方法一：拆桥法，即指出题干中观点的主语和宾语之间没关系。
方法二：用新的反面论据直接反驳题干的观点。</td></tr><tr><td>支持/假设</td><td>方法一：搭桥法，即指出题干中观点的主语和宾语之间有关系。
方法二：用新的论据来支持题干的论点（仅限支持题）。</td></tr></table>在论证逻辑中，我们可以把论证对象记为“S”，把论证对象所具备的性质记为“P”。论点内部拆桥其实就是削弱“S”与“P”的关系，而论点内部搭桥其实就是搭建“S”与“P”的关系。
例如：
题干：<u>喝咖啡</u>（S）有助于<u>提神醒脑</u>（P）。
提问方式：
①削弱：喝咖啡不影响大脑（SP 拆桥），这只是人的心理作用。
②支持：咖啡中含有咖啡因，对大脑皮层起着明显的兴奋作用（以咖啡因为媒介，对 SP 进行了搭桥）。</td></tr>
</table>

典型例题

例 10.（2022 年管理类联考真题）补充胶原蛋白已经成为当下很多女性抗衰老的手段之一。她们认为：吃猪蹄能够补充胶原蛋白，为了美容养颜，最好多吃些猪蹄。近日有些专家对此表示质疑，他们认为多吃猪蹄其实并不能补充胶原蛋白。

以下哪项如果为真，最能质疑上述专家的观点？

（A）猪蹄中的胶原蛋白会被人体的消化系统分解，不会直接以胶原蛋白的形态补充到皮肤中。

（B）人们在日常生活中摄入的优质蛋白和水果、蔬菜中的营养物质，足以提供人体所需的胶原蛋白。

（C）猪蹄中胶原蛋白的含量并不多，但胆固醇含量高、脂肪多，食用过多会引起肥胖，还会增加患高血压的风险。

（D）猪蹄中的胶原蛋白经过人体消化后会被分解成氨基酸等物质，氨基酸参与人体生理活动，再合成人体必需的胶原蛋白等多种蛋白质。

（E）胶原蛋白是人体皮肤、骨骼和肌腱中的主要结构蛋白，它填充在真皮之间，撑起皮肤组织，增加皮肤紧密度，使皮肤水润而富有弹性。

【第 1 步　识别论证类型】

提问方式：以下哪项如果为真，最能质疑上述专家的观点？

专家的观点：多吃猪蹄（S）其实并不能补充胶原蛋白（P）。

【第 2 步　套用母题方法】

（A）项，此项说明多吃猪蹄无法补充胶原蛋白，支持专家的观点。

（B）项，此项指出其他物质（即优质蛋白和水果、蔬菜中的营养物质）足以提供人体所需的胶原蛋白，但由此无法确定多吃猪蹄是否可以补充胶原蛋白。（干扰项·不确定项）

（C）项，此项指出“猪蹄中胶原蛋白的含量并不多”，轻微支持“多吃猪蹄其实并不能补充胶原蛋白”。另外，此项中“但”后面的内容均与多吃猪蹄是否可以补充胶原蛋白无关。

（D）项，此项指出猪蹄中的胶原蛋白经过人体消化后可分解成氨基酸，再合成人体必需的胶原蛋白，直接说明多吃猪蹄能补充胶原蛋白，削弱专家的观点。

（E）项，此项讨论的是胶原蛋白的分布及功效，与专家的观点无关。

【答案】（D）

例 11.（2022 年管理类联考真题）胃底腺息肉是所有胃息肉中最为常见的一种良性病变。最常见的是散发型胃底腺息肉，它多发于 50 岁以上人群。研究人员在研究 10 万人的胃镜检查资料后发现，有胃底腺息肉的患者无人患胃癌，而没有胃底腺息肉的患者中有 178 人发现有胃癌。他们由此断定，胃底腺息肉与胃癌呈负相关。

以下哪项如果为真，最能支持上述研究人员的断定？

（A）有胃底腺息肉的患者绝大多数没有家族癌症史。

（B）在研究人员研究的 10 万人中，50 岁以下的占大多数。

（C）在研究人员研究的 10 万人中，有胃底腺息肉的人仅占 14%。

(D) 有胃底腺息肉的患者罹患萎缩性胃炎、胃溃疡的概率显著降低。

(E) 胃内一旦有胃底腺息肉，往往意味着没有感染致癌物“幽门螺杆菌”。

【第 1 步　识别论证类型】

提问方式：以下哪项如果为真，最能支持上述研究人员的断定？

研究人员的断定：胃底腺息肉（S）与胃癌（P）呈负相关。

【第 2 步　套用母题方法】

(A) 项，题干的论证并未涉及“家族癌症史”，无关选项。（干扰项·话题不一致）

(B) 项，题干的论证并未涉及被研究人员的年龄，无关选项。（干扰项·话题不一致）

(C) 项，题干的论证并未涉及胃底腺息肉患者在被研究人员中的比例，无关选项。（干扰项·比例不一致）

(D) 项，题干讨论的是“胃底腺息肉”与“胃癌”之间的关系，而此项讨论的是“胃底腺息肉”与“萎缩性胃炎、胃溃疡”之间的关系，无关选项。（干扰项·话题不一致）

(E) 项，此项说明有胃底腺息肉（S）的人其胃内没有致癌物，故患胃癌（P）的风险低（即负相关），支持研究人员的断定。

【答案】(E)

例 12.（2024 年管理类联考真题）脉冲星是银河系中难得的定位点，对导航极为有用。通过测量来自 3 颗或更多脉冲星每个脉冲的微小变化，航天器可以利用三角测量法确定自己在银河系中的位置。1972 年，科学家在一台宇宙探测器上安装了刻有 14 颗脉冲星的铭牌，这些脉冲星被当作一组特殊的宇宙路标，科学家试图以此引导外星人来到地球。但有专家断言，地球人制作的这一“脉冲星地图”很难实现预想的目标。

以下哪项如果为真，最能支持上述专家的观点？

(A) 科学家曾向太空发射载有地球信息的无线电波，但至今一无所获。

(B) 我们并不了解外星人，贸然邀请并指引他们来地球是非常危险的。

(C) 外星人即使获取铭牌，也可能看不懂铭牌，从而发现不了那 14 颗脉冲星。

(D) 任何先进到足以发现并获取“脉冲星地图”的智慧生物，都能看懂这张地图。

(E) 外星人捕获人类探测器的时间还很遥远，到那时 14 颗脉冲星的位置已发生很大变化，他们即使看懂铭牌，也只能“受骗上当”了。

【第 1 步　识别论证类型】

提问方式：以下哪项如果为真，最能支持上述专家的观点？

专家的观点：地球人制作的这一“脉冲星地图”（S）很难实现预想的目标（P，即：很难引导外星人来到地球）。

【第 2 步　套用母题方法】

(A) 项，题干的论证对象是“脉冲星地图”，而此项的论证对象是“无线电波”，无关选项。（干扰项·对象不一致）。

(B) 项，题干的论证不涉及引导外星人来到地球是否危险，无关选项。（干扰项·话题不一致）

(C) 项，支持题干，但是“可能”是弱化词，故此项支持力度弱。

(D) 项，此项说明地球人制作的这一“脉冲星地图”可能可以引导外星人来到地球，削弱专家的观点。

(E) 项，此项搭建了“14 颗脉冲星”与“很难实现引导外星人来到地球”之间的联系，搭桥法（SP），支持专家的观点。

【答案】(E)

例 13.（2021 年管理类联考真题）酸奶作为一种健康食品，既营养丰富又美味可口，深受人们的喜爱，很多人饭后都不忘来杯酸奶。他们觉得，饭后喝杯酸奶能够解油腻、助消化。但近日有专家指出，饭后喝酸奶其实并不能帮助消化。

以下哪项如果为真，最能支持上述专家的观点？

(A) 人体消化需要消化酶和有规律的肠胃运动，酸奶中没有消化酶，饮用酸奶也不能纠正无规律的肠胃运动。

(B) 酸奶中的益生菌可以维持肠道消化系统的健康，但是这些菌群大多不耐酸，胃部的强酸环境会使其大部分失去活性。

(C) 酸奶含有一定的糖分，吃饱了饭再喝酸奶会加重肠胃负担，同时也会使身体增加额外的营养，容易导致肥胖。

(D) 足量膳食纤维和维生素 B_1 被人体摄入后可有效促进肠胃蠕动，进而促进食物消化，但酸奶不含膳食纤维，维生素 B_1 的含量也不丰富。

(E) 酸奶可以促进胃酸分泌，抑制有害菌在肠道内繁殖，有助于维持消化系统健康，对于食物消化能起到间接帮助作用。

【第 1 步　识别论证类型】

提问方式：以下哪项如果为真，最能支持上述专家的观点？

专家的观点：饭后喝酸奶（S）其实并不能帮助消化（P）。

【第 2 步　套用母题方法】

(A) 项，此项指出人体消化需要消化酶和有规律的肠胃运动，而酸奶中没有消化酶，也不能帮助肠胃运动，故酸奶不能帮助消化，即构建了“饭后喝酸奶”(S) 和“不能帮助消化”(P) 之间的关系，搭桥法，支持专家的观点。

(B) 项，此项说明酸奶中大部分的益生菌可能会失去活性，但是存在没有失去活性的益生菌帮助消化的可能，故不能支持专家的观点。

(C) 项，此项指出饭后喝酸奶对人身体有害处，但由此未能说明饭后喝酸奶是否有助于消化，故不能支持专家的观点。

(D) 项，此项指出酸奶中的维生素 B_1 含量不丰富，但存在酸奶中的少量维生素 B_1 促进了消化的可能，故不能支持专家的观点。

(E) 项，此项说明酸奶能够帮助消化，削弱专家的观点。

【答案】(A)

必考模型 2：YG 法解现象原因模型

模型 2.1 现象原因模型

第 1 步 识别论证类型	题干结构一：摆现象、析原因。 题干先描述一个现象，然后分析这一现象的原因。此时，题干中的论据一般是过去发生的现象（过去时），论点一般是对现象的解释或分析。 例如：酱宝考上了研究生（果），是因为他努力学习（因）。 题干结构二：前因后果。 题干直接出现某原因“导致了”“引发了”“引起了”“造成了”某结果。 例如：酱宝吃了过期酸菜（因），导致他拉肚子了（果）。
第 2 步 套用母题方法	削弱： 因果无关（YG 拆桥，力度大） 因果倒置（YG 倒置，力度大） 否因削弱（否 Y，力度大） 另有他因（力度取决于排他性） 有因无果（有 Y 无 G，力度取决于对象的相似性） 无因有果（无 Y 有 G，力度取决于对象的相似性） 支持： 因果相关（YG 搭桥，力度大） 排除他因（力度取决于是否把其他原因完全排除） 排除因果倒置（排除 YG 倒置，力度并不大，但过去的真题皆作为答案出现） 无因无果（无 Y 无 G，力度取决于对象的相似性） 假设： 因果相关（YG 搭桥，必须假设） 排除他因（一般是必须假设的） 排除因果倒置（排除 YG 倒置，必须假设） 无因无果（无 Y 无 G，很少在真题的假设题中出现。若题干表述为“一定是某原因”时需要假设，否则不需要假设）

说明：
（1）表格中的“Y”指原因，“G”指结果或现象。
（2）现象原因模型的选项设置方式非常多，但是有极强的规律性，很多题都可以速解。因此，强烈建议听配套课程，我会在课上给大家讲速解方法。

典型例题

例 14. 在一次考古发掘中，考古人员在一座唐代古墓中发现多片先秦时期的夔（音 kuí，一种变体的龙文）文陶片。对此，专家解释说，由于雨水冲刷等原因，这些先秦时期的陶片后来被冲至唐代的墓穴中。

以下哪项如果为真，最能质疑上述专家的观点？

(A) 在这座唐代古墓中还发现多件西汉时期的文物。

(B) 这座唐代古墓保存完好，没有漏水、毁塌迹象。

(C) 并非只有先秦时期才使用夔文，唐代文人以书写夔文为能事。

(D) 唐代的墓葬风俗是将墓主生前喜爱的物品随同墓主一同下葬。

(E) 在考古过程中很少发现雨水冲刷导致不同年代的物品存在于同一墓穴。

【第 1 步　识别论证类型】

提问方式：以下哪项如果为真，最能质疑上述专家的观点？

专家的解释：由于雨水冲刷等原因（Y），这些先秦时期的陶片后来被冲至唐代的墓穴中（G）。

锁定“解释”一词，可知专家的观点中存在因果关系，故此题为现象原因模型。

【第 2 步　套用母题方法】

(A) 项，题干的论证对象是“先秦时期的夔文陶片”，而此项的论证对象是“西汉时期的文物”，无关选项。（干扰项 · 对象不一致）

(B) 项，此项指出唐代古墓没有漏水、毁塌迹象，直接否定了“雨水冲刷”这个原因，否因削弱。

(C) 项，题干讨论的是唐代墓穴中有先秦时期的夔文陶片的原因，而此项讨论的是哪些朝代使用夔文，无关选项。（干扰项 · 话题不一致）

(D) 项，此项说明先秦陶片可能是墓主的陪葬品之一，但这仅仅是一种可能性而不是确定的事实，故力度不如 (B) 项。（干扰项 · 不确定项）

(E) 项，“很少发现”不代表此种情况“不存在”，不能削弱专家的观点。

【答案】 (B)

例 15.（2020 年管理类联考真题）某教授组织了 120 名年轻的参试者，先让他们熟悉电脑上的一个虚拟城市，然后让他们以最快速度寻找由指定地点到达关键地标的最短路线，最后再让他们识别茴香、花椒等 40 种芳香植物的气味。结果发现，寻路任务中得分较高者其嗅觉也比较灵敏。该教授由此推测，一个人空间记忆力好、方向感强，就会使其嗅觉更为灵敏。

以下哪项如果为真，最能质疑该教授的上述推测？

(A) 大多数动物主要靠嗅觉寻找食物、躲避天敌，其嗅觉进化有助于“导航”。

(B) 有些参试者是美食家，经常被邀请到城市各处的特色餐馆品尝美食。

(C) 部分参试者是马拉松运动员，他们经常参加一些城市举办的马拉松比赛。

(D) 在同样的测试中，该教授本人在嗅觉灵敏度和空间方向感方面都不如年轻人。

(E) 有的年轻人喜欢玩方向感要求较高的电脑游戏，因过分投入而食不知味。

【第 1 步　识别论证类型】

提问方式：以下哪项如果为真，最能质疑该教授的上述推测？

教授的推测：一个人空间记忆力好、方向感强（Y），就会使其嗅觉更为灵敏（G）。

锁定“会使”一词，可知教授的推测中存在因果关系，故此题为现象原因模型。

【第 2 步　套用母题方法】

(A) 项，此项说明是嗅觉灵敏导致方向感强，而不是方向感强导致嗅觉灵敏，因果倒置，削弱教授的推测。

(B) 项，不确定此项中的“有些参试者”是寻路任务中得分高的人还是得分低的人，因此无法削弱或支持教授的推测。(干扰项 · 不确定项)

(C) 项，“马拉松运动员”未必“空间记忆力好、方向感强”，而且此项也没有指出马拉松运动员的嗅觉如何，无关选项。

(D) 项，题干的论证不涉及“教授”和“年轻人”之间的比较，无关选项。(干扰项 · 新比较)

(E) 项，此项涉及的是“味觉”，而题干涉及的是“嗅觉”，故排除此项。

【答案】(A)

例 16. “安慰剂效应”是指让病人在不知情的情况下服用完全没有药效的假药，却能得到与真药相同甚至更好效果的现象。“安慰剂效应”得到了很多临床研究的支持。对这种现象的一种解释是：人对于未来的期待会改变大脑的生理状态，进而引起全身的生理变化。

以下陈述都能支持上述解释，除了：

(A) 安慰剂生效是多种因素共同作用的结果。

(B) 安慰剂对丧失了预期未来能力的老年痴呆症患者毫无效果。

(C) 有些病人不相信治疗会有效果，虽然进行了正常的治疗，但其病情却进一步恶化。

(D) 给实验对象注射生理盐水，并让他相信是止痛剂，实验对象的大脑随后分泌出止痛物质内啡肽。

(E) 在病人知情的情况下，失去了对安慰剂取得疗效的期待，安慰剂也就失去了作用。

【第 1 步　识别论证类型】

提问方式：以下陈述都能支持上述解释，除了。

逻辑题中，出现“解释”二字就是指原因，故此题为现象原因模型。

“安慰剂效应”的一种解释是：人对于未来的期待会改变大脑的生理状态 (Y)，进而引起全身的生理变化 (G)。

【第 2 步　套用母题方法】

(A) 项，此项指出安慰剂生效是多种因素共同作用的结果，那就不见得是题干中的原因所致，削弱题干，故可以直接选择 (A) 项。

(B) 项，丧失了预期未来的能力 (无 Y)，则安慰剂毫无效果 (无 G)，无因无果，支持题干。

(C) 项，不相信治疗是有效果的 (即没有期待，无 Y)，确实影响治疗效果 (无 G)，无因无果，支持题干。

(D) 项，例证法，支持题干。

(E) 项，失去了对安慰剂取得疗效的期待 (无 Y)，安慰剂也就失去了作用 (无 G)，无因无果，支持题干。

【答案】(A)

例 17. 科学家给内蒙古的40亩盐碱地施入一些发电厂的脱硫灰渣，结果在这块地里长出了玉米和牧草。科学家得出结论：燃煤电厂的脱硫灰渣可以用来改造盐碱地。

以下哪项如果为真，最不能支持科学家的结论？

(A) 用脱硫灰渣改良过的盐碱地中生长的玉米与肥沃土壤中玉米的长势差不多。

(B) 脱硫灰渣的主要成分是石膏，而用石膏改良盐碱地已有一百多年的历史。

(C) 这40亩试验田旁边没有施用脱硫灰渣的盐碱地上灰蒙蒙一片，连杂草也很少见。

(D) 这些脱硫灰渣中重金属及污染物的含量均未超过国家标准。

(E) 该块地里施加了复合肥料。

【第1步 识别论证类型】

提问方式：以下哪项如果为真，最不能支持科学家的结论？

科学家的论据：给盐碱地施入一些发电厂的脱硫灰渣（Y），结果在这块地里长出了玉米和牧草（G）。

科学家的结论：燃煤电厂的脱硫灰渣（措施）可以用来改造盐碱地（目的）。

【第2步 套用母题方法】

(A) 项，此项指出通过脱硫灰渣改良的盐碱地种地的效果和肥沃土壤一样好，说明脱硫灰渣确实可以用来改造盐碱地，补充论据，支持科学家的结论。

(B) 项，此项解释了脱硫灰渣能改造盐碱地的原因，支持科学家的结论。

(C) 项，没有施用脱硫灰渣（无Y）的盐碱地上灰蒙蒙一片，连杂草也很少见（无G），无因无果，支持科学家的结论。

(D) 项，脱硫灰渣中重金属及污染物的含量均未超过国家标准，说明脱硫灰渣没有副作用，可以使用，故支持科学家的结论。但此项与能否改造盐碱地并不直接相关，支持力度小。

(E) 项，此项说明并不是因为脱硫灰渣能改造盐碱地，而是因为施加了复合肥料才使得这块地里长出了玉米和牧草，另有他因，削弱题干。

【答案】(E)

例 18. 由陨石撞击地球所形成的陨石坑在地球上虽然到处都有，但在地质较稳定的地区出现的陨石坑则最为密集。这种陨石坑相对密集的现象，肯定是由于地质较稳定地区较小的地表变化。

以下哪项是使上文结论成立的假设？

(A) 落在同一地点的陨石，较晚落下的陨石会抹掉上一次陨石碰撞的所有痕迹。

(B) 任何一个地区的地表变化节奏在不同的地质时期都不相同。

(C) 在19世纪，陨石碰撞地球的次数相较于18世纪有明显增多。

(D) 在整个地球的发展史上，陨石的碰撞均匀地分布在地球表面的各个地方。

(E) 地质学家对地球上较稳定的地区进行了更加广泛的研究。

【第1步 识别论证类型】

提问方式：以下哪项是使上文结论成立的假设？

题干：地质较稳定的地区出现的陨石坑最为密集，这种陨石坑相对密集的现象（G），肯定是由于地质较稳定地区较小的地表变化（Y）。

锁定关键词“肯定是由于”，可知此前为现象，此后为现象的原因，故此题为现象原因模型。

【第 2 步　套用母题方法】

(A) 项，题干的论证不涉及陨石碰撞产生的痕迹是否会被抹掉，无关选项。

(B) 项，题干的论证不涉及不同地质时期的地表变化节奏，无关选项。

(C) 项，题干的论证不涉及 18 世纪和 19 世纪关于陨石碰撞地球次数的比较。(干扰项 • 新比较)

(D) 项，此项说明并不是因为不均匀碰撞导致陨石坑相对密集，排除他因，必须假设。

(E) 项，题干的论证不涉及地质学家的研究方式，无关选项。

【答案】(D)

模型 2.2　现象原因模型：求因果五法

(1) 求因果五法的识别

求因果五法	命题结构
求异法	题干结构一：两组对比。 第一组对象：有 A，有 B； 第二组对象：无 A，无 B； —————————— 故有：A 是 B 的原因。 例如： 张三认真学习，考上了研究生；李四没有认真学习，没考上研究生。因此，认真学习是考上研究生的原因。 题干结构二：前后对比。 同一对象有因素 A 前：没有 B； 同一对象有因素 A 后：有 B； —————————— 故有：A 是 B 的原因。 例如： 松松没健身前，身体素质差；松松健身后，身体素质变好了。因此，健身是提高身体素质的原因。
求同法	求同法的结构： 第一组对象：有 A，有 B； 第二组对象：有 A，有 B； —————————— 故：A 可能是 B 的原因。 例如： 乐乐认真工作，涨工资了；雪雪认真工作，涨工资了；苗苗认真工作，涨工资了。因此，认真工作可能是涨工资的原因。
求同求异共用法	题干结构：题干中既出现求同，也出现求异。 例如： 同一班级的同学中：成绩好的学生都会按时完成作业（组内求同）；成绩差的学生都没有按时完成作业（组内求同）。因此，是否按时完成作业是成绩好坏的原因（组间求异）。

续表

求因果五法	命题结构
共变法	题干结构一：共生现象找因果。 两个现象同时发生，推测二者有因果关系。 例如： 某图书的销量有明显的增长，同时广告费用也有同样明显的增长。因此，广告的促销作用导致了图书销量的增长。 题干结构二：共变现象找因果。 两个现象存在共变（常用关联词：越来越），推测二者有因果关系。 例如： 气温越高，冰淇淋卖得越好。因此，冰淇淋的销售状况与气温有关。 题干结构三：三组对比找因果。 题干中存在三组对象的对比，推测共变因素与现象之间有因果关系。 例如： 在三组调查对象中：第一组中的对象均有两次及以上献血记录，心脏病发病率为0.5%；第二组中的对象均有一次献血记录，心脏病发病率为0.9%；第三组中的对象均未献过血，心脏病发病率为2.7%。因此，献血次数越多，心脏病发病率越低。
剩余法	剩余法，即排除法在因果关系中的应用。 题干结构一：某现象有两个可能的原因，排除了原因A，证明是原因B。 题干结构二：排除了某现象的已知原因，说明还存在其他原因。 例如： （1）老罗长得胖有两个可能的原因，一是爱吃，二是不运动。调查发现老罗经常运动，因此，老罗胖的原因是爱吃。 （2）康哥没头发有两个已知原因，一是用脑过度，二是遗传因素。经调查发现，康哥既没有用脑过度，也不存在遗传因素，可见，还有别的原因导致他没头发。

（2）求因果五法的解题思路

思路	削弱	支持	假设
对象的一致性	拆桥法	搭桥法	搭桥法
参与者的中立性	不中立	中立	
变量的唯一性	另有其他变量 求异法：差异因素 求同法：共同因素 共变法：共变因素	排除其他变量 求异法：差异因素 求同法：共同因素 共变法：共变因素	排除其他变量 求异法：差异因素 求同法：共同因素 共变法：共变因素
现象原因模型	同模型2.1	同模型2.1	同模型2.1

注意：求因果五法型的题目，题干的论点中常出现“措施＋目的”，此时的“措施”一般对应题干中实验的“原因”，而“目的”一般对应题干中实验的“结果”。

典型例题

例 19. 伦敦某研究团队使用结构性磁共振成像技术，对 18 名 16 岁至 21 岁的吸烟青少年和此年龄段 24 名不吸烟的青少年的大脑进行了检测。结果发现，吸烟者的右脑岛比非吸烟者的右脑岛体积要小，脑岛周围被大脑皮层包裹，与大脑的记忆、意识和语言功能区彼此相连。研究者认为，吸烟改变了大脑发育过程，这一改变将对青少年产生终身影响。

下列哪项最能质疑研究者的结论？

（A）右侧脑岛有大量尼古丁感受体，脑岛受到破坏后，烟瘾会戒除。

（B）吸烟的青少年其大脑发育明显受到激素水平的影响。

（C）先天右脑岛体积小的人，更容易对吸烟产生兴趣并导致依赖。

（D）青少年因好奇而吸烟，随着年龄增长会逐渐失去对烟草的兴趣。

（E）吸烟者对香烟产生的渴望程度与脑岛的活动情况之间有着强烈的关联。

【第 1 步　识别论证类型】

提问方式：下列哪项最能质疑研究者的结论？

题干：

吸烟的青少年：右脑岛体积较小；

不吸烟的青少年：右脑岛体积较大；

故：吸烟（Y）改变了大脑发育过程（G），这一改变将对青少年产生终身影响。

题干通过两组对象的对比实验，得出一个因果关系，故此题为现象原因模型（求异法型）。

【第 2 步　套用母题方法】

（A）项，题干不涉及脑岛破坏和烟瘾戒除，无关选项。

（B）项，此项说明吸烟的青少年其大脑发育明显受到激素水平（他因）的影响，另有他因，削弱题干。

（C）项，此项说明是右脑岛体积小导致了吸烟，而不是吸烟导致了右脑岛体积小，因果倒置，削弱研究者的结论。

（D）项，题干不涉及青少年吸烟的原因，无关选项。

（E）项，题干涉及的是“脑岛的体积”而非“脑岛的活动情况”，无关选项。

【答案】（C）

例 20.（2021 年管理类联考真题）研究人员招募了 300 名体重超标的男性，将其分成餐前锻炼组和餐后锻炼组，进行每周三次相同强度和相同时段的晨练。餐前锻炼组晨练前摄入零卡路里安慰剂饮料，晨练后摄入 200 卡路里的奶昔；餐后锻炼组晨练前摄入 200 卡路里的奶昔，晨练后摄入零卡路里安慰剂饮料。三周后发现，餐前锻炼组燃烧的脂肪比餐后锻炼组多。该研究人员由此推断，肥胖者若持续这样的餐前锻炼，就能在不增加运动强度或时间的情况下改善代谢能力，从而达到减肥效果。

以下哪项如果为真，最能支持该研究人员的上述推断？

（A）餐前锻炼组额外的代谢与体内肌肉中的脂肪减少有关。

（B）有些餐前锻炼组的人知道他们摄入的是安慰剂，但这并不影响他们锻炼的积极性。

（C）肌肉参与运动所需要的营养，可能来自最近饮食中进入血液的葡萄糖和脂肪成分，也可能来自体内储存的糖和脂肪。

(D) 餐前锻炼可以增强肌肉细胞对胰岛素的反应，促使它更有效地消耗体内的糖分和脂肪。

(E) 餐前锻炼组觉得自己在锻炼中消耗的脂肪比餐后锻炼组多。

【第1步　识别论证类型】

提问方式：以下哪项如果为真，最能支持该研究人员的上述推断？

题干：

餐前锻炼组：燃烧的脂肪多；

餐后锻炼组：燃烧的脂肪少；

故：肥胖者若持续这样的餐前锻炼（措施：Y），就能在不增加运动强度或时间的情况下改善代谢能力，从而达到减肥效果（目的：G）。

题干通过两组对象的对比实验，得出一个因果关系，故此题为现象原因模型（求异法型）。

【第2步　套用母题方法】

(A) 项，此项指出餐前锻炼组额外的代谢与体内肌肉中的脂肪减少有关，那就存在一种可能，即脂肪减少导致了额外的代谢，而不是额外的代谢导致了脂肪减少，削弱研究人员的推断。

(B) 项，此项指出有些餐前锻炼组的人知道他们摄入的是安慰剂，但这“并不影响他们锻炼的积极性”，既然没有对题干的实验产生影响，当然不能削弱或支持题干。

(C) 项，此项讨论的是肌肉参与运动所需要的营养来自哪里，不涉及“餐前锻炼”这一话题，无关选项。(干扰项·话题不一致)

(D) 项，此项说明餐前锻炼确实能够消耗体内的糖分和脂肪，从而达到减肥效果，即构建了“餐前锻炼”和“减肥”之间的关系，因果相关（YG搭桥），支持研究人员的推断。

(E) 项，“觉得”是主观观点，不代表是事实，故不能支持研究人员的推断。(干扰项·非事实项)

【答案】 (D)

例 21. 某公司为了提高公司运营效率，尝试进行制度改革。先在行政部、财务部和人力资源部三个部门进行试点，如果效果好，则在全公司推广。具体方案：要求这三个部门的人每天提前一个小时到岗，观察其工作效率的变化。经过一个月的试点，发现这几个部门的工作效率都比之前有很大提高。公司领导认为改革措施效果很好，准备在全公司推广。

以下哪项如果为真，最能削弱上述结论？

(A) 有的员工抱怨提前一个小时到岗，影响了正常的休息。

(B) 每个人的适应能力不同，很大一部分员工需要至少半个月时间去调整作息习惯。

(C) 这几个部门的员工在制度改革前，集体参加了公司组织的内训，专门学习如何提高工作效率。

(D) 为了更好地落实改革，公司需要每天多支付1个小时的薪酬，这对公司来说是一笔不小的开支。

(E) 对于延长员工工作时间的做法，最近在网上引起了网友的广泛讨论，很多人在网上吐槽认为这种做法降低了员工的幸福满意度。

【第1步　识别论证类型】

提问方式：以下哪项如果为真，最能削弱上述结论？

题干：要求行政部、财务部和人力资源部三个部门的人每天提前一个小时到岗，经过一个月的试点，发现这几个部门的工作效率都比之前有很大提高。因此，公司领导认为改革措施效果很好，准备在全公司推广。

此题中，通过三个部门的共同因素“每天提前一个小时到岗”，以及试点前后的对比，得出工作效率提高的原因，故此题为现象原因模型（求同求异共用法型）。

【第 2 步　套用母题方法】

(A) 项，“有的员工抱怨”说明措施有副作用，但不能说明措施无效。

(B) 项，“很大一部分员工需要至少半个月时间去调整作息习惯”说明措施有副作用，但不能说明措施无效。

(C) 项，此项说明存在其他共同因素，即集体参加了公司组织的内训，因此，工作效率的提高可能不是因为制度改革，而是因为内训，削弱题干。

(D) 项，这笔开支相对于效率的提升，是开支大于收益还是收益大于开支并不明确。（干扰项・不确定项）

(E) 项，众多网友的态度不代表是事实，无法削弱题干。（干扰项・非事实项）

【答案】(C)

例 22.（2011 年在职 MBA 联考真题）某研究人员分别用新鲜的蜂王浆和已经存放了 30 天的蜂王浆喂养蜜蜂幼虫，结果显示：用新鲜蜂王浆喂养的幼虫成长为蜂王。进一步研究发现，新鲜蜂王浆中有一种叫作“royalactin”的蛋白质能促进生长激素的分泌量，使幼虫出现体格变大、卵巢发达等蜂王的特征，研究人员用这种蛋白质喂养果蝇，果蝇也同样出现体长、产卵数和寿命等方面的增长，说明这一蛋白质对生物特征的影响是跨物种的。

以下哪项如果为真，可以支持上述研究人员的发现？

(A) 蜂群中的工蜂、蜂王都是雌性且基因相同，其幼虫没有区别。

(B) 蜜蜂和果蝇的基因差别不大，它们有许多相同的生物学特征。

(C)“royalactin”只能短期存放，时间一长就会分解为别的物质。

(D) 能成长为蜂王的蜜蜂幼虫的食物是蜂王浆，而其他幼虫的食物只是花粉和蜂蜜。

(E) 名为“royalactin”的这种蛋白质具有雌性激素的功能。

【第 1 步　识别论证类型】

提问方式：以下哪项如果为真，可以支持上述研究人员的发现？

题干中有三个研究：

研究 1 是对比实验：

第一组：喂新鲜的蜂王浆，成长为蜂王；

第二组：喂存放了 30 天的蜂王浆，没有成长为蜂王；

故：新鲜的蜂王浆可使蜜蜂幼虫成长为蜂王。

研究 2：新鲜蜂王浆中的“royalactin”蛋白质能促进生长激素的分泌量，使幼虫出现蜂王特征。也就是说，研究人员认为，是“royalactin”蛋白质使蜜蜂幼虫出现蜂王特征。

研究 3：用“royalactin”蛋白质喂养果蝇，果蝇也出现体长、产卵数和寿命等方面的增长，说明这一蛋白质对生物特征的影响是跨物种的。

研究 1 构造两组对比实验，利用求异法得到因果关系，研究 2 又再次确定了该因果关系，多组不同的实验进行求同，可确定“royalactin”蛋白质的作用，故此题为现象原因模型（求同求异共用法型）。

【第 2 步　套用母题方法】

(A) 项，此项排除了工蜂和蜂王的区别是基因所致的可能性，排除他因，支持题干，但力度较小。

(B) 项，此项说明蜜蜂和果蝇的基因差别不大，但并不能由此肯定“royalactin”蛋白质的作用，故此项不能很好地支持题干。

(C) 项，指出“royalactin”只能短期存放，时间一长就会分解为别的物质，这就解释了为什么新鲜蜂王浆可以让蜜蜂幼虫成长为蜂王而存放了 30 天的蜂王浆不能，故此项支持题干中的研究。

(D) 项，题干讨论的是“新鲜的蜂王浆”与“存放了 30 天的蜂王浆”之间的对比，而此项讨论的是“蜂王浆”与“花粉和蜂蜜”之间的对比，无关选项。(干扰项 · 新比较)

(E) 项，此项将题干中的“生长激素”偷换成了“雌性激素”，排除。(干扰项 · 概念不一致)

【答案】(C)

例 23. 大约在 12 000 年前，当气候变暖时，人类开始陆续来到北美洲各地。在同一时期，大型哺乳动物，如乳齿象、猛犸和剑齿虎等，却从它们曾经广泛分布的北美洲土地上灭绝了。所以，和人类曾经与自然界其他生物和平相处的神话相反，早在 12 000 年前，人类的活动便导致了这些动物的灭绝。

以上论证最容易受到以下哪项陈述的质疑？

(A) 该论证未经反思地把人类排除在自然界之外。

(B) 人类来到北美洲可能还会导致乳齿象、猛犸和剑齿虎之外的其他动物灭绝。

(C) 乳齿象、猛犸和剑齿虎等大型哺乳动物的灭绝，对于早期北美洲的原始人类来说，具有非同寻常的意义。

(D) 所提出的证词同样适用于两种可选择的假说：气候的变化导致大型哺乳动物灭绝，但同样的原因使得人类来到北美洲各地。

(E) 12 000 年前，很多小型哺乳动物遭到了灭绝。

【第 1 步　识别论证类型】

提问方式：以上论证最容易受到以下哪项陈述的质疑？

题干：大约在 12 000 年前，当气候变暖时，人类开始陆续来到北美洲各地（现象 1）。在同一时期，大型哺乳动物却从它们曾经广泛分布的北美洲土地上灭绝了（现象 2）。因此，早在 12 000 年前，人类的活动便导致了这些动物的灭绝。

题干论据中的两个现象同时出现，论点指出这两个现象之间有因果关系，故此题为现象原因模型（共变法型）。

【第 2 步　套用母题方法】

(A) 项，题干讨论的是人类活动对自然界“其他生物”的影响，而不是把人类排除在自然界之外，不能削弱题干。

(B) 项，此项中的“可能还会”一词，在某种程度上肯定了人类活动确实对乳齿象、猛犸和剑齿虎造成了灭绝，支持题干。

(C) 项，题干讨论的是人类活动对大型哺乳动物的影响，而此项讨论的是这些动物的灭绝对人类的意义，无关选项。(干扰项·话题不一致)

(D) 项，此项指出人类的活动和大型哺乳动物的灭绝都是由气候的变化导致的，另有其他共同因素（共因削弱）。

(E) 项，题干的论证不涉及“小型哺乳动物”的灭绝，无关选项。(干扰项·对象不一致)

【答案】(D)

例 24. 汉武市进行了一项针对喝酒与肝癌的调查。被调查者被分成三组：第一组对象的饮酒史为20年以上；第二组对象的饮酒史为10～20年；第三组对象的饮酒史为10年以下。调查结果显示，三组对象的肝癌发病率分别为1.2%、0.7%和0.5%。因此，肝癌的发病率与喝酒有关。

以下哪项如果为真，最能削弱以上结论?

(A) 医生尚不能说明为什么喝酒会导致肝癌。

(B) 三组调查对象的人数分别为1 980人、1 480人、1 200人。

(C) 停止喝酒并不能帮助肝癌的治疗。

(D) 被调查对象的年龄均在60岁以上。

(E) 三组调查对象的父辈中，肝癌的发病率分别为2.3%、1.7%和0.8%。

【第1步 识别论证类型】

提问方式：以下哪项如果为真，最能削弱以上结论?

题干：三组对象中，饮酒史越长，肝癌的发病率越高。因此，肝癌的发病率(G)与喝酒(Y)有关。

题干论据中出现三组实验对象的共变关系，故此题为现象原因模型（共变法型）。

【第2步 套用母题方法】

(A) 项，此项说明了“喝酒会导致肝癌”，支持题干。要注意，此项中医生不能确定的是喝酒会导致肝癌的“原因”，而并非不确定“喝酒会导致肝癌”。

(B) 项，计算发病率时需要用到总人数，但总人数的多少不是影响肝癌发病率的原因，不能支持或削弱题干。

(C) 项，题干讨论的是肝癌的“原因”，而此项讨论的是肝癌的“治疗”，无关选项。(干扰项·话题不一致)

(D) 项，此项排除了年龄差异导致肝癌发病率不同的可能性，排除他因，支持题干。

(E) 项，另有其他共变因素：父辈肝癌发病率不同，说明可能是遗传因素导致了肝癌发病率不同，削弱题干。

【答案】(E)

例 25. 小儿神经性皮炎一直被认为是由母乳过敏引起的。但是，如果我们让患儿停止进食母乳而改用牛乳，他们的神经性皮炎并不能因此而消失。因此，显然存在别的某种原因引起小儿神经性皮炎。

下列哪项如果为真，最能削弱上述论证?

(A) 牛乳有时也会引起过敏。

(B) 小儿神经性皮炎属顽症，一旦发生，很难在短期内治愈。

(C) 小儿神经性皮炎的患者大多有家族史。

(D) 母乳比牛乳更易于被婴儿吸收。

(E) 小儿神经性皮炎大多发生在有过敏体质的婴儿中。

【第 1 步　识别论证类型】

提问方式：下列哪项如果为真，最能削弱上述论证？

题干：让患儿停止进食母乳而改用牛乳，他们的神经性皮炎并不能因此而消失。因此，存在别的某种原因（不是母乳）引起小儿神经性皮炎。

题干通过排除小儿神经性皮炎的原因是“母乳”，从而肯定“存在别的某种原因”引起小儿神经性皮炎，故此题为现象原因模型（剩余法型）。

【第 2 步　套用母题方法】

(A) 项，此项说明有可能是“牛乳”（别的原因）引起小儿神经性皮炎，支持题干。

(B) 项，此项说明有可能是“母乳”引起小儿神经性皮炎后一直未治愈，所以此时让患儿停止进食母乳而改用牛乳后症状也没有消失，从而说明题干的论证并没有排除“母乳”这一原因，削弱题干。

(C) 项，此项说明有可能是“家族史”（别的原因）引起小儿神经性皮炎，支持题干。

(D) 项，题干不涉及母乳与牛乳哪个更容易被婴儿吸收，无关选项。（干扰项 · 新比较）

(E) 项，此项说明有可能是“过敏体质”这一其他原因引起小儿神经性皮炎，支持题干。

【答案】(B)

例 26. 科学家发现，很多动物受伤后用舌头去舔舐伤口，对此，科学家做了如下实验：把小白鼠分成两组，第一组割除唾液腺，第二组没有割除唾液腺。两组小白鼠被划伤后，都用舌头去舔舐伤口，结果第一组小白鼠 8 天伤口愈合，而第二组小白鼠 5 天伤口就愈合了。

根据以上材料，最有可能得出以下哪项结论？

(A) 动物受伤后舔舐伤口是本能行为。

(B) 两组小白鼠的身体状况基本相似。

(C) 人类受伤时，也可以通过舔舐伤口进行紧急治疗。

(D) 舌头是动物的疗伤器官。

(E) 唾液腺中含有加速伤口愈合的成分。

【第 1 步　识别题目类型】

题干的提问方式为“根据以上材料，最有可能得出以下哪项结论？”，故此题为推论题。

题干中出现对比实验：

第一组小白鼠：割除唾液腺，被划伤后，8 天伤口愈合；

第二组小白鼠：没有割除唾液腺，被划伤后，5 天伤口愈合。

【第 2 步　套用母题方法】

题干满足“求异法”的结构，因此，题干结论应为“唾液腺”与“伤口愈合速度”之间的因果关系，故 (E) 项正确。

【答案】(E)

必考模型 3：大 G 法解预测结果模型

第 1 步 识别论证类型	题干特点：题干中出现“将会”“会”“未来会”“会导致”“一定能”“要”等表示对未来结果断定的词汇。此时，我们可以用字母“G”表示对结果的预测。
第 2 步 套用母题方法	削弱：给出理由，说明结果预测错误。 支持：给出理由，说明结果预测正确。 假设：优先考虑搭桥法。

注意：有一些题目中虽然出现了“会”“就会”等词汇，但并不是强调对结果的预测，而是强调对因果关系的确定。
例如：
张珊学习了《论证逻辑 400 题》，这让她的论证逻辑的正确率显著提高（过去的现象）。可见，《论证逻辑 400 题》（因）会提高学生的论证逻辑成绩（果）（确定因果关系）。

典型例题

例 27.（2011 年管理类联考真题）随着互联网的发展，人们的购物方式有了新的选择。很多年轻人喜欢在网络上选择自己满意的商品，通过快递送上门，购物足不出户，非常便捷。刘教授据此认为，那些实体商场的竞争力会受到互联网的冲击，在不远的将来，会有更多的网络商店取代实体商店。

以下哪项如果为真，最能削弱刘教授的观点？

（A）网络购物虽然有某些便利，但容易导致个人信息被不法分子利用。

（B）有些高档品牌的专卖店，只愿意采取街面实体商店的销售方式。

（C）网络商店与快递公司在货物丢失或损坏的赔偿方面经常互相推诿。

（D）购买黄金珠宝等贵重物品，往往需要现场挑选，且不适宜网络支付。

（E）通常情况下，网络商店只有在其实体商店的支撑下才能生存。

【第 1 步　识别论证类型】

提问方式：以下哪项如果为真，最能削弱刘教授的观点？

刘教授：在不远的将来，会有更多的网络商店取代实体商店（G）。

锁定关键词“在不远的将来”，可知此题为预测结果模型。

【第 2 步　套用母题方法】

（A）项、（C）项，这两项都说明网购有弊端，可以削弱刘教授的观点，但力度较小。

（B）项，“有些高档品牌的专卖店”只是个例，不能说明不会有更多的网络商店取代实体商店。（干扰项 · 不当反例）

（D）项，此项只能说明售卖黄金珠宝的实体店不会被网络商店取代，不能说明不会有更多的网络商店取代实体商店。（干扰项 · 不当反例）

（E）项，此项说明没有实体商店，网络商店也无法生存，所以实体商店不可取代，削弱刘教授的观点。

【答案】（E）

例 28. 为登上月球，有科学家开始进行“月球导航”的验证，他们表示目前地球轨道上的GPS卫星发射的信号，在月球上可以接收使用，定位精度能达到200米至300米。有研究人员认为，月球导航很快即可实现。

以下哪项如果为真，最能质疑上述结论？

(A) 目前的探月活动中，各国主要采用的是基于地面的测控进行导航定位。

(B) 月球航天器可通过在一段时间内收到几颗卫星在某个弧段发来的数据，最终计算出从地球飞向月球的运行轨道。

(C) 月球导航最直接有效的途径是各国合力在近月空间建设具备定位、授时功能的时空基准，打造一套“月球导航卫星系统”。

(D) 月球航天器要具备远距离信号接收能力，就需要大天线，而从航天器研制、发射角度来说，天线越小越好，这对矛盾短期内无法破解。

(E) 人类现有的航天技术能够在月球上建立GPS导航系统或者北斗导航系统基站。

【第1步　识别论证类型】

提问方式：以下哪项如果为真，最能质疑上述结论？

题干：目前地球轨道上的GPS卫星发射的信号，在月球上可以接收使用，定位精度能达到200米至300米。有研究人员认为，月球导航很快即可实现。

锁定关键词“很快即可实现”，可知此题为预测结果模型。

【第2步　套用母题方法】

(A) 项，题干讨论的是月球导航是否很快即可实现，而此项讨论的是目前各国在探月活动中使用的导航定位方式，无关选项。

(B) 项，题干的论证不涉及月球航天器如何计算出从地球飞向月球的运行轨道，无关选项。

(C) 项，题干的论证不涉及月球导航最直接有效的途径，无关选项。

(D) 项，此项直接指出短期内无法实现月球导航，说明结果预测错误，削弱题干。

(E) 项，此项说明在月球上可以建立导航系统基站，即：结果预测正确，支持题干。

【答案】 (D)

例 29. (2017年管理类联考真题) 进入冬季以来，内含大量有毒颗粒物的雾霾频繁袭击我国部分地区。有关调查显示，持续接触高浓度污染物会直接导致10%至15%的人患有眼睛慢性炎症或干眼症。有专家由此认为，如果不采取紧急措施改善空气质量，这些疾病的发病率和相关的并发症将会增加。

以下哪项如果为真，最能支持上述专家的观点？

(A) 有毒颗粒物会刺激并损害人的眼睛，长期接触会影响泪腺细胞。

(B) 空气质量的改善不是短期内能够做到的，许多人不得不在污染环境中工作。

(C) 眼睛慢性炎症或干眼症等病例通常集中出现于花粉季。

(D) 上述被调查的眼疾患者中有65%是年龄在20～40岁之间的男性。

(E) 在重污染环境中采取戴护目镜、定期洗眼等措施有助于预防干眼症等眼疾。

【第1步　识别论证类型】

提问方式：以下哪项如果为真，最能支持上述专家的观点？

专家：如果不采取紧急措施改善空气质量（Y），这些疾病（眼部疾病）的发病率和相关的并发症将会增加（G）。

思路1：锁定专家观点中的关键词“将会”，可知此题为预测结果模型。

思路2：专家的观点中暗含因果关系。

【第2步　套用母题方法】

（A）项，此项指出有毒颗粒物（空气质量Y）会刺激并损害人的眼睛，长期接触会影响泪腺细胞（眼部疾病G），搭桥法，支持专家的观点。

（B）项，此项说明确实有人在污染环境中工作，但无法确定这是否会引起眼部疾病，不能支持专家的观点。

（C）项，题干涉及的是“冬季”，而此项涉及的是“花粉季”，无关选项。（干扰项·时间不一致）

（D）项，由此项无法断定题干中的样本是否具有代表性，不能支持专家的观点。

（E）项，此项指出在重污染环境中采取戴护目镜、定期洗眼等措施有助于预防干眼症等眼疾，所以，即使不采取紧急措施改善空气质量，这些疾病的发病率和相关的并发症也可能不会增加，削弱专家的观点。

【答案】（A）

例 30.（2011年管理类联考真题）3D立体技术代表了当前电影技术的尖端水准，由于使电影实现了高度可信的空间感，它可能成为未来电影的主流。3D立体电影中的银幕角色虽然由计算机生成，但是那些包括动作和表情的电脑角色的“表演”，都以真实演员的“表演”为基础，就像数码时代的化妆技术一样。这也引起了某些演员的担心：随着计算机技术的发展，未来计算机生成的图像和动画会替代真人表演。

以下哪项如果为真，最能减弱上述演员的担心？

（A）所有电影的导演只能和真人交流，而不是和电脑交流。

（B）任何电影的拍摄都取决于制片人的选择，演员可以跟上时代的发展。

（C）3D立体电影目前的高票房只是人们一时图新鲜的结果，未来尚不可知。

（D）掌握3D立体技术的动画专业人员不喜欢去电影院看3D电影。

（E）电影故事只能用演员的心灵、情感来表现，其表现形式与导演的喜好无关。

【第1步　识别论证类型】

提问方式：以下哪项如果为真，最能减弱上述演员的担心？

演员的担心：随着计算机技术的发展，未来计算机生成的图像和动画会替代真人表演（G）。

锁定关键词“未来”“会”，可知此题为预测结果模型。

【第2步　套用母题方法】

（A）项，可以削弱，但导演只能和“真人”交流，不代表导演只能和“演员”交流，比如，导演可以和电脑动画制作者交流，再由电脑动画制作者完成电影，所以（A）项的削弱力度弱。

（B）项，此项说明任何电影的拍摄都取决于制片人的选择，但是不确定制片人的未来选择中是否包含演员。（干扰项·不确定项）

（C）项，“未来尚不可知”，说明结果不确定。（干扰项·不确定项）

(D) 项，此项不涉及演员的担心，无关选项。

(E) 项，此项最能削弱演员的担心，因为如果电影故事只能用演员的心灵、情感来表现，则由于计算机生成的图像和动画并没有心灵、情感等，所以不太可能会替代作为真人的演员来进行表演。

【答案】(E)

例 31. 一项国民阅读调查报告显示，2020 年我国有 31.6%的成年人具有有声阅读的习惯，较 2019 年的平均水平提高了 1.3%，与此同时，有声阅读的介质正在悄然发生改变。随着移动互联网兴起，有声阅读平台从早年的电台、听书网站等逐步转移，目前移动有声 APP 平台已经成为有声阅读的主流选择。有人认为，未来国民有声阅读规模将进一步扩大。

以下除哪项外，均支持上述结论？

(A) 未来音频课程和各种讲书的音视频会更加丰富。

(B) 未成年人中喜欢有声阅读的人数比例在逐年增加。

(C) 越来越多的人喜欢利用碎片化的时间获取知识，而纸质书籍需要连续的大段时间阅读。

(D) 有声阅读的介质将与智能家居、音箱等智能终端相结合，便捷性大大增加。

(E) 个别有声阅读平台尝试从版权上游开始直接与作家合作。

【第 1 步　识别论证类型】

提问方式：以下除哪项外，均支持上述结论？

题干：未来国民有声阅读规模将进一步扩大 (G)。

锁定关键词"未来""将"，可知此题为预测结果模型。

【第 2 步　套用母题方法】

(A) 项、(D) 项，这两项指出有声阅读的优点，支持题干。

(B) 项，此项指出未成年人也越来越喜欢有声阅读，支持题干。

(C) 项，此项指出纸质书籍的缺点，支持题干。

(E) 项，此项的论证对象是"阅读平台"，而题干的论证对象是"阅读者"，无关选项。(干扰项·对象不一致)

【答案】(E)

必考模型 4：MP 法解措施目的模型

第 1 步 识别论证类型	题干特点一：题干中出现"为了""能""可以""以求"等表示目的的词汇。另外，"目的"有时也被称为"效果"，目的可以用 P(Purpose)来表示。 题干特点二：题干中出现"计划""建议""方法"等表达措施的内容。措施可以用 M(Measure)来表示。

续表

<table>
<tr><td rowspan="3">第 2 步
套用母题方法</td><td>削弱</td><td>措施达不到目的：即措施目的拆桥（MP 拆桥），削弱力度大。
措施不可行：削弱力度大。
措施弊大于利：削弱力度大。
措施有副作用：削弱力度小。</td></tr>
<tr><td>支持</td><td>措施可达目的：即措施目的搭桥（MP 搭桥），支持力度大。
措施可行：可行不代表有效，故支持力度小。
措施利大于弊：支持力度大。
措施没有副作用：支持力度非常小，一般作为干扰项。
措施有必要：支持力度大。</td></tr>
<tr><td>假设</td><td>措施目的搭桥、措施可行、措施利大于弊、措施有必要</td></tr>
<tr><td colspan="3">注意：
在措施目的型的题目中，常出现由于某个原因，导致我们需要采取某种措施。此时，这个原因必须是成立的，否则，如果原因找错了，措施也就无效了。因此，措施目的型的题目常与现象原因模型联合考查。</td></tr>
</table>

典型例题

例 32.（2010 年在职 MBA 联考真题）某市主要干道上的摩托车车道的宽度为 2 米，很多骑摩托车的人经常在汽车道上抢道行驶，严重破坏了交通秩序，使交通事故频发。有人向市政府提出建议：应当将摩托车车道扩宽为 3 米，让骑摩托车的人有较宽的车道，从而消除抢道的现象。

以下哪项如果为真，最能削弱上述论点？

(A) 摩托车车道宽度增加后，摩托车车速将加快，事故也许会随着增多。

(B) 摩托车车道变宽后，汽车车道将会变窄，汽车驾驶者会有意见。

(C) 当摩托车车道扩宽后，有些骑摩托车的人仍会在汽车车道上抢道行驶。

(D) 扩宽摩托车车道的办法对汽车车道上的违章问题没有什么作用。

(E) 扩宽摩托车车道的费用太高，需要进行项目评估。

【第 1 步 识别论证类型】

提问方式：以下哪项如果为真，最能削弱上述论点？

题干：应当将摩托车车道扩宽为 3 米（措施：M），让骑摩托车的人有较宽的车道，从而消除抢道的现象（目的：P）。

锁定关键词“建议”“从而”，可知此题为措施目的模型。

【第 2 步 套用母题方法】

(A) 项，此项指出事故“也许”会随着增多，可以削弱题干。但“也许”是弱化词，“也许”增多，那么也有可能不会增多。(干扰项 · 不确定项)

(B) 项，此项指出扩宽摩托车车道会引发汽车驾驶者的意见，但不涉及目的能否达到，削弱力度弱。

(C) 项，此项说明摩托车车道扩宽后，仍会有抢道现象，措施达不到目的（MP 拆桥），是力度最强的削弱。要注意，题干结论中的“消除”是绝对化词，只要指出有反例即可削弱，故此项中的“有些”不影响力度。如果结论中的“消除”改为“减少”，则此项无法削弱。

(D) 项，题干的论证不涉及“汽车车道上的违章问题”，无关选项。（干扰项·话题不一致）

(E) 项，“需要进行项目评估”，那么就存在经过评估后证明可行的可能，也存在经过评估后证明不可行的可能。（干扰项·不确定项）

【答案】(C)

例 33.（2019 年管理类联考真题）阔叶树的降尘优势明显，吸附 PM2.5 的效果最好，一棵阔叶树一年的平均滞尘量达 3.16 公斤。针叶树叶面积小，吸附 PM2.5 的功效较弱。全年平均下来，阔叶林的吸尘效果要比针叶林强不少，阔叶树也比灌木和草的吸尘效果好得多。以北京常见的阔叶树国槐为例，成片的国槐林吸尘效果比同等面积普通草地约高 30%。有些人据此认为，为了降尘北京应大力推广阔叶树，并尽量减少针叶林面积。

以下哪项如果为真，最能削弱上述有关人员的观点？

(A) 阔叶树与针叶树比例失调，不仅极易暴发病虫害、火灾等，还会影响林木的生长和健康。

(B) 针叶树冬天虽然不落叶，但基本处于“休眠”状态，生物活性差。

(C) 植树造林既要治理 PM2.5，也要治理其他污染物，需要合理布局。

(D) 阔叶树冬天落叶，在寒冷的冬季，其养护成本远高于针叶树。

(E) 建造通风走廊，能把城市和郊区的森林连接起来，让清新的空气吹入，降低城区的 PM2.5。

【第 1 步　识别论证类型】

提问方式：以下哪项如果为真，最能削弱上述有关人员的观点？

锁定关键词“为了”，可知此题为措施目的模型。

有关人员的观点：为了降尘（目的：P）北京应大力推广阔叶树，并尽量减少针叶林面积（措施：M）。

【第 2 步　套用母题方法】

(A) 项，此项指出题干中的措施极易暴发病虫害、火灾等，还会影响林木的生长和健康，措施有较严重的恶果，削弱有关人员的观点。

(B) 项，此项指出针叶树在冬天基本处于“休眠”状态，生物活性差，可能无法保证吸尘效果，故支持“尽量减少针叶林面积”这一建议。

(C) 项，此项指出植树造林需要合理布局，但由此无法确定题干中的布局是否合理，故不能削弱有关人员的观点。

(D) 项，此项指出阔叶树的养护成本高，但由此无法判断种植阔叶树是否可以达到降尘的效果，故削弱力度小。

(E) 项，此项指出有其他方式可以降尘，但这不能削弱大力推广阔叶树也能起到降尘的作用。

【答案】(A)

例 34. 随着我国人口老龄化进程不断加快，老年人口高龄趋势和失能问题日渐加剧，老年人中，罹患慢性病的人也越来越多。对于大部分的慢性病，若能及早发现，就可以得到更有效的治疗。因此，专家建议，老年人应定期去医院做健康检查，从而早发现、早治疗。

以下哪项如果为真，最能支持上述专家的建议？

(A) 公立医院的医疗设备相较于私立医院并不先进，但公立医院的收费更低。

(B) 老年人也可通过医院发的《健康手册》对自己做出一个判断。

(C) 老年病可以通过医院的健康检查检测出来。

(D) 血常规、尿常规、肝功能等常规检查方式，可以有效地筛查受检者是否患有慢性疾病。

(E) 随着经济的不断发展，人们的饮食习惯发生了巨大变化，这导致越来越多的老年人罹患慢性病。

【第 1 步　识别论证类型】

提问方式：以下哪项如果为真，最能支持上述专家的建议？

锁定关键词“专家建议”，可知此题为措施目的模型。

专家：老年人应定期去医院做健康检查（措施：M），从而早发现、早治疗慢性病（目的：P）。

【第 2 步　套用母题方法】

(A) 项，题干不涉及公立医院与私立医院在“医疗设备的先进程度”“收费”方面的比较，无关选项。

(B) 项，其他措施是否有效与题干中的措施是否有效无关，无关选项。

(C) 项，题干讨论的是“慢性病”，而此项讨论的是“老年病”，无关选项。

(D) 项，此项说明定期检查确实可以尽早发现慢性病，措施可以达到目的（MP 搭桥），支持专家的建议。

(E) 项，此项说明是饮食习惯的变化导致患慢性病的老年人越来越多，但题干并未涉及对老年人罹患慢性病原因的分析，无关选项。

【答案】 (D)

例 35. (2016 年管理类联考真题) 有专家指出，我国城市规划缺少必要的气象论证，城市的高楼建得高耸而密集，阻碍了城市的通风循环。有关资料显示，近几年国内许多城市的平均风速已下降 10%。风速下降，意味着大气扩散能力减弱，导致大气污染物滞留时间延长，易形成雾霾天气和热岛效应。为此，有专家提出建立“城市风道”的设想，即在城市里制造几条通畅的通风走廊，让风在城市中更加自由地进出，促进城市空气的更新循环。

以下哪项如果为真，最能支持上述建立“城市风道”的设想？

(A) 城市风道形成的“穿街风”，对建筑物的安全影响不大。

(B) 风从八方来，“城市风道”的设想过于主观和随意。

(C) 有风道但没有风，就会让城市风道成为无用的摆设。

(D) 有些城市已拥有建立“城市风道”的天然基础。

(E) 城市风道不仅有利于“驱霾”，还有利于散热。

【第 1 步　识别论证类型】

提问方式：以下哪项如果为真，最能支持上述建立“城市风道”的设想？

“建立‘城市风道’的设想”是一种措施，故此题为措施目的模型。

题干：建立“城市风道”（措施：M），让风在城市中更加自由地进出，促进城市空气的更新循环，以解决雾霾天气和热岛效应（目的：P）。

【第2步　套用母题方法】

(A) 项，此项说明题干中的措施对建筑物的安全影响不大，即措施无副作用，但不确定这一措施能否达到题干中的目的，故排除。

(B) 项，此项指出“城市风道”的设想过于主观和随意，表达否定的含义，削弱题干。

(C) 项，此项指出题干中的措施很可能是无效的，即措施达不到目的，削弱题干。

(D) 项，此项指出题干中的措施是可行的，但可行不代表有效，支持力度弱。

(E) 项，城市风道（M）不仅有利于“驱霾”，还有利于散热（P），即措施可以达到目的(MP 搭桥)，支持力度最大。

【答案】 (E)

例 36. (2010 年在职 MBA 联考真题) 黑脉金蝴蝶幼虫先折断含毒液的乳草属植物的叶脉，使毒液外流，再食入整片叶子。一般情况下，乳草属植物叶脉被折断后其内的毒液基本完全流掉，即便有极微量的残留，对幼虫也不会构成威胁。黑脉金蝴蝶幼虫就是采用这种方式以有毒的乳草属植物为食物来源直到它们发育成熟。

以下哪项最可能是上文所作的假设?

(A) 幼虫有多种方法对付有毒植物的毒液，因此，有毒植物是多种幼虫的食物来源。

(B) 除黑脉金蝴蝶幼虫外，乳草属植物不适合其他幼虫食用。

(C) 除乳草属植物外，其他有毒植物已经进化到能防止黑脉金蝴蝶幼虫破坏其叶脉的程度。

(D) 黑脉金蝴蝶幼虫成功对付乳草属植物毒液的方法不能用于对付其他有毒植物。

(E) 乳草属植物的叶脉没有进化到黑脉金蝴蝶幼虫不能折断的程度。

【第1步　识别论证类型】

提问方式：以下哪项最可能是上文所作的假设?

题干：黑脉金蝴蝶幼虫先折断含毒液的乳草属植物的叶脉，使毒液外流，再食入整片叶子，以有毒的乳草属植物为食物来源直到它们发育成熟。

题干中，黑脉金蝴蝶幼虫通过采取一些方式，达到生存（即发育成熟）的目的，故此题为措施目的模型。

【第2步　套用母题方法】

(A) 项，题干说的是“这样的方式”可行，与此项中的“多种方法”无关。(干扰项·论证对象不一致)

(B) 项，题干说的是“黑脉金蝴蝶幼虫”，和“其他幼虫”无关。（干扰项·论证对象不一致）

(C) 项、(D) 项，题干不涉及“其他有毒植物”，无关选项。(干扰项·论证对象不一致)

(E) 项，此项指出措施可行，必须假设，否则，如果乳草属植物的叶脉进化到了黑脉金蝴蝶幼虫不能折断的程度，那么该幼虫就无法折断叶脉获取食物了。(取非法)

【答案】 (E)

例 37. （2021 年管理类联考真题）最近一项科学观测显示，太阳产生的带电粒子流即太阳风，含有数以千计的“滔天巨浪”，其时速会突然暴增，可能导致太阳磁场自行反转，甚至会对地球产生有害影响。但目前我们对太阳风的变化及其如何影响地球知之甚少。据此有专家指出，为了更好地保护地球免受太阳风的影响，必须更新现有的研究模式，另辟蹊径研究太阳风。

以下哪项如果为真，最能支持上述专家的观点？

（A）最新观测结果不仅改变了天文学家对太阳风的看法，而且将改变其预测太空天气事件的能力。

（B）目前，根据标准太阳模型预测太阳风变化所获得的最新结果与实际观测相比，误差为 10～20 倍。

（C）对太阳风的深入研究，将有助于防止太阳风大爆发时对地球的卫星和通信系统乃至地面电网造成的影响。

（D）太阳风里有许多携带能量的粒子和磁场，而这些磁场会发生意想不到的变化。

（E）“高速”太阳风源于太阳南北极的大型日冕洞，而“低速”太阳风则来自太阳赤道上的较小日冕洞。

【第 1 步　识别论证类型】

提问方式：以下哪项如果为真，最能支持上述专家的观点？

专家：为了更好地保护地球免受太阳风的影响（目的：P），必须更新现有的研究模式，另辟蹊径研究太阳风（措施：M）。

思路 1：锁定关键词“为了”，可知此题为措施目的模型。

思路 2：当题干指出必须（绝对化词）使用某种措施时，如果我们可以指出有其他措施，即可削弱题干；如果我们指出其他措施不可行，即可支持题干。

【第 2 步　套用母题方法】

（A）项，此项指出了最新观测结果产生的影响，但与专家的措施无关。（干扰项 · 话题不一致）

（B）项，此项指出现有的标准太阳模型无法准确预测太阳风的变化，因此，有必要“更新”现有的研究模式，即措施有必要，支持专家的观点。

（C）项，此项指出深入研究太阳风有好处，但与专家的措施无关。（干扰项 · 话题不一致）

（D）项，此项仅指出了太阳风所具有的属性，但与专家的措施无关。（干扰项 · 话题不一致）

（E）项，此项指出了高速太阳风和低速太阳风的来源，但与专家的措施无关。（干扰项 · 话题不一致）

【答案】（B）

例 38. （2011 年管理类联考真题）有医学研究显示，行为痴呆症患者大脑组织中往往含有过量的铝。同时有化学研究表明，一种硅化合物可以吸收铝。陈医生据此认为，可以用这种硅化合物治疗行为痴呆症。

以下哪项是陈医生最可能依赖的假设？

（A）行为痴呆症患者大脑组织中的含铝量通常过高，但具体数量不会变化。

（B）该硅化合物在吸收铝的过程中不会产生副作用。

(C) 用来吸收铝的硅化合物的具体数量与行为痴呆症患者的年龄有关。

(D) 过量的铝是导致行为痴呆症的原因，患者脑组织中的铝不是痴呆症引起的结果。

(E) 行为痴呆症患者脑组织中的铝含量与病情的严重程度有关。

【第1步 识别论证类型】

提问方式：以下哪项是陈医生最可能依赖的假设？

陈医生的论据：①行为痴呆症患者大脑组织中往往含有过量的铝；②一种硅化合物可以吸收铝。

陈医生的结论：可以用这种硅化合物（措施：M）治疗行为痴呆症（目的：P）。

陈医生的论据①中"行为痴呆症"和"过量的铝"这两种现象同时出现，暗含现象原因模型（共变法），即"过量的铝导致了行为痴呆症"。在这个因果关系成立的前提下，用硅化合物吸收铝才有可能起到治疗作用。

【第2步 套用母题方法】

(A) 项，题干仅表示行为痴呆症患者大脑组织中含有"过量的铝"，并不涉及铝的含量是否会"变化"，无关选项。(干扰项·话题不一致)

(B) 项，此项说明措施没有副作用，不必假设。在措施目的模型的题目中，并不要求措施完全没有副作用，如果这种硅化合物能治好行为痴呆症，即使它有一些副作用也是值得的。

(C) 项，题干不涉及这种硅化合物的具体数量和患者的"年龄"，无关选项。(干扰项·话题不一致)

(D) 项，此项补充了此题隐含的因果关系，说明确实是过量的铝导致了行为痴呆症，且此项排除了因果倒置的可能，故此项正确。

(E) 项，不必假设，因为题干不涉及"铝含量"与"病情的严重程度"之间的关系。

【答案】(D)

第3节 一题多考点的破解：模型的优先级

论证逻辑之所以让我们感觉困难，有以下几个常见的原因：

原因（1）：论证逻辑的考点不明确，很容易让我们凭感觉做题。这个问题可以通过对第1部分第2节的学习来解决。

原因（2）：部分题目中会出现一个题目有多个考点，这容易让我们感觉到混乱，或者我们自己找到的考点与解析中给出的考点不一致。这一问题将在本节中得到解决。

原因（3）：选项力度不容易比较，让我们总在两个选项中纠结。这一问题将在本书第2部分解决。

当一个题目中出现多个考点时，可以使用以下模型优先级的原则解题。

模型优先级原则 1：问题优先

解题原则：题干的问题针对什么，我们就优先考虑什么。

（1）若题干的问题为削弱/支持上述“论证”，则优先削弱或支持论据与论点间的关系。

（2）若题干的问题为削弱/支持上述“结论/观点/推断”，则优先削弱或支持论点。

（3）若题干的问题为削弱/支持上述“解释”，则优先削弱或支持题干中的原因。

注意：

以上 3 个总结仅仅是“优先”这样解题，而不是“只能”这样解题。例如，对题干论据的反驳、对题干论点的反驳、提出反面论据，都可以起到反驳题干观点的作用。

典型例题

例 39.（2022 年管理类联考真题）2020 年全球碳排放量减少大约 24 亿吨，远远大于之前的创纪录降幅，例如第二次世界大战结束时下降 9 亿吨，2009 年金融危机最严重时下降 5 亿吨。非政府组织全球碳计划（GCP）在其年度评估报告中说，由于各国在新冠肺炎疫情期间采取了封锁和限制措施，汽车使用量下降了一半左右，2020 年的碳排放量同比下降了创纪录的 7%。

以下哪项如果为真，最能支持 GCP 的观点？

（A）2020 年碳排放量下降最明显的国家或地区是美国和欧盟。

（B）延缓气候变化的办法不是停止经济活动，而是加速向低碳能源过渡。

（C）2020 年在全球各行业减少的碳排放总量中，交通运输业所占比例最大。

（D）根据气候变化《巴黎协定》，2015 年之后的 10 年全球每年需减排 10～20 亿吨。

（E）随着世界经济的持续复苏，2021 年全球碳排放量同比下降可能不超过 5%。

【第 1 步　识别论证类型】

提问方式：以下哪项如果为真，最能支持 GCP 的观点？

提问方式针对 GCP 的观点，故优先看 GCP 的观点：由于各国在新冠肺炎疫情期间采取了封锁和限制措施，汽车使用量下降了一半左右（Y），2020 年的碳排放量同比下降了创纪录的 7%（G）。

【第 2 步　套用母题方法】

（A）项，GCP 的观点中不涉及“2020 年碳排放量下降最明显的国家或地区”，无关选项。

（B）项，GCP 的观点中不涉及延缓气候变化的方法，无关选项。

（C）项，2020 年在全球各行业减少的碳排放总量中（G），交通运输业（和汽车 Y 相关）所占比例最大，因果相关（即 YG 搭桥），支持 GCP 的观点。

（D）项，GCP 的观点中不涉及“2015 年之后 10 年”的情况，无关选项。

（E）项，GCP 的观点中不涉及“2021 年”的情况，无关选项。

【答案】（C）

例 40. 在过去的十年中，美国年龄在85岁或以上的人口数开始大量增长。出现这一趋势的主要原因是这些人在脆弱的孩提时期享受到了美国良好的健康医疗照顾。

下面哪项如果正确，最能严重地削弱上面的解释？

(A) 在美国，年龄85岁或85岁以上的人中，有75%的人其父母的寿命小于65岁。

(B) 在美国，现在85岁以上年龄组的出生人数少于比这一年龄组大一点和小一点的年龄组。

(C) 在美国，年龄在85岁以上的人中，有35%需要24小时护理。

(D) 美国很多85岁以上的人是在20岁或20岁以后才移民至美国的。

(E) 由于联邦政府用于怀孕妇女和儿童的医疗护理的资金减少，美国公民的寿命有可能会缩短。

【第1步　识别论证类型】

提问方式：下面哪项如果正确，最能严重地削弱上面的解释？

提问方式针对“解释”，可知我们要削弱题干中的原因，题干：在过去的十年中，美国年龄在85岁或以上的人口数开始大量增长，主要原因是：这些人在脆弱的孩提时期享受到了美国良好的健康医疗照顾（Y）。

【第2步　套用母题方法】

(A) 项，此项说明题干中这些长寿的人的父母并不长寿，排除他们是由于遗传因素导致长寿，排除他因，支持题干。

(B) 项，题干不涉及不同年龄组出生人数的比较，无关选项。（干扰项·新比较）

(C) 项，题干只涉及寿命，不涉及是否需要护理，无关选项。（干扰项·话题不一致）

(D) 项，此项指出美国很多85岁以上的人是在20岁或20岁以后才移民至美国的，那么他们在孩提时期并没有享受到美国良好的健康医疗照顾，否因削弱（否Y）。

(E) 项，联邦政府用于怀孕妇女和儿童的医疗护理的资金减少（无Y），美国公民的寿命有可能会缩短（无G），无因无果，支持题干。但由于题干讨论的是过去10年的事，而此项讨论的是未来的事，故此项的支持力度较弱。

【答案】(D)

例 41. 济济多士，乃成大业；人才蔚起，国运方兴。民族复兴伟大事业呼唤创新人才脱颖而出。一段时间以来，与掌握具体的知识技能相比，一些中小学生缺乏探索性、创新性思维。某教育学家指出我们应该用立法的方式来限定儿童的最大学业负担，以此来保证儿童的自由活动时间。所以，该项法律能够推动儿童创新思维的培养。

以下哪项如果为真，最能支持上述论证？

(A) 保证儿童的自由活动时间有利于儿童的心理健康。

(B) 立法的目的是为了减轻儿童的负担。

(C) 创新思维对儿童的全面发展至关重要。

(D) 很多儿童因为学业负担太重而没有充足的活动时间。

(E) 自由活动时间太少是创新思维发展的重要阻碍。

【第1步　识别论证类型】

提问方式：以下哪项如果为真，最能支持上述论证？

题干：应该用立法（S）的方式来限定儿童的最大学业负担，以此来保证儿童的自由活动时间（P1）。所以，该项法律（S）能够推动儿童创新思维的培养（P2）。

题干中，P1 与 P2 不一致，故此题为拆桥搭桥模型（双 P 型）。

【第 2 步　套用母题方法】

（A）项，题干不涉及儿童的“心理健康”，无关选项。（干扰项·话题不一致）

（B）项，此项仅仅重复了题干的论据，没有支持题干的“论证”，故排除。

（C）项，题干不涉及“儿童的全面发展”，无关选项。（干扰项·话题不一致）

（D）项，此项指出“很多儿童因为学业负担太重而没有充足的活动时间”，有助于说明“限定儿童的学业负担可以保证儿童的自由活动时间”，支持题干的论据，但未支持题干的“论证”，故排除。

（E）项，此项指出自由活动时间（P1）太少会阻碍创新思维（P2）发展，因此，“保证儿童自由活动时间”后有利于“推动儿童创新思维的培养”，搭桥法（双 P），支持题干。

【答案】（E）

模型优先级原则 2：拆搭桥优先

解题原则：

（1）在论证逻辑四大模型中，拆桥搭桥模型的优先级是最高的，解题时应优先考虑拆桥搭桥模型。

（2）所有假设题都应优先考虑搭桥法。

（3）如果一道题无法使用拆桥搭桥模型，则应优先看时态，一般来说，论证逻辑题在时态上存在以下规律：

①题干是过去时，多数题为现象原因模型。

②题干是将来时，则可能为预测结果模型或措施目的模型。

典型例题

例 42.（2014 年管理类联考真题）不仅人上了年纪会难以集中注意力，就连蜘蛛也有类似的情况。年轻蜘蛛结的网整齐均匀，角度完美；年老蜘蛛结的网可能出现缺口，形状怪异。蜘蛛越老，结的网就越没有章法。科学家由此认为，随着时间的流逝，这种动物的大脑也会像人脑一样退化。

以下哪项如果为真，最能质疑科学家的上述论证？

（A）优美的蛛网更容易受到异性蜘蛛的青睐。

（B）年老蜘蛛的大脑较之年轻蜘蛛，其脑容量明显偏小。

（C）运动器官的老化会导致年老蜘蛛结网能力下降。

(D) 蜘蛛结网只是一种本能的行为，并不受大脑控制。

(E) 形状怪异的蛛网较之整齐均匀的蛛网，其功能没有大的差别。

【第1步　识别论证类型】

提问方式：以下哪项如果为真，最能质疑科学家的上述论证？

科学家：蜘蛛（S）越老，结的网（P1）就越没有章法。因此，随着时间的流逝，这种动物（即蜘蛛S）的大脑会退化（P2）。

命题模型分析：

模型（1）：论据与论点中的S相同，但P1与P2不同，故优先考虑拆桥搭桥模型。

模型（2）：题干存在摆现象析原因：结的网变差是现象，大脑退化是原因。故此题也有现象原因模型。

解题时，模型（1）的优先级高于模型（2）的优先级。

【第2步　套用母题方法】

(A) 项，题干不涉及蛛网的"作用"，无关选项。（干扰项·话题不一致）

(B) 项，此项指出年老蜘蛛的大脑较之年轻蜘蛛脑容量明显偏小，支持题干"随着时间的流逝，蜘蛛的大脑出现退化"。

(C) 项，此项指出"运动器官老化"导致年老蜘蛛结网能力下降，从而使得蜘蛛越老结的网就越没有章法，另有他因，削弱题干。但是，"运动器官老化"与"大脑退化"是可以共存的，有可能是这两种原因共同导致年老的蜘蛛结网变差。故此项削弱力度弱。

(D) 项，此项说明"结网（P1）"与"大脑（P2）"不相关（因果无关），可理解为P1与P2拆桥，削弱力度大。

(E) 项，题干不涉及蛛网的"功能"，无关选项。（干扰项·话题不一致）

【答案】(D)

例 43. 由于生理、心理及社会因素等影响，女性在孕期容易出现焦虑、抑郁等心理问题。孕妇的不良心理健康状况，会影响其自身及胎儿的健康，需要高度重视。研究人员发现，多吃豆腐、纳豆等豆制品的孕妇孕期抑郁症比例较低，她推测这可能是大豆中的异黄酮发挥了作用。

下列哪项如果为真，最能加强上述论证？

(A) 大部分的孕妇感觉吃豆制品确实能缓解孕期焦虑。

(B) 豆类食物富含蛋白质、植物油脂、维生素以及无机盐，营养价值可观，且易于消化。

(C) 某孕妇在孕期内摄入了大量的豆制品，而且她在孕期没有患抑郁症。

(D) 孕妇孕期的饮食情况和患抑郁症有很大的关系。

(E) 异黄酮是抗孕期抑郁药物的主要成分。

【第1步　识别论证类型】

提问方式：下列哪项如果为真，最能加强上述论证？

题干：多吃豆腐、纳豆等豆制品（S1）的孕妇孕期抑郁症（P1）比例较低（现象），这可能是大豆（S2）中的异黄酮（P2）发挥了作用（原因）。

命题模型分析：

模型（1）：论据与论点中的S不同，P也不同，故优先考虑拆桥搭桥模型。

模型（2）：题干存在摆现象析原因，故此题也有现象原因模型。

解题时，模型（1）的优先级高于模型（2）的优先级。

【第 2 步 套用母题方法】

（A）项，“感觉”是主观的，未必是事实，故不能支持题干。（干扰项·非事实项）

（B）项，此项讨论的是豆类食物的好处，而题干讨论的是多吃豆制品可以抑制孕妇孕期抑郁症的原因。（干扰项·话题不一致）

（C）项，此项使用例证法支持题干，但个例的支持力度非常小。

（D）项，此项指出“饮食情况”和抑郁症有关，但“饮食”中是否包含“豆制品”并不明确，故不能支持题干。

（E）项，此项搭建了“孕期抑郁症”与“异黄酮”之间的关系，搭桥法（双 P 搭桥），支持题干。

【答案】（E）

例 44. 考古人员在挖掘周口店“北京人”遗址时，发掘出两三处集中用火的部位，可以被称为“火塘”，在“火塘”内部及周围，考古学者还发现了大量燃烧过的物质的沉积物。考古人员由此推测“北京人”已经学会用火。而部分学者则质疑称，发现的沉积物可能是自然山火造成的。

下列哪项如果为真，最能反驳上述质疑?

（A）本次发掘发现一些完全碳化的动物骨骼，其内外都为黑色，可以判断是火烧的结果。

（B）发现的沉积物经历了再搬运，并非在原地形成。

（C）该沉积物经历了 700℃以上的加热，而自然山火一般无法达到如此高的温度。

（D）“火塘”附近的“猿人洞”中发现了猿人的遗骨、遗物和洞顶塌落的石块等。

（E）近年来，有学者发表了相关文献证明以色列古人类早在 79 万年前就会用火。

【第 1 步 识别论证类型】

提问方式：下列哪项如果为真，最能反驳上述质疑?

学者的质疑：发现的用火区沉积物（现象 G）可能是自然山火造成的（原因 Y）。

命题模型分析：学者的质疑中存在对原因的分析，故此题为现象原因模型，但由于提问针对论点，故优先考虑论点内部拆桥搭桥。

【第 2 步 套用母题方法】

（A）项，“火烧”的种类很多，无法判断是否为自然山火，故不能削弱题干。

（B）项，发现的沉积物是否在原地形成与它是否为自然山火造成的无关，无关选项。（干扰项·话题不一致）

（C）项，此项割裂了“沉积物”与“自然山火”之间的关系，YG 拆桥法（论点内部拆桥），削弱题干。

（D）项，此项涉及的是“猿人洞”，而题干涉及的是“火塘”，无关选项。（干扰项·对象不一致）

（E）项，题干的论证不涉及“以色列古人类”，无关选项。（干扰项·对象不一致）

【答案】（C）

例 45.（2021年经济类联考真题）老式荧光灯因成本低、寿命长而在学校广泛使用。但是，老式荧光灯老化后因放电产生的紫外辐射会导致灯光颜色和亮度的不断闪烁。对此，有研究人员建议，由于使用老式荧光灯易引发头痛和视觉疲劳，学校应该尽快将其淘汰。

以下哪项如果为真，最能支持上述研究人员的建议？

(A) 老式荧光灯蒙上彩色滤光纸后，可以有效减弱荧光造成的颜色变化。

(B) 有些学校改换了新式荧光灯后，很多学生的头痛和视觉疲劳开始消失。

(C) 新式荧光灯设计新颖、外形美观、节能环保，很受年轻人喜爱。

(D) 灯光闪烁会激发眼部的神经细胞对刺激做出快速反应，加重视觉负担。

(E) 全部淘汰老式荧光灯，学校要支出一大笔经费，但很多家长认为这笔钱值得花。

【第1步　识别论证类型】

提问方式：以下哪项如果为真，最能支持上述研究人员的建议？

题干：老式荧光灯(S)老化后因放电产生的紫外辐射会导致灯光颜色和亮度的不断闪烁(P1)。对此，有研究人员建议，由于使用老式荧光灯(S)易引发头痛和视觉疲劳(P2)，学校应该尽快将其淘汰。

命题模型分析：锁定关键词“建议”，可知题干中存在措施目的模型。另外，由于题干中P1与P2不同，故优先考虑拆桥搭桥模型。

【第2步　套用母题方法】

(A)项，此项说明不必淘汰老式荧光灯，削弱题干。

(B)项，此项指出有些学校改换了新式荧光灯后(无因)，很多学生的头痛和视觉疲劳开始消失(无果)，无因无果，支持题干。

(C)项，题干不涉及新式荧光灯的特点，无关选项。

(D)项，此项指出灯光闪烁(P1)会激发眼部的神经细胞对刺激做出快速反应，加重视觉负担(P2)，搭桥法，支持题干，优先选择。

(E)项，很多家长“认为”这笔钱值得花，是主观观点，不能支持题干。(干扰项·非事实项)

【答案】(D)

第4节　低频偶考4大模型

偶考模型1：统计论证模型

第1步 识别论证类型	题干特点：题干中出现数量关系，如增长率、利润、利润率、平均值、比例、含量等。
第2步 套用母题方法	列出数量关系公式进行解题。

典型例题

例 46.（2018 年管理类联考真题）最近一项调研发现，某国 30 岁至 45 岁人群中，去医院治疗冠心病、骨质疏松等病症的人越来越多，而原来患有这些病症的大多是老年人。调研者由此认为，该国年轻人中“老年病”发病率有不断增加的趋势。

以下哪项如果为真，最能质疑上述调研结论？

（A）由于国家医疗保障水平的提高，相比以往，该国民众更有条件关注自己的身体健康。

（B）“老年人”的最低年龄比以前提高了，“老年病”的患者范围也有所变化。

（C）近年来，由于大量移民涌入，该国 45 岁以下年轻人的数量急剧增加。

（D）尽管冠心病、骨质疏松等病症是常见的“老年病”，老年人患的病未必都是“老年病”。

（E）近几十年来，该国人口老龄化严重，但健康老龄人口的比重在不断增大。

【第 1 步　识别论证类型】

题干：调研发现，某国 30 岁至 45 岁人群中，去医院治疗冠心病、骨质疏松等病症的人越来越多，而原来患有这些病症的大多是老年人。因此，该国年轻人中“老年病”发病率有不断增加的趋势。

思路 1：题干中出现“发病率”，故此题为统计论证模型。

思路 2：题干中出现调研，可质疑样本的代表性。

【第 2 步　套用母题方法】

根据公式：年轻人中“老年病”发病率 $=\frac{\text{年轻人中发病人数}}{\text{年轻人总人数}}\times 100\%$，可知题干仅由分子“年轻人中发病人数”增加，无法说明发病率提高，在分母变大的情况下，发病率可能会降低。

（A）项，此项不涉及“年轻人中老年病的发病率”，无关选项。

（B）项，题干涉及的是“年轻人”中老年病的发病率，而此项涉及的是“老年病”的患者范围，二者并非同一概念。（干扰项・话题不一致）

（C）项，此项说明年轻人的数量急剧增加，即：分母变大，故发病率可能会降低，削弱题干。

（D）项，题干的论证并未涉及“老年病”的具体类型，也未涉及老年人患的病，无关选项。

（E）项，题干的论证对象为年轻人，而此项的论证对象为健康老龄人口。此外，题干也并未涉及健康老龄人口的比例，无关选项。（干扰项・对象及话题不一致）

【答案】（C）

例 47.（2018 年管理类联考真题）中国是全球最大的卷烟生产国和消费国，但近年来政府通过出台禁烟令、提高卷烟消费税等一系列公共政策努力改变这一形象。一项权威调查数据显示，在 2014 年同比上升 2.4%之后，中国卷烟消费量在 2015 年同比下降了 2.4%，这是 1995 年来首次下降。尽管如此，2015 年中国卷烟消费量仍占全球的 45%，但这一下降对全球卷烟总消费量产生巨大影响，使其同比下降了 2.1%。

根据以上信息，可以得出以下哪项？

（A）2015 年发达国家卷烟消费量同比下降比率高于发展中国家。

（B）2015 年世界其他国家卷烟消费量同比下降比率低于中国。

(C) 2015年世界其他国家卷烟消费量同比下降比率高于中国。

(D) 2015年中国卷烟消费量大于2013年。

(E) 2015年中国卷烟消费量恰好等于2013年。

【第1步 识别论证类型】

题干的提问方式为"根据以上信息，可以得出以下哪项?"，且题干的论证涉及比率等数量关系，故此题为统计论证模型的推论题。

【第2步 套用母题方法】

题干：中国卷烟消费量在2015年同比下降了2.4%，使得2015年全球卷烟总消费量同比下降了2.1%。

由平均值的原理可知，中国卷烟消费量下降了2.4%，这说明其他国家的卷烟消费量下降比率必须低于2.1%，才能使全球卷烟总消费量下降2.1%。所以，其他国家的卷烟消费量下降比率低于2.1%，当然也低于中国（2.4%）。故（B）项正确。

【答案】（B）

偶考模型2：转折模型

第1步 识别论证类型	题干结构一：背景介绍+但是+论据论点。 例如： 你人很好（背景介绍，无用信息），但是，我不能做你女朋友（论点），因为我喜欢别人（论据）。 题干结构二：他人的观点+对这一观点的否定+否定理由。 例如： 有人认为老吕很帅（他人观点），这一观点是荒谬的（对这一观点的否定，即老吕不帅），因为老吕鼻孔太大（否定理由，即论据）。
第2步 套用母题方法	题干结构一：直接锁定"但是"后面的部分。 题干结构二：重点是"对他人观点的否定"。

典型例题

例 48.（2008年MBA联考真题）有人提出通过开采月球上的氦-3来解决地球上的能源危机，在熔合反应堆中氦-3可以用作燃料。这一提议是荒谬的，即使人类能够在月球上开采出氦-3，要建造上述熔合反应堆在技术上至少也是50年以后的事。地球今天面临的能源危机到那个时候再着手解决就太晚了。

以下哪项最为恰当地概括了题干所要表达的意思？

(A) 如果地球今天面临的能源危机不能在50年内得到解决，那就太晚了。

(B) 开采月球上的氦-3不可能解决地球上近期的能源危机。

(C) 开采和利用月球上的氦-3只是一种理论假设，实际上做不到。

(D) 人类解决能源危机的技术突破至少需要50年。

(E) 人类的太空搜索近年内不可能有效解决地球面临的问题。

【第 1 步　识别论证类型】

题干：有人提出通过开采月球上的氦-3 来解决地球上的能源危机，在熔合反应堆中氦-3 可以用作燃料（他人的观点）。这一提议是荒谬的（否定他人的观点），即使人类能够在月球上开采出氦-3，要建造上述熔合反应堆在技术上至少也是 50 年以后的事。地球今天面临的能源危机到那个时候再着手解决就太晚了（否定他人观点的理由）。

题干结构为：某人认为 A，但是这一提议是荒谬的，因为 B。故此题为转折模型。

【第 2 步　套用母题方法】

题干的提问方式为"以下哪项最为恰当地概括了题干所要表达的意思?"，即找论点，题干的论点为"这一提议是荒谬的"，即"通过开采月球上的氦-3 来解决地球上的能源危机"是荒谬的，故此题可秒选 (B) 项。

(A) 项、(D) 项，此题要求概括结论，而"50 年"是论据中出现的概念，不是结论，直接排除。

(C) 项，此项指出"开采"和"利用"月球上的氦-3，实际上做不到，扩大了题干的论证范围，因为题干认为开采月球上的氦-3 解决不了地球上的能源危机，但并没有说月球上的氦-3 无法被利用。

(E) 项，题干说的是"开采月球上的氦-3 不能解决地球上的能源危机"，而此项说的是"人类的太空搜索不能解决地球面临的问题"，此项扩大了题干的论证范围。

【答案】 (B)

偶考模型 3：绝对化结论模型

第 1 步 识别论证类型	题干特点：题干论点中出现绝对化的断定。例如："必须""只有……才……""如果……那么……"等。
第 2 步 套用母题方法	此模型主要在削弱题中考查。这类模型本质上考查的是形式逻辑中的矛盾命题，用形式逻辑的思维解题即可。

典型例题

例 49. (2015 年管理类联考真题) 当企业处于蓬勃上升时期，往往紧张而忙碌，没有时间和精力去设计和修建"琼楼玉宇"；当企业所有的重要工作都已经完成，其时间和精力就开始集中在修建办公大楼上。所以，如果一个企业的办公大楼设计得越完美，装饰得越豪华，则该企业离解体的时间就越近；当某个企业的大楼设计和建造趋向完美之际，它的存在就逐渐失去意义。这就是所谓的"办公大楼法则"。

以下哪项如果为真，最能质疑上述观点?

(A) 某企业的办公大楼修建得美轮美奂，入住后该企业的事业蒸蒸日上。

(B) 一个企业如果将时间和精力都耗费在修建办公大楼上，则对其他重要工作就投入不足了。

(C) 建造豪华的办公大楼，往往会加大企业的运营成本，损害其实际利益。

(D) 企业办公大楼越破旧，该企业就越有活力和生机。

(E) 建造豪华的办公大楼并不需要企业投入太多的时间和精力。

【第 1 步　识别论证类型】

办公大楼法则：当企业所有的重要工作都已经完成，其时间和精力就开始集中在修建办公大楼上，因此，如果一个企业的办公大楼设计得越完美，装饰得越豪华，则该企业离解体的时间就越近（豪华→变差）。

题干的结论中出现绝对化词“如果……那么……”，故此题为绝对化结论模型，直接找结论的矛盾命题即可反驳。

【第 2 步　套用母题方法】

(A) 项，办公大楼修建得美轮美奂，但企业的事业蒸蒸日上，即“豪华∧¬变差”，与“办公大楼法则”矛盾，故此项最能削弱题干的观点。

(B) 项、(C) 项，这两项均说明办公大楼修建得豪华，会给企业带来不利影响，进而可能导致该企业离解体的时间越来越近，支持题干的观点。

(D) 项，企业办公大楼越破旧（无因），该企业就越有活力和生机（无果），无因无果，支持题干。

(E) 项，此项指出建造豪华的办公大楼并不需要企业投入太多的时间和精力，质疑题干的论据，故削弱力度不如 (A) 项。

【答案】(A)

偶考模型 4：争论焦点模型

第 1 步 识别论证类型	(1) 题干特点：题干中出现两个人的争论。 (2) 提问方式 “以下哪项最为恰当地概括了上述争论的问题？” “以下哪项是上述争论的焦点？”
第 2 步 套用母题方法	争论焦点模型的三大解题原则： ①双方表态原则。 争论的焦点必须是双方均明确表态的部分。如果一方对一个观点表态，另外一方对此观点没有表态，则此观点不是争论的焦点。 ②双方差异原则。 争论的焦点必须是二者观点不同的部分，即有差异的部分。 ③论点优先原则。 论据服务于论点，所以当反方质疑对方论据时，往往是为了说明对方论点不成立，这时争论的焦点一般是双方的论点不同。在双方论点相同，质疑对方的论据时，争论的焦点才是论据。

典型例题

例 50.（2016 年管理类联考真题）赵明与王洪都是某高校辩论协会成员，在为今年华语辩论赛招募新队员的问题上，两人发生了争执。

赵明：我们一定要选拔喜爱辩论的人。因为一个人只有喜爱辩论，才能投入精力和时间研究辩论并参加辩论赛。

王洪：我们招募的不是辩论爱好者，而是能打硬仗的辩手。无论是谁，只要能在辩论赛中发挥应有的作用，他就是我们理想的人选。

以下哪项最可能是两人争论的焦点？

（A）招募的标准是从现实出发还是从理想出发。

（B）招募的目的是研究辩论规律还是培养实战能力。

（C）招募的目的是为了培养新人还是赢得比赛。

（D）招募的标准是对辩论的爱好还是辩论的能力。

（E）招募的目的是为了集体荣誉还是满足个人爱好。

【第 1 步　识别论证类型】

题干的提问方式为“以下哪项最可能是两人争论的焦点?”，故此题为争论焦点模型。

【第 2 步　套用母题方法】

争论焦点模型的解题原则是：（1）双方表态原则；（2）双方差异原则；（3）论点优先原则。

赵明：我们一定要选拔喜爱辩论的人（爱好）。

王洪：我们需要招募的是能打硬仗的辩手（能力）。

（A）项，赵明和王洪两人均没有涉及“现实与理想”，违反双方表态原则。

（B）项，赵明和王洪两人均没有涉及“研究辩论规律与培养实战能力”，违反双方表态原则。

（C）项，赵明和王洪两人均没有涉及“培养新人”，违反双方表态原则。

（D）项，赵明和王洪争论的焦点是应该招募什么样的新辩手，招募喜爱辩论的还是辩论能力强的，故此项正确。

（E）项，赵明和王洪两人均没有涉及“集体荣誉”，违反双方表态原则。

【答案】（D）

例 51.（2017 年管理类联考真题）王研究员：我国政府提出的“大众创业、万众创新”激励着每一位创业者。对于创业者来说，最重要的是需要一种坚持精神。不管在创业中遇到什么困难，都要坚持下去。

李教授：对于创业者来说，最重要的是要敢于尝试新技术。因为有些新技术一些大公司不敢轻易尝试，这就为创业者带来了成功的契机。

根据以上信息，以下哪项最准确地指出了王研究员与李教授观点的分歧所在？

（A）最重要的是敢于迎接各种创业难题的挑战，还是敢于尝试那些大公司不敢轻易尝试的新技术。

（B）最重要的是坚持创业，有毅力、有恒心把事业一直做下去，还是坚持创新，做出更多的科学发现和技术发明。

(C) 最重要的是坚持把创业这件事做好，成为创业大众的一员，还是努力发明新技术，成为创新万众的一员。

(D) 最重要的是需要一种坚持精神，不畏艰难，还是要敢于尝试新技术，把握事业成功的契机。

(E) 最重要的是坚持创业，敢于成立小公司，还是尝试新技术，敢于挑战大公司。

【第1步 识别论证类型】

题干的提问方式为"以下哪项最准确地指出了王研究员与李教授观点的分歧所在?"，故此题为争论焦点模型。

【第2步 套用母题方法】

争论焦点模型的解题原则是：(1) 双方表态原则；(2) 双方差异原则；(3) 论点优先原则。

(A) 项，王研究员和李教授两人均没有涉及"迎接各种创业难题的挑战"，违反双方表态原则。

(B) 项，王研究员和李教授两人均没有涉及"坚持创新"，违反双方表态原则。

(C) 项，王研究员和李教授两人均没有涉及"努力发明新技术"，违反双方表态原则。

(D) 项，题干中王研究员认为"对于创业者来说，最重要的是需要一种坚持精神"，李教授认为"对于创业者来说，最重要的是要敢于尝试新技术"，故此项指出了两人的争论焦点。

(E) 项，王研究员和李教授两人均没有涉及"敢于成立小公司"和"敢于挑战大公司"，违反双方表态原则。

【答案】 (D)

第 2 部分

选项比较方法论

第1节 选项判断4大原则

很多同学在论证逻辑遇到的最大问题是在两个选项中纠结，不知道该选哪个选项，也不知道如何比较选项的力度。接下来，我们用两节的内容来帮你解决这个问题。

友情提醒：请大家一定要听配套的免费课程，会让你在论证逻辑的选项判断上有顿悟之感。

选项判断4大原则(1)：一致原则

一致原则的说明	一致原则是指选项与题干中的论证对象、比较对象、话题、概念、性质、时间、地点、程度、范围等要尽可能一致。
一致原则的结论	若选项与题干中的上述内容一致，则大概率为正确选项； 若选项与题干中的上述内容存在不一致，则大概率为错误选项。
干扰项设置	违反一致原则的选项为“不一致项”。 在真题中常见如下“不一致项”： (1)对象不一致； (2)话题不一致； (3)比较不一致；(比较对象、比较内容) (4)时间不一致； (5)程度不一致； (6)范围不一致。

典型例题

例 1.（2020年管理类联考真题）披毛犀化石多分布在欧亚大陆北部，我国东北平原、华北平原、西藏等地也偶有发现。披毛犀有一个独特的构造——鼻中隔，简单地说就是鼻子中间的骨头。研究发现，西藏披毛犀化石的鼻中隔只是一块不完全的硬骨，早先在亚洲北部、西伯利亚等地发现的披毛犀化石的鼻中隔要比西藏披毛犀的“完全”，这说明西藏披毛犀具有更原始的形态。

以下哪项如果为真，最能支持以上论述？

(A) 一个物种不可能有两个起源地。

(B) 西藏披毛犀化石是目前已知最早的披毛化石。

(C) 为了在冰雪环境中生存，披毛犀的鼻中隔经历了由软到硬的进化过程，并最终形成一块完整的骨头。

(D) 冬季的青藏高原犹如冰期动物的“训练基地”，披毛犀在这里受到耐寒训练。

(E) 随着冰期的到来，有了适应寒冷能力的西藏披毛犀走出西藏，往北迁徙。

【第 1 步 识别论证类型】

提问方式：以下哪项如果为真，最能支持以上论述？

题干：西藏披毛犀化石（S1）的鼻中隔只是一块不完全的硬骨（P1），早先在亚洲北部、西伯利亚等地发现的披毛犀化石的鼻中隔要比西藏披毛犀的“完全”，这说明西藏披毛犀（S2）具有更原始的形态（P2）。

【第 2 步 套用母题方法】

由于题干中 P1 与 P2 不一致，故快速识别选项中的 P1（鼻中隔）和 P2（原始）。

（A）、（B）、（D）、（E）四项均不涉及 P1 和 P2，话题与题干不一致，迅速排除。

（C）项涉及 P1 和 P2，分析可知披毛犀鼻中隔的形成是从不完整到完整的进化过程，说明鼻中隔形成越不完整（P1），那么披毛犀在进化中所处的时期就越早（P2），搭桥法（双 P 搭桥），支持题干。

【答案】（C）

例 2.（2024 年管理类联考真题）纸箱是邮寄快递的主要包装材料之一，初次使用的纸箱大都可重复使用。目前大部分旧纸箱仍被当作生活垃圾处理，不利于资源的利用和环境的保护。其实，我们寄快递时所用的新纸箱快递点一般都要收费。有专家就此认为，即使从自身利益角度出发，快递点对纸箱回收也应具有积极性。

以下哪项如果为真，最能质疑上述专家的观点？

（A）有些人在收到快递后习惯将包装纸箱留存，积攒到一定数量后，再送到附近废品收购站卖掉。

（B）快递员回收纸箱的意愿并不高，为了赶时间，他们不会等客户拆封后再带走空纸箱。

（C）旧纸箱一般是以往客户丢下的，快递点并未花钱回购，在为客户提供旧纸箱时也不会收费。

（D）为了“有面子”，有些人在寄快递时宁愿花钱购买新纸箱，也不愿使用旧纸箱，哪怕免费使用也不行。

（E）快递点大多设有纸箱回收处，让客户拿到快递后自己决定是否将快递当场拆封，并将纸箱留下。

【第 1 步 识别论证类型】

提问方式：以下哪项如果为真，最能质疑上述专家的观点？

专家的观点：即使从自身利益角度出发，快递点对纸箱回收也应具有积极性。

【第 2 步 套用母题方法】

专家认为快递点对纸箱回收应具有积极性的理由是“自身利益”。故正确选项应该与“快递点的利益”相关。

（C）项，指出快递点在为客户提供旧纸箱时不会收费，说明回收纸箱并不能为其带来利益，削弱专家的观点。

（D）项，此项涉及的是个别人的情况，不能很好地削弱专家的观点。

其余各项均不涉及快递点的利益，可迅速排除。

【答案】（C）

例 3.（2024年管理类联考真题）随着传播媒介的不断发展，其接收方式越来越多样。声音，作为一种接收门槛相对较低的传播媒介，它的“可听化”比视频的“可视化”受限制条件少，接收方式灵活。近来，各种有声读物、方言乡音等媒介日渐红火，一些听书听剧网站颇受欢迎，这让一些人看到了希望：会说话就行，用“声音”就可以获得财富。有专家就此认为，声媒降低了就业门槛，为人们提供了更多平等就业的机会。

以下哪项如果为真，最能质疑上述专家的观点？

(A) 传媒接收门槛的降低并不意味着声媒准入门槛的降低。

(B) 只有切实贯彻公平合理的就业政策，人们平等就业才有实现的可能。

(C) 一个行业吸纳的就业人员越多，它所能提供的平均薪酬水平往往越低。

(D) 有人愿意为听书付费，而有人不愿意，靠“声音”获得财富并不容易。

(E) 有人天生一副好嗓子，而有人的嗓音则需通过训练才能达到播音标准。

【第1步　识别论证类型】

提问方式：以下哪项如果为真，最能质疑上述专家的观点？

专家的观点：声媒降低了就业门槛，为人们提供了更多平等就业的机会。

【第2步　套用母题方法】

专家的观点涉及两个关键词“就业门槛”和“平等就业”，重点分析带这两个关键词的选项。

(A) 项，涉及“门槛”，重点分析此项。将题干的论证补充完整：声音的接收门槛（P1）相对较低，因此，声媒降低了就业门槛（P2）。故此项为拆桥法，指出“接收门槛”与“准入门槛（就业门槛）”并不同，削弱专家的观点。

(B) 项，此项出现关键词“平等就业”，但是题干并不涉及“就业政策”与“平等就业”之间的关系，话题不一致。

其余各项均不涉及“就业门槛”和“平等就业”，可迅速排除。

【答案】(A)

例 4.（2023年管理类联考真题）水在温度高于374℃、压力大于22MPa的条件下，被称为超临界水。超临界水能与有机物完全互溶，同时还可以大量溶解空气中的氧，而无机物特别是盐类在超临界水中的溶解度很低。由此，研究人员认为，利用超临界水作为特殊溶剂，水中的有机物和氧气可以在极短时间内完成氧化反应，把有机物彻底“秒杀”。

以下哪项如果为真，最能支持上述研究人员的观点？

(A) 有机物在超临界水中通过分离装置可瞬间转化为无毒无害的水、无机盐以及二氧化碳等气体，并最终在生产和生活中得到回收利用。

(B) 超临界水氧化技术具有污染物去除率高、二次污染小、反应迅速等特征，被认为是废水处理技术中的“杀手锏”，具有广阔的工业应用前景。

(C) 超临界水只有兼具气体与液体的高扩散性、高溶解性、高反应活性及低表面张力等优良特性，才能把有机物彻底“秒杀”。

(D) 超临界水氧化技术对难以降解的农化、石油、制药等有机废水尤为适用。

(E) 如果超临界水氧化技术成功应用于化工、制药等行业的污水处理，可有效提升流域内重污染行业的控源减排能力。

【第 1 步　识别论证类型】

提问方式：以下哪项如果为真，最能支持上述研究人员的观点？

研究人员认为：利用超临界水作为特殊溶剂（措施 M），水中的有机物和氧气可以在极短时间内完成氧化反应，把有机物彻底“秒杀”（目的/效果 P）。

故本题为措施目的模型。

【第 2 步　套用母题方法】

题干的论点强调把有机物彻底“秒杀”（效果），因此优先验证直接涉及该效果的选项。

(A) 项，超临界水（措施 M）可以把有机物“瞬间”（即秒杀）转化为无毒无害的水、无机盐以及二氧化碳等气体（目的/效果 P），MP 搭桥，支持研究人员的观点。

(C) 项，此项中出现“只有，才”这组条件关系，但并不能确定现实中使用的超临界水是否具备此条件，故排除此项。（干扰项 • 不确定项）

其余各项均不涉及“秒杀”这一效果，故排除。

【答案】（A）

选项判断 4 大原则（2）：相关原则

相关原则的说明	（1）相关原则用于靠一致原则无法解决的选项。 （2）相关原则是指选项与题干中的话题要有相关性。 （3）相关原则在削弱题中主要涉及：另有他因、补充新的反面论据等。 （4）相关原则在支持题中主要涉及：排除他因、补充新的正面论据等。
干扰项设置	正确的选项必须与题干存在相关性。若选项与题干不存在相关性，则为无关选项。

典型例题

例 5. 通常音乐被认为可以舒缓和改善人的情绪，但有一些人似乎对音乐没有任何情绪上的反应，研究人员招募了 15 位宣称对音乐没有情绪反应的人，另外招募了 15 位认为自己对喜欢的音乐反应比普通人更强烈的人。研究人员让这些人听各种类型的音乐，同时对他们进行大脑扫描。对音乐缺乏反应的人的一个特定大脑区域血流量较另外一组少。研究人员据此推测，缺乏欣赏音乐的能力是因为大脑中负责声音处理的区域和管理情绪的区域之间的联系较少。

以下哪项如果为真，最能驳斥研究者的推测？

(A) 音乐的种类和形式繁多，自认为对音乐缺少欣赏能力的人并不了解自己到底喜欢什么音乐。

(B) 音乐影响情绪的过程和大脑中多巴胺的功能密切相关，而多巴胺水平是由基因决定的。

(C) 特定大脑区域血流量的变化并不受单一因素的影响。

(D) 自认为对音乐缺少欣赏能力的人听音乐的时候注意力容易偏离，注意力的缺乏导致处理声音的脑区激活不足。

(E) 自认为对音乐缺少欣赏能力的人对音乐没有偏好，而有音乐偏好的人听喜欢的音乐时，更容易产生愉快情绪。

【第1步　识别论证类型】

提问方式：以下哪项如果为真，最能驳斥研究者的推测？

题干中的对比实验：研究人员招募了15位宣称对音乐没有情绪反应的人，另外招募了15位认为自己对喜欢的音乐反应比普通人更强烈的人。研究人员让这些人听各种类型的音乐，同时对他们进行大脑扫描。对音乐缺乏反应的人的一个特定大脑区域血流量较另外一组少。(现象)

研究人员的推测：缺乏欣赏音乐的能力（对音乐的情绪反应G）是因为大脑中负责声音处理的区域和管理情绪的区域之间的联系较少(Y)。

本题由两组对比的实验，得出一个因果关系，故此题为现象原因模型（求异法型）。

【第2步　套用母题方法】

(A) 项，题干的论证不涉及被调查者是否“了解自己到底喜欢什么音乐”，无关选项。(干扰项・话题不一致)

(B) 项，此项指出音乐影响情绪(G)可能是因为“基因”，另有他因，削弱研究人员的推测。此项中“基因”这个因素与题干“音乐影响情绪”这一结果的关系是直接给出来的（直接相关），故削弱力度大。

(C) 项，题干的论证不涉及“单一因素”，无关选项。(干扰项・话题不一致)

(D) 项，此项说明对音乐缺少欣赏能力(G)与处理声音的脑区激活不足(Y)有关，因果相关，支持研究人员的推测。

(E) 项，此项说明音乐会影响情绪，但未对这一现象的原因进行分析，无关选项。

【答案】 (B)

例 6.（2021年管理类联考真题）孩子在很小的时候，对接触到的东西都要摸一摸、尝一尝，甚至还会吞下去。孩子天生就对这个世界抱有强烈的好奇心，但随着孩子慢慢长大，特别是进入学校之后，他们的好奇心越来越少。对此有教育专家认为，这是由于孩子受到外在的不当激励所造成的。

以下哪项如果为真，最能支持上述专家的观点？

(A) 现在许多孩子迷恋电脑、手机，对书本知识感到索然无味。

(B) 野外郊游可以激发孩子的好奇心，长时间宅在家里就会产生思维惰性。

(C) 老师和家长只看考试成绩，导致孩子只知道死记硬背书本知识。

(D) 现在孩子所做的很多事情大多迫于老师、家长等的外部压力。

(E) 孩子助人为乐能获得褒奖，损人利己往往受到批评。

【第1步　识别论证类型】

提问方式：以下哪项如果为真，最能支持上述专家的观点？

教育专家的观点：这（随着孩子慢慢长大，特别是进入学校之后，他们的好奇心越来越少：G）是由于孩子受到外在的不当激励(Y)所造成的。

教育专家的观点是对原因的分析，故此题为现象原因模型。

【第 2 步　套用母题方法】

(A) 项，此项指出现在许多孩子迷恋电脑、手机，对书本知识感到索然无味。但是，根据对“书本知识”感到索然无味，不确定他们是否对其他的事物也失去好奇心，故排除此项。(干扰项・不确定项)

(B) 项，此项指出长时间宅在家里导致孩子的好奇心越来越少，但“长时间宅在家里”是孩子自身的行为，与“外在的不当激励”无关，无关选项。

(C) 项，此项指出是由于老师和家长只看考试成绩（属于“不当外在激励”，且与题干中“特别是进入学校之后”具备高度的相关性），导致孩子只知道死记硬背书本知识（“好奇心越来越少”的近义改写），因果相关（YG 搭桥），支持专家的观点。

(D) 项，此项说明确实存在“外在的不当激励”(外部压力)，但是，不确定这些外部压力产生的结果如何。(干扰项・不确定项)

(E) 项，此项中的“助人为乐”和“损人利己”均与题干中的“好奇心”无关，无关选项。

【答案】(C)

选项判断 4 大原则 (3)：确定原则

确定原则的说明	选项本身的结果应该是确定的。 选项对题干的削弱、支持、解释等作用也应该是确定的。
干扰项设置	若选项本身的结果不确定，则为不确定项。 若选项对题干的削弱、支持、解释等作用不确定，则也为不确定项。

典型例题

例 7. (2010 年在职 MBA 联考真题) 某市主要干道上的摩托车车道的宽度为 2 米，很多骑摩托车的人经常在汽车道上抢道行驶，严重破坏了交通秩序，使交通事故频发。有人向市政府提出建议：应当将摩托车车道扩宽为 3 米，让骑摩托车的人有较宽的车道，从而消除抢道的现象。

以下哪项如果为真，最能削弱上述论点？

(A) 摩托车车道宽度增加后，摩托车车速将加快，事故也许会随着增多。

(B) 摩托车车道变宽后，汽车车道将会变窄，汽车驾驶者会有意见。

(C) 当摩托车车道扩宽后，有些骑摩托车的人仍会在汽车车道上抢道行驶。

(D) 扩宽摩托车车道的办法对汽车车道上的违章问题没有什么作用。

(E) 扩宽摩托车车道的费用太高，需要进行项目评估。

【干扰项分析】

此题在第 1 部分第 2 节中已经做过讲解，此处只分析干扰项。

(E) 项，此项指出“需要进行项目评估”，但评估结果并不确定，存在经过评估后证明可行的可能，也存在经过评估后证明不可行的可能。(干扰项・不确定项)

【答案】(C)

例 8.（2019年管理类联考真题）阔叶树的降尘优势明显，吸附PM2.5的效果最好，一棵阔叶树一年的平均滞尘量达3.16公斤。针叶树叶面积小，吸附PM2.5的功效较弱。全年平均下来，阔叶林的吸尘效果要比针叶林强不少，阔叶树也比灌木和草的吸尘效果好得多。以北京常见的阔叶树国槐为例，成片的国槐林吸尘效果比同等面积普通草地约高30%。有些人据此认为，为了降尘，北京应大力推广阔叶树，并尽量减少针叶林面积。

以下哪项如果为真，最能削弱上述有关人员的观点？

(A) 阔叶树与针叶树比例失调，不仅极易暴发病虫害、火灾等，还会影响林木的生长和健康。

(B) 针叶树冬天虽然不落叶，但基本处于“休眠”状态，生物活性差。

(C) 植树造林既要治理PM2.5，也要治理其他污染物，需要合理布局。

(D) 阔叶树冬天落叶，在寒冷的冬季，其养护成本远高于针叶树。

(E) 建造通风走廊，能把城市和郊区的森林连接起来，让清新的空气吹入，降低城区的PM2.5。

【干扰项分析】

此题在第1部分第2节中已经做过讲解，此处只分析干扰项。

(C) 项，此项指出植树造林需要合理布局，但是不确定题干中的布局是否合理。（干扰项·不确定项）

【答案】(A)

例 9.（2021年管理类联考真题）某医学专家提出一种简单的手指自我检测法：将双手放在眼前，把两个食指的指甲那一面贴在一起，正常情况下，应该看到两个指甲床之间有一个菱形的空间；如果看不到这个空间，则说明手指出现了杵状改变，这是患有某种心脏或肺部疾病的迹象。该专家认为，人们通过手指自我检测能快速判断自己是否患有心脏或肺部疾病。

以下哪项如果为真，最能质疑上述专家的论断？

(A) 杵状改变可能由多种肺部疾病引起，如肺纤维化、支气管扩张等，而且这种病变需要经历较长的一段过程。

(B) 杵状改变不是癌症的明确标志，仅有不足40%的肺癌患者有杵状改变。

(C) 杵状改变检测只能作为一种参考，不能用来替代医生的专业判断。

(D) 杵状改变有两个发展阶段，第一个阶段的畸变不是很明显，不足以判断人体是否有病变。

(E) 杵状改变是手指末端软组织积液造成，而积液是由于过量血液注入该区域导致，其内在机理仍然不明。

【第1步 识别论证类型】

提问方式：以下哪项如果为真，最能质疑上述专家的论断？

专家的论断：如果看不到这个菱形的空间，则说明手指出现了杵状改变（现象G），这是患有某种心脏或肺部疾病的迹象（原因Y）。因此，人们通过手指自我检测（措施M）能快速判断自己是否患有心脏或肺部疾病（目的P）。

可见，此题中存在现象原因模型和措施目的模型。

【第 2 步　套用母题方法】

(A) 项，此项指出肺部疾病确实可能导致杵状改变，支持专家的论断。

(B) 项，题干讨论的是通过杵状改变来判断“心脏或肺部疾病”，但“肺部疾病”未必是“肺癌”，二者并非同一概念，故排除此项。(干扰项 • 概念不一致)

(C) 项，此项指出该种检测方式可以作为一种参考，支持专家的论断。(干扰项 • 明否暗肯)

(D) 项，此项指出在杵状改变的第一个阶段，不能由此判断疾病，但无法确定在其第二个阶段是否能判断疾病。(干扰项 • 不确定项)

(E) 项，此项指出杵状改变是由手指末端软组织积液造成，直接否定了专家论据中的原因，削弱力度大。注意：此项虽然指出了“其内在机理仍然不明”，但手指末端软组织积液造成杵状改变是确定的，故此项并非“诉诸无知”。

【答案】 (E)

例 10. (2007 年 MBA 联考真题) 某单位检验科需大量使用玻璃烧杯。一般情况下，普通烧杯和精密刻度烧杯都易于破损，前者的破损率稍微高些，但价格便宜得多。如果检验科把下年度计划采购烧杯的资金全部用于购买普通烧杯，就会使烧杯数量增加，从而满足检验需求。

以下哪项如果为真，最能削弱上述论证？

(A) 如果把资金全部用于购买普通烧杯，可能会将其中部分烧杯挪为他用。

(B) 下年度计划采购烧杯的数量不能用现在的使用量来衡量。

(C) 某些检验人员喜欢使用精密刻度烧杯而不喜欢使用普通烧杯。

(D) 某些检验需要精密刻度烧杯才能完成。

(E) 精密刻度烧杯使用更加方便，易于冲洗与保存。

【第 1 步　识别论证类型】

提问方式：以下哪项如果为真，最能削弱上述论证？

题干：如果检验科把下年度计划采购烧杯的资金全部用于购买普通烧杯（措施），就会使烧杯数量增加，从而满足检验需求（目的）。

故此题为措施目的模型。

【第 2 步　套用母题方法】

(A) 项，此项指出措施有副作用，但这一副作用不是很严重，且“可能”是弱化词，故削弱力度弱。

(B) 项，此项指出下年度计划采购烧杯的数量不能用现在的使用量来衡量，那应该怎么衡量呢？衡量以后该计划是可行还是不可行呢？由此项无法确定这些问题。(干扰项 • 不确定项)

(C) 项，此项指出某些检验人员喜欢使用精密刻度烧杯而不喜欢使用普通烧杯，但某些检验人员的“喜欢”仅仅是主观因素，不能说明题干中的建议能否满足实验需求。(干扰项 • 非事实项)

(D) 项，此项说明有的检验不用精密刻度烧杯不能完成，此项出现了“有的不”，但此项可以很好地削弱题干。因为题干中的措施是“全部购买普通烧杯”，只要有一个相关的反例即可反驳全部。

（E）项，提供论据说明精密刻度烧杯具有优势，但不确定精密刻度烧杯能否满足实验需求。（干扰项·不确定项）

【答案】（D）

例 11.（2010年管理类联考真题）美国某大学医学院的研究人员在《小儿科》杂志上发表论文指出，在对2 702个家庭的孩子进行跟踪调查后发现，如果孩子在5岁前每天看电视超过2小时，他们长大后出现行为问题的风险将会增加1倍多。所谓行为问题是指性格孤僻、言行粗鲁、侵犯他人、难与他人合作等。

以下哪项最好地解释了以上论述？

（A）电视节目会使孩子产生好奇心，容易导致孩子出现暴力倾向。

（B）电视节目中有不少内容容易使孩子长时间处于紧张、恐惧的状态。

（C）看电视时间过长，会影响孩子与其他人的交往，久而久之，孩子便会缺乏与他人打交道的经验。

（D）儿童模仿能力强，如果只对电视节目感兴趣，长此以往，会阻碍他们分析能力的发展。

（E）每天长时间地看电视，容易使孩子神经系统产生疲劳，影响身心发展。

【第1步　找到待解释的现象】

待解释的现象：如果孩子在5岁前每天看电视超过2小时，他们长大后出现行为问题（性格孤僻、言行粗鲁、侵犯他人、难与他人合作等）的风险将会增加1倍多。

【第2步　套用母题方法】

题干指出“每天看电视超过2小时”会引发行为问题，而不是“看电视”会引发行为问题。因此，锁定“长时间”，可知此题要从（C）项和（E）项中选。

（C）项，说明长时间看电视会导致孩子缺乏与他人打交道的经验，与题干中的“行为问题”直接相关，可以解释题干。

（E）项，说明长时间看电视会影响身心发展，但不确定影响身心发展的后果是不是产生行为问题。（干扰项·不确定项）。

【答案】（C）

选项判断4大原则（4）：直接原则

直接原则的说明	在削弱、支持、解释等题型中，选项与题干的关系最好是直接的。
干扰项设置	若选项与题干的关系不直接，则称之为“不直接项”，一般为干扰项。

典型例题

例 12. 剪除的干草在土壤中逐渐腐烂，提供养料和产生土壤中的有益细菌，这有利于植物的生长。但是被剪除的如果是新鲜青草的话，则结果会不利于植物的生长。

以下哪项如果为真，则最能解释上述现象？

（A）任何植物在土壤中腐烂都会增加土壤中的有益细菌。

(B) 干草腐烂后形成的养料能立即被土壤中的有益细菌吸收。

(C) 新鲜青草被剪除后在土壤中比干草腐烂得更快。

(D) 新鲜青草在土壤中腐烂时会产生高温，一些土壤中的有益细菌在这样的高温下难以生存。

(E) 如果把剪除的干草和新鲜青草混合起来在土壤中腐烂，结果则不利于植物的生长。

【第 1 步　找到待解释的现象】

待解释的现象：剪除的干草在土壤中逐渐腐烂，有利于植物的生长。但是，被剪除的如果是新鲜青草的话，则结果会不利于植物的生长。

【第 2 步　套用母题方法】

(A) 项，说明不管是干草还是新鲜青草都有利于植物的生长，加剧题干中的矛盾。

(B) 项，可以解释剪除的干草有利于植物的生长，但无法解释剪除的新鲜青草不利于植物的生长。

(C) 项，指出新鲜青草腐烂得更快，“这可能不利于植物的生长”。但是，引号里的内容是我们的脑补内容，并非 (C) 项直接给出的信息，不符合“直接原则”，故排除。

(D) 项，说明新鲜青草腐烂时产生的高温杀死了土壤中的有益细菌，故不利于植物的生长，可以解释。此项直接与题干中的“有益细菌有利于植物的生长”相关，符合“直接原则”。

(E) 项，题干是对剪除的干草和剪除的新鲜青草对植物生长影响的比较，没有涉及将其混合起来的情况，无关选项。

【答案】 (D)

例 13. 科学家：就像地球一样，金星内部也有一个炽热的熔岩核，随着金星的自转和公转会释放巨大的热量。地球是通过板块构造运动产生的火山喷发来释放内部热量的，在金星上却没有像板块构造运动那样造成的火山喷发现象，令人困惑。

如果以下陈述为真，则哪一项对科学家的困惑给出了最佳的解释？

(A) 金星自转缓慢而且其外壳比地球的薄得多，便于内部热量向外释放。

(B) 金星大气中的二氧化碳所造成的温室效应使其地表温度高达 485℃。

(C) 由于受高温高压的作用，金星表面的岩石比地球表面的岩石更坚硬。

(D) 金星内核的熔岩运动曾经有过比地球的熔岩运动更剧烈的温度波动。

(E) 金星与太阳的距离比地球与太阳的距离更近。

【第 1 步　找到待解释的现象】

金星与地球的相同点：内部有一个炽热的熔岩核，会释放巨大的热量。

金星与地球的差异点：地球通过火山喷发释放内部热量，金星上没有火山喷发现象。

题干涉及金星与地球两个对象在释放内部热量上存在差异，故需要找出二者之间差异的原因。

【第 2 步　套用母题方法】

(A) 项，说明金星自转缓慢且外壳比地球薄，便于内部热量向外释放，因此不再需要通过火山喷发释放内部热量，可以解释。此项直接与题干中的“释放内部热量”相关，符合“直接原则”。

(B) 项，题干涉及的是“释放内部热量”，而此项涉及的是“地表温度”，无关选项。

(C) 项，此项指出金星表面的岩石更坚硬，“由于太坚硬可能会导致火山无法喷发出来”。但是，引号里的内容是我们的脑补内容，并非 (C) 项直接给出的信息，不符合“直接原则”，故排除。

(D) 项，题干不涉及“温度波动”，无关选项。

(E) 项，与太阳的距离远近可能影响表面温度，但与内部热量的释放无关，无关选项。

【答案】(A)

例 14. 一项包含 20 名受试者的研究中，所有受试者第一晚都在几乎全黑的房间入睡。第二晚，一半受试者在明亮的房间入睡，一半受试者仍然在几乎全黑的房间入睡。在受试者睡眠期间，研究人员对他们的脑电波和心率进行了记录，同时还开展了其他测试项目。结果显示，在光照环境下入睡的受试者整晚心率都偏高。研究人员由此认为，睡眠时的光照会对人的心血管产生不利影响。

以下哪项如果为真，最能支持研究人员的观点？

(A) 研究发现开灯睡觉有 17%的概率导致体重增加。

(B) 研究中两组受试者的性别比例相同。

(C) 睡眠时的光照会使睡眠者的神经系统兴奋。

(D) 研究中所有的受试者在受试前都心率正常。

(E) 研究中所有受试者的年龄都在 60 岁以上。

【第 1 步　识别论证类型】

提问方式：以下哪项如果为真，最能支持研究人员的观点？

题干：

在光照环境下入睡的受试者：整晚心率偏高；
在全黑环境下入睡的受试者：整晚心率较低；

故：睡眠时的光照会对人的心血管产生不利影响。

题干通过两组对象的对比实验，得出一个因果关系，故此题为现象原因模型（求异法型）。

【第 2 步　套用母题方法】

(A) 项，此项涉及的是开灯睡觉对“体重”的影响，而题干涉及的是睡眠时的光照对“心血管”的影响，无关选项。（干扰项・话题不一致）

(B) 项，排除在实验过程中性别差异对实验结果造成影响的可能性，排除差因，支持研究人员的观点。

(C) 项，此项指出“睡眠时的光照会使睡眠者的神经系统兴奋”，但未说明“神经系统兴奋”是否会对“心血管”产生影响，不能支持研究人员的观点。

(D) 项，排除在实验过程中心率差异对实验结果造成影响的可能性，排除差因，支持研究人员的观点。

(E) 项，排除在实验过程中年龄差异对实验结果造成影响的可能性，排除差因，支持研究人员的观点。

(B) 项、(D) 项、(E) 项都是排除差因，但 (D) 项直接与心率相关，故支持力度更大。

【答案】(D)

例 15. 研究人员基于生物库大样本队列，采用生物电阻抗测量脂肪含量，分析其与死亡风险的关系，结果显示脂肪含量过少与死亡风险增高存在关联。研究人员认为，脂肪含量过少的人，死亡风险会增高。

以下哪项如果为真，最能削弱上述结论？

(A) 在生活方式不健康的人群中，脂肪含量过多或过少均会增加死亡风险。

(B) 另一研究表明，脂肪含量过少的人，脂肪肝的发病率越低。

(C) 脂肪含量过少和死亡风险高都是由疾病带来的，疾病是二者的共同原因。

(D) 低脂肪的饮食可以改善血脂的代谢、降低胆固醇、降低低密度脂蛋白的水平。

(E) 人的脂肪含量过少主要是因为吸收不好或摄入食物不足。

【第 1 步　识别论证类型】

提问方式：以下哪项如果为真，最能削弱上述结论？

研究人员认为：脂肪含量过少（原因 Y）的人，死亡风险会增高（结果 G）。

此题涉及现象原因的分析，故此题为现象原因模型。

【第 2 步　套用母题方法】

(A) 项，此项指出“在生活方式不健康的人群中脂肪含量过多或过少均会增加死亡风险”，说明脂肪含量过少确实会使死亡风险增高，支持题干。

(B) 项，此项指出脂肪含量过少的人“脂肪肝的发病率越低”，并未直接提到“死亡风险”。（干扰项・不直接项）

(C) 项，此项指出疾病导致了脂肪含量过少和死亡风险高，即疾病是“脂肪含量过少”和“死亡风险高”的共同原因，而不是脂肪含量过少导致死亡风险增高，共因削弱。

(D) 项，此项指出低脂肪的饮食可以“改善血脂的代谢、降低胆固醇、降低低密度脂蛋白的水平”，但未直接提到“死亡风险”。（干扰项・不直接项）

(E) 项，题干不涉及“脂肪含量过少的原因”，无关选项。（干扰项・话题不一致）

【答案】(C)

第 2 节　选项力度比较 8 大标准

2.1　选项力度比较的 5 大通用标准

根据上节我们所学的内容，可以得出以下选项力度的判断标准：

力度标准 1	一致选项 > 不一致选项
力度标准 2	相关选项 > 不相关选项
力度标准 3	确定选项 > 不确定选项
力度标准 4	直接选项 > 间接选项（无需脑补项 > 需要脑补项）
力度标准 5	强程度词 > 弱程度词

注意：前4大力度标准与第1节中的4大原则本质上是完全相同的。此处相当于从“选项力度”的角度再次做一遍总结，并不是给出了新的知识点。

典型例题

例 16.（2019年管理类联考真题）如今，孩子写作业不仅仅是他们自己的事，大多数中小学生的家长都要面临陪孩子写作业的任务，包括给孩子听写、检查作业、签字等。据一项针对3 000余名家长进行的调查显示，84%的家长每天都会陪孩子写作业，而67%的受访家长会因陪孩子写作业而烦恼。有专家对此指出，家长陪孩子写作业，相当于充当学校老师的助理，让家庭成为课堂的延伸，会对孩子的成长产生不利影响。

以下哪项如果为真，最能支持上述专家的论断？

（A）家长是最好的老师，家长辅导孩子获得各种知识本来就是家庭教育的应有之义，对于中低年级的孩子，学习过程中的父母陪伴尤为重要。

（B）家长通常有自己的本职工作，有的晚上要加班，有的即使晚上回家也需要研究工作、操持家务，一般难有精力认真完成学校老师布置的“家长作业”。

（C）家长陪孩子写作业，会使得孩子在学习中缺乏独立性和主动性，整天处于老师和家长的双重压力下，既难生发学习兴趣，更难养成独立人格。

（D）大多数家长在孩子教育上并不是行家，他们或者早已遗忘了自己曾经学过的知识，或者根本不知道如何将自己拥有的知识传授给孩子。

（E）家长辅导孩子，不应围绕老师布置的作业，而应着重激发孩子的学习兴趣，培养孩子良好的学习习惯，让孩子在成长中感到新奇、快乐。

【第1步　识别论证类型】

提问方式：以下哪项如果为真，最能支持上述专家的论断？

专家的观点：家长陪孩子写作业（S），相当于充当学校老师的助理，让家庭成为课堂的延伸，会对孩子的成长产生不利影响（P）。

【第2步　套用母题方法】

（A）项，此项说明家长陪孩子写作业有好处，削弱专家的观点。

（B）项，此项说明家长完成学校布置的“家长作业”有难度，但未直接说明其是否会“对孩子的成长产生不利影响”。（干扰项·不直接项）

（C）项，此项指出家长陪孩子写作业会使孩子“在学习中缺乏独立性和主动性”“既难生发学习兴趣，更难养成独立人格”，即构建了“家长陪孩子写作业”（S）和“对孩子的成长产生不利影响”（P）之间的关系，搭桥法（SP搭桥），支持专家的观点。

（D）项，此项指出家长辅导孩子有困难，但未直接说明其是否会“对孩子的成长产生不利影响”。（干扰项·不直接项）

（E）项，此项指出家长“应该”如何、“不应该”如何，但不确定事实情况如何。（干扰项·非事实项）

【答案】（C）

例 17.（2020 年管理类联考真题）王研究员：吃早餐对身体有害，因为吃早餐会导致皮质醇峰值更高，进而导致体内胰岛素异常，这可能引发Ⅱ型糖尿病。

李教授：事实并非如此，因为上午皮质醇水平高只是人体生理节律的表现，而不吃早餐不仅会增加患Ⅱ型糖尿病的风险，还会增加患其他疾病的风险。

以下哪项如果为真，最能支持李教授的观点？

（A）一日之计在于晨，吃早餐可以补充人体消耗，同时为一天的工作准备能量。

（B）糖尿病患者若在 9 点至 15 点之间摄入一天所需的卡路里，血糖水平就能保持基本稳定。

（C）经常不吃早餐，上午工作处于饥饿状态，不利于血糖调节，容易患上胃溃疡、胆结石等疾病。

（D）如今，人们工作繁忙，晚睡晚起现象非常普遍，很难按时吃早餐，身体常常处于亚健康状态。

（E）不吃早餐的人通常缺乏营养和健康方面的知识，容易形成不良的生活习惯。

【第 1 步　识别论证类型】

提问方式：以下哪项如果为真，最能支持李教授的观点？

李教授的观点：事实并非如此。上午皮质醇水平高只是人体生理节律的表现，而不吃早餐（S）不仅会增加患Ⅱ型糖尿病的风险（P1），还会增加患其他疾病的风险（P2）。

【第 2 步　套用母题方法】

（A）项，李教授说的是不吃早餐的风险，而此项涉及的是吃早餐的好处，无关选项。

（B）项，此项不涉及不吃早餐的影响，无关选项。

（C）项，此项指出经常不吃早餐（S）“不利于血糖调节”（P1）、“容易患上胃溃疡、胆结石等疾病”（P2），搭桥法（SP），直接支持了李教授的观点。

（D）项，此项涉及的是“亚健康状态”，未直接涉及“糖尿病”“其他疾病”。（干扰项·不直接项）

（E）项，此项涉及的是“不良的生活习惯”，未直接涉及“糖尿病”“其他疾病”。（干扰项·不直接项）

【答案】（C）

例 18.（2024 年管理类联考真题）很多迹象表明，三星堆文化末期发生过重大变故，比如，三星堆两个器物坑的出土文物就留有不少被砸过和烧过的残损痕迹。关于三星堆王国衰亡的原因，一种说法认为是外敌入侵，但也有学者认为，衰亡很可能是内部权力冲突导致的。他们的理由是，三星堆出土的文物显示，三星堆王国是由笄发的神权贵族和辫发的世俗贵族联合执政；而金沙遗址出土的文物显示，三星堆王国衰亡之后继起的金沙王国仅由三星堆王国中辫发的世俗贵族单独执政。

以下哪项如果为真，最能支持上述学者的观点？

（A）三星堆出土的文物并不完整，使得三星堆王国因外敌入侵而衰亡的说法备受质疑。

（B）有证据显示，从三星堆文化到金沙文化，金沙王国延续了三星堆王国的主要族群和传统。

（C）一个古代王国中不同势力的联合执政意味着政治权力的平衡，这种平衡一旦被打破就会出现内部冲突。

(D) 根据古蜀国的史料记载，三星堆文化晚期曾出现宗教势力过大、财富大多集中到神权贵族一方的现象。

(E) 三星堆城池遭到严重破坏很可能是外部入侵在先、内部冲突在后，迫使三星堆人迁都金沙，重建都城。

【第 1 步　识别论证类型】

提问方式：以下哪项如果为真，最能支持上述学者的观点？

学者的观点：三星堆出土的文物显示，三星堆王国是由笄发的神权贵族和辫发的世俗贵族联合执政（P1）；而金沙遗址出土的文物显示，三星堆王国衰亡（S）之后继起的金沙王国仅由三星堆王国中辫发的世俗贵族单独执政（P2）。所以，衰亡（S）很可能是内部权力冲突（P3）导致的。

P1、P2 与 P3 不一致，故此题为拆桥搭桥模型（双 P 型）。

【第 2 步　套用母题方法】

(A) 项，此项指出三星堆王国因外敌入侵而衰亡的说法“备受质疑”，“受质疑”未必能说明事实情况如何，非事实项，故排除。

(B) 项，此项不涉及内部权力冲突，无关选项。

(C) 项，此项建立了“平衡（联合执政 P1）一旦被打破（转变为单独执政 P2）”和“内部冲突”（P3）之间的联系，搭桥法（双 P），支持学者的观点。

(D) 项，此项涉及的是“古蜀国的史料记载”，但不确定事实情况如何。(干扰项・非事实项)。

(E) 项，此项指出三星堆城池遭到严重破坏很可能是外部入侵在先、内部冲突在后，但不确定是否是“内部冲突”导致的“衰亡”。(干扰项・不确定项)

【答案】(C)

例 19. 钙钛矿型太阳能电池也被称作新概念太阳能电池，早期的钙钛矿型太阳能电池（PSC）在 2009—2012 年间问世，只能持续几分钟。2017 年的纪录是电池在室温连续照明下工作了一年，而新设备能在类似实验室条件下运行 5 年，可发挥出 10%以上的峰值效率。研究人员表示，这一创纪录的设计突显了 PSC 的耐用潜力，PSC 未来将取代晶硅太阳能电池。

以下哪项如果为真，最能支持上述观点？

(A) 钙钛矿可在温室下制造，其制造可避免燃烧大量的化石燃料。

(B) 钙钛矿型太阳能电池稳定性不足，对水分、氧气、光线和温度都很敏感，很容易分解。

(C) 钙钛矿型太阳能电池的转换效率高于晶硅太阳能电池，生产成本却较之更低。

(D) 钙钛矿型太阳能电池目前很难受到消费者的认可。

(E) 晶硅太阳能电池的转换效率已在 2022 年达到 25.47%，但晶硅太阳能电池的理论极限效率是 29.4%，只有不到 4 个百分点的增长空间了。

【第 1 步　识别论证类型】

提问方式：以下哪项如果为真，最能支持上述观点？

题干：新设备能在类似实验室条件下运行 5 年，可发挥出钙钛矿型太阳能电池（PSC）10%以上的峰值效率。这一创纪录的设计突显了 PSC 的耐用潜力，PSC 未来将取代晶硅太阳能电池（G）。

锁定关键词“未来将”，可知此题为预测结果模型。

【第 2 步　套用母题方法】

(A) 项，此项说明了钙钛矿制造的优势，能支持题干。但没有直接对 PSC 和晶硅太阳能电池进行对比，故支持力度弱。(干扰项・不直接项)

(B) 项，此项说明 PSC 稳定性不足，很容易分解，那么其未来未必会取代晶硅太阳能电池，结果预测不当，削弱题干。

(C) 项，此项说明 PSC 比晶硅太阳能电池转换效率高、生产成本低，支持题干。(C) 项与 (A) 项相比，(C) 项更直接地说明了 PSC 与晶硅太阳能电池相比的优势，故支持力度更大。

(D) 项，此项涉及的是"目前"的情况，而题干涉及的是"将来"的情况，无关选项。(干扰项・时间不一致)

(E) 项，此项说明晶硅太阳能电池转换效率的增长空间有限，但"增长空间有限"不代表会被取代。(干扰项・话题不一致)

【答案】 (C)

例 20. (2000 年 MBA 联考真题) 光线的照射有助于缓解冬季抑郁症。研究人员曾对 9 名患者进行研究，他们均因冬季白天变短而患上了冬季抑郁症。研究人员让患者在清早和傍晚各接受 3 小时伴有花香的强光照射。一周之内，7 名患者完全摆脱了抑郁，另外 2 人也表现出了显著的好转。由于光照会诱使身体误以为夏季已经来临，这样便治好了冬季抑郁症。

以下哪项如果为真，最能削弱上述论证的结论?

(A) 研究人员在强光照射时有意使用花香伴随，对于改善患上冬季抑郁症的患者的适应性有不小的作用。

(B) 9 名患者中最先痊愈的 3 位均为女性，而对男性患者治疗的效果较为迟缓。

(C) 该实验均在北半球的温带气候中，无法区分南北半球的实验差异，但也无法预先排除。

(D) 强光照射对于皮肤的损害已经得到专门研究的证实，其中夏季比冬季的危害性更大。

(E) 每天 6 小时的非工作状态，改变了患者原来的生活环境，改善了他们的心态，这是对抑郁症患者的一种主要影响。

【第 1 步　识别论证类型】

提问方式：以下哪项如果为真，最能削弱上述论证的结论?

题干：研究人员让患者在清早和傍晚各接受 3 小时伴有花香的强光照射。一周之内，7 名患者完全摆脱了抑郁，另外 2 人也表现出了显著的好转 (前后对比)，因此，光线的照射 (原因 Y) 有助于缓解冬季抑郁症 (结果 G)。

本题通过前后对比的实验，得出一个因果关系，故此题为现象原因模型 (求异法型)。

【第 2 步　套用母题方法】

(A) 项，说明题干的实验存在两个影响因素：强光照射、花香伴随，故实验设计有不严谨之处，可以削弱题干。

(B) 项，题干不涉及男性与女性之间的比较，无关选项。

(C) 项，"无法区分南北半球的实验差异"，但也不确定这一差异的影响，故此项为不确定项，排除。

(D) 项，强光照射对皮肤有损害与其是否可以治疗冬季抑郁症无关，无关选项。

(E) 项，指出是每天的非工作状态使病情好转，另有他因，可以削弱题干。

比较 (A) 项和 (E) 项的力度，发现 (A) 项中的程度词是“不小的作用”，而 (E) 项中的程度词是“主要影响”，显然“主要”比“不小”力度大。(强程度词>弱程度词)

【答案】(E)

2.2 3大典型选项的力度标准

(1) 另有他因的力度标准

力度标准 1	在削弱题中：确定他因 > 不确定他因。 若选项中的原因与题干中结果的关系是确定的，则削弱力度大。 若选项中的原因与题干中结果的关系是不确定的，则削弱力度小。
力度标准 2	在削弱题中：不相容他因 > 相容他因。 若选项中的原因与题干中的原因不可共存（不相容），则削弱力度大。 若选项中的原因与题干中的原因可共存（相容），则削弱力度小。

典型例题

例 21. 将患癌症的实验鼠按居住环境分为两组。一组是普通环境：每个标准容器中生活的实验鼠不多于5只，没有娱乐设施；另一组是复杂环境：每20只实验鼠共同居住在一个宽敞的、配有玩具、转轮等设施的容器中。几周后，与普通环境的实验鼠相比，复杂环境中实验鼠的肿瘤明显缩小了。因此，复杂环境与动物之间的互动可以抑制肿瘤生长。

以下哪项陈述如果为真，能给上面的结论以最有力的削弱？

(A) 两组中都有自身患癌症和因注射癌细胞而患癌症的实验鼠，且两组均有充足的食物和水。

(B) 与普通环境实验鼠相比，在复杂环境中生活的实验鼠面临更多的纷争和挑战。

(C) 与普通环境实验鼠相比，复杂环境实验鼠体内一种名为“瘦素”的激素的水平明显偏低。

(D) 与普通环境实验鼠相比，复杂环境实验鼠体内的肾上腺素水平有所提高，这抑制了肿瘤生长。

(E) 与复杂环境实验鼠相比，普通环境实验鼠的体质更差。

【第1步 识别论证类型】

提问方式：以下哪项陈述如果为真，能给上面的结论以最有力的削弱？

题干：

普通环境：实验鼠的肿瘤没有明显缩小；

复杂环境：实验鼠的肿瘤明显缩小；

故：复杂环境与动物之间的互动 (Y) 可以抑制肿瘤生长 (G)。

题干通过两组对象的对比实验，得出一个因果关系，故此题为现象原因模型（求异法型）。

【第 2 步　套用母题方法】

(A) 项，排除其他差异因素：两组实验鼠患癌情况和饮食方面的因素相同，支持题干。

(B) 项，另有其他差异因素：纷争和挑战。

(C) 项，另有其他差异因素：瘦素。

(D) 项，另有其他差异因素：肾上腺素水平。

(E) 项，另有其他差异因素：体质。

可见，(B)、(C)、(D)、(E) 四项均出现“另有其他差异因素”，但是，只有 (D) 项明确了肾上腺素水平这一差异因素与抑制肿瘤生长的关系，是确定他因，故削弱力度大。其他三个选项均与抑制肿瘤生长的关系不确定，故削弱力度小。

【答案】 (D)

例 22. (2014 年管理类联考真题) 不仅人上了年纪会难以集中注意力，就连蜘蛛也有类似的情况。年轻蜘蛛结的网整齐均匀，角度完美；年老蜘蛛结的网可能出现缺口，形状怪异。蜘蛛越老，结的网就越没有章法。科学家由此认为，随着时间的流逝，这种动物的大脑也会像人脑一样退化。

以下哪项如果为真，最能质疑科学家的上述论证？

(A) 优美的蛛网更容易受到异性蜘蛛的青睐。

(B) 年老蜘蛛的大脑较之年轻蜘蛛，其脑容量明显偏小。

(C) 运动器官的老化会导致年老蜘蛛结网能力下降。

(D) 蜘蛛结网只是一种本能的行为，并不受大脑控制。

(E) 形状怪异的蛛网较之整齐均匀的蛛网，其功能没有大的差别。

【干扰项分析】

此题在本书第 1 部分第 3 节已经做过讲解，此处仅从另有他因的力度的角度做选项分析。

(C) 项，此项指出“运动器官老化”导致年老蜘蛛结网能力下降，从而使得蜘蛛越老结的网就越没有章法，另有他因，可以削弱题干。但是，“运动器官老化”与“大脑退化”是可以共存的（相容他因），有可能是这两种原因共同导致年老的蜘蛛结网变差，故此项削弱力度弱。

(D) 项，此项说明“结网”与“大脑”不相关（因果无关），直接削弱，削弱力度大。

【答案】 (D)

(2) 排除法的力度标准

力度标准	在支持题中： (1) 排除了其他所有可能则力度大；未排除其他所有可能则力度小。 (2)“排除他因”也属于“排除法”，可以使用本标准。

典型例题

例 23. (2022 年管理类联考真题) “君问归期未有期，巴山夜雨涨秋池。何当共剪西窗烛，却话巴山夜雨时。”这首《夜雨寄北》是晚唐诗人李商隐的名作。一般认为这是一封“家书”，当时诗人身处巴蜀，妻子在长安，所以说“寄北”。但有学者提出，这首诗实际上是寄给友人的。

以下哪项如果为真，最能支持以上学者的观点？

(A) 李商隐之妻王氏卒于大中五年，而该诗作于大中七年。

(B) 明清小说戏曲中经常将家庭塾师或官员幕客称为“西席”“西宾”。

(C) 唐代温庭筠的《舞衣曲》中有诗句“回颦笑语西窗客，星斗寥寥波脉脉”。

(D) 该诗另一题为《夜雨寄内》，“寄内”即寄给妻子，此说法得到了许多人的认同。

(E)“西窗”在古代专指客房、客厅，起自尊客于西的先秦古礼，并被后世习察日用。

【第1步　识别论证类型】

提问方式：以下哪项如果为真，最能支持以上学者的观点？

学者的观点：这首诗（《夜雨寄北》S）实际上是寄给友人的（P）。

【第2步　套用母题方法】

(A) 项，此项指出这首诗作于李商隐的妻子死后，即排除该诗是寄给妻子的可能，但此项并没有排除其他所有可能（如寄给父母、寄给亲戚等），故无法确定这首诗是寄给友人的。因此，此项的支持力度较小。

(B) 项，学者的观点不涉及明清小说戏曲，无关选项。(干扰项·对象不一致)

(C) 项，学者的观点不涉及温庭筠的《舞衣曲》，无关选项。(干扰项·对象不一致)

(D) 项，此项指出该诗是寄给妻子的，削弱学者的观点。此外，此诗是寄给妻子的说法得到了许多人的认同，但许多人认同的观点并不一定就是事实。(干扰项·非事实项)

(E) 项，“西窗”专指客房、客厅，即接待宾客友人的地方，故此项在“这首诗”和“友人”之间建立了联系，搭桥法，支持学者的观点。

【答案】(E)

例 24.（2006年MBA联考真题）对常兴市23家老人院的一项评估显示，爱慈老人院在疾病治疗水平方面得到的评价相当低，而在其他不少方面评价不错。虽然各老人院的规模大致相当，但爱慈老人院医生与住院老人的比率在常兴市的老人院中几乎是最小的。因此，医生数量不足是造成爱慈老人院在疾病治疗水平方面评价偏低的原因。

以下哪项如果为真，最能加强上述论证？

(A) 和祥老人院也在常兴市，对其疾病治疗水平的评价比爱慈老人院还要低。

(B) 爱慈老人院的医务护理人员比常兴市其他老人院都要多。

(C) 爱慈老人院的医生发表的相关学术文章很少。

(D) 爱慈老人院位于常兴市的市郊。

(E) 爱慈老人院某些医生的医术一般。

【第1步　识别论证类型】

提问方式：以下哪项如果为真，最能加强上述论证？

题干：对常兴市23家老人院的一项评估显示，爱慈老人院在疾病治疗水平方面得到的评价相当低（现象）。虽然各老人院的规模大致相当，但爱慈老人院医生与住院老人的比率在常兴市的老人院中几乎是最小的（论据）。因此，医生数量不足（Y）是造成爱慈老人院在疾病治疗水平方面评价偏低（G）的原因。

故此题为现象原因模型。

【第 2 步　套用母题方法】

(A) 项，题干讨论的是“爱慈老人院”，而此项讨论的是“和祥老人院”，论证对象不一致，无关选项。

(B) 项，此项说明爱慈老人院的疾病治疗水平方面的评价偏低的原因不是“护理人员数量过少”，排除他因，支持题干。但是，此项并没有排除其他所有可能，故支持力度弱。

(C) 项、(D) 项，题干要解释的是爱慈老人院在“疾病治疗水平”方面得到的评价相当低的原因，而这两项中的“学术文章”“老人院的地理位置”与“疾病治疗水平”之间的关系均不确定。(干扰项·不确定项)

(E) 项，此项指出某些医生的医术一般，即爱慈老人院在疾病治疗水平方面的评价偏低的原因可能是医生的医术不好而不是医生的数量太少，另有他因，削弱题干。

【答案】 (B)

例 25. (2011 年管理类联考真题) 抚仙湖虫是泥盆纪澄江动物群中的一种，属于真节肢动物中比较原始的类型，成虫体长 10 厘米，有 31 个体节，外骨骼分为头、胸、腹三部分，它的背、腹分节数目不一致。泥盆纪直虾是现代昆虫的祖先，抚仙湖虫化石与直虾类化石类似，这间接表明了抚仙湖虫是昆虫的远祖。研究者还发现，抚仙湖虫的消化道充满泥沙，这表明它是食泥的动物。

以下除哪项外，均能支持上述论证?

(A) 昆虫的远祖也有不是食泥的生物。

(B) 泥盆纪直虾的外骨骼分为头、胸、腹三部分。

(C) 凡是与泥盆纪直虾类似的生物都是昆虫的远祖。

(D) 昆虫是由真节肢动物中比较原始的生物进化而来的。

(E) 抚仙湖虫消化道中的泥沙不是在化石形成过程中由外界渗透进去的。

【第 1 步　识别论证类型】

提问方式：以下除哪项外，均能支持上述论证? 故要分析题干的论证方式。

本题涉及多个论证，分析如下：

①背景介绍：抚仙湖虫是真节肢动物中比较原始的类型；抚仙湖虫外骨骼分为头、胸、腹三部分。

②类比论证模型：泥盆纪直虾是现代昆虫的祖先，抚仙湖虫化石与直虾类化石类似，这表明，抚仙湖虫是昆虫的远祖。

③现象原因模型：抚仙湖虫的消化道充满泥沙 (G)，这表明，抚仙湖虫是食泥的动物 (Y)。

【第 2 步　套用母题方法】

(A) 项，不能支持，因为由“有的不是食泥的生物”无法判断“有的是食泥的生物”的真假。

(B) 项，支持论证②，补充论据，说明泥盆纪直虾和抚仙湖虫类似。

(C) 项，支持论证②，与②构成三段论：“与泥盆纪直虾类似的生物→昆虫的远祖”，所以“抚仙湖虫与泥盆纪直虾类似→抚仙湖虫是昆虫的远祖”。

(D) 项，支持论证②，由此项可知，昆虫是由真节肢动物中比较原始的生物进化而来的，再由①可知，昆虫可能是由抚仙湖虫进化而来的。

(E) 项，排除他因，支持题干中的原因分析（论证③）。消化道充满泥沙一般只有两种可能："自己吃的"和"外界进入的"，此项排除了"外界进入的"这种可能，就几乎只余下"自己吃的"这种可能，故支持力度大。

【答案】(A)

(3) 对象不一致的选项的力度标准

对象不一致的选项的定义	选项与题干的对象不一致。
力度标准1	"对象不一致"一般作为干扰项出现，尤其是有其他更好的选项时。
力度标准2	当选项与题干的对象虽然不一致，但二者具备一定的相似性时，可认为该选项与题干形成类比。 根据类比的性质可知： 若选项的对象与题干的对象的相似性强，则力度大。 若选项的对象与题干的对象的相似性弱，则力度小。

典型例题

例 26. 美国的一个动物保护组织试图改变蝙蝠在人们心目中一直存在的恐怖形象。这个组织认为，蝙蝠之所以让人觉得可怕和遭到捕杀，仅仅是因为这些羞怯的动物在夜间表现得特别活跃。

以下哪项如果为真，将对上述动物保护组织的观点构成最严重的质疑？

(A) 蝙蝠之所以能在夜间特别活跃，是由于它们具有在夜间感知各种射线和声波的特殊能力。

(B) 蝙蝠是夜间飞行昆虫的主要捕食者。在这样的夜间飞行昆虫中，有很多是危害人类健康的。

(C) 蝙蝠在中国及其他许多国家同样被认为是一种恐怖的飞禽。

(D) 美国人熟知的浣熊和中国人熟知的食蚊雀，都是一些在夜间特别活跃的羞怯动物，但在人们的印象中一般并没有恐怖的形象。

(E) 许多视觉艺术品，特别是动画片丑化了蝙蝠的形象。

【第1步 识别论证类型】

提问方式：以下哪项如果为真，将对上述动物保护组织的观点构成最严重的质疑？

动物保护组织的观点：蝙蝠之所以让人觉得可怕和遭到捕杀（现象G），仅仅是因为这些羞怯的动物在夜间表现得特别活跃（原因Y）。

锁定关键词"之所以……是因为……"，可知此题为现象原因模型。

【第2步 套用母题方法】

(A) 项，指出蝙蝠在夜间特别活跃的原因。"另有他因"的意思是"有其他原因导致了题干中的结果"，而此项是题干中的原因的原因，因此不能削弱题干。

(B) 项，题干讨论的是为什么"蝙蝠让人觉得可怕和遭到捕杀"，而此项讨论的是"蝙蝠对人类的作用"，无关选项。（干扰项·话题不一致）

(C) 项，此项重复了题干中的“蝙蝠被认为恐怖”这一现象，但并未分析这一现象的原因，故排除。

(D) 项，浣熊和食蚊雀都是在夜间特别活跃的羞怯动物（有因），但并没有恐怖的形象（无果），有因无果，削弱题干。要注意，此项与题干中的对象并不一致，若有其他更好的选项，则不选此项，但此题中没有其他更好的选项，故此项可认为是类比的削弱。

(E) 项，此项指出有其他原因“丑化”了蝙蝠的形象，但“丑化”与“恐怖”概念不同。（干扰项 • 概念不一致）

【答案】 (D)

例 27. （2013 年管理类联考真题）某公司自去年初开始实施一项“办公用品节俭计划”，每位员工每月只能免费领用限量的纸笔等各类办公用品。年末统计时发现，公司用于各类办公用品的支出较上年度下降了 30%。在未实施该计划的过去 5 年间，公司年均消耗办公用品 10 万元。公司总经理由此得出：该计划去年已经为公司节约了不少经费。

以下哪项如果为真，最能构成对总经理推论的质疑？

(A) 另一家与该公司规模及其他基本情况均类似的公司，未实施类似的节俭计划，在过去的 5 年间办公用品消耗额年均也为 10 万元。

(B) 在过去的 5 年间，该公司大力推广无纸化办公，并且取得很大成效。

(C) “办公用品节俭计划”是控制支出的重要手段，但说该计划为公司“一年内节约不少经费”，没有严谨的数据分析。

(D) 另一家与该公司规模及其他基本情况均类似的公司，未实施类似的节俭计划，但在过去的 5 年间办公用品人均消耗额越来越低。

(E) 去年，该公司在员工困难补助、交通津贴等方面的开支增加了 3 万元。

【第 1 步 识别论证类型】

提问方式：以下哪项如果为真，最能构成对总经理推论的质疑？

总经理的结论是“节约了经费”，因此，题干中与经费下降有关的内容才是他的论据，“年均消耗”情况并不是他的论据。

总经理：年末统计时发现，公司用于各类办公用品的支出较上年度下降了 30%（现象），因此，该计划（Y）去年已经为公司节约了不少经费（G）。

【第 2 步 套用母题方法】

(A) 项和 (D) 项看起来都像“无因有果”，优先分析。

(A) 项，另一家与该公司规模及其他基本情况均类似的公司，未实施类似的节俭计划（无因），在过去的 5 年间办公用品消耗额年均也为 10 万元（不是“有果”，因为“有果”的“果”必须是题干中的结果。题干中的结果是“经费下降”，但此项的结果是“消耗额年均为 10 万元”，这是一个平均值，而不是“下降”）。

(D) 项，另一家与该公司规模及其他基本情况均类似的公司，未实施类似的节俭计划（无因），在过去的 5 年间办公用品人均消耗额越来越低（有果），无因有果，能削弱题干。（注意：此项首先建立了另一家公司与题干公司的相似性，故排除了此项类比不当的嫌疑，力度大）

(B) 项，此项只能说明“无纸化办公”取得了“很大成效”，但不确定这一成效是不是节约经费。(干扰项·不确定项)

(C) 项，题干中“年末统计时发现，公司用于各类办公用品的支出较上年度下降了30%”是一个背景信息，一般来说背景信息是默认为真的。此项说明“没有严谨的数据分析”，试图质疑背景信息，故排除。

(E) 项，题干仅涉及“节约办公经费”，与其他方面的开支无关，无关选项。

【答案】(D)

第3节 7大常见干扰项

常见干扰项(1)：不确定项·非事实项

定义	“非事实项”是不确定项的一种。 非事实项是指出现“说”“认为”“观点”“态度”“意见”“应该”“意愿”“文学作品（小说、诗歌等）”“艺术作品（电影、戏剧等）”“争议”“争论”等表达的选项。
适用范围	几乎所有论证逻辑题型，如削弱题、支持题、假设题、解释题。

典型例题

例 28. (2020年管理类联考真题) 1818年前后，纽约市规定，所有买卖的鱼油都需要经过检查，同时缴纳每桶25美元的检查费。一天，一名鱼油商人买了三桶鲸鱼油，打算把鲸鱼油制成蜡烛出售。鱼油检查员发现这些鲸鱼油根本没经过检查，根据鱼油法案，该商人需要接受检查并缴费，但该商人声称鲸鱼不是鱼，拒绝缴费，遂被告上法庭。陪审员最后支持了原告，判决该商人支付75美元检查费。

以下哪项如果为真，最能支持陪审员所作的判决？

(A) 纽约市相关法律已经明确规定，“鱼油”包括鲸鱼油和其他鱼类的油。

(B)“鲸鱼不是鱼”和中国古代公孙龙的“白马非马”类似，两者都是违反常识的诡辩。

(C) 19世纪的美国虽有许多人认为鲸鱼是鱼，但是也有许多人认为鲸鱼不是鱼。

(D) 当时多数从事科学研究的人都肯定鲸鱼不是鱼，而律师和政客持反对意见。

(E) 古希腊有先哲早就把鲸鱼归类到胎生四足动物和卵生四足动物之下，比鱼类更高一级。

【第1步 识别论证类型】

提问方式：以下哪项如果为真，最能支持陪审员所作的判决？

陪审员的判决：支持原告，判决该商人支付75美元检查费。

支持原告，即反对被告（商人）的说法：“鲸鱼不是鱼”。

【第 2 步 套用母题方法】

(A) 项，此项指出法律规定鲸鱼油是鱼油，而法律恰恰是判决的依据，故支持陪审员的判决。

(B) 项，此项从“常识”上分析鲸鱼不是鱼，但判决的依据是法律而不是“常识”，故排除。

(C) 项，“认为”是一种主观观点，不代表事实，故排除。(干扰项·非事实项)

(D) 项，此项指出了从事科学研究的人与律师和政客的观点不一致，但并未说明双方的观点孰对孰错，故无法支持陪审员的判决。

(E) 项，此项指出古希腊先哲认为鲸鱼不是鱼，但古希腊先哲的观点并不是陪审员判决的依据，故不能支持。

【答案】(A)

例 29. (2022 年管理类联考真题) 当前，不少教育题材影视剧贴近社会现实，直击子女升学、出国留学、代际冲突等教育痛点，引发社会广泛关注。电视剧一阵风，剧外人急红眼，很多家长触“剧”生情，过度代入，焦虑情绪不断增加，引得家庭“鸡飞狗跳”，家庭与学校的关系不断紧张。有专家由此指出，这类教育影视剧只能贩卖焦虑，进一步激化社会冲突，对实现教育公平于事无补。

以下哪项如果为真，最能质疑上述专家的主张?

(A) 当代社会教育资源客观上总是有限的且分配不平衡，教育竞争不可避免。

(B) 父母过度焦虑轻则导致孩子间暗自攀比，重则影响亲子关系、家庭和睦。

(C) 教育影视剧一旦引发广泛关注，就会对国家教育政策走向产生重要影响。

(D) 教育影视剧提醒学校应明确职责，不能对义务教育实行“家长承包制”。

(E) 家长不应成为教育焦虑的“剧中人”，而应该用爱包容孩子的不完美。

【第 1 步 识别论证类型】

提问方式：以下哪项如果为真，最能质疑上述专家的主张?

专家的主张：这类教育影视剧 (S) 只能贩卖焦虑，进一步激化社会冲突，对实现教育公平于事无补 (P)。

【第 2 步 套用母题方法】

(A) 项，此项未涉及“教育影视剧”，无关选项。

(B) 项，此项涉及的是“父母过度焦虑对亲子关系、家庭关系的影响”，无关选项。

(C) 项，此项说明教育影视剧对国家教育政策有重要影响，而并非对实现教育公平于事无补，直接质疑专家的主张。

(D) 项，此项指出教育影视剧提醒学校“应”如何，但不确定事实情况如何。(干扰项·非事实项)

(E) 项，此项指出家长“不应”如何、“应该”如何，但不确定事实情况如何。(干扰项·非事实项)

【答案】(C)

例 30. (2023 年管理类联考真题) 研究表明，鱼油中的不饱和脂肪酸能有效降低人体血脂水平并软化血管。因此，鱼油通常被用来预防由高血脂引起的心脏病、动脉粥样硬化和高胆固醇血症等疾病，降低死亡风险。但有研究人员认为，食用鱼油不一定能够有效控制血脂水平并预防由高血脂引起的各种疾病。

以下哪项如果为真，最能支持上述研究人员的观点？

(A) 鱼油虽然优于猪油、牛油，但毕竟是脂肪，如果长期食用，容易引起肥胖。

(B) 鱼油的概念很模糊，它既指鱼体内的脂肪，也包括被做成保健品的鱼油制剂。

(C) 不饱和脂肪酸很不稳定，只要接触空气、阳光，就会氧化分解。

(D) 通过长期服用鱼油制品来控制体内血脂的观点始终存在学术争议。

(E) 人们若要身体健康最好注重膳食平衡，而不是仅仅依靠服用浓缩鱼油。

【第 1 步　识别论证类型】

提问方式：以下哪项如果为真，最能支持上述研究人员的观点？

题干：鱼油中的不饱和脂肪酸（S1）能够有效降低人体血脂水平并软化血管（P），但是，食用鱼油（S2）不一定能够有效控制血脂水平并预防由高血脂引起的各种疾病（P）。

【第 2 步　套用母题方法】

(A) 项，此项指出长期食用鱼油容易引起“肥胖”，而题干涉及的是“疾病”，无关选项。

(B) 项，题干的论证不涉及对“鱼油”这一概念的辨析，无关选项。

(C) 项，此项说明不饱和脂肪酸（S1）容易氧化分解，因此鱼油（S2）中未必会含有不饱和脂肪酸，故而不一定能够有效控制血脂水平并预防由高血脂引起的各种疾病，支持题干。

(D) 项，此项涉及的是“学术争议”，不确定事实情况如何。(干扰项·非事实项)

(E) 项，此项涉及的是“身体健康”，而题干涉及的是“控制血脂水平并预防由高血脂引起的各种疾病”，无关选项。

【答案】(C)

例 31. (2024 年管理类联考真题) 很多迹象表明，三星堆文化末期发生过重大变故，比如，三星堆两个器物坑的出土文物就留有不少被砸过和烧过的残损痕迹。关于三星堆王国衰亡的原因，一种说法认为是外敌入侵，但也有学者认为，衰亡很可能是内部权力冲突导致的。他们的理由是，三星堆出土的文物显示，三星堆王国是由笄发的神权贵族和辫发的世俗贵族联合执政；而金沙遗址出土的文物显示，三星堆王国衰亡之后继起的金沙王国仅由三星堆王国中辫发的世俗贵族单独执政。

以下哪项如果为真，最能支持上述学者的观点？

(A) 三星堆出土的文物并不完整，使得三星堆王国因外敌入侵而衰亡的说法备受质疑。

(B) 有证据显示，从三星堆文化到金沙文化，金沙王国延续了三星堆王国的主要族群和传统。

(C) 一个古代王国中不同势力的联合执政意味着政治权力的平衡，这种平衡一旦被打破就会出现内部冲突。

(D) 根据古蜀国的史料记载，三星堆文化晚期曾出现宗教势力过大、财富大多集中到神权贵族一方的现象。

(E) 三星堆城池遭到严重破坏很可能是外部入侵在先、内部冲突在后，迫使三星堆人迁都金沙，重建都城。

【干扰项分析】

此题在第 2 部分第 2 节中已经做过讲解，此处只分析干扰项。

(A) 项，此项指出三星堆王国因外敌入侵而衰亡的说法“备受质疑”，“受质疑”未必能说明事实情况如何。(干扰项·非事实项)

(D) 项，此项涉及的是“古蜀国的史料记载”，但不确定事实情况如何。(干扰项·非事实项)

【答案】(C)

常见干扰项(2)：不确定项·有的/有的不

定义	“有的/有的不”是指选项中将“有的”“有的不”作为反例来反驳题干。此题有三种情况： (1) 当选项为“所有”时，“有的不”是题干的矛盾命题，必然削弱题干。 (2) 当选项为“所有不”时，“有的”是题干的矛盾命题，必然削弱题干。 (3) 当选项为“部分”“大部分”“少部分”“调查”时，“有的/有的不”不能削弱或支持题干。
适用范围	主要用于削弱题。

典型例题

例 32.（2014 年在职 MBA 联考真题）与矿泉水相比，纯净水缺乏矿物质，而其中有些矿物质是人体必需的。所以营养专家老张建议那些经常喝纯净水的人必须改变习惯，多饮用矿泉水。

以下哪项最能削弱老张的建议？

(A) 人们需要的营养大多数不是来源于饮用水。

(B) 人体所需的不仅仅是矿物质。

(C) 可以饮用纯净水和矿泉水以外的其他水。

(D) 有些矿泉水也缺少人体必需的矿物质。

(E) 人们可以从其他食物中得到人体必需的矿物质。

【第 1 步　识别论证类型】

提问方式：以下哪项最能削弱老张的建议？

题干：与矿泉水相比，纯净水缺乏矿物质，而其中有些矿物质是人体必需的，所以营养专家老张建议那些经常喝纯净水的人必须改变习惯，多饮用矿泉水。

锁定“必须”一词，可知此题为绝对化结论模型。

另外，锁定关键词“建议”，可知此题也为措施目的模型。

【第 2 步　套用母题方法】

(A) 项，不能削弱，“大多数”营养不是来源于饮用水，并不能反驳题干中“有些矿物质是人体必需的”。

(B) 项，人体所需的“不仅仅”是矿物质，说明矿物质也是人体所需之一，说明老张的建议有必要，支持题干。(干扰项·明否暗肯)

(C) 项，不能削弱，“可以”饮用“其他水”，并不能否定饮用矿泉水的价值。

(D) 项，不能削弱，“有些”矿泉水缺少人体必需的矿物质，不能说明不可以通过别的矿泉水获取。(干扰项·有的不)

(E) 项，指出措施没有必要，若从“其他食物”中可以得到人体必需的矿物质，那么经常喝纯净水的人就未必缺乏矿物质，也就未必需要多饮用矿泉水了，削弱题干。

【答案】(E)

常见干扰项(3)：不确定项·否定绝对化

定义	“否定绝对化”是指选项中出现“否定词+绝对化词”的组合，例如：“不完全”“不仅仅”“不唯一”“不是所有”“不一定”等。 此时会出现两种情况： (1) 若题干是绝对化的断定，则此选项否定了这个绝对化的断定，此时该选项为正确选项。例如“拓宽摩托车车道”那道题。 (2) 若题干不是绝对化的断定，则此选项对题干的削弱并不确定，一般作为干扰项出现。
适用范围	主要用于削弱题。

典型例题

例 33.（2014 年在职 MBA 联考真题）随着互联网的飞速发展，足不出户购买自己心仪的商品已经成为现实。即使在经济发展水平较低的国家和地区，人们也可以通过网络购物来满足自己对物质生活的追求。

以下哪项最能质疑上述观点？

(A) 随着网购销售额的增长，相关税费也会随之增加。

(B) 即使在没有网络的时代，人们一样可以通过实体店购买心仪的商品。

(C) 网络上的商品展示不能完全反映真实情况。

(D) 便捷的网络购物可能耗费人们更多的时间和精力，影响人际间的交流。

(E) 人们对物质生活追求的满足仅仅取决于所在地区的经济发展水平。

【第 1 步　识别论证类型】

提问方式：以下哪项最能质疑上述观点？

题干：随着互联网的飞速发展，足不出户购买自己心仪的商品已经成为现实，因此，人们可以通过网络购物来满足自己对物质生活的追求。

锁定关键词“通过……来……”，可知此题为措施目的模型。

【第 2 步　套用母题方法】

(A) 项，此项说明与网购相关的税费会增加，但不确定这是否会阻止人们网购。(干扰项·不确定项)

(B) 项，题干说的是“网购”对人们的影响，而此项说的是“没有网络的时代”的情况，无关选项。(干扰项·话题不一致)

(C) 项，“商品展示不能完全反映真实情况”与“人们可以通过网络购物来满足自己对物质生活的追求”没有必然的联系。(干扰项·否定绝对化)

(D) 项，此项指出网络购物有负面影响，但“影响人际间交流”与题干中的“满足对物质生活的追求”存在话题不一致，故排除。

(E) 项，此项指出对物质生活的追求仅与经济发展水平有关，与互联网的发展无关（拆桥法），削弱题干。

【答案】 (E)

例 34. 在目前财政拮据的情况下，在本市增加警力的动议不可取。在计算增加警力所需的经费开支时，仅考虑到支付新增警员的工资是不够的，同时还要考虑到支付法庭和监狱新雇员的工资。由于警力的增加带来的逮捕、宣判和监管任务的增加，势必需要相关部门同时增员。

以下哪项如果为真，将最有力地削弱上述论证?

(A) 增加警力所需的费用，将由中央和地方财政共同负担。

(B) 目前的财政状况，绝不至于拮据到连维护社会治安的费用都难以支付的地步。

(C) 湖州市与本市毗邻，去年警力增加 19%，逮捕个案增加 40%，判决个案增加 13%。

(D) 并非所有侦察都导致逮捕，并非所有逮捕都导致宣判，并非所有宣判都导致监禁。

(E) 当警力增加到与市民的数量达到一个恰当的比例时，将减少犯罪。

【第 1 步　识别论证类型】

提问方式：以下哪项如果为真，将最有力地削弱上述论证?

题干：由于警力的增加带来的逮捕、宣判和监管任务的增加，势必需要相关部门同时增员，那么就要支付新增警员以及法庭和监狱新雇员的工资。因此，在目前财政拮据的情况下，在本市增加警力的动议不可取。

题干的论据中有关键词“势必”，意思是“未来一定会”，故论据中存在对结果的预测，故此题为预测结果模型。

【第 2 步　套用母题方法】

(A) 项，无关选项，费用由谁来承担，与费用是否太高无关。

(B) 项，此项试图否定题干的背景信息“在目前财政拮据的情况下”。题干中的背景信息一般默认为真，故排除此项。

(C) 项，举一个类似的例子，说明增加警员的确会加大法庭、监狱的负担，支持题干。但由于对象不一致，故支持力度小。

(D) 项，此项出现“并非所有”，即“否定词+绝对化词”。此项等价于：有的侦察不导致逮捕，有的逮捕不导致宣判，有的宣判不导致监禁。“有的不”只能反驳“所有”，故此项不能削弱题干。(干扰项·有的不)

(E) 项，此项说明警力增加到一定程度时，反而会减少犯罪，从而削弱“势必需要相关部门同时增员”，可以削弱题干。

【答案】 (E)

例 35. 现在市面上电子版图书越来越多，其中包括电子版的文学名著，而且价格都很低。另外，人们只要打开电脑，在网上几乎可以读到任何一本名著。这种文学名著的普及，会大大改变大众的阅读品位，有利于造就高素质的读者群。

以下哪项如果为真，最能削弱上述论证？

(A) 名著的普及率一直不如大众读物，特别是不如健身、美容和智力开发等大众读物。

(B) 许多读者认为电脑阅读不方便，宁可选择印刷版读物。

(C) 一个高素质的读者不仅仅需要具备文学素养。

(D) 真正对文学有兴趣的人不会因文学名著的价钱高或不方便而放弃获得和阅读文学名著的机会，而对文学没有兴趣的人则相反。

(E) 在互联网上阅读名著仍然需要收费。

【第 1 步　识别论证类型】

提问方式：以下哪项如果为真，最能削弱上述论证？

题干：这种（价格很低的、电子版的）文学名著的普及（S），会大大改变大众的阅读品位，有利于造就高素质的读者群（P）。

【第 2 步　套用母题方法】

(A) 项，题干不涉及名著与其他大众读物关于普及率的对比，无关选项。（干扰项・新比较）

(B) 项，此项指出许多读者“认为电脑阅读不方便，宁可选择印刷版读物”，而题干涉及的是这种文学名著普及后的效果，无关选项。

(C) 项，此项指出一个高素质的读者“不仅仅”需要具备文学素养，说明文学素养（这种文学名著的普及 S）确实有利于读者素质（P），支持题干。（干扰项・否定绝对化）

(D) 项，此项指出对文学没有兴趣的人不会因为文学名著的价钱和方便性而选择阅读它，说明这种文学名著的普及（S）很可能并非有利于造就高素质的读者群（P），拆桥法（SP），削弱题干。

(E) 项，此项指出在互联网上阅读名著需要收费，而题干已经指出了这种文学名著“价格都很低”，故不能削弱题干。

【答案】(D)

例 36.（2017 年管理类联考真题）离家 300 米的学校不能上，却被安排到 2 公里外的学校就读，某市一位适龄儿童在上小学时就遭遇了所在区教育局这样的安排，而这一安排是区教育局根据儿童户籍所在施教区做出的。根据该市教育局规定的“就近入学”原则，儿童家长将区教育局告上法院，要求撤销原来安排，让其孩子就近入学。法院对此作出一审判决，驳回原告请求。

下列哪项最可能是法院判决的合理依据？

(A)“就近入学”不是“最近入学”，不能将入学儿童户籍地和学校的直线距离作为划分施教区的唯一根据。

(B) 按照特定的地理要素划分，施教区中的每所小学不一定就处于该施教区的中心位置。

(C) 儿童入学究竟应上哪一所学校，不是让适龄儿童或其家长自主选择，而是要听从政府主管部门的行政安排。

(D)“就近入学”仅仅是一个需要遵循的总体原则，儿童具体入学安排还要根据特定的情况加以变通。

(E) 该区教育局划分施教区的行政行为符合法律规定，而原告孩子按户籍所在施教区的确需要去离家 2 公里外的学校就读。

【第 1 步　识别论证类型】

提问方式：下列哪项最可能是法院判决的合理依据?

题干：

①区教育局（被告）根据儿童户籍所在施教区做出决定，某儿童被安排到离家 2 公里外的学校就读。

②该儿童家长（原告）依据“就近入学”原则，将区教育局告上法院。

法院判决：驳回原告请求。

【第 2 步　套用母题方法】

(A) 项，此项指出就近入学不是“唯一根据”，但可以是“根据之一”，故此项无法支持法院的判决。(干扰项・否定绝对化)

(B) 项，题干不涉及“施教区的中心位置”，无关选项。

(C) 项，法院判决的合理依据只能是法律法规，而不是行政安排，故排除此项。

(D) 项，此项指出儿童具体入学安排还要根据特定的情况加以变通，但不确定题干中的情况是否在应该变通之列。(干扰项・不确定项)

(E) 项，此项指出区教育局的做法符合法律规定，故依据法律规定法院可驳回原告的请求，支持法院的判决。

【答案】 (E)

常见干扰项（4）：不确定项 · 仅比例 / 仅部分

定义	“仅比例/仅部分”是不确定项的一种，指选项中出现如下表达：“仅/只占很小的比例”“仅/只占 3%”“仅/只有部分”等。 此时常出现两种情况： （1）“仅比例/仅部分”不能确定两事物是否相关等，故此选项对题干的削弱并不确定，一般作为干扰项出现。 （2）此选项比例与题干的论证关系不确定，故可直接排除。
适用范围	主要用于削弱题和支持题。

典型例题

例 37. (2016 年管理类联考真题) 近年来，越来越多的机器人被用于在战场上执行侦察、运输、拆弹等任务，甚至将来冲锋陷阵的都不再是人，而是形形色色的机器人。人类战争正在经历自核武器诞生以来最深刻的革命。有专家据此分析指出，机器人战争技术的出现可以使人类远离危险，更安全、更有效率地实现战争目标。

以下哪项如果为真，最能质疑上述专家的观点?

(A) 现代人类掌控机器人，但未来机器人可能会掌控人类。

(B) 因不同国家之间军事科技实力的差距，机器人战争技术只会让部分国家远离危险。

(C) 机器人战争技术有助于摆脱以往大规模杀戮的血腥模式，从而让现代战争变得更为人道。

(D) 掌握机器人战争技术的国家为数不多，将来战争的发生更为频繁也更为血腥。

(E) 全球化时代的机器人战争技术要消耗更多资源，破坏生态环境。

【第 1 步　识别论证类型】

提问方式：以下哪项如果为真，最能质疑上述专家的观点？

专家的观点：机器人战争技术的出现（S）可以使人类远离危险，更安全、更有效率地实现战争目标（P）。

【第 2 步　套用母题方法】

(A) 项，专家的观点中并未涉及现在和将来“机器人与人类”之间的掌控关系，无关选项。

(B) 项，此项指出机器人战争技术“只会让部分国家”远离危险，但由此不确定它能否使人类整体远离危险。(干扰项·仅比例/仅部分)

(C) 项，此项指出机器人战争技术能摆脱大规模杀戮，支持专家的观点。

(D) 项，此项指出机器人战争技术会使将来战争的发生更为频繁、血腥，割裂了“机器人战争技术”(S) 和“使人类远离危险”(P) 之间的关系，拆桥法，削弱专家的观点。

(E) 项，专家的观点中并未涉及“破坏生态环境”，无关选项。

【答案】 (D)

例 38. (2016 年经济类联考真题) 巴西赤道雨林的面积每年以惊人的比例减少，引起了全球的关注。但是，卫星照片的数据显示，去年巴西赤道雨林面积缩小的比例明显低于往年。去年，巴西政府支出数百万美元用以制止滥砍滥伐和防止森林火灾。巴西政府宣称，上述卫星照片的数据说明，本国政府保护赤道雨林的努力取得了显著成效。

以下哪项如果为真，最能削弱巴西政府的上述结论？

(A) 去年巴西用以保护赤道雨林的财政投入明显低于往年。

(B) 与巴西毗邻的阿根廷的赤道雨林的面积并未缩小。

(C) 去年巴西的旱季出现了异乎寻常的大面积持续降雨。

(D) 巴西用于保护赤道雨林的费用只占年度财政支出的很小比例。

(E) 森林面积的萎缩是全球性的环保问题。

【第 1 步　识别论证类型】

提问方式：以下哪项如果为真，最能削弱巴西政府的上述结论？

巴西政府的结论：上述卫星照片的数据（去年巴西赤道雨林面积缩小的比例明显低于往年 G）说明，本国政府保护赤道雨林的努力取得了显著成效（Y）。

【第 2 步　套用母题方法】

(A) 项，题干不涉及去年和往年财政投入的比较，无关选项。(干扰项·新比较)

(B) 项，题干不涉及“阿根廷”的赤道雨林面积缩小的情况，无关选项。

(C) 项，此项指出很可能是“旱季的大面积持续降雨”使得“去年巴西赤道雨林面积缩小的比例低于往年”，另有他因，削弱巴西政府的结论。

(D) 项，此项指出巴西用于保护赤道雨林的费用“只占年度财政支出的很小比例”，但不确定费用是否够用或者是否无效果。(干扰项・仅比例/仅部分)

(E) 项，题干不涉及森林面积萎缩是否是全球性环保问题，无关选项。

【答案】(C)

例 39. (2021 年管理类联考真题) 某医学专家提出一种简单的手指自我检测法：将双手放在眼前，把两个食指的指甲那一面贴在一起，正常情况下，应该看到两个指甲床之间有一个菱形的空间；如果看不到这个空间，则说明手指出现了杵状改变，这是患有某种心脏或肺部疾病的迹象。该专家认为，人们通过手指自我检测能快速判断自己是否患有心脏或肺部疾病。

以下哪项如果为真，最能质疑上述专家的论断？

(A) 杵状改变可能由多种肺部疾病引起，如肺纤维化、支气管扩张等，而且这种病变需要经历较长的一段过程。

(B) 杵状改变不是癌症的明确标志，仅有不足 40%的肺癌患者有杵状改变。

(C) 杵状改变检测只能作为一种参考，不能用来替代医生的专业判断。

(D) 杵状改变有两个发展阶段，第一个阶段的畸变不是很明显，不足以判断人体是否有病变。

(E) 杵状改变是手指末端软组织积液造成，而积液是由于过量血液注入该区域导致，其内在机理仍然不明。

【干扰项分析】

此题在第 2 部分第 1 节中已经做过讲解，此处只分析干扰项。

(B) 项，此项指出“仅有不足 40%”的肺癌患者有杵状改变，但不确定杵状改变是否与肺癌有关。(干扰项・仅比例/仅部分)

【答案】(E)

例 40. (2022 年管理类联考真题) 2020 年下半年，随着新冠病毒在全球范围内的肆虐及流感季节的到来，很多人担心会出现大范围流感和新冠疫情同时暴发的情况。但是有病毒学家发现，2009 年甲型 H1N1 流感毒株出现时，自 1977 年以来一直传播的另一种甲型流感毒株消失了。由此他推测，人体同时感染新冠病毒和流感病毒的可能性应该低于预期。

以下哪项如果为真，最能支持该病毒学家的推测？

(A) 如果人们继续接种流感疫苗，仍能降低同时感染这两种病毒的概率。

(B) 一项分析显示，新冠肺炎患者中大约只有 3%的人同时感染另一种病毒。

(C) 人体感染一种病毒后的几周内，其先天免疫系统的防御能力会逐步增强。

(D) 为避免感染新冠病毒，人们会减少室内聚集、继续佩戴口罩、保持社交距离和手部卫生。

(E) 新冠病毒的感染会增加参与干扰素反应的基因的活性，从而防止流感病毒在细胞内进行复制。

【第 1 步 识别论证类型】

提问方式：以下哪项如果为真，最能支持该病毒学家的推测？

病毒学家的推测：人体同时感染新冠病毒和流感病毒的可能性应该低于预期 (G)。

锁定关键词“推测”，可知此题为预测结果模型。

【第2步　套用母题方法】

(A) 项，题干不涉及“疫苗”的影响，无关选项。

(B) 项，此项指出新冠肺炎患者中大约“只有3%”的人同时感染另一种病毒，但不确定人体同时感染新冠病毒和流感病毒的可能性是否“低于预期”。(干扰项·仅比例/仅部分)

(C) 项，此项说的是人体感染一种病毒后的“几周内”的情况，但题干说的是“同时”感染两种病毒，无关选项。

(D) 项，病毒学家的推测并不涉及如何避免感染新冠病毒，无关选项。

(E) 项，此项指出感染新冠病毒会使得流感病毒无法在细胞内进行复制，因此人体同时感染这两种病毒的可能性也随之大大降低，支持病毒学家的推测。

【答案】(E)

例 41. 一份对北方山区先天性精神分裂症患者的调查统计表明，大部分患者都出生在冬季。专家们指出，其原因很可能是那些临产的孕妇营养不良，因为在这一年最寒冷的季节中，人们很难买到新鲜食品。

以下哪项如果为真，能支持题干中专家的结论？

(A) 在精神分裂症患者中，先天性患者只占很小的比例。

(B) 调查中相当比例的患者有家族史。

(C) 与引起精神分裂症有关的大脑区域的发育，大部分发生在产前一个月。

(D) 新鲜食品与腌制食品中的营养成分对大脑发育的影响相同。

(E) 虽然生活在北方山区，但被调查对象的家庭大都经济条件良好。

【第1步　识别论证类型】

提问方式：以下哪项如果为真，能支持题干中专家的结论？

专家的结论：这些北方山区先天性精神分裂症患者都出生在冬季 (G)，其原因很可能是那些临产的孕妇营养不良，因为在这一年最寒冷的季节中，人们很难买到新鲜食品 (Y)。

锁定“原因”一词，可知专家的结论中存在因果关系，故此题为现象原因模型。

【第2步　套用母题方法】

(A) 项，此项指出在精神分裂症患者中先天性患者“只占很小的比例”，而题干涉仅分析大部分先天性精神分裂症患者都出生在冬季的原因，无关选项。(干扰项·仅比例/仅部分)

(B) 项，此项指出“相当比例的患者”可能是因为遗传原因患病，另有他因，削弱专家的结论。

(C) 项，此项说明产前一个月的营养状况影响大脑发育，因此临产孕妇缺少营养确实会引发先天性精神分裂症，因果相关 (YG搭桥)，支持专家的结论。

(D) 项，此项指出新鲜食品和腌制食品营养一样，即买不到新鲜食品也没关系，食用腌制食品一样可以促进大脑发育，削弱专家的结论。

(E) 项，题干不涉及被调查对象家庭的“经济条件”，无关选项。

【答案】(C)

常见干扰项（5）：不一致项 · 新比较

定义	“新比较”主要表现为以下两种情况： 情况 1. 题干中无比较，选项进行了比较。 情况 2. 题干中有比较，选项中进行了另外一个比较，如新的比较对象、新的比较内容等。
适用范围	主要用于削弱题、支持题。

典型例题

例 42.（2005 年 MBA 联考真题）口腔癌对那些很少刷牙的人是危险的。为了能在早期发觉这些人的口腔癌，一些城镇的公共卫生官员向所有的该镇居民散发了一份小册子，上面描述了如何进行每周口腔的自我检查，以发现口腔的肿瘤。

以下哪项如果为真，最好地批评了把这份小册子作为一种达到公共卫生官员的目标的方法？

(A) 有些口腔疾病的病征靠自检难以发现。

(B) 预防口腔癌的方案因人而异。

(C) 经常刷牙的人也可能患口腔癌。

(D) 口腔自检的可靠性不如在医院所做的专门检查。

(E) 很少刷牙的人不大可能每周对他们的口腔进行检查。

【第 1 步　识别论证类型】

提问方式：以下哪项如果为真，最好地批评了把这份小册子作为一种达到公共卫生官员的目标的方法？

题干：口腔癌对那些很少刷牙的人是危险的（原因）。为了能在早期发觉这些人的口腔癌（目的），一些城镇的公共卫生官员向所有的该镇居民散发了一份小册子（措施），上面描述了如何进行每周口腔的自我检查，以发现口腔的肿瘤。

锁定关键词“为了”“以发现”，可知此题为措施目的模型。

【第 2 步　套用母题方法】

(A) 项，指出有些口腔疾病的病征靠自检难以发现，根据对当关系图，“有的口腔疾病不能发现”可以反驳“所有口腔疾病能发现”，但不能反驳“口腔癌能发现”。（干扰项 · 有的不）

(B) 项，“因人而异”的意思是因人的不同而有所差异，只能反驳“大家都一样”，但题干并未指出大家预防口腔癌的方案都是一样的。（干扰项 · 因人而异）

(C) 项，题干讨论的是“很少刷牙的人”，而此项讨论的是“经常刷牙的人”，无关选项。（干扰项 · 对象不一致）

(D) 项，题干不涉及“口腔自检”和“医院专门检查”之间的比较，无关选项。（干扰项 · 新比较）

(E) 项，措施达不到目的，很少刷牙的人不大可能每周对自己的口腔进行检查，所以，即使发放了小册子也起不到“在早期发现口腔癌”的作用。

【答案】(E)

例 43.（2011年管理类联考真题）某教育专家认为："男孩危机"是指男孩调皮捣蛋、胆小怕事、学习成绩不如女孩好等现象。近些年，这种现象已经成为儿童教育专家关注的一个重要问题。这位专家在列出一系列统计数据后，提出了"今日男孩为什么从小学、中学到大学全面落后于同年龄段的女孩"的疑问，这无疑加剧了无数男生家长的焦虑。该专家通过分析指出，恰恰是家庭和学校不适当的教育方法导致了"男孩危机"现象。

以下哪项如果为真，最能对该专家的观点提出质疑？

(A) 家庭对独生子女的过度呵护，在很大程度上限制了男孩发散思维的拓展和冒险性格的养成。

(B) 现在的男孩比以前的男孩在女孩面前更喜欢表现出"绅士"的一面。

(C) 男孩在发展潜能方面要优于女孩，大学毕业后他们更容易在事业上有所成就。

(D) 在家庭、学校教育中，女性充当了主要角色。

(E) 现代社会游戏泛滥，男孩天性比女孩更喜欢游戏，这耗去了他们大量的精力。

【第1步　识别论证类型】

提问方式：以下哪项如果为真，最能对该专家的观点提出质疑？

专家的观点：家庭和学校不适当的教育方法（原因Y）导致了"男孩危机"现象（现象G）。

故此题为现象原因模型。

【第2步　套用母题方法】

(A) 项，此项提供了新的论据，说明确实是家庭的不恰当教育导致男孩危机（YG搭桥），支持专家的观点。

(B) 项，题干比较的是"男孩与女孩"的表现，而此项比较的是"现在的男孩与以前的男孩"的表现。（干扰项·新比较）

(C) 项，题干讨论的是"从小学、中学到大学"时的情况，而此项讨论的是"大学毕业后"的情况。（干扰项·时间不一致）

(D) 项，无法确定"在家庭、学校教育中，女性充当主要角色"对男孩发展的影响。（干扰项·不确定项）

(E) 项，说明不是家庭和学校的教育方法不当，而是游戏泛滥导致了"男孩危机"现象，另有他因，削弱专家的观点。

【答案】(E)

常见干扰项(6)：不直接项·针对举例

定义	"针对举例"是不直接项的一种，指选项针对题干中的举例部分，而非直接针对题干的论证或结论。
适用范围	几乎所有论证逻辑题型，如削弱题、支持题、假设题、解释题。

典型例题

例 44.（2015 年管理类联考真题）长期以来，手机产生的电磁辐射是否威胁人体健康一直是极具争议的话题。一项长达 10 年的研究显示，每天使用移动电话通话 30 分钟以上的人患神经胶质瘤的风险比从未使用者要高出 40%。由此某专家建议，在获得进一步证据之前，人们应该采取更加安全的措施，如尽量使用固定电话通话或使用短信进行沟通。

以下哪项如果为真，最能表明该专家的建议不切实际？

(A) 大多数手机产生的电磁辐射强度符合国家规定的安全标准。

(B) 现在人类生活空间中的电磁辐射强度已经超过手机通话产生的电磁辐射强度。

(C) 经过较长一段时间，人的身体能够逐渐适应强电磁辐射的环境。

(D) 上述实验期间，有些人每天使用移动电话通话超过 40 分钟，但他们很健康。

(E) 即使以手机短信进行沟通，发送和接收信息的瞬间也会产生较强的电磁辐射。

【第 1 步　识别论证类型】

提问方式：以下哪项如果为真，最能表明该专家的建议不切实际？

题干：一项长达 10 年的研究显示，每天使用移动电话通话 30 分钟以上的人（原因 Y）患神经胶质瘤的风险比从未使用者要高出 40%（现象 G）。由此某专家建议，在获得进一步证据之前，人们应该采取更加安全的措施（措施 M），如尽量使用固定电话通话或使用短信进行沟通。

此题中存在现象原因模型和措施目的模型。

【第 2 步　套用母题方法】

(A) 项，此项指出大多数手机的辐射强度符合国家标准，但不能确定其辐射是否会威胁人体健康。（干扰项・不确定项）

(B) 项，此项指出现在人类生活空间中的电磁辐射强度已经超过手机通话产生的电磁辐射强度，说明不是“手机产生的电磁辐射”导致人们患神经胶质瘤的风险更高，因果无关（YG 拆桥），削弱题干。

(C) 项，人们是否“能适应”强电磁辐射的环境，与其是否会影响人体的“健康”不直接相关。（干扰项・不直接项）

(D) 项，此项指出“有些人”使用移动电话通话超过 40 分钟却很健康，不排除有其他人的健康会受到影响，不能削弱。（干扰项・有的不）

(E) 项，专家建议中的例子是“使用固定电话通话或使用短信进行沟通”，而该选项只针对例子“使用短信进行沟通”，不能直接削弱专家的建议。（干扰项・针对举例）

【答案】(B)

例 45.（2018 年管理类联考真题）分心驾驶是指驾驶人为满足自己的身体舒适、心情愉悦等需求而没有将注意力全部集中于驾驶过程的驾驶行为，常见的分心行为有抽烟、饮水、进食、聊天、刮胡子、使用手机、照顾小孩等。某专家指出，分心驾驶已成为我国道路交通事故的罪魁祸首。

以下哪项如果为真，最能支持上述专家的观点？

(A) 一项统计研究表明，相对于酒驾、药驾、超速驾驶、疲劳驾驶等情形，我国由分心驾驶导致的交通事故占比最高。

(B) 驾驶人正常驾驶时反应时间为0.3～1.0秒，使用手机时反应时间则延迟3倍左右。

(C) 开车使用手机会导致驾驶人注意力下降20%；如果驾驶人边开车边发短信，则发生车祸的概率是其正常驾驶时的23倍。

(D) 近来使用手机已成为我国驾驶人分心驾驶的主要表现形式，59%的人开车过程中看微信，31%的人玩自拍，36%的人刷微博、微信朋友圈。

(E) 一项研究显示，在美国超过1/4的车祸是由驾驶人使用手机引起的。

【第1步　识别论证类型】

提问方式：以下哪项如果为真，最能支持上述专家的观点？

专家的观点：分心驾驶（S）已成为我国道路交通事故的罪魁祸首（P）。

【第2步　套用母题方法】

(A) 项，此项指出我国由分心驾驶导致的交通事故占比最高，搭建了“分心驾驶”（S）与“我国道路交通事故的罪魁祸首”（P）的联系，搭桥法（SP），支持题干。

(B)、(C)、(D) 项涉及的均是“使用手机”，仅针对题干中分心驾驶行为的一个例子，未直接针对专家的观点。（干扰项·针对举例）

(E) 项，此项涉及的是“美国”的情况，而题干仅涉及“我国”的情况，地点不一致，无关选项。

【答案】 (A)

例 46.（2023年管理类联考真题）甲：如今，独特性正成为中国人的一种生活追求。试想周末我穿着一件心仪的衣服走在大街上，突然发现你迎面走来，和我穿得一模一样，“撞衫”的感觉八成会是尴尬之中带着一丝不快，因为自己不再独一无二。

乙：独一无二真的那么重要吗？想想二十世纪七十年代满大街的中山装、八十年代遍地的喇叭裤，每个人也活得很精彩。再说“撞衫”总是难免的，再大的明星也有可能“撞衫”，所谓的独特只是一厢情愿。走自己的路，不要管自己是否和别人一样。

以下哪项是对甲、乙对话最恰当的评价？

(A) 甲认为独一无二是现在每个中国人的追求，而乙认为没有人能做到独一无二。

(B) 甲关心自己是否和别人“撞衫”，而乙不关心自己是否和别人一样。

(C) 甲认为“撞衫”八成会让自己感到不爽，而乙认为自己想怎么样就怎么样。

(D) 甲关心的是个人生活的独特性，而乙关心的是个人生活的自我认同。

(E) 甲认为乙遇到“撞衫”无所谓，而乙认为别人根本管不着自己穿什么。

【第1步　识别论证类型】

题干的提问方式为“以下哪项是对甲、乙对话最恰当的评价?”，但观察选项可知，本题分析的是甲、乙二人的分歧，故此题为争论焦点模型。

【第2步　套用母题方法】

甲的观点是：“独特性正成为中国人的一种生活追求”。

乙的观点是：“独特只是一厢情愿，走自己的路，不要管自己是否和别人一样”。

甲、乙二人对话中的“撞衫”仅仅是例子，并不是二人的观点，故排除(B)、(C)、(E)三项。

（A）项，“现在每个中国人的追求”过于绝对，甲并没有表达这样绝对化的观点，故排除。

（D）项，甲的观点更倾向于追求个人独特性，而乙的观点更倾向于做自己，故此项最为准确地概括了两个人的观点。

【答案】（D）

常见干扰项（7）：明否暗肯

定义	“明否暗肯”是指选项看起来是否定的语气，实际上肯定了题干的论证。
适用范围	主要用于削弱题。

典型例题

例 47.（2022 年管理类联考真题）有些科学家认为，基因调整技术能大幅延长人类寿命。他们在实验室中调整了一种小型土壤线虫的两组基因序列，成功将这种生物的寿命延长了 5 倍。他们据此声称，如果将延长线虫寿命的科学方法应用于人类，人活到 500 岁就会成为可能。

以下哪项如果为真，最能质疑上述科学家的观点？

（A）基因调整技术可能会导致下一代中一定比例的个体失去繁殖能力。

（B）即使将基因调整技术成功应用于人类，也只会有极少的人活到 500 岁。

（C）将延长线虫寿命的科学方法应用于人类，还需要经历较长一段时间。

（D）人类的生活方式复杂而多样，不良的生活习惯和心理压力会影响身心健康。

（E）人类寿命的提高幅度不会像线虫那样简单倍增，200 岁以后寿命再延长基本不可能。

【第 1 步　识别论证类型】

提问方式：以下哪项如果为真，最能质疑上述科学家的观点？

科学家的观点：如果将延长线虫（S1）寿命的科学方法应用于人类（S2），人活到 500 岁就会成为可能（P）。

【第 2 步　套用母题方法】

（A）项，科学家讨论的是“寿命延长”的问题，而此项讨论的是“繁殖能力”的问题，无关选项。（干扰项・话题不一致）

（B）项，此项看似想要削弱科学家的观点，实则指出了有的人可以通过基因调整技术活到 500 岁，支持题干。（干扰项・明否暗肯）

（C）项，此项指出将延长线虫寿命的科学方法应用于人类，还需要经历较长一段时间，也就是说，现在还不能应用于人类，但存在未来可以应用于人类的可能。（干扰项・明否暗肯）

（D）项，题干的论证不涉及不良的生活习惯和心理压力对身心健康的影响，无关选项。（干扰项・话题不一致）

（E）项，此项说明人和线虫本质上有区别（双 S 拆桥），活到 500 岁是不可能实现的（质疑 P），故此项直接质疑科学家的观点，削弱力度大。

【答案】（E）

例 48.（2024年管理类联考真题）近年来，网络美图和短视频热带动不少小众景点升温。然而许多网友发现，他们实地探访所见的小众景点与滤镜照片中的同一景点形成强烈反差，而且其中一些体验项目也不像网络宣传的那样有趣美好、物有所值。有专家就此建议，广大游客应远离小众景点，不给他们宰客的机会。

以下哪项如果为真，最能质疑上述专家的建议？

（A）有些专家的建议值得参考，而有些专家的建议则可能存在偏狭之处。

（B）旅游业做不了“一锤子买卖”，好口碑才是真正的“流量密码”，靠“照骗”出位无异于饮鸩止渴。

（C）一般来说，在拍照片或短视频时相机或手机会自动美化，拍摄对象也是拍摄者主观选取的局部风景。

（D）随着互联网全面进入“光影时代”，越来越多的景点通过网络营销模式进行推广和宣传，即使那些著名景点也不例外。

（E）如今很多乡村景点虽不出名，但他们尝试农旅结合，推出“住农家屋、采农家菜、吃农家饭”的乡村游项目，让游客在美丽乡村流连忘返。

【第1步　识别论证类型】

提问方式：以下哪项如果为真，最能质疑上述专家的建议？

专家的建议：广大游客（S）应远离小众景点，不给他们宰客的机会（P）。

【第2步　套用母题方法】

（A）项，此项指出“有些专家的建议则可能存在偏狭之处”，但无法说明题干中的专家的建议有偏狭之处，故不能削弱题干。（干扰项·有的不）

（B）项，此项指出确实存在“靠‘照骗’吸引游客”这样的现象，支持题干。

（C）项，此项看似想要削弱专家的建议，实则支持了“小众景点与滤镜照片中的同一景点形成强烈反差”。（干扰项·明否暗肯）

（D）项，此项涉及的是“著名景点”，而题干涉及的是“小众景点”，对象不一致，无关选项。

（E）项，此项指出不出名乡村景点（小众景点）让游客在美丽乡村流连忘返，即并没有宰客，直接削弱专家的建议。

【答案】（E）

例 49.（2023年管理类联考真题）处理餐厨垃圾的传统方式主要是厌氧发酵和填埋，前者利用垃圾产生的沼气发电，投资成本高；后者不仅浪费土地，还污染环境。近日，某公司尝试利用蟑螂来处理餐厨垃圾。该公司饲养了3亿只“美洲大蠊”蟑螂，每天可吃掉15吨餐厨垃圾。有专家据此认为，用“蟑螂吃掉垃圾”这一生物处理方式解决餐厨垃圾，既经济又环保。

以下哪项如果为真，最能质疑上述专家的观点？

（A）餐厨垃圾经发酵转化为能源的处理方式已被国际认可，我国这方面的技术也相当成熟。

（B）大量人工养殖后，很难保证蟑螂不逃离控制区域，而一旦蟑螂逃离，则会危害周边生态环境。

（C）政府前期在工厂土地划拨方面对该项目给予了政策扶持，后期仍需进行公共安全检测和环境评估。

(D) 我国动物蛋白饲料非常缺乏，1 吨蟑螂及其所产生的卵鞘，可产生 1 吨昆虫蛋白饲料，饲养蟑螂将来盈利十分可观。

(E) 该公司正在建设新车间，竣工后将能饲养 20 亿只蟑螂，它们虽然能吃掉全区的餐厨垃圾，但全市仍有大量餐厨垃圾需要通过传统方式处理。

【干扰项分析】

此题在本书第 1 部分已经做过讲解，此处仅对 (E) 项做选项分析。

(E) 项，“它们虽然能吃掉全区的餐厨垃圾”，说明题干中的措施是有效的，明否暗肯，支持题干，故排除此项。

【答案】 (B)

第 3 部分

满分必刷卷

满分必刷卷 1

时间：60 分钟　　总分：30×2=60 分　　你的得分________

1. 足迹化石虽然不能像实体化石那样保存生物完整的形态，但从足迹化石中，我们可以分析出生物大概的形态特征和行为学特征。也就是说，当直接证据缺失的时候，我们只能通过间接证据——足迹化石来推测当时的环境，反推是哪些动物留下的足迹，它们有没有复杂的动物行为等。因此，在前寒武纪到寒武纪的转折时期，足迹化石显得尤为重要。

以下哪项如果为真，最能支持上述论证？

(A) 目前发现的从前寒武纪到寒武纪转折时期的足迹化石比实体化石更多。

(B) 前寒武纪到寒武纪转折时期的足迹化石比实体化石更具有研究价值。

(C) 目前发现的前寒武纪到寒武纪转折时期的足迹化石比其他时期稀少。

(D) 在前寒武纪到寒武纪的转折时期，保留下来的动物实体化石十分稀少。

(E) 通过足迹化石能判断当时植物的品种和大致数量。

2. 一项对准父亲饮食状况对后代影响的追踪研究发现，作为准父亲的男性，如果在有下一代之前，因饮食过量出现了肥胖症，那么他的孩子更容易出现肥胖症，而这一概率与母亲的体重关系不大；而当准父亲饮食匮乏并经历了饥饿的威胁时，那么他的孩子更容易出现心血管疾病。据此，该研究认为：准父亲的饮食状况会影响后代的健康。

以下哪项如果为真，最能支持上述结论？

(A) 有不少体重严重超标的孩子，其父亲并没有出现体重超标的情况。

(B) 准母亲的饮食状况不会影响后代的健康。

(C) 父亲的营养状况塑造其传递的生殖细胞的信息，这影响孩子的生理机能。

(D) 如果孩子的父亲患有心血管疾病，那么这个孩子成年后得该病的概率会大大增加。

(E) 准父亲如果年龄过大或者有抽烟等不良生活习惯，其孩子出现新生儿缺陷的概率就会增高。

3. 某大学研究人员分析了该国生物医学库中 50 万名 37 岁至 73 岁男性和女性数据后发现，超重和心境平和显著相关。研究者认为，平和的心态有可能增加体重超标的风险。

以下各项如果为真，哪项最能支持研究者的上述观点？

(A) 甲状腺激素可以促进脂肪代谢、降低体重，放松的心态有助于降低甲状腺激素水平，热量容易以脂肪的形式储存起来。

(B) 血糖下降时，脂肪可以转化为葡萄糖，使血糖维持在较高水平，消除低血糖引起的心情低落或焦虑。

(C) 当体重超标到一定程度，心脑血管疾病和糖尿病等多种疾病的发生风险相应增加，个体会出现对健康的焦虑情绪。

(D) 脂肪储存是生物进化过程中的生存策略之一，意味着遇到食物短缺或寒冷天气时生存概率更大，这种状态会记录在遗传信息中，有助于消除焦虑感。

(E) 研究表明，男性与女性相比心态更加平和。

4. 针对如何戒掉烟瘾，某大学研究小组给出了“试试出去跑两圈”的建议。该小组通过对实验室小白鼠的研究，证明了即使是像慢跑这样中等强度的体育运动，也能激活小白鼠大脑中的 α7 烟碱型乙酰胆碱受体，提供与吸烟类似的快感。因此，“跑两圈”或许能够让戒烟者的戒断症状有所缓解。
以下哪项最可能是以上论述的假设？
（A）小白鼠对于香烟中的一些成分较为敏感。
（B）高强度的体育运动不能激活小白鼠大脑中的 α7 烟碱型乙酰胆碱受体。
（C）小白鼠与人的大脑生理结构具有很高的相似性。
（D）小白鼠也能吸烟，也会出现类似烟瘾的生理表现。
（E）香烟中的尼古丁等成分不会刺激 α7 烟碱型乙酰胆碱受体。

5. 不少车辆在交通高峰期只有一人使用，极大浪费了有限的道路资源。因此，有人提出设置“多乘员车辆专用车道”（HOV），该车道只允许乘坐 2 人及以上车辆进入，只有驾驶员一人的“单身车”不得在工作日的某些时间段内进入该车道，以此提高道路使用效率、缓解交通拥堵。
以下哪项如果为真，最能质疑上述设想？
（A）因出发地或目的地不同等原因，“单身车”车主找人合乘不易。
（B）拓宽摩托车车道也能提高道路使用效率、缓解交通拥堵。
（C）设置 HOV 后，增加了车辆的变道难度，容易加剧交通拥堵。
（D）有些“单身车”驾驶员可能以遮蔽车窗等手段逃避监管，侵占 HOV。
（E）通过鼓励乘坐公共交通工具出行的方法，更能提高道路使用效率。

6. 为了解当下大学生对军事的关注程度，某教授列举了 20 种军事装备，请 30 位大学生识别。结果显示，多数人只识别出 2～6 种装备，极少数人识别出 15 种以上，甚至有人全部都不能识别。其中“海鹞战斗机”的辨识率最高，30 人中有 19 人识别正确；“舰载式战斗机”所有人都未能识别。20 种军事装备的整体识别错误率超过 75%。该实验者由此得出，当代大学生对军事的关注程度并没有提高，甚至有所下降。
以下哪项如果为真，最能对该教授的结论构成质疑？
（A）该教授选取的 20 种军事装备不具有代表性。
（B）该教授选取的 30 位大学生均不是军事院校的学生。
（C）“舰载式战斗机”这种战斗装备有些军事迷也未能识别。
（D）该教授选取的 30 位大学生中约有 50%对军事不感兴趣。
（E）该教授选取的 30 位大学生中有一半以上为大四学生。

7. 近日，有研究团队通过对 44 个反刍动物物种的基因组测序研究，创建了一个反刍动物的系统进化树，从而解释大量反刍动物的演化史。结果显示，在近 10 万年前，反刍动物种群发生大幅衰减，而这些种群数的减少与人类向非洲之外迁徙的时间相符。有人据此认为，这佐证了早期人类活动造成了反刍动物种群的衰减。
以下哪项如果为真，最能质疑上述结论？
（A）反刍动物种群衰减后，植被愈加茂盛，为人类提供了更多食物。
（B）反刍动物通常有角，在遇到人类攻击时能发挥一定的防御作用。
（C）同一时期的马、驴等奇蹄目动物的种群也出现大幅衰减的现象。
（D）同一时期大型猫科动物繁盛，它们大规模捕杀反刍动物。
（E）对于人类而言，反刍动物比奇蹄目动物更难捕杀。

8. 近几年，一些大城市的社区银行频频出现关门潮。与此同时，无人银行、5G银行、智能银行等一系列新概念银行不断出现，银行网点正在告别冷冰冰的玻璃柜台和金属板凳，传统网点交易处理的功能变弱了，定制服务、产品体验、社交互动等功能越来越突出。因此，有专家预测：二十年内，传统银行网点会消失。

以下哪项如果为真，最能支持上述专家的观点？

(A) 客户需进门取号、等待叫号，办理一项简单的业务耗费较长时间。

(B) 人工智能等科技手段的引进，改变了人们对银行网点的固有印象。

(C) 复杂业务必须到银行网点面签办理，如开户、销户等需本人办理且务必人工审核。

(D) 网上银行、手机银行等接连涌现，银行网点作为服务主渠道的地位正在不断弱化。

(E) 银行会根据市场竞争情况动态优化网点布局，关闭业绩不佳的网点。

9. 调查研究显示，相较于传统的农业生产方式，有机农业生产出的农作物产量会有一定程度的下降。但现在仍然有越来越多的农民从传统农业转向有机农业，甚至花费资金添置用于有机农业耕作的农用设备。

以下哪项如果为真，最能解释上述现象？

(A) 有机农业耕作方式更有助于保护生态环境。

(B) 许多科技节目都在推广有机农业耕作方式。

(C) 有机农业生产出的农作物市场售价远高于传统农业。

(D) 对于少部分农作物而言，有机农业耕作并不会降低其产量。

(E) 由于需要使用更多的天然或生物制剂改良土壤，有机农业的生产成本通常高于传统农业。

10. 去年全年甲城市的空气质量优良天数比乙城市的空气质量优良天数多了15%。因此，甲城市的管理者去年在环境保护和治理方面采取的措施比乙城市的更加有效。

下列哪项问题的答案最能对上述结论做出评价？

(A) 甲、乙两个城市在环境保护和治理方面采取的措施有何不同。

(B) 在环境保护和治理方面采取的措施能否在短时间内起到提升空气质量的效果。

(C) 甲城市的居民因空气质量引发的健康问题是否比乙城市更少。

(D) 如果采取了甲城市的措施，乙城市的空气质量是否也能得到显著提升。

(E) 前年甲城市的空气质量优良天数是否比乙城市多。

11. 人们常认为白色的花比红色的花香味更浓郁。近日有科学家通过对植物花青素含量以及花瓣油细胞数量的研究发现，红花的花瓣油细胞的数量只有白花的一半。由此，他们得出结论：白花比红花香味更浓郁。

以下哪项如果为真，最可能是科学家得出结论的前提？

(A) 植物花青素含量越多，花香味越浓郁。

(B) 黄花的花瓣油细胞的数量远高于红花，却与白花很接近。

(C) 植物的花瓣油细胞的数量与植物的芳香程度呈正相关。

(D) 红花可用作节日庆典、表达心意等用途，视觉效果较好。

(E) 白花的花瓣油细胞数量比红花多是因为白花比红花更耐晒。

12. 最近，主打白噪音的助眠产品引起很多人的兴趣。有人认为，白噪音可以掩盖环境中干扰性的刺激，有助于促进睡眠、改善睡眠质量。但研究者对此持怀疑态度，认为白噪音可改善睡眠的研究证据不足，持续白噪音甚至会对睡眠造成影响。

以下哪项如果为真，不能支持研究者的观点？

(A) 持续暴露在白噪音下，听觉系统会不断将声音信号转换成神经信号，上传大脑，大脑会持续保持活跃，无法充分休息。

(B) 持续的白噪音会引起听力的损害，甚至会导致认知功能障碍，严重者还会导致失眠或嗜睡。

(C) 白噪音会使健康志愿者睡眠期间脑电波的循环交替模式显著改变，这意味着健康人睡眠结构受到干扰。

(D) 白噪音掩盖环境中干扰性的刺激，也会掩盖环境中有意义的声音，可能对人的生活甚至对生命造成威胁。

(E) 长时间听白噪音会引起脑部神经异常，干扰正常的睡眠周期。

13. 研究人员对 1 728 名抑郁症患者以及 7 199 名非抑郁症患者进行了检查，结果显示，在这些抑郁症患者中，有 65%的人患有复发性抑郁症。研究发现，患有复发性抑郁症的患者大脑中的海马体明显小很多。研究人员据此得出结论，海马体缩小是复发性抑郁症的原因。

以下哪项如果为真，最能削弱上述结论？

(A) 血压病史、糖尿病、高脂血症等会引起老年人海马体缩小。

(B) 轻度抑郁症患者的海马体未出现缩小的现象。

(C) 存在认知障碍的中老年人的海马体也会缩小。

(D) 复发性抑郁症患者普遍伴有注意力不集中的现象。

(E) 社交越少，患精神类疾病的时间越长，其海马体萎缩越严重。

14. 太平洋中部的海底，散落着大量的矿石，这些矿石名为“多金属结核”，是镍、钴、锰等稀有金属的混合物。支持深海开采的人认为，多金属结核可以提供开发清洁能源所需的矿物，同时海洋每年吸收约四分之一的全球碳排放量，开采结核的过程本身对海洋的碳吸收能力影响不大。反对者则认为，海洋本就已经受到过度捕捞、工业污染和塑料垃圾等人类活动的威胁，在这种情况下，深海开采将加剧人类活动对海洋产生的不利影响。

以下哪项如果为真，最能支持反对者的观点？

(A) 目前人类对深海生物及环境的研究还不够深入，还不足以支持对深海进行大规模开采矿物的活动。

(B) 即使海洋开采活动能够为日益增加的能源需求提供更多的金属，人类对金属的需求仍然得不到满足，只会与日俱增。

(C) 地球上的海洋彼此相连，并共享一个环绕地球的洋流系统，开采活动的评估应该进行全局考虑。

(D) 目前的深海采矿技术已经与数字化、智能化技术相融合，实现生产全链条智能调度、全系统自主协同作业以及对各种风险的监测和预警等。

(E) 深海开采过程中释放的泥浆会威胁矿区之上深海中层水域的生态环境，还会产生很大的噪音向上层水域扩散。

15. 如今越来越多的企业认识到中欧班列具有时效更高、周转更快等优势，从而选择通过中欧班列发运货物。例如，在广州大朗站，2021年前9个月已开行出口中欧班列97列、发运标箱9 698个、货值29.47亿元，同比分别增长25.97%、33.80%、19.94%。尽管大朗站的工作人员数量没有明显增加，但有不少企业发现，大朗站的货物通关效率比去年更高了。

以下哪项如果为真，最能解释上述现象？

(A) 珠三角地区增设了多个通关口岸。
(B) 当地海关简化了通关流程。
(C) 中欧班列的列车运行速度有所提高。
(D) 当地货物通关时间较去年有所减少。
(E) 大朗站的平均货物价值与去年相比大大提高。

16. 在过去的12个月中，某市新能源电动汽车的销售量明显上升。与之相伴随的是，电视、网络等媒体对新能源电动汽车的各种报道也越来越多。于是，有电动车销售商认为，新能源电动汽车销售量的提高主要得益于日益增多的媒体报道所起的宣传作用。

以下哪项如果为真，最能削弱该电动车销售商的观点？

(A) 对新能源电动汽车进行报道的人中有不少是环保人士，他们喜欢宣传电动汽车。
(B) 有些消费者因为传统汽车摇号的中签率低而购买新能源电动汽车。
(C) 个别消费者购买新能源电动汽车，是因为能够获得政府补贴。
(D) 看过关于新能源电动汽车报道的人，几乎都不购买该类型汽车。
(E) 和传统油车相比，新能源汽车具有节能、加速快、噪音小等优点。

17. 人类的视觉功能包括察觉物体存在、分辨物体细节、觉察物体色彩、从视觉背景中分辨视觉对象的能力等。一项研究测查了133名年龄在25岁～45岁的志愿者，其中有63人每天吸烟超过20支，另外70人是非吸烟者。研究者测试了志愿者辨别对比度（阴影的细微差别）和颜色的能力，发现与非吸烟者相比，过量吸烟者辨别对比度和颜色的能力明显较低，或多或少有色盲或色弱的表现，红绿色和蓝黄色视觉存在缺陷。研究者提出，吸烟会损害视觉功能。

以下各项如果为真，哪一项最能支持研究者的观点？

(A) 调取的体检资料显示，这些志愿者小学毕业时视力指标均正常。
(B) 所有志愿者的视力或矫正视力在吸烟前均正常。
(C) 调查发现，长期吸烟会导致与年龄相关的视网膜黄斑变性的风险成倍增加。
(D) 该研究被试志愿者中，长期吸烟的群体的年龄明显大于不吸烟的群体。
(E) 该研究未选取25岁以下和45岁以上的志愿者进行测试。

18. 普通话是国家通用语言，除普通话外，还有粤语、吴语等方言。近年来，用各种方言演绎的段子大量涌入影视作品、短视频和网络综艺节目，这些作品生动有趣，让那些即使是从小生长在普通话环境里的人也会觉得亲切，兴起了一股学习方言的热潮。据此，有专家认为，各种方言作品大行其道，其实不利于普通话在全国范围内的使用和推广。

以下哪项如果为真，最能质疑上述专家的观点？

(A) 婴幼儿从小说方言必然对今后学习普通话造成负面影响。
(B) 保护传承方言是国家语言文字事业的重要组成部分，也是社会大众的共同愿望。

(C) 短时间内让方言恢复自身活力或使用频率，既缺乏可行性，也没有必要性。
(D) 方言多用于家庭等非正式场合，不会损害普通话在公共场所等正式场合的应用。
(E) 每个人都有自己的故乡，方言承载着人们的乡土之情，是普通话的根。

19. 某市的志愿者管理采用注册制，其中活跃志愿者约占20%。为进一步增强志愿者服务力量，提高活跃志愿者数量，该市管理部门制定了以下政策：鼓励所有政府部门及公益组织的工作人员注册成为志愿者。
以下哪项是该部门制定政策时的假设？
(A) 该城市还有大量的社会活动没有得到足够的志愿者支持。
(B) 政府部门及公益组织的工作人员的志愿服务意愿都很强。
(C) 一直以来该市制定的各项政策都得到了市民的积极响应。
(D) 与该市相邻的其他城市的活跃志愿者与注册志愿者的比例不高于该市。
(E) 活跃志愿者的数量会随着注册志愿者人数的增加而增加。

20. 某小区发生一起凶杀案，死者是一位女性，最先发现血泊中的死者尸体的人是她的邻居们，如果最先发现死者尸体的人是凶手，那么邻居们都是凶手。
以下哪项的论证与题干最为相似？
(A) 最先到达终点的人是第一名，第一名会得到万元奖励，所以最先到达终点的人会得到万元奖励。
(B) 凡是有理想的人都爱读书，如果小李爱读书，则说明小李有理想。
(C) 所有经常运动的人都有较强的心肺功能，如果经常运动的人不容易感冒，那么所有喜欢运动的人都不容易感冒。
(D) 开展“特种兵旅行”的人都是大学生，开展“特种兵旅行”的人都是精力旺盛的人，所以大学生都是精力旺盛的人。
(E) 如果最先到达灾害现场的人是医生，而且医生会把伤亡人数降到最低，那么灾害现场的伤亡人数会降到最低。

21. 近日，某些城市上线了“随手拍交通违法”小程序，市民可以将自己拍摄的机动车闯红灯、违停等各类违法行为的照片或者视频，通过该小程序实名上传并进行举报。对于所举报的交通违法行为一经核实，相关部门会给予举报人奖励。有专家由此断定，“随手拍交通违法”小程序可以有效扩大交通监督的范围，形成警民共治的局面。
以下哪项如果为真，最能支持上述专家的断定？
(A) 交警部门的执法力量相对有限，不足以应对现实生活中大量交通违法的行为。
(B) 国家有关法律明令禁止闯红灯、违停等交通违法行为，并有相应的处罚规定。
(C) 有些地方出现过举报人信息被泄露的案例，保护举报者个人隐私已刻不容缓。
(D)“随手拍交通违法”小程序上线以来，有关部门已接到大量交通违法行为举报。
(E) 相关部门确实设置了给予举报人的奖励。

22. 随着靶向及免疫治疗方式的飞跃发展，淋巴瘤已成为目前控制率、治愈率最高的肿瘤。淋巴瘤主要分为霍奇金淋巴瘤和非霍奇金淋巴瘤两大类，非霍奇金淋巴瘤是最常见的淋巴瘤类型，约占所有淋巴瘤的91%，其治愈率高达70%；而霍奇金淋巴瘤临床治愈率最高可达80%。某专科医生近日宣布，除了发达的医学技术，该高治愈率还与越来越多的肿瘤药物被纳入医保报销、提高了药物的可及性有关。

以下哪项如果为真，最能支持上述专科医生的断定？

(A) 淋巴瘤不属于恶性肿瘤，治愈率高。

(B) 淋巴瘤的高治愈率与其控制率提高有关。

(C) 如果医疗费用提高，则淋巴瘤的治愈率将下降。

(D) 患霍奇金淋巴瘤的被治愈人数比非霍奇金淋巴瘤的更多。

(E) 淋巴瘤主要通过化疗、放疗、自体造血干细胞移植和靶向治疗等手段进行治疗。

23. 目前，我国民用航空市场还不够发达，民航飞行时长与一些发达国家有较大差距。不过，随着我国经济的发展与人民生活水平的提高，人民群众的旅游需求日益增长。因此，我国民用航空市场潜力巨大。

以下哪项最可能是上述论证的假设？

(A) 我国旅游需求仍有较大的增长空间。

(B) 成员较多的家庭出门旅游通常选择乘坐飞机。

(C) 我国民航飞行时长将达到与发达国家相当的水平。

(D) 经济的发展与人民生活水平的提高有关。

(E) 旅游需求的增长能够有效推动民用航空市场的发展。

24. 许多人在拍照时喜欢摆出“剪刀手”动作。对此，有人认为，如果手离镜头足够近，相机分辨率足够高，拍出的照片一旦上网，黑客就能通过照片放大技术和人工智能增强技术将照片中的人物指纹信息还原出来，这会让指纹认证及个人身份信息无密可保。因此，拍照时摆出“剪刀手”动作存在安全风险。

以下哪项如果为真，最能质疑上述结论？

(A) 目前智能手机虽在高速发展，但是分辨率还不足以拍出清晰的指纹。

(B) 即使是高清网传照片，通过它还原指纹信息也存在一定的技术门槛。

(C) 实验证明，网络照片受自身清晰度影响不满足识别指纹信息的条件。

(D) 从电子照片中提取到用户指纹信息的相关报道，实为愚人节新闻。

(E) 拍照时应该尽量避免像“剪刀手”这样的动作。

25. 2014 年以来，某州已发生了超过 230 次 3 级及以上地震，而 2008 年之前这一数字是年均 1 次。频繁的地震活动引发了人们的疑问，一些研究者发现 2014 年以来，全州为了避免石油开采中钻井和水力压裂过程中产生的有毒废水污染地表水，开始将这些废水注入地下岩石的不透水层之间。据此，研究者推测，这一行为很可能就是引发地震的关键原因。

以下哪项如果为真，最能支持上述推测？

(A) 该州应该采取更合理的措施来处理开采中钻井和水力压裂过程中产生的有毒废水。

(B) 废水灌入岩石水层中会降低断层之间的摩擦力，使之更易滑动，从而诱发地震。

(C) 该州自 2008 年以来勘探出更多的石油储备，石油开采活动大幅增加。

(D) 该州 2008 年之前的地震次数少但震级大，2014 年以来地震次数多但震级小。

(E) 大多数连续地震是一次强震后发生的一系列余震，但该州地震并不属于这种情况。

26. 2015 年，中国人通过海淘、代购、旅游购物等方式，在境外购买商品的消费金额约有 1.2 万亿元。有观点认为，内需外流的主要原因是境内外商品存在价格差，因此，应当降低关税拉平奢侈品价格，吸引境外消费“回流”。
下列哪项如果为真，最能质疑以上观点?
(A) 关税在奢侈品价格中所占的比重之低，甚至超出了人们的想象。
(B) 商品在进口环节征税，是以进口报关价格为基础，而不是以零售价作为征税依据。
(C) 降低进口关税有助于满足国内消费升级需求、促进提升市场竞争环境。
(D) 奢侈品的定价，是以减少商品供给制造出“稀缺性”，并通过高定价来抬高“身价”。
(E) 中国曾降低部分化妆品的关税，但近些年这些进口化妆品的价格却不断上涨。

27. 近年来一些地区出现了居民因担心辐射阻挠移动通信基站建设的案例。对此，专家指出，移动通信基站手机频段的电磁辐射平均功率密度为 40 微瓦/平方厘米，其强度相当于 1 台电视机或 1.5 个移动电话充电器。因此，大家大可不必担心移动通信基站的辐射危害。
以下哪项如果为真，最能支持专家的结论?
(A) 实际上，人们并不是每天都处于移动通信基站的辐射范围内。
(B) 即使有辐射，移动通信已经成为人们必不可少的通讯工具。
(C) 低于 100 微瓦/平方厘米的电磁辐射不会对人体产生伤害。
(D) 没有哪个人因为电视机有辐射而放弃看电视。
(E) 移动通信基站的建设完全符合相关标准。

28. 研究人员发现，在过去的一个半世纪中，出现过几次地球转速放缓时期，这种时期每次会持续 5 年左右，更为关键的是，地球转速放缓的同时伴随着强震增多。研究人员据此得出结论：地球转速放缓导致强震多发。
以下哪项如果为真，最能支持上述结论?
(A) 在地球转速放缓时期，每年约发生 25～30 次强震，在其他时期，约为 15 次。
(B) 在地球转速放缓时期，发生火山喷发的次数与其他时期相比没有明显变化。
(C) 地球转速放缓，会使昼夜长短发生变化，昼夜长短变化导致全球强震多发。
(D) 地核的轻微变化，导致地球的转速放缓，也导致全球范围内的强震多发。
(E) 地球转速放缓会导致地磁强弱变化，很可能会对地球生物活动造成负面影响。

29. 牙医在治疗龋齿时，先要去除牙齿龋坏的部分，再填充材料以修补缺损的牙体。但是，10%至 15%的补牙会失败，且所用的填充物并不具备使牙齿自愈的功能，甚至还有一定的副作用。有鉴于此，研究人员研发出一种用合成生物材料制成的填充物，可以刺激牙髓中干细胞的生长，修复受损部位，这种填充物能刺激干细胞的增殖，并分化成牙本质。如果未来补牙的填充物都用这样的再生材料制成，将会降低补牙失败率，也可减少蛀牙患者治疗牙髓之苦。
根据上述信息，以下哪项做出的论断最为准确?
(A) 未来人们将不再患上蛀牙病。
(B) 未来人们将不再受治疗牙髓之苦。
(C) 新研发的补牙填充物能刺激受损牙齿自愈。
(D) 新研发的补牙填充物能避免牙本质在未来产生损伤。
(E) 蛀牙患者可以负担得起这种新研发的补牙填充物的费用。

30. 校园欺凌是当今社会高度关注的现象。为了防止校园欺凌，有人建议在校园内显著位置张贴公布校园欺凌的求助电话，学生遭遇欺凌后，可以拨打求助电话，获得老师的帮助。

以下哪项如果为真，最能削弱上述建议的实施效果？

(A) 很多教师面对实施欺凌的学生，缺乏有效的教育训诫手段。

(B) 校园欺凌多发生在夜间，求助电话无人接听。

(C) 校园欺凌者会恐吓被欺凌者，不要试图向教师或家长求助。

(D) 部分未成年受害者认为“告状”可耻，不愿寻求成人的帮助。

(E) 学校和家长应该共同关注学生的心理健康和社交行为，防止校园欺凌的发生。

满分必刷卷 1 答案详解

答案速查

题号	答案	题号	答案
1～5	(D) (C) (A) (C) (C)	6～10	(A) (D) (D) (C) (D)
11～15	(C) (D) (E) (E) (B)	16～20	(D) (B) (D) (E) (D)
21～25	(D) (C) (E) (C) (B)	26～30	(A) (C) (C) (C) (B)

1. (D)

【第 1 步 识别论证类型】

提问方式：以下哪项如果为真，最能支持上述论证？

题干中的论证：当直接证据（实体化石）缺失的时候（S1），我们只能通过足迹化石（P）来推测当时的环境。因此，在前寒武纪到寒武纪的转折时期（S2），足迹化石（P）显得尤为重要。

题干中 S1 与 S2 不一致，故此题为拆桥搭桥模型（双 S 型）。

【第 2 步 套用母题方法】

(A) 项，此项只能说明实体化石比足迹化石少，但无法确定实体化石是否缺失，故不能支持题干。

(B) 项，题干不涉及两种化石“研究价值”的比较，无关选项。（干扰项 • 新比较）

(C) 项，此项涉及“前寒武纪到寒武纪转折时期”和“其他时期”的比较，而题干仅涉及“前寒武纪到寒武纪转折时期”，无关选项。（干扰项 • 新比较）

(D) 项，此项指出在前寒武纪到寒武纪的转折时期（S2），保留下来的动物实体化石十分稀少（S1），搭桥法（双 S 搭桥），支持题干。

(E) 项，题干涉及的是动物而不是植物，无关选项。（干扰项 • 对象不一致）

2. (C)

【第 1 步 识别论证类型】

提问方式：以下哪项如果为真，最能支持上述结论？

题干中的结论：准父亲的饮食状况（原因 Y）会影响后代的健康（结果 G）。

此题提问针对论点，故可优先考虑在论点内部搭桥。另外，题干存在对原因的分析，故此题也为现象原因模型。

【第 2 步 套用母题方法】

(A) 项，此项指出许多体重超标的孩子其父亲并没有体重超标，但并未说明父亲的饮食状况，与题干话题不相关，无关选项。（干扰项 • 话题不一致）

(B) 项，此项的论证对象是“准母亲”，而题干的论证对象是“准父亲”，无关选项。（干扰项 • 对象不一致）

(C) 项，此项指出父亲的营养状况会影响孩子的生理机能，即搭建了“准父亲的饮食状况”和“后代的健康”之间的关系，搭桥法（YG 搭桥），支持题干。

(D) 项，此项涉及的是“父亲患病”对孩子健康的影响，而题干涉及的是“准父亲的饮食状况”对孩子健康的影响，无关选项。(干扰项·话题不一致)

(E) 项，此项涉及的是准父亲的“不良生活习惯”对孩子健康的影响，而题干涉及的是准父亲的“饮食状况”对孩子健康的影响，无关选项。(干扰项·话题不一致)

3. (A)

【第 1 步　识别论证类型】

提问方式：以下各项如果为真，哪项最能支持研究者的上述观点？

题干中的观点：平和的心态（原因 Y）有可能增加体重超标的风险（结果 G）。

此题提问针对论点，故可优先考虑在论点内部搭桥。另外，题干存在对原因的分析，故此题也为现象原因模型。

【第 2 步　套用母题方法】

(A) 项，此项指出放松的心态（Y）容易使热量以脂肪（与体重相关）的形式存储起来（G），因果搭桥，支持题干。

(B) 项、(C) 项、(D) 项，涉及的都是体重（脂肪与体重相关）对心情的影响，而题干涉及的是心情对体重的影响，故排除。

(E) 项，题干不涉及男性与女性心态的比较，无关选项。(干扰项·新比较)

4. (C)

【第 1 步　识别论证类型】

提问方式：以下哪项最可能是以上论述的假设？

题干的论证：某大学研究小组通过对实验室小白鼠（S1）的研究，证明了即使是像慢跑这样中等强度的体育运动也能激活小白鼠大脑中的 α7 烟碱型乙酰胆碱受体并提供与吸烟类似的快感。因此，“跑两圈”或许能够让戒烟者（S2）的戒断症状有所缓解。

题干中 S1 与 S2 不一致，故此题为拆桥搭桥模型（双 S 型）。

【第 2 步　套用母题方法】

(A) 项，题干不涉及小白鼠是否对香烟中的某些成分敏感，无关选项。（干扰项·话题不一致）

(B) 项，题干中的表述是“即使是像慢跑这样中等强度的体育运动”，暗含高强度的体育运动也有这样的效果，而此项与这一隐含信息矛盾，故排除。

(C) 项，此项指出“小白鼠”和“戒烟者”之间有相似性，搭桥法（S1 与 S2 搭桥），必须假设。

(D) 项，题干指出中等强度的体育运动能激活小白鼠大脑中的“α7 烟碱型乙酰胆碱受体”，而未涉及小白鼠有没有“吸烟”，故此项不必假设。

(E) 项，此项指出吸烟不会刺激此“受体”，那么就削弱了题干中“激活小白鼠大脑中的受体会产生类似吸烟的快感”，故此项削弱题干而不是题干的隐含假设。

5. (C)

【第 1 步　识别论证类型】

提问方式：以下哪项如果为真，最能质疑上述设想？

题干：有人提出设置“多乘员车辆专用车道”(HOV)(措施 M)，以此提高道路使用效率、缓解交通拥堵（目的 P)。

故此题为措施目的模型。

【第 2 步　套用母题方法】

(A) 项，此项指出“单身车”车主找人合乘不易，但无法由此确定“多乘员”车辆专用车道能否提高道路使用效率、缓解交通拥堵，故排除。(干扰项・不确定项)

(B) 项，拓宽摩托车车道能不能提高道路使用效率、缓解交通拥堵与设置 HOV 是否有效无关。

(C) 项，此项指出设置 HOV 不但不能缓解交通拥堵，反而会加剧交通拥堵，措施达不到目的 (MP 拆桥)，削弱题干。

(D) 项，此项指出有的“单身车”驾驶员可能会侵占 HOV，但某些人的情况不能说明 HOV 的有效性，故排除。(干扰项・有的不)

(E) 项，题干不涉及 HOV 与其他措施的比较，无关选项。(干扰项・新比较)

6. (A)

【第 1 步　识别论证类型】

提问方式：以下哪项如果为真，最能对该教授的结论构成质疑？

题干：某教授请 30 位大学生 (S1) 识别 20 种军事装备 (P1)，结果显示其整体识别错误率超过 75%。因此，当代大学生 (S2) 对军事 (P2) 的关注程度并没有提高，甚至有所下降。

题干中，S1 是 S2 的子集，P1 是 P2 的子集，故此题为归纳论证模型。

【第 2 步　套用母题方法】

(A) 项，此项指出样本没有代表性，削弱题干。

(B) 项，此项指出选取的大学生“不是军事院校”的，有助于说明他们的情况代表普通大学生的情况，支持题干。

(C) 项，此项的论证对象为有些“军事迷”，而题干的论证对象是“大学生”。(干扰项・对象不一致)

(D) 项，此项说明选择样本时既选取了对军事感兴趣的，也选取了对军事不感兴趣的，证明了样本选取的多样性，支持题干。

(E) 项，题干不涉及大学生的年级情况，无关选项。

7. (D)

【第 1 步　识别论证类型】

提问方式：以下哪项如果为真，最能质疑上述结论？

题干：在近 10 万年前，反刍动物种群发生大幅衰减，而这些种群数的减少与人类向非洲之外迁徙的时间相符（共变现象)。有人据此认为，这佐证了早期人类活动（原因 Y）造成了反刍动物种群的衰减（结果 G)。

此题提问针对论点，故可优先考虑在论点内部拆桥。另外，题干存在对原因的分析，故此题也为现象原因模型。

【第2步　套用母题方法】

(A) 项，此项涉及的是反刍动物种群“衰减后的影响”，而题干涉及的是反刍动物种群“衰减的原因”。(干扰项·话题不一致)

(B) 项，此项涉及的是反刍动物的角对人类攻击有一定的防御作用，但由此无法确定这种防御作用是否能抵消人类活动对它们的影响。(干扰项·不确定项)

(C) 项，此项的论证对象是“马、驴等奇蹄目动物”，而题干的论证对象是“反刍动物”。(干扰项·对象不一致)

(D) 项，此项说明可能是同一时期大型猫科动物的大规模捕杀导致了反刍动物种群的衰减，另有他因，削弱题干。

(E) 项，题干不涉及反刍动物和奇蹄目动物关于捕杀难度的对比。(干扰项·新比较)

8. (D)

【第1步　识别论证类型】

提问方式：以下哪项如果为真，最能支持上述专家的观点？

专家预测：二十年内，传统银行网点会消失。

锁定关键词“预测”，可知此题为预测结果模型。

【第2步　套用母题方法】

(A) 项，此项指出银行客户办理业务耗费较长时间，但是不确定这样的情况是否会导致传统银行网点消失。(干扰项·不确定项)

(B) 项，此项指出人们对传统银行网点的印象有所改变，但是不确定这一“改变”是好还是坏，也不确定这一“改变”是否会导致传统银行网点消失。(干扰项·不确定项)

(C) 项，此项指出复杂业务必须到银行网点办理，说明传统银行网点很可能不会消失，削弱专家的观点。

(D) 项，此项说明银行网点的地位由于网上银行、手机银行等接连涌现正在不断弱化，故传统银行网点很可能会消失，支持专家的观点。

(E) 项，此项指出银行会关闭业绩不佳的网点，那么可能业绩好的网点仍然会继续存在，故不能支持专家的观点。

9. (C)

【第1步　找到待解释的现象】

提问方式：以下哪项如果为真，最能解释上述现象？

待解释的现象：相较于传统的农业生产方式，有机农业生产出的农作物产量会有一定程度的下降。但现在仍然有越来越多的农民从传统农业转向有机农业，甚至花费资金添置用于有机农业耕作的农用设备。

【第2步　套用母题方法】

(A) 项，此项指出有机农业耕作方式有助于保护生态环境，但未说明农民是否会因为环保问题而选择有机农业耕作方式，不能解释。

(B) 项，许多科技节目推广有机农业耕作方式，不代表农民就会认为有机农业优于传统农业，从而选择有机农业耕作方式，不能解释。(干扰项·非事实项)

(C) 项，此项说明虽然有机农业生产出的农作物产量下降了，但是有机农业生产出的农作物售价远高于传统农业，农民可以因此获得更多收入，所以转向了有机农业，可以解释。

(D) 项，此项只是强调“少部分”农作物的情况，不能说明“所有”有机农业的产量问题，不能解释。

(E) 项，此项指出有机农业生产成本更高，与题干中“农民转向有机农业”冲突，加剧了题干中的矛盾，不能解释。

10. (D)

【第 1 步　识别题目类型】

提问方式：下列哪项问题的答案最能对上述结论做出评价？故此题为判断关键问题题。

判断关键问题题常用的解题方法：对选项的问题做肯定回答，看削弱还是支持题干；再对选项的问题做否定回答，看削弱还是支持题干。肯定回答和否定回答恰好一个削弱题干一个支持题干的项，就是正确选项。

【第 2 步　套用母题方法】

要评价的论证为：去年全年甲城市的空气质量优良天数比乙城市的空气质量优良天数多了15%。因此，甲城市的管理者去年在环境保护和治理方面采取的措施比乙城市的更加有效。

(D) 项，如果乙城市采取了甲城市的措施后空气质量也得到显著提升，则支持题干；反之，则削弱题干。因此，回答 (D) 项的问题对于评价题干中的论证最为重要。

其余各项均与题干的论证无关。

11. (C)

【第 1 步　识别论证类型】

提问方式：以下哪项如果为真，最可能是科学家得出结论的前提？

题干：红花的花瓣油细胞的数量 (P1) 只有白花的一半。因此，白花比红花香味 (P2) 更浓郁。

题干论据与论点中的对象均为白花和红花，但 P1 与 P2 不同，故此题为拆桥搭桥模型 (双 P 型)。

【第 2 步　套用母题方法】

(A) 项，此项涉及的是“花青素含量”的差异，而题干涉及的是“花瓣油细胞数量”的差异。(干扰项·话题不一致)

(B) 项，此项涉及的是“黄花”的情况，而题干涉及的是“白花”和“红花”。(干扰项·对象不一致)

(C) 项，此项指出花瓣油细胞的数量 (P1) 与芳香程度 (P2) 呈正相关，搭桥法 (双 P)，必须假设。

(D) 项，此项涉及的是花的“视觉效果”，而题干涉及的是花的“香味”。(干扰项·话题不一致)

(E) 项，此项涉及的是“花瓣油细胞数量多或少的原因”，而题干涉及的是花的“香味”。(干扰项·话题不一致)

12. (D)

【第1步　识别论证类型】

提问方式：以下哪项如果为真，不能支持研究者的观点？

研究者的观点：白噪音（S）可改善睡眠的研究证据不足，持续白噪音甚至会对睡眠造成影响（P）。

此题无论据，同时提问针对论点，故此题优先考虑在论点内部拆桥搭桥。

【第2步　套用母题方法】

(D) 项，此项指出白噪音可能会“对人的生活甚至生命造成威胁”，但未说明白噪音是否会“对睡眠造成影响”，故不能支持研究者的观点。

其余各选项分别从不同的方面说明白噪音会对人的睡眠造成负面影响，均支持研究者的观点。

13. (E)

【第1步　识别论证类型】

提问方式：以下哪项如果为真，最能削弱上述结论？

题干结论：海马体缩小（原因Y）是复发性抑郁症（结果G）的原因。

此题提问针对论点，故可优先考虑在论点内部拆桥。另外，锁定关键词“原因”，可知此题也为现象原因模型。

【第2步　套用母题方法】

(A) 项，此项涉及的是“老年人海马体缩小的原因”，而题干涉及的是“海马体缩小是否为复发性抑郁症的原因”。(干扰项·话题不一致)

(B) 项，此项的论证对象是“轻度抑郁症患者”，而题干的论证对象是“复发性抑郁症患者”。(干扰项·对象不一致)

(C) 项，此项的论证对象是“存在认知障碍的中老年人”，而题干的论证对象是“复发性抑郁症患者”。(干扰项·对象不一致)

(D) 项，此项指出复发性抑郁症患者伴有“注意力不集中的现象”，而题干涉及的是“海马体缩小”是否为复发性抑郁症的原因，无关选项。(干扰项·话题不一致)

(E) 项，此项指出患精神类疾病的时间越长，其海马体萎缩越严重，说明精神类疾病（复发性抑郁症）是海马体缩小的原因，因果倒置，削弱题干。

14. (E)

【第1步　识别论证类型】

提问方式：以下哪项如果为真，最能支持反对者的观点？

反对者的观点：海洋本就已经受到过度捕捞、工业污染和塑料垃圾等人类活动的威胁，在这种情况下，深海开采（原因Y）将加剧人类活动对海洋产生的不利影响（结果G）。

此题提问针对论点，故优先考虑在论点内部搭桥。另外，锁定关键词“将”，可知此题也为预测结果模型。

【第2步　套用母题方法】

(A) 项，此项涉及的是“是否可以进行深海开采”，而题干涉及的是“深海开采后是否会对

海洋产生不利的影响”，无关选项。（干扰项・话题不一致）

(B) 项，此项涉及的是“人类对金属的需求”，与深海开采对海洋的影响无关。（干扰项・话题不一致）

(C) 项，此项强调开采活动的评估应该进行“全局考虑”，但不确定考虑后的结果，也不确定开采活动是否会对海洋产生不利影响。（干扰项・不确定项）

(D) 项，此项说明目前的深海采矿技术已经比较成熟，但不涉及“深海开采是否会对海洋产生不利影响”，无关选项。（干扰项・话题不一致）

(E) 项，此项指出深海开采（Y）会危害深海中层水域的生态环境，还会产生噪音污染（G），说明深海开采确实会对海洋产生不利的影响，搭桥法，支持题干。

15. (B)

【第 1 步　找到待解释的现象】

提问方式：以下哪项如果为真，最能解释上述现象?

待解释的现象：大朗站的工作人员数量没有明显增加，但大朗站的货物通关效率比去年更高了。

【第 2 步　套用母题方法】

(A) 项，此项涉及的是“珠三角地区通关口岸”的情况，而题干涉及的是“大朗站”的情况。（干扰项・对象不一致）

(B) 项，此项指出“当地海关简化了通关流程”，因此可以在没有增加工作人员数量的情况下提高通关效率，可以解释。

(C) 项，此项涉及的是“中欧班列的列车运行速度”，而题干涉及的是“货物通关效率”。（干扰项・话题不一致）

(D) 项，此项重复了题干中的现象“大朗站的货物通关效率比去年更高了”，但是未说明为什么在工作人员数量没有明显增加的情况下会产生这种现象，不能解释题干。

(E) 项，此项涉及的是“平均货物价值”，而题干涉及的是“货物通关效率”。（干扰项・话题不一致）

16. (D)

【第 1 步　识别论证类型】

提问方式：以下哪项如果为真，最能削弱该电动车销售商的观点?

电动车销售商的观点：新能源电动汽车销售量的提高（现象 G）主要得益于日益增多的媒体报道所起的宣传作用（原因 Y）。

此题提问针对论点，故优先考虑在论点内部拆桥。另外，观点中存在原因分析，故此题也为现象原因模型。

【第 2 步　套用母题方法】

(A) 项，电动车销售商的观点中不涉及对新能源电动汽车进行报道的人是哪类人，无关选项。（干扰项・话题不一致）

(B) 项，此项说明可能是“传统汽车摇号的中签率低”导致新能源电动汽车销售量的提高，另有他因，削弱电动车销售商的观点，但“有些”力度较弱。

(C) 项，此项说明可能是“能够获得政府补贴”导致新能源电动汽车销售量的提高，另有他因，削弱电动车销售商的观点，但“个别消费者”范围太小，力度较弱。

(D) 项，此项指出“看过关于新能源电动汽车报道（有 Y）的人几乎都不购买该类型汽车（无 G）”，有因无果（也可理解为论点内部拆桥），削弱电动车销售商的观点。

(E) 项，此项说明了新能源汽车的优势，但不确定这些优势对销量的影响。（干扰项·不确定项）

17. (B)

【第 1 步　识别论证类型】

提问方式：以下各项如果为真，哪一项最能支持研究者的观点？

题干：

过量吸烟者：辨别对比度和颜色的能力较低；
非吸烟者：辨别对比度和颜色的能力较高；

故：吸烟（Y）会损害视觉功能（G）。

此题提问针对论点，故优先考虑在论点内部搭桥。另外，题干通过两组对象的对比实验得出一个因果关系，故此题也为现象原因模型（求异法型）。

【第 2 步　套用母题方法】

(A) 项，此项指出这些志愿者小学毕业时视力指标均正常，但未说明这些志愿者小学毕业后到吸烟开始这一阶段的视力指标是否相同，故不能支持。

(B) 项，此项排除了吸烟者在吸烟前视力就低于非吸烟者的可能性，排除差因，支持研究者的观点。

(C) 项，此项指出“长期吸烟会增加视网膜黄斑变性的风险”，但未说明其是否会影响视觉功能，故支持力度弱。

(D) 项，此项指出该研究中“被试者存在年龄方面的差异”，说明可能影响实验结果的真实性，另有差因，削弱研究者的观点。

(E) 项，此项指出该研究“未选取 25 岁以下和 45 岁以上的志愿者”，说明样本不具有代表性，削弱研究者的观点。

18. (D)

【第 1 步　识别论证类型】

提问方式：以下哪项如果为真，最能质疑上述专家的观点？

专家的观点：各种方言作品大行其道（S），其实不利于普通话在全国范围内的使用和推广（P）。

此题无论据，同时提问针对论点，故优先考虑在论点内部拆桥搭桥。

【第 2 步　套用母题方法】

(A) 项，此项涉及的是“婴幼儿从小说方言对其今后学普通话的影响”，而题干涉及的是“方言作品大行其道对普通话的使用和推广的影响”，无关选项。（干扰项·话题不一致）

(B) 项，此项涉及的是“保护传承方言的重要性”，而题干涉及的是“方言作品大行其道对普通话的使用和推广的影响”，无关选项。（干扰项·话题不一致）

(C) 项，此项涉及的是“方言恢复的必要性和可行性”，不涉及“对普通话的使用和推广的影响”，无关选项。(干扰项·话题不一致)

(D) 项，此项指出方言和普通话的应用场合不同，因此方言不会对普通话产生影响，拆桥法，削弱题干。

(E) 项，此项指出“方言是普通话的根”，但未说明方言对普通话的使用和推广是否有影响，不能削弱。

19. (E)

【第1步 识别论证类型】

提问方式：以下哪项是该部门制定政策时的假设？

题干：为进一步增强志愿者服务力量，提高活跃志愿者数量（目的P），该市管理部门制定了以下政策：鼓励所有政府部门及公益组织的工作人员注册成为志愿者（措施M）。

锁定关键词“为”，可知此题为措施目的模型。但措施与目的的关键词出现不一致，故可考虑搭桥法。

【第2步 套用母题方法】

(A) 项，此项涉及的是“该城市许多社会活动缺乏足够的志愿者”，而题干涉及的是“制定政策提高活跃志愿者数量”，无关选项。(干扰项·话题不一致)

(B) 项，此项中政府部门及公益组织的工作人员的志愿服务意愿“都”很强，假设过度。

(C) 项，题干不涉及“以往的政策”，无关选项。(干扰项·话题不一致)

(D) 项，题干不涉及该市与相邻城市“活跃志愿者与注册志愿者的比例”的比较，无关选项。(干扰项·新比较)

(E) 项，活跃志愿者的数量会随着注册志愿者人数的增加而增加，措施可以达到目的（MP搭桥），必须假设。

20. (D)

【第1步 识别题目类型】

提问方式：以下哪项的论证与题干最为相似？故此题为论证结构相似题。

【第2步 套用母题方法】

题干的论证：某小区发生一起凶杀案，死者是一位女性，最先发现血泊中的死者尸体的人是她的邻居们，如果最先发现死者尸体的人是凶手，那么邻居们都是凶手。

即：A是B，如果A是C，那么B是C。

(A) 项，A是B，B是C，所以，A是C。故此项与题干不同。

(B) 项，A是B，如果C是B，那么C是A。故此项与题干不同。

(C) 项，A是B，如果A是C，那么D是C。故此项与题干不同。

(D) 项，A是B，A是C，所以，B是C。故此项与题干最为相似。

(E) 项，$A \wedge B \to C$。故此项与题干不同。

21. (D)

【第1步 识别论证类型】

提问方式：以下哪项如果为真，最能支持上述专家的断定？

专家的断定："随手拍交通违法"小程序（措施M）可以有效扩大交通监督的范围，形成警民共治的局面（目的P）。

此题提问针对论点，可优先考虑在论点内部搭桥。另外，锁定关键词"可以"，可知此题也为措施目的模型。

【第2步　套用母题方法】

(A)项，此项指出"交警部门的执法力量相对有限"，但未说明"随手拍交通违法"小程序是否有作用。(干扰项·话题不一致)

(B)项，题干不涉及"国家对交通违法行为的规定"，无关选项。(干扰项·话题不一致)

(C)项，此项说明"随手拍交通违法"小程序可能会泄露举报人信息，措施存在风险，因此该措施未必可行，削弱题干。

(D)项，此项说明"随手拍交通违法"小程序的上线有利于交通违法行为的举报，可以有效扩大交通监督的范围，措施可以达到目的，支持题干。

(E)项，此项重复了题干中的背景信息"给予举报人奖励"，但无法确定这样的奖励是否足以让市民通过"随手拍交通违法"小程序积极进行举报。(干扰项·不确定项)

22. (C)

【第1步　识别论证类型】

提问方式：以下哪项如果为真，最能支持上述专科医生的断定？

专科医生的断定：除了发达的医学技术，淋巴瘤的高治愈率（现象G）还与越来越多的肿瘤药物被纳入医保报销、提高了药物的可及性有关（原因Y）。

此题提问针对论点，可优先考虑在论点内部搭桥。另外，此题涉及对原因的分析，故此题也为现象原因模型。

【第2步　套用母题方法】

(A)项，此项说明淋巴瘤治愈率高的原因很可能是"淋巴瘤不属于恶性肿瘤"，另有他因，削弱题干。

(B)项，此项说明很可能是"淋巴瘤的控制率提高"导致了"淋巴瘤的高治愈率"，另有他因，削弱题干。

(C)项，此项指出"若医疗费用提高（无因），则淋巴瘤的治愈率下降（无果）"，无因无果，支持题干。

(D)项，此项涉及的是患两种淋巴瘤的"被治愈人数"的比较，而题干涉及的是"淋巴瘤治愈率高的原因"，无关选项。(干扰项·新比较)

(E)项，题干不涉及淋巴瘤的主要治疗手段，无关选项。(干扰项·话题不一致)

23. (E)

【第1步　识别论证类型】

提问方式：以下哪项最可能是上述论证的假设？

题干：随着我国经济的发展与人民生活水平的提高，人民群众的旅游需求日益增长。因此，我国民用航空市场潜力巨大。

此题论据与论点中的核心概念不一致，故此题为论据论点拆桥搭桥模型。

【第 2 步　套用母题方法】

(A) 项，此项指出我国旅游需求仍有较大的“增长空间”，但未直接说明它对“航空市场”的影响，故排除。

(B) 项，题干不涉及“成员较多的家庭”的情况，无关选项。(干扰项·话题不一致)

(C) 项，题干中“我国与发达国家民航飞行时长的差距”是背景信息，故此项与题干的论证不相关。

(D) 项，此项涉及的是“经济发展与人民生活水平的关系”，未涉及对“航空市场”的影响，故排除。

(E) 项，此项指出“旅游需求的增长”能够有效“推动民用航空市场的发展”，搭桥法，必须假设。

24. (C)

【第 1 步　识别论证类型】

提问方式：以下哪项如果为真，最能质疑上述结论?

题干：拍照时摆出“剪刀手”动作存在安全风险 (泄露指纹信息)。

此题提问针对论点，故优先考虑在论点内部拆桥搭桥。

【第 2 步　套用母题方法】

(A) 项，此项说明智能手机的分辨率还不足以拍出清晰的指纹，但不确定黑客能否通过照片放大技术和人工智能增强技术把指纹信息还原出来并带来安全风险。(干扰项·不确定项)

(B) 项，此项指出还原指纹信息存在一定的技术门槛，但不代表不能实现，不能削弱。(干扰项·存在难度)

(C) 项，此项指出“网络照片由于受自身清晰度影响不会泄露指纹信息”，因此很可能并不会产生“安全风险”，拆桥法 (论点内部拆桥)，削弱题干。

(D) 项，此项指出“从电子照片中提取到用户指纹信息的相关报道”为“愚人节新闻”，只能说明该报道本身不真实，不能确定事实上是否能“从电子照片中提取到用户指纹信息”，不能削弱。(干扰项·不确定项)

(E) 项，此项给出一个建议，但不能由此确定拍照时摆出“剪刀手”动作是否存在安全风险。(“建议”出现在选项中一般可认为是“非事实项”)

25. (B)

【第 1 步　识别论证类型】

提问方式：以下哪项如果为真，最能支持上述推测?

研究者推测：这一行为 (将有毒废水注入地下岩石的不透水层之间) (原因 Y) 很可能就是引发地震 (现象 G) 的关键原因。

此题提问针对论点，故优先考虑在论点内部搭桥。另外，锁定关键词“关键原因”，可知此题也为现象原因模型。

【第 2 步　套用母题方法】

(A) 项，此项提出一个建议，但不能由此确定题干中的行为是否引发地震。(干扰项·非事实项)

(B) 项，此项指出废水灌入岩石水层中（Y）会降低断层之间的摩擦力，使之更易滑动，从而诱发地震（G），因果相关，支持题干。

(C) 项，此项指出2008年以来石油开采活动大幅增加，说明有毒废水会增多，但不涉及对这些有毒废水的处理行为是否会引发地震，无关选项。（干扰项·话题不一致）

(D) 项，题干不涉及“震级”的比较，无关选项。（干扰项·比较不一致）

(E) 项，此项涉及的是该州地震并不是强震后的余震，而题干涉及的是地震多发的原因，无关选项。（干扰项·话题不一致）

26. (A)

【第1步　识别论证类型】

提问方式：下列哪项如果为真，最能质疑以上观点？

有观点认为：内需外流的主要原因是境内外商品存在价格差（原因），因此，应当降低关税（措施）拉平奢侈品价格，吸引境外消费“回流”（目的）。

此题提问针对论点，故优先考虑在论点内部拆桥搭桥。另外，此题涉及措施目的的分析，故此题也为措施目的模型。

【第2步　套用母题方法】

(A) 项，此项指出关税在奢侈品价格中所占的比重非常低，那么即使降低关税也无法拉平奢侈品价格，措施达不到目的（论点内部拆桥），削弱题干。

(B) 项，由此项无法确定降低关税能否拉平奢侈品价格。（干扰项·不确定项）

(C) 项，此项涉及的是降低进口关税的“好处”，而题干涉及的是降低进口关税能否“拉平奢侈品价格”。（干扰项·话题不一致）

(D) 项，题干不涉及奢侈品定价高的原因。（干扰项·话题不一致）

(E) 项，此项涉及的是“有的进口化妆品”，而题干涉及的是“奢侈品”，无关选项。（干扰项·对象不一致）。

27. (C)

【第1步　识别论证类型】

提问方式：以下哪项如果为真，最能支持专家的结论？

专家：移动通信基站（S）手机频段的电磁辐射平均功率密度为40微瓦/平方厘米（P1），其强度相当于一台电视机或1.5个移动电话充电器（P2）。因此，大家大可不必担心移动基站（S）的辐射危害（P3）。

专家的观点中，P1/P2与P3不一致，故可优先考虑搭桥法。

【第2步　套用母题方法】

(A) 项，此项指出“人们并不是每天都处于移动通信基站的辐射范围内”，不能说明“该移动通信基站对人体无害”，不能支持题干。

(B) 项，此项涉及的是“移动通信的必要性”，而题干涉及的是“人们是否应该担心移动通信基站的辐射危害”，无关选项。（干扰项·话题不一致）

(C) 项，此项指出“低于100微瓦/平方厘米的电磁辐射对人体无害”，说明人们确实“不必担心移动通信基站的辐射危害”，P1与P3搭桥，支持题干。

(D) 项，此项指出没有哪个人因为电视机有辐射而放弃看电视，不能由此说明看电视没有辐射危害，也不能由此说明移动通信基站没有辐射危害，不能支持题干。

(E) 项，“符合相关标准”不代表对身体无害，不能支持题干。(干扰项・诉诸权威)

28. (C)

【第 1 步 识别论证类型】

提问方式：以下哪项如果为真，最能支持上述结论？

研究人员的结论：地球转速放缓（原因 Y）导致强震多发（现象 G）。

此题提问针对论点，故优先考虑在论点内部拆桥搭桥。另外，此题也为现象原因模型（共变法型）。

【第 2 步 套用母题方法】

(A) 项，此项指出“地球转速放缓时期地球强震次数比其他时期更多”，说明地球转速放缓可能导致强震多发，支持题干。

(B) 项，此项涉及的是“火山喷发”，而题干涉及的是“强震”，无关选项。(干扰项・话题不一致)

(C) 项，此项指出地球转速放缓（Y），会使昼夜长短发生变化，昼夜长短变化导致全球强震多发（G），搭桥法（YG 搭桥），支持题干。与 (A) 项相比，(C) 项直接搭建了题干中的因果联系，力度更大。

(D) 项，此项说明“地核的轻微变化”是“地球的转速放缓”和“强震多发”的共同原因，共因削弱。

(E) 项，题干不涉及地球转速放缓对地球生物活动的影响，无关选项。(干扰项・话题不一致)

29. (C)

【第 1 步 识别题目类型】

提问方式：根据上述信息，以下哪项做出的论断最为准确？故此题为推论题。

【第 2 步 套用母题方法】

(A) 项，由题干信息可知，未来可能会减少蛀牙患者治疗牙髓之苦，但“减少蛀牙患者治疗牙髓之苦”不等于“不再患蛀牙病”，故此项无法由题干推出。此外，此项表述过于绝对。

(B) 项，题干指出，通过题干中的手段可以“减少”治疗牙髓之苦，而不是“不受”治疗牙髓之苦，故此项推断过度。

(C) 项，由题干信息可知，新研发的补牙填充物可以刺激牙髓中干细胞的生长，修复受损部位，说明此种填充物可以刺激牙齿自愈，可以推出。

(D) 项，题干指出新研发的补牙填充物能刺激干细胞的增殖，并“分化成牙本质”，但这并不代表它能“避免牙本质在未来产生损伤”，故此项无法由题干推出。

(E) 项，题干未涉及“费用”，无关选项。

30. (B)

【第 1 步 识别论证类型】

提问方式：以下哪项如果为真，最能削弱上述建议的实施效果？

题干：为了防止校园欺凌（目的/效果P），有人建议在校园内显著位置张贴公布校园欺凌的求助电话，学生遭遇欺凌后，可以拨打求助电话，获得老师帮助（措施M）。

锁定关键词“为了”“建议”，可知此题为措施目的模型。

【第2步　套用母题方法】

(A) 项，此项指出很多教师对实施欺凌的学生缺乏有效的教育训诫手段，可以削弱题干。但缺少教育训诫手段不代表无法通过其他方式来帮助被欺凌的同学，故削弱力度弱。

(B) 项，此项指出校园欺凌的求助电话无人接听，说明无法通过打求助电话防止校园欺凌，措施达不到目的，削弱上述建议的实施效果。

(C) 项，欺凌者的恐吓可能会影响或减少被欺凌者的求助，但不能说明被欺凌者一定不会求助。(干扰项·不确定项)

(D) 项，此项是“部分”未成年人的情况，未必有普遍的代表性，故削弱力度弱。

(E) 项，此项为建议项，不能削弱题干。(干扰项·非事实项)

满分必刷卷 2

时间：60 分钟　　　　总分：30×2＝60 分　　　　你的得分________

1. 研究人员通过第四纪生物灭绝事件，以反映不同时期生物质燃烧情况的地层木炭和这一时期已灭绝食草动物的种类，以及具体的灭绝时间为模型进行了研究。研究发现，大型食草动物的灭绝与火灾发生是呈正相关的。食草动物灭绝情况越严重的洲际，火灾发生的频率就越高。研究人员据此认为，食草动物灭绝是当时火灾频发的原因。

   以下哪项如果为真，最能削弱上述结论？

   (A) 当时食草动物灭绝和火灾频发是气候变化的结果。

   (B) 当时食草动物的灭绝是由一系列复杂的原因导致的。

   (C) 当时南美洲火灾频发导致食草动物的捕猎者系统崩溃。

   (D) 当时食草动物灭绝导致易燃植物大肆生长繁育，过火面积更大。

   (E) 当时火灾频发的现象可能与地上的干草、树叶等可燃物堆积有关。

2. 近日，有研究人员开发了一种生发新技术，这种技术通过温和的低频电脉冲来刺激皮肤，诱使休眠的毛囊重新开始产生头发。使用这种技术的设备靠佩戴者的日常活动供电，因此不需要笨重的电池组成复杂的电子设备，以至于可以放在普通棒球帽的下面。研究人员据此预测，这种新技术将会彻底解决脱发问题。

   以下哪项如果为真，最能质疑上述结论？

   (A) 这种新技术对毛囊已被破坏的病理性脱发效果不明显。

   (B) 目前这种新技术的设备处于实验室研发阶段，尚未商用。

   (C) 这种低频电脉冲有助于减少精神压力，改善睡眠质量。

   (D) 脱发原因多样，遗传因素、免疫异常等都易造成脱发。

   (E) 使用这种技术的设备优化了组成结构，但还是有一定重量。

3. 统计资料显示，在 2019—2020 学年内，全球商学院的申请数量同比下降了 3.1%。其中美国是下滑最严重的：申请数量下降了 9%。美国本地学生的申请数量下降了 3.6%，而国际学生的申请数量下降了 13.7%。实际上，商学院的毕业生仍然在全球人才市场中大受雇主欢迎。

   以下哪项如果为真，最能支持上述观点？

   (A) 在中国，80%的大型企业雇用国内商学院毕业生的数量呈现逐年增长的态势。

   (B) 2019 年，亚洲商学院的平均录取率为 48%，而美国商学院的平均录取率为 71.9%。

   (C) 全美排名前 20 的商学院中，近年来国际学生和美国本地学生的申请人数仍然在稳步增长。

   (D) 全球排名在 100～200 名之间的商学院的毕业生质量，并不比前 100 名的商学院差。

   (E) 90%的全球 500 强公司更愿意雇用商学院毕业生，他们认为商学院的毕业生工作能力更强。

4. 当水结冰时，每个水分子都会通过氢键抓住周围的水分子，形成晶体结构，但冰层表面的水分子无法像冰面内部一样形成规则的晶体结构，会杂乱无序地游荡在其表面，形成厚度约为100纳米量级的水分子层。随着温度变化，水分子层中可移动水分子数量也在发生变化：极度低温下，冰与正常的固体没有区别，表面摩擦是非常大的，不利于滑冰运动；当达到零下7摄氏度时，可移动的水分子达到最多。因此，冰场的温度都保持了零下7摄氏度左右。
上述论证成立须基于下列哪一前提？
(A) 冰的表面最光滑时，冰面的摩擦力达到最小。
(B) 物体从冰面划过时，摩擦使冰面融化产生了水。
(C) 冰面水分子层中可移动的水分子越多，冰面越光滑。
(D) 冰面的水分子层既具有固态冰的弹性，也具有液态水的黏性。
(E) 冰场的温度保持了零下7摄氏度左右不会使运动员感到寒冷。

5. 在“大学生兼职利大于弊还是弊大于利？”为辩题的辩论赛中，正方辩手发言：“对方辩友认为大学生兼职会抢走全职员工的饭碗。我方认为，如果按照对方这个逻辑推理下去，那么我们大学四年毕业后最好不要找工作，因为这样就不会影响任何人的饭碗，这成立吗？”
以下哪项最为准确地概括了正方反驳反方所使用的论证方法？
(A) 指出了对方论证中的因果关系存在倒置。
(B) 通过构造一个类比论证来反驳对方的观点。
(C) 提出了一个反例来反驳对方的一般性结论。
(D) 指出对方在一个关键概念的运用上自相矛盾。
(E) 假设对方逻辑是正确的，会推导出一个荒谬的结论，以此证明对方的错误。

6. 最新研究显示，早期地球不断遭受外来物体碰撞，碰撞产生的热和放射性元素形成巨大的岩浆洋。研究还显示，早期地球被富含氢分子的大气层包围。研究人员利用数学建模探究氢分子大气层与岩浆洋之间的物质交换，发现大量氢向岩浆洋运动、融合，产生了大量的水。
根据以上叙述，最有可能推出以下哪项？
(A) 地球上大量的水源于富氢大气层与地球形成初期的岩浆洋之间相互作用。
(B) 早期地球岩浆洋与氢分子原始大气层间相互作用可能产生了水和氧化物。
(C) 即使岩石物质都干燥，氢分子大气层与岩石相互作用也会产生丰富的水。
(D) 地球上的水可能源于富氢大气层与地球形成初期的岩浆洋之间相互作用。
(E) 氢分子大气层与岩浆洋之间特定的比例使得这二者可以相互作用产生水。

7. 通过破译免疫反应背后的细胞迁移机制，科学家们已经证实，免疫系统的激活取决于时间并受到生物钟的影响。对人体来说，在清晨将要进行一天活动之前，免疫功能最强。研究建议，在接种疫苗或进行癌症免疫疗法时，为提高有效性，应考虑时间因素。
以下哪项如果为真，最能质疑上述建议？
(A) 人的生物钟会因为环境、情绪等有所变化。
(B) 清晨有些医生还未上班，进行相关医疗活动存在难度。
(C) 存在禁忌症时接种疫苗可能会引起免疫功能紊乱。
(D) 有的疫苗在接种后需要经过几周时间，才能建立起长期的精准反应。
(E) 免疫功能虽然在清晨最强但和其他时间段的差异不大。

8. 电子烟究竟对人体有没有危害？近期，通过对国内外电子烟市场所做的深入调查发现，电子烟烟液中添加了尼古丁等化学物质，加热后产生的蒸汽，对人体健康一样有风险。在电子烟产生的烟雾中检测出的镍、铬等重金属含量，甚至比传统香烟产生的烟雾中的还要高。所以，电子烟对吸烟者的危害并不比传统香烟小。

以下哪项如果为真，能够支持上述论证？

(A) 电子烟主要以网络销售为主，人们很容易购买到电子烟。

(B) 与传统香烟相比，电子烟可以使吸烟者对尼古丁的依赖降低。

(C) 受广告宣传的影响，吸烟者改吸电子烟后，吸烟量大幅增长。

(D) 电子烟会导致尼古丁在空气中广泛传播，对他人健康构成威胁。

(E) 传统香烟对于不少人来说，其实是一种情感寄托。

9. 气候科学家分析了 1960 年至 2020 年的降水和气温数据，设法将中亚地区分为 11 种气候类型，他们发现，自 20 世纪 80 年代末以来，沙漠气候地区不断扩展，如乌兹别克斯坦、中国西北部的准噶尔盆地周围，沙漠气候地区向北扩展了 100 公里。研究还发现，在过去的 35 年里整个中亚地区的气温都在上升。因此，科学家表示，气候变化加剧了中亚荒漠化。

以下哪项如果为真，最能削弱上述观点？

(A) 中亚地区 1990 年至 2020 年期间的年平均气温比 1960 年至 1979 年期间至少高出 5℃。

(B) 位于中亚的中国西北部天山山脉，气温上升的同时伴随着以雨而非雪的形式产生的降水量增加。

(C) 要得出沙漠不断扩张的确切结论，研究人员应该着眼于沙尘暴和热浪等指标，而不是仅仅依赖气候分类。

(D) 中亚地区在 1960 年至 2020 年不合理的采矿和过度放牧、过度农垦等不合理的农业活动加剧了土地荒漠化。

(E) 自然过程和人类活动的相互作用是气候变化的主要原因。

10. 据统计，截至 2019 年年底，我国 60 岁以上老龄人口已达 2.5 亿。其中失能、半失能老人超过 4 000 万，这些老人疾病与衰老并存，生活基本无法自理。目前他们的实际护理主要由其配偶、子女或亲戚承担，而包括医院在内的第三方机构服务占比很低。有专家指出，建立长期陪护保障机制可以破解医养两难困境，帮助失能、半失能的老人有尊严地安享晚年，同时缓解他们的家庭负担。

以下哪项如果为真，最能支持上述专家的观点？

(A) 家庭一旦出现失能、半失能的老人，尚在工作的年轻人无法有效承担起家庭照护的责任，更多是由 60 岁～70 岁老人照顾 80 岁～90 岁老人。

(B) 失能、半失能老人需要长期治疗，而由于医疗条件有限，医院一般不愿意让老人长期占用稀缺的床位资源，既治病又养老。

(C) 有些家庭成员因难以放弃工作或缺乏护理知识，不得不雇用住家保姆来护理家中的失能、半失能老人。

(D) 不少养老院很难治疗失能、半失能老人的疾病，将老人完全托付给养老院，亲属也很难放心。

(E) 长期护理保障机制以失能、半失能人员为主要保障对象，老人由此可以获得日常生活照顾，也能得到相应的医疗护理，个人支付费用不高。

11. 花粉过敏患者一般会提前一到两周采取戴口罩、及时对症用药等方式避免过敏症状急性发作。口罩合不合格最核心的区别在于中间是否有熔喷层（熔喷层是要通过驻极工艺加上静电，静电主要是用来吸附颗粒的）。因此，口罩能吸附小纸片就是合格口罩，反之就是不合格口罩。

以下哪项如果为真，最能削弱上述观点？

(A) 一部分对于防护性能要求较高的口罩，比如N95、N99等，为了保证防护性，往往会在中间过滤层使用较厚的熔喷布。

(B) 一般真的口罩包装盒上面会有激光的防伪标签。

(C) 要让口罩外层吸附纸屑很简单，摩擦产生静电即可。

(D) 正规的口罩包装袋文字是深灰色的，而且有着一定的透明度；而假冒口罩产品上面它的文字颜色会比较深，没有一定的透明度。

(E) 质量好的熔喷布检测难度大，但生产低劣熔喷布却比较容易被检测。

12. 病毒性肺炎患者处于病毒感染时，精神心理上也会处在高度应激状态，对维生素C的生理需求量必然会加大，但此时患者很可能处于食欲不振状态，未必能够保证从膳食中得到足够的维生素C。因此多服用维生素C可以帮助治疗病毒性肺炎。

以下哪项如果为真，最能质疑上述结论？

(A) 维生素C偏酸性，若长期大量服用容易在体内形成尿路草酸钙结石和肾结石。

(B) 维生素C是人体必需的管养，很多动物都可以在体内合成维生素C，唯独人类只能从食物中获得。

(C) 病人和健康人的生理状态不一样，对没有患病的人来说，最好的维生素C来源于天然果蔬。

(D) 研究显示，维生素C不能增强免疫力，也没有抗病毒的作用。

(E) 多服用维生素C对预防病毒性肺炎几乎不起作用。

13. 地球磁场和大气可以很好地保护我们免受哪怕是最强大的太阳风暴带来的伤害，太阳风暴可能干扰雷达和无线电系统，也可能使卫星发生故障。但研究人员发现，最有害的辐射早在接触到人类皮肤前就在天空中被吸收掉了。

以下哪项如果为真，最能支持上述研究人员的观点？

(A) 在强大的太阳辐射风暴期间，高能质子可以破坏卫星内的电子电路。

(B) 研究表明，在地球大气保护范围外运行的卫星和空间站会因太阳风暴的撞击而引发故障。

(C) 至今仍未有证据表明人类历史上最强的太阳风暴事件对人类或地球上其他生命的健康造成了明显伤害。

(D) 当某些恒星耗尽燃料发生爆炸时，向周围数百万光年的空间释放的强大辐射，会对其他星体造成毁灭性损害。

(E) 太阳风暴产生紫外线辐射的同时，将氧原子从氧分子中激活，对大气臭氧起到补充作用，进而更好抵挡有害辐射。

14. 一项新的研究表明，服用大剂量维生素 B6 片可以减轻焦虑和抑郁。英国科学家研究了大剂量维生素 B6 对年轻人的影响，结果发现，在一个月的时间里，每天服用维生素 B6 补充剂后，他们感觉不再那么焦虑和抑郁。

以下哪项如果为真，最能加强上述论证？

(A) 一些补充剂可以改变大脑的活动水平，从而预防或治疗情绪障碍。

(B) 营养补充剂所产生的不良副作用比药物小得多。

(C) 维生素 B6 帮助人体产生一种特殊的化学信使，预防或治疗情绪障碍。

(D) 维生素 B6 补充剂对焦虑的作用与药物治疗相比要更小。

(E) 维生素 B6 可增加人体产生 γ—氨基丁酸，这是一种重要的中枢神经系统抑制性神经递质。

15. 近年来，我国新能源汽车产业异军突起，并逐渐由政策驱动向市场驱动过渡，很多人将目光投向了乡镇和农村市场，不少企业深入到农村市场开展宣讲活动，每次都吸引了大批热情群众。但奇怪的是，新能源汽车至今在农村市场的销量并不好。

以下哪项如果为真，最能解释上述现象？

(A) 农村地区的电网基础设施往往比较薄弱，仅能使用慢充桩，让想购买的消费者心存顾虑。

(B) 新能源汽车需要在城市普及应用一段时间后才能下沉到农村市场。

(C) 企业的宣传优惠力度还应继续加大，推进交通工具的绿色消费在广大城乡间普及。

(D) 当前占据广大乡镇和农村地区市场的电动自行车，不需要驾驶证即可上路行驶。

(E) 新能源汽车车辆购置税从全部免征转变为限额免征。

16. 一些“网红盐”以“天然”“特定原产地”“含有特殊矿物质”等为“卖点”，号称可补钙补锌“营养更均衡”，天花乱坠的广告宣传令其身价倍增。有关专家则指出，“吃盐补钙”的说法有悖科学，事实上，多吃盐不仅不能补钙，反而会导致钙质流失。

以下哪项如果为真，最有助于增强题干的结论？

(A) 盐里的微量元素可以忽略不计，毕竟每天食盐摄入量太低。

(B) 食盐含有钠离子，而钠和钙在人体中的代谢是有联系的。

(C) 钠摄入量过多的时候，身体会努力排钠，同时会增加尿钙的排出量。

(D) 清淡饮食不仅可以减少身体的负担，还能够预防疾病以及延长寿命。

(E) 按照《食品营养强化剂使用标准》，食盐不允许添加除碘以外的营养强化剂。

17. 给狗穿戴触觉背心后，操控者可通过网络控制背心震动的位置和持续时间，向狗发出不同指令。研究表明，狗对震动指令的反应并不亚于对声音指令的反应，有时甚至更好。目前狗在接受训练后，能够学会根据震动指令做出准确反应，如“转身”“后退”等。

根据以上信息，可以得出以下哪项？

(A) 狗对震动指令的反应比对声音指令的反应更好。

(B) 触觉背心与已有训练设备一起使用，能起到更好的效果。

(C) 在使用者无法直接触摸物体时，此类技术可用于模拟触摸等感觉。

(D) 让狗穿戴触觉背心，可实现人类对狗的远程指挥。

(E) 使用触觉背心训练的狗，在搜救、军事作业中比通过其他方式训练的狗表现更好。

18. 科学家经过大量研究发现，一个人的睡姿与其性格有着密切的关系。比如习惯胎儿式睡姿的人，在日常生活中缺乏安全感，渴望得到保护，同时戒备心比较重；习惯仰卧式睡姿的人，他们通常自信、坚强；习惯侧卧式睡姿的人，通常性格比较急躁，做事缺乏灵活性。
以下哪项如果为真，最能支持科学家的观点？
(A) 睡姿和微表情一样都是人潜在心理的印证，是人格特征的间接表现方式。
(B) 睡姿和生理功能密切相关，如孕妇大多采用侧卧式睡姿。
(C) 医生通常建议采用右侧卧式睡姿，因为这样能够有效避免压迫心脏。
(D) 在成长的过程中，一个人的睡姿通常会发生较大的改变。
(E) 没有一种睡眠姿势适合所有人，因为影响睡姿的因素有很多。

19. 2020 年 12 月，由探测器“隼鸟 2 号”搭载的为期 6 年的回收舱从 3 亿多公里外的小行星“龙宫”返回地球，并带回约 5.4 克行星表面样本。这些采集样本来自不受阳光或宇宙射线侵蚀的小行星地下物质，科学家团队在没有将其暴露于地球空气中的情况下进行样本分析后，从中检测到 20 多种氨基酸。因此有人认为，这暗示着地球以外存在生命。
以下哪项如果为真，最能支持上述论证？
(A) 有一种理论认为，46 亿年前地球形成时氨基酸就已大量存在。
(B) 包括氨基酸在内的有机物是化学反应自然形成的，这些化合物形成后就会附着在小行星中在宇宙中飘荡。
(C) 氨基酸是一种有机小分子，可装配成为有机大分子，之后组成多分子体系，最终多分子体系相互组装形成生物。
(D) 宇宙中其实充满了各种微生物，地球生命最初可能也起源于太空。
(E) 科学家在以往陨石中发现的氨基酸和组成生命的氨基酸的构型并不相同。

20. 在人们的印象中，H 国的生态环境非常好，无论是空气还是水，都没有什么污染；而且住在这里的人们生活节奏慢、压力小、心情舒缓……这些因素都可以有效预防阿尔茨海默病。但事实让我们大跌眼镜，据统计，H 国的阿尔茨海默病发病率非常高。
以下哪项如果为真，最能解释上述现象？
(A) 全世界各个国家的阿尔茨海默病发病率都非常高。
(B) H 国人们的平均寿命很长，而阿尔茨海默病是一种老年病。
(C) 罹患阿尔茨海默病的患者，大多生活节奏快、压力大。
(D) 特定的基因变异也会导致阿尔茨海默病。
(E) 目前的医学技术尚不能预防和治愈阿尔茨海默病。

21. 有研究认为，青少年沟通交流能力的发展与其人际交流经验成正比，因此，沉迷游戏的孩子与其他孩子相比沟通能力较差。
要使得上述论述成立，需要下列哪项作为假设？
(A) 大多数孩子在游戏以外还有其他事情可做。
(B) 游戏有助于提高青少年的思考和反应能力。
(C) 不沉迷游戏的孩子会用更多的时间与人交流。
(D) 传统的教育体制对增强青少年的沟通能力没有帮助。
(E) 沉迷游戏的青少年应该学会倾听他人的意见和感受，理解对方的立场和需求。

22. 近期，民宿预定平台发布了今年元旦民宿大数据分析报告。数据显示，12 月 31 日迎来元旦民宿入住高峰期。在民宿预定平台上，“可以做饭”“投影设备”等关键词成为搜索量最高的热词。可见，足不出户在民宿里过个假期成为很多人的选择。

以下哪项最可能是上述论证需要补充的前提？

(A) 只要是足不出户的消费者，就会通过平台预定民宿。

(B) 只有足不出户的消费者才会在假期里选择去民宿。

(C) 只有足不出户的消费者才需要在民宿里做饭和看投影。

(D) 通过平台预定民宿越来越受到年轻人的喜欢。

(E) 只有喜欢做饭和看投影的消费者才会在假期里选择民宿。

23. 以前有人说，纯净水是酸性的，喝多了会让体质变酸，而酸性体质是百病之源。但是研究证明，“酸碱体质”说简直是 21 世纪最大的健康谣言，无论是弱酸性还是弱碱性的水，到了胃里都是酸性的（胃酸的功劳），到了肠里都是弱碱性的。因此，我们可以预测，纯净水的销量会大大增加。

以下哪项最可能是上述预测的假设？

(A) 尽管有些人知道纯净水是酸性的，仍坚持饮用。

(B) 人们从来也不相信纯净水喝多了会变成酸性体质。

(C) 现在许多人不喝纯净水是因为不知道酸性体质是百病之源。

(D) 现在许多人不喝纯净水是因为他们认为喝多了纯净水会变成酸性体质。

(E) 没有其他因素对纯净水的销量产生影响。

24. 某婚恋交友网站近日发布了关于国民婚姻情感指数的白皮书，全面分析了不同地区、不同阶段、不同人群的婚姻特点。调查显示，大学本科学历人群的情感得分指数是 80.29，硕士及以上学历人群的情感得分指数是 83.74，均高于国民情感指数平均分。因此，学历越高，婚后生活越幸福。

以下哪项如果为真，最能削弱以上结论？

(A) 年龄越小的婚姻人群，对婚姻有更多的憧憬和期待。

(B) 学历越高的人群，本身对婚姻关系的认知越清晰和理性，提升婚姻幸福度的方式也更多样。

(C) 学历高的人群，相应收入也越高。

(D) 丰裕的物质条件使得人们可以安心追求学历，同时也使得婚后生活更幸福和谐。

(E) 该调查并未对硕士以上学历进一步细分。

25. 国内某研究团队自 2016 年开始，在近海采集了上千份塑料垃圾，经筛选发现部分塑料垃圾上附着了一种菌群。在随后的实验中，该菌群在含有塑料垃圾的培养基中能维持旺盛的生长能力。研究人员据此推断，这是一种能有效降解塑料垃圾的菌群。

以下哪项如果为真，最能支持上述论证？

(A) 该菌群可以降解部分聚乙烯对苯二甲酸酯塑料。

(B) 该菌群喜好聚乙烯塑料，能够将其分解为碎片。

(C) 该菌群是通过高效降解塑料以获得能量维持生命的。

(D) 该菌群为发展降解塑料垃圾生物制品产业提供了可能。

(E) 为了保护环境，应该大力培养该菌群。

26. 研究机构对某地区去年肝癌患者的情况展开调查，调查数据显示，75%的肝癌患者都有饮酒习惯。这说明饮酒习惯将极大地增加患肝癌的风险。

以下哪项如果为真，最能削弱上述结论？

(A) 去年该地区没有饮酒习惯的人有50%被发现有患肝癌的风险。

(B) 去年该地区有饮酒习惯的人数是该地区总人口的75%。

(C) 去年该地区没有饮酒习惯的人数超过总人口的35%。

(D) 去年该地区有饮酒习惯的人数比前年增加了25%。

(E) 目前没有证据证明饮酒会增加患肝癌的风险。

27. 据调查显示，截至2022年年底，F国共有餐饮门店79万家，F国餐饮收入实现3 750亿元，比上年增长2.3%。如果利润率排名位于后15%的餐饮门店被视为管理效率低，则近三年F国管理效率低的餐饮门店数量在持续上升。

如果上述调查中的数据是真实的，则可以推出以下哪项？

(A) 三年来，F国餐饮收入的涨速在持续下降。

(B) 近三年，F国餐饮门店的数量在持续上升。

(C) 近三年，F国管理效率不低的餐饮门店数量在持续下降。

(D) 近三年，F国餐饮收入在持续上涨。

(E) 随着餐饮收入的增长，F国管理效率低的餐饮门店数量不断增加。

28. 中医承载着中国古代人民同疾病作斗争的经验和理论知识，是在古代朴素的唯物论和自发的辩证法思想指导下，通过长期医疗实践逐步形成并发展成的医学理论体系。现在，中医在我国仍然是治疗疾病的常用手段之一。然而有人却提出了反对意见：古代人的寿命比现代人短，原因就是中医落后，对于疾病救治能力有限。

以下哪项如果为真，最能削弱上述反对意见？

(A) 调查显示，有42.7%的受访者表示首选中医，而只有17.7%的受访者表示首选西医。

(B) 古代自然灾害频繁，造成大量的人口死亡，平均寿命当然会低于现在。

(C) 只有看过中医的人才会知道中医的好处。

(D) 人们常说中医是“慢郎中”，真要得了急症，还是要去看西医。

(E) 中医和西医各有所长，需要根据病症做出正确的选择。

29. 节俭一直是中华民族的传统美德。随着经济社会的发展，人们对物质的要求越来越高，“月光族”“啃老族”早已屡见不鲜。然而，近年来，情况也正在发生着悄然变化。遵循“省钱而不降品味，省钱而不失时尚，省钱而不减体面”原则的“新节俭主义”开始被越来越多年轻人所推崇和青睐。

以下哪项如果为真，最能支持“新节俭主义”的观点？

(A)“新节俭主义”首先需要你会省钱，能省钱，这也并不是件容易的事情，所以推崇不代表践行。

(B)“新节俭主义”源于社会生活压力，年轻人深感生活的不易，因此奉行“新节俭主义”。

(C) 就应该像传统节俭一样什么都省，“新节俭主义”说什么“该花的就花”，这实际上是浪费的一种托词。

(D) 很多家庭不允许剩饭，这是传承的家风，传统节俭主义是节俭美德的体现。

(E) “新节俭主义”强调量入为出、“把钱用在刀刃上”，这并不是一件丢面子的事，而是一种健康的消费理念。

30. 研究发现西西里岛上的长臂猿更有可能冒险接近人类，并且在群落中影响力大的长臂猿会更加频繁地造访马路。研究人员认为，人类通常会向长臂猿提供面包、水果、薯片和其他加工食品，这种与人类的经常性接触扰乱了这些本应远离人类的长臂猿的正常社会行为。

以下哪项如果为真，最能支持上述研究人员的结论？

(A) 贸然接近人类对长臂猿来说是危险的，有的人类对长臂猿并不友善。

(B) 长臂猿觅食的行为是长臂猿一项重要的社会行为。

(C) 长臂猿在路边度过的时间大约有 10%，剩下 90%的时间是在森林里。

(D) 长臂猿之所以愿意靠近人类并接受食物是因为所带来的好处超过了风险。

(E) 当长臂猿更多时间在路边觅食时，与其他长臂猿互相梳理毛发等社交联系就被缩减。

满分必刷卷 2 答案详解

答案速查

1～5	(A) (A) (E) (C) (E)	6～10	(D) (E) (C) (D) (E)
11～15	(C) (D) (E) (C) (A)	16～20	(C) (D) (A) (C) (B)
21～25	(C) (C) (D) (D) (C)	26～30	(B) (B) (B) (E) (E)

1. (A)

【第 1 步　识别论证类型】

提问方式：以下哪项如果为真，最能削弱上述结论？

题干：研究发现，大型食草动物的灭绝与火灾发生是呈正相关的。食草动物灭绝情况越严重的洲际，火灾发生的频率就越高。研究人员据此认为，食草动物灭绝（原因 Y）是当时火灾频发（现象 G）的原因。

此题提问针对论点，故可优先考虑在论点内部拆桥。另外，锁定关键词“正相关”和“越……越……”，可知此题也为现象原因模型（共变法型）。

【第 2 步　套用母题方法】

(A) 项，此项指出气候变化导致了食草动物灭绝和火灾频发，即气候变化是“食草动物灭绝”和“火灾频发”的共同原因，而不是食草动物灭绝导致火灾频发，共因削弱。

(B) 项，此项涉及的是“食草动物灭绝的原因”，而题干涉及的是“火灾频发的原因”，无关选项。(干扰项・话题不一致)

(C) 项，此项涉及的是“火灾频发造成的结果”，而题干涉及的是“火灾频发的原因”。另外，题干也不涉及“南美洲”的情况，无关选项。(干扰项・话题不一致)

(D) 项，此项建立了“食草动物灭绝”与“火灾”之间的联系，搭桥法（论点内部搭桥），支持题干。

(E) 项，此项指出可能是“干草、树叶等可燃物堆积”导致“火灾频发”，另有他因，削弱题干。但由于“可能”是弱化词，故此项削弱力度小。

2. (A)

【第 1 步　识别论证类型】

提问方式：以下哪项如果为真，最能质疑上述结论？

题干结论：这种新技术（措施 M）将会彻底解决脱发问题（目的 P）。

此题提问针对论点，故优先考虑在论点内部拆桥搭桥。另外，锁定关键词“解决”，可知此题也为措施目的模型；锁定关键词“将会”，可知此题也可理解为预测结果模型。

【第2步 套用母题方法】

(A)项，此项说明这种新技术无法解决病理性脱发问题，措施达不到目的（MP拆桥），削弱题干。

(B)项，此项涉及的是“目前”的情况，而题干涉及的是“将来”的情况，无关选项。(干扰项·时间不一致)

(C)项，此项涉及的是这种低频电脉冲对“睡眠质量”的影响，而题干涉及的是它能否解决“脱发问题”，无关选项。(干扰项·话题不一致)

(D)项，此项涉及的是“脱发的原因”，而题干涉及的是“脱发的解决方案”，无关选项。(干扰项·话题不一致)

(E)项，此项说明使用这种技术的设备有一定重量，但与题干的“结论”无关。

3. (E)

【第1步 识别论证类型】

提问方式：以下哪项如果为真，最能支持上述观点？

题干中的观点：商学院的毕业生（S）仍然在全球人才市场中大受雇主欢迎（P）。

此题提问针对论点，故优先考虑在论点内部拆桥搭桥。

【第2步 套用母题方法】

(A)项，此项涉及的是“中国”的情况，而题干涉及的是“全球”的情况，无关选项。(干扰项·对象不一致)

(B)项，此项涉及的是商学院的平均录取率，而题干涉及的是商学院的“毕业生”在全球人才市场中是否受雇主欢迎，无关选项。(干扰项·话题不一致)

(C)项，此项指出商学院的申请人数增长，说明商学院受到“申请者”的欢迎，但无法说明商学院的毕业生受“雇主”欢迎，无关选项。

(D)项，题干不涉及“前100名”和“排名在100～200名之间”的商学院毕业生质量的对比，无关选项。(干扰项·新比较)

(E)项，此项指出90%的全球500强公司（即雇主）更愿意（即欢迎）雇用商学院毕业生，故此项搭建了“商学院的毕业生”和“受雇主欢迎”之间的关系，搭桥法（SP搭桥），支持题干。

4. (C)

【第1步 识别论证类型】

提问方式：上述论证成立须基于下列哪一前提？

题干：当达到零下7摄氏度时，可移动的水分子达到最多（P1）。因此，冰场的温度都保持了零下7摄氏度左右（即零下7摄氏度左右利于滑冰，P2）。

题干中P1与P2不一致，故此题为拆桥搭桥模型（双P型）。

【第2步 套用母题方法】

(A)项，此项讨论的是冰面的光滑程度与冰面摩擦力的关系，但没有指出它与“可移动的水分子”的关系。(干扰项·话题不一致)

(B)项，题干不涉及“摩擦使冰面融化产生了水”这一话题。(干扰项·话题不一致)

(C)项，冰面水分子层中可移动的水分子越多（P1），冰面越光滑（P2），搭桥法，必须假设。

(D) 项，题干不涉及冰面水分子层的“弹性”和“黏性”。(干扰项·话题不一致)

(E) 项，题干不涉及冰场的温度对运动员的影响。(干扰项·话题不一致)

5. (E)

【第1步　识别题目类型】

提问方式：以下哪项最为准确地概括了正方反驳反方所使用的论证方法？故此题为评论反驳方法题。

正方：如果按照对方这个逻辑推理下去，那么我们大学四年毕业后最好不要找工作，因为这样就不会影响任何人的饭碗，这成立吗？

【第2步　套用母题方法】

正方先假设了反方的逻辑正确，由此推出“大学生大学四年毕业后最好不要找工作”的荒谬结论，因此可以证明反方的论证不成立，即使用了“归谬法”，故 (E) 项正确。

6. (D)

【第1步　识别题目类型】

提问方式：根据以上叙述，最有可能推出以下哪项？故此题为推论题。

【第2步　套用母题方法】

(A) 项与 (D) 项具有相似性，进行比较分析：

题干中，研究人员模拟了早期地球环境，从而产生了大量的水，这有助于说明早期地球上的水可能也是由类似的方式产生。但是，这仅仅是一个类似的实验，而不是确定的证据，故 (D) 项与 (A) 项相比，用“可能”这一程度词更加准确。故 (D) 项正确。

(B) 项，题干只涉及“水”，不涉及“氧化物”，故此项无法由题干推出。

(C) 项，题干不涉及“岩石物质都干燥”时的情况，故此项无法由题干推出。

(E) 项，题干不涉及氢分子大气层与岩浆洋相互作用产生水是否需要“特定的比例”，故此项无法由题干推出。

7. (E)

【第1步　识别论证类型】

提问方式：以下哪项如果为真，最能质疑上述建议？

题干：在接种疫苗或进行癌症免疫疗法时，为提高有效性（目的P)，应考虑时间因素（清晨）（措施M)。

易知此题为措施目的模型。

【第2步　套用母题方法】

(A) 项，题干涉及的是“生物钟”对“免疫力”的影响，而此项涉及的是“环境、情绪”对“生物钟”的影响。(干扰项·话题不一致)

(B) 项，“存在难度”不代表“不能进行相关医疗活动”，故此项不能削弱题干。(干扰项·存在难度)

(C) 项，此项说明“存在禁忌症时”接种疫苗的“风险”，而题干涉及的是时间因素对接种疫苗的影响。(干扰项·话题不一致)

(D) 项，此项讨论的是疫苗起效需要的时间，而题干讨论的是何时进行接种。(干扰项·话题不一致)

(E) 项，此项说明在一天中的不同时间接种疫苗或进行癌症免疫疗法，有效性差异不大，即割裂了“时间因素”与“有效性”之间的关系，措施目的拆桥，削弱题干。

8. (C)

【第1步　识别论证类型】

提问方式：以下哪项如果为真，能够支持上述论证？

题干：电子烟烟液中添加了尼古丁等化学物质，加热后产生的蒸汽，对人体健康一样有风险。在电子烟的烟雾中检测出的镍、铬等重金属含量，甚至比传统香烟产生的烟雾中的还要高。所以，电子烟对吸烟者的危害并不比传统香烟小。

题干的论据中出现“含量”，论点中直接做出断定，故此题为统计论证模型。

【第2步　套用母题方法】

(A) 项，此项涉及的是电子烟“购买的难易度”，而题干涉及的是电子烟“对吸烟者的危害”，无关选项。(干扰项·话题不一致)

(B) 项，此项说明电子烟比传统香烟更能降低吸烟者对尼古丁的依赖，即电子烟对吸烟者的危害比传统香烟小，削弱题干。

(C) 项，对吸烟者的危害＝每支香烟中的有害物质含量 (a) ×吸烟总量 (b)，此项说明电子烟比传统香烟“b”高，题干说明电子烟比传统香烟“a”高，因此可以得出电子烟对吸烟者的危害比传统香烟大，补充论据，支持题干。

(D) 项，此项涉及的是电子烟对“他人”健康构成威胁，但题干涉及的是电子烟对“吸烟者”的危害，无关选项。(干扰项·话题不一致)

(E) 项，题干不涉及“情感寄托”，无关选项。(干扰项·话题不一致)

9. (D)

【第1步　识别论证类型】

提问方式：以下哪项如果为真，最能削弱上述观点？

题干的观点：科学家表示，气候变化（原因 Y）加剧了中亚荒漠化（结果 G）。

题干论据中的两种现象同时出现：①沙漠气候地区不断扩展；②气温上升。符合共变法模型的特点，故此题为现象原因模型（共变法型）。

【第2步　套用母题方法】

(A) 项，支持了题干中的现象②气温上升，但没有说明气候变化与中亚荒漠化的关系，故不能削弱题干。

(B) 项，此项说明确实存在气候变化，但没有说明气候变化与中亚荒漠化的关系，故不能削弱题干。

(C) 项，“应该如何研究”是建议而非事实，故排除。(干扰项·非事实项)

(D) 项，此项说明可能是“不合理的采矿和不合理的农业活动”造成土地荒漠化，另有他因，削弱题干。

(E) 项，此项涉及的是气候变化的“原因”，而题干涉及的是气候变化的“结果”，无关选项。(干扰项·话题不一致)

10. (E)

【第1步 识别论证类型】

提问方式：以下哪项如果为真，最能支持上述专家的观点？

专家的观点：建立长期陪护保障机制（S）可以破解医养两难困境，帮助失能、半失能的老人有尊严地安享晚年（P1），同时缓解他们的家庭负担（P2）。

此题提问针对论点，故优先考虑在论点内部拆桥搭桥。

【第2步 套用母题方法】

(E) 项，此项指出长期护理保障机制（S）可以使老人获得日常生活照顾，也能得到相应的医疗护理（P1），个人支付费用不高（P2），搭桥法（SP），支持专家的观点。

其余各项均不涉及“建立长期陪护保障机制”(S)，可快速排除。

11. (C)

【第1步 识别论证类型】

提问方式：以下哪项如果为真，最能削弱上述观点？

题干：口罩合不合格最核心的区别在于中间是否有熔喷层（可以吸附颗粒）。因此，口罩能吸附小纸片就是合格口罩，反之就是不合格口罩。

【第2步 套用母题方法】

此题提问针对观点，直接锁定观点中的关键词：“吸附小纸片”。

只有（C）项涉及“吸附小吸片”，可优先分析此项：此项说明摩擦产生静电即可让口罩外层吸附纸屑，即说明“能吸附小纸片”不代表有“熔喷层”，拆桥法，削弱题干。

其余各项均不涉及“吸附小吸片”，可迅速排除。

12. (D)

【第1步 识别论证类型】

提问方式：以下哪项如果为真，最能质疑上述结论？

题干的结论：多服用维生素C（措施M）可以帮助治疗病毒性肺炎（目的P）。

此题提问针对论点，故优先考虑在论点内部拆桥搭桥。另外，锁定关键词“可以”，可知此题也为措施目的模型。

【第2步 套用母题方法】

(A) 项，此项说明了长期大量服用维生素C的坏处，即措施有副作用，但不直接涉及“治疗病毒性肺炎”，故削弱力度弱。

(B) 项，此项涉及的是维生素C的“获得方法”，而题干涉及的是维生素C能否治疗病毒性肺炎，无关选项。(干扰项·话题不一致)

(C) 项，此项的论证对象是“没有患病的人”，而题干的论证对象是“病毒性肺炎患者”。(干扰项·对象不一致)

(D) 项，此项说明维生素C不能增强免疫力，也没有抗病毒的作用，即割裂了“维生素C”和“治疗病毒性肺炎”之间的关系，措施达不到目的（MP拆桥），削弱题干。

(E) 项，此项涉及的是“预防”病毒性肺炎，而题干涉及的是“治疗”病毒性肺炎。(干扰项·概念不一致)

13. (E)

【第1步 识别论证类型】

提问方式：以下哪项如果为真，最能支持上述研究人员的观点？

研究人员的观点：最有害的辐射早在接触到人类皮肤前就在天空中被吸收掉了。

此题提问针对论点，故优先考虑直接支持论点或在论点内部搭桥。

【第2步 套用母题方法】

(A) 项、(B) 项，这两项涉及的是太阳辐射风暴对"卫星"的损害，不涉及对"人类皮肤"的损害，因此这两项均为无关选项。

(C) 项，"未有证据"即不确定是不是事实，诉诸无知。(干扰项·非事实项)

(D) 项，此项涉及的是辐射对"其他星体"的损害，而题干涉及的是辐射对"人类皮肤"是否有害，无关选项。(干扰项·话题不一致)

(E) 项，此项说明有害的辐射在天空中确实可以被吸收掉，补充新论据，支持题干。

14. (C)

【第1步 识别论证类型】

提问方式：以下哪项如果为真，最能加强上述论证？

题干：每天服用维生素B6补充剂后，实验中的年轻人感觉不再那么焦虑和抑郁。因此，服用大剂量维生素B6片（原因Y/措施M）可以减轻焦虑和抑郁（结果G/目的P）。

题干通过一组对象的前后对比实验，得出一个因果关系，故此题为现象原因模型（求异法型）。另外，此题也可认为是措施目的模型。

【第2步 套用母题方法】

(A) 项，"一些"补充剂可以起到相关的作用，但不确定"维生素B6补充剂"能否起到这样的作用。(干扰项·不确定项)

(B) 项，题干不涉及营养补充剂和药物关于不良副作用的比较。(干扰项·新比较)

(C) 项，此项说明维生素B6可以预防或治疗情绪障碍，即构建了"维生素B6"和"减轻焦虑和抑郁"之间的关系，因果相关（因果搭桥），支持题干。

(D) 项，题干不涉及维生素B6与药物之间效果的比较。(干扰项·新比较)

(E) 项，此项说明维生素B6可产生中枢神经系统抑制性神经递质，但不确定该神经递质与"减轻焦虑和抑郁"之间的关系。(干扰项·不确定项)

15. (A)

【第1步 找到待解释的现象】

提问方式：以下哪项如果为真，最能解释上述现象？

待解释的现象：不少企业深入到农村市场开展宣讲活动，每次都吸引了大批热情群众。但奇怪的是，新能源汽车至今在农村市场的销量并不好。

【第2步 套用母题方法】

(A) 项，可以解释，此项说明农村地区想购买新能源汽车的消费者可能对设施问题心存顾虑，解释了为什么新能源汽车宣讲效果好但销量不好。

(B) 项，此项指出新能源汽车需要一段时间才能下沉到农村市场，只能解释新能源汽车目前在农村市场为什么销量不好，但是不能解释为什么销量不好但宣讲效果好。

(C) 项，此项是建议项，不能解释题干。(干扰项·非事实项)

(D) 项，此项涉及的是“电动自行车”，而题干涉及的是“新能源汽车”。(干扰项·对象不一致)

(E) 项，此项指出新能源汽车车辆购置税从全部免征转变为限额免征，如果销量是受购置税的影响，那么应该是过去卖得好，现在卖得不好，但题干中说的是“至今”一直销量不好，故不能解释题干。

16. (C)

【第1步　识别论证类型】

提问方式：以下哪项如果为真，最有助于增强题干的结论？

题干的结论：多吃盐（原因Y）不仅不能补钙，反而会导致钙质流失（结果G）。

此题无论据，同时提问针对论点，故优先考虑在论点内部拆桥搭桥。

【第2步　套用母题方法】

(A) 项，此项涉及的是“微量元素”，而题干涉及的是“钙”，无关选项。(干扰项·对象不一致)

(B) 项，此项指出“食盐中的钠和钙在人体中的代谢是有联系的”，但不确定是什么样的联系。(干扰项·不确定项)

(C) 项，钠摄入量过多（Y）的时候，身体会努力排钠，同时会增加尿钙的排出量（G），搭桥法（因果相关），支持题干。

(D) 项，此项说明了“清淡饮食”的好处，但与“钙”无关。(干扰项·话题不一致)

(E) 项，题干不涉及“除碘以外的营养强化剂”，无关选项。(干扰项·话题不一致)

17. (D)

【第1步　识别题目类型】

提问方式：根据以上信息，可以得出以下哪项？故此题为推论题。

【第2步　套用母题方法】

(A) 项，题干指出“狗对震动指令的反应并不亚于对声音指令的反应，有时甚至更好”，“有时”只是个别性情况，无法由此得出一般性结论，故此项无法由题干推出。

(B) 项，题干并未讨论触觉背心与已有训练设备一起使用的效果，无关选项。

(C) 项，题干并未讨论这项技术的其他应用，无关选项。

(D) 项，由题干信息“给狗穿戴触觉背心后，操控者可通过网络向狗发出不同指令”可知，此项可以推出。

(E) 项，题干并未涉及“使用触觉背心训练的狗”和“通过其他方式训练的狗”的比较，无关选项。(干扰项·新比较)

18. (A)

【第1步　识别论证类型】

提问方式：以下哪项如果为真，最能支持科学家的观点？

科学家的观点：一个人的睡姿（S）与其性格（P）有着密切的关系。

此题提问针对论点，故优先考虑在论点内部拆桥搭桥。

【第2步　套用母题方法】

(A) 项，此项指出睡姿（S）是人格特征（P）的间接表现方式，搭桥法，支持科学家的观点。

(B) 项，此项指出睡姿与“生理功能”密切相关，但无法由此确定睡姿是否与“性格”相关。(干扰项 · 不确定项)

(C) 项，此项中医生的建议与题干中的话题不相关。

(D) 项，题干不涉及人在成长的过程中睡姿是否会发生改变，无关选项。

(E) 项，此项不涉及“睡姿”与“性格”之间的关系，无关选项。

19. (C)

【第 1 步　识别论证类型】

提问方式：以下哪项如果为真，最能支持上述论证？

题干：科学家团队在没有将其（行星表面样本）暴露于地球空气中的情况下进行样本分析后，从中检测到 20 多种氨基酸（P1）。因此有人认为，这暗示着地球以外存在生命（P2）。

题干中 P1 与 P2 不一致，故此题为拆桥搭桥模型（双 P 型）。

【第 2 步　套用母题方法】

(A) 项，此项涉及的是“地球形成时”的情况，而题干涉及的是“地球以外”的情况，无关选项。(干扰项 · 对象不一致)

(B) 项，此项有助于说明为什么行星表面样本中会检测出氨基酸，但不涉及“氨基酸”和“地外生命”之间的关系，无关选项。

(C) 项，此项说明氨基酸（P1）确实可以形成生物（P2），搭桥法，支持题干。

(D) 项，此项说明地球以外确实存在生命，支持结论，但本题的提问方式是“最能支持上述论证”，即支持“氨基酸”和“存在生命”之间的关系，因此不选此项。

(E) 项，此项涉及的是“以往陨石中发现的氨基酸”，而题干涉及的是“从样本中检测到的氨基酸”，无关选项。(干扰项 · 对象不一致)

20. (B)

【第 1 步　找到待解释的现象】

提问方式：以下哪项如果为真，最能解释上述现象？

待解释的现象：H 国的生态环境好、生活节奏慢、压力小、心情舒缓等因素可以有效预防阿尔茨海默病，但据统计，H 国的阿尔茨海默病发病率非常高。

【第 2 步　套用母题方法】

(A) 项，此项说的是“全世界各个国家”的情况，而题干仅涉及“H 国”。(干扰项 · 对象不一致)

(B) 项，此项说明 H 国的阿尔茨海默病发病率非常高，是因为人们平均寿命很长，可以解释。

(C) 项，此项说明生活节奏快、压力大导致罹患阿尔茨海默病，而题干中的 H 国生活节奏慢、压力小，那么 H 国的阿尔茨海默病发病率应该比较低，此项加剧了题干中的矛盾。

(D) 项，此项说明特定的基因变异也会导致阿尔茨海默病，但不确定 H 国居民是否存在这样的基因变异，不能解释。(干扰项 · 不确定项)

(E) 项，题干只涉及阿尔茨海默病的“发病率”，不涉及阿尔茨海默病的“预防和治愈”，无关选项。(干扰项 · 话题不一致)

21. (C)

【第1步　识别论证类型】

提问方式：要使得上述论述成立，需要下列哪项作为假设？

题干：青少年沟通交流能力（S）的发展与其人际交流经验（P1）成正比，因此，沉迷游戏（P2）的孩子与其他孩子相比沟通能力（S）较差。

题干中P1与P2不一致，故此题为拆桥搭桥模型（双P型）。

【第2步　套用母题方法】

(A) 项，此项的论证对象是“大多数孩子”的情况，而题干的论证对象是“沉迷游戏的孩子”，无关选项。（干扰项·对象不一致）

(B) 项，此项涉及的是“思考和反应能力”，而题干涉及的是“沟通交流能力”，无关选项。（干扰项·话题不一致）

(C) 项，此项说明沉迷游戏的孩子人际交流经验少，即构建了“人际交流”和“沉迷游戏”之间的关系，搭桥法，必须假设。

(D) 项，此项涉及的是“传统教育体制”对青少年沟通交流能力的影响，而题干涉及的是“沉迷游戏”对青少年沟通交流能力的影响，无关选项。（干扰项·话题不一致）

(E) 项，此项是建议项而非事实，不必假设。

22. (C)

【第1步　识别论证类型】

提问方式：以下哪项最可能是上述论证需要补充的前提？

题干：在民宿预定平台上，“可以做饭”“投影设备”等关键词成为搜索量最高的热词。可见，足不出户在民宿里过个假期成为很多人的选择。

题干的论据与论点中出现了话题的不一致，故此题为拆桥搭桥模型。

【第2步　套用母题方法】

(A) 项、(B) 项、(D) 项，这三项均没有构建“在民宿里做饭和看投影”与“足不出户在民宿里过个假期”之间的关系，不必假设。

(C) 项，此项符号化为：在民宿里做饭和看投影→足不出户的消费者，即构建了“在民宿里做饭和看投影”与“足不出户在民宿里过个假期”之间的关系，搭桥法，必须假设。

(E) 项，此项中“在假期里选择民宿”与“足不出户在民宿里过个假期”存在概念不一致，故排除。

23. (D)

【第1步　识别论证类型】

提问方式：以下哪项最可能是上述预测的假设？

题干：研究证明，“酸碱体质”说简直是21世纪最大的健康谣言。因此，我们可以预测，纯净水的销量会大大增加。

此题中存在对结果的预测，故优先考虑搭桥法。

【第2步　套用母题方法】

(A) 项，此项说明无论“酸碱体质”说是否是谣言，有些人都不会受其影响，因此，纯净水的销量未必会大大增加，结果预测不当，削弱题干。

(B) 项，此项说明人们从来也不相信“酸碱体质”，即知道了“酸碱体质”是谣言也不会因此而多买纯净水，削弱题干。

(C) 项，如果人们本来就“不知道酸性体质是百病之源”这一谣言，那么这一谣言被破解后也不会对销量产生影响，故此项不是题干的假设。

(D) 项，此项指出许多人不喝纯净水是因为他们认为喝多了纯净水会变成酸性体质，“酸碱体质”说辟谣之后，人们可能会喝纯净水，进而增加纯净水的销量，可以假设。

(E) 项，题干只涉及“酸碱体质”谣言对纯净水销量的影响，不必假设纯净水的销量不受其他因素的影响，假设过度。

24. (D)

【第1步 识别论证类型】

提问方式：以下哪项如果为真，最能削弱以上结论？

题干的结论：学历越高（Y），婚后生活越幸福（G）。

题干的论据中存在共变现象，故此题为现象原因模型（共变法型）。

【第2步 套用母题方法】

(A) 项，此项涉及的是“年龄”，而题干涉及的是“学历”。(干扰项·话题不一致)

(B) 项，学历越高（Y）的人群，本身对婚姻关系的认知越清晰和理性，提升婚姻幸福度（G）的方式也更多样，搭桥法，支持题干。

(C) 项，此项涉及的是“学历”和“收入”之间的关系，而题干涉及的是“学历”和“婚后生活幸福”之间的关系。(干扰项·话题不一致)

(D) 项，此项指出是丰裕的物质条件导致了高学历和婚后生活幸福，即丰裕的物质条件是“高学历”和“婚后生活幸福”的共同原因，而不是高学历导致婚后生活幸福，共因削弱。

(E) 项，此项并没有说明如果对硕士以上学历进一步细分会得出什么结果，若博士学历的婚姻情感指数高于硕士学历，则支持题干；反之，则削弱题干。(干扰项·不确定项)

25. (C)

【第1步 识别论证类型】

提问方式：以下哪项如果为真，最能支持上述论证？

题干中的论证：该菌群（S）在含有塑料垃圾的培养基中能维持旺盛的生长能力（P1）。研究人员据此推断，这是一种能有效降解塑料垃圾（P2）的菌群（S）。

题干中P1与P2不一致，故此题为拆桥搭桥模型（双P型）。

【第2步 套用母题方法】

搭建P1与P2的桥梁，易知此题选（C）。

其余各项都不涉及“维持旺盛的生长能力”，故排除。

26. (B)

【第1步 识别论证类型】

提问方式：以下哪项如果为真，最能削弱上述结论？

题干：调查数据显示，75%的肝癌患者都有饮酒习惯。这说明饮酒习惯（Y）将极大地增加患肝癌（G）的风险。

思路1：此题提问针对论点，故优先考虑直接支持论点或在论点内部拆桥。

思路2：观察题干可知，论据是一个现象，论点是对该现象的原因的分析。同时，题干的论据和选项均涉及百分比，故此题为现象原因模型（百分比对比型）。常用的解题方法为：同比削弱、差比加强。

【第2步　套用母题方法】

（A）项，题干中的75%是指“肝癌患者”的75%，此项中的50%则是指“没有饮酒习惯的人”的50%，与题干无法形成对照组，故不能削弱题干。

（B）项，

题干：肝癌患者中，75%有饮酒习惯；

（B）项：所有人中，75%有饮酒习惯；

说明肝癌患者的饮酒习惯率与普通人一样，从而削弱饮酒习惯与肝癌的关系（同比削弱）。故此项削弱题干。

（C）项，

题干：肝癌患者中，75%有饮酒习惯；

（C）项：所有人中，超过35%没有饮酒习惯（即有饮酒习惯：＜65%）；

故：饮酒习惯增加患肝癌的风险（差比加强）。

故此项支持题干。

（D）项，题干不涉及去年和前年的比较。（干扰项·新比较）

（E）项，“没有证据证明饮酒会增加患肝癌的风险”不能说明“饮酒不会增加患肝癌的风险”。（干扰项·诉诸无知）

27.（B）

【第1步　识别题目类型】

提问方式：如果上述调查中的数据是真实的，则可以推出以下哪项？故此题为推论题。

题干中出现百分比和利润率，可知此题也为统计论证模型。

【第2步　套用母题方法】

题干：管理效率低的门店数量＝餐饮门店总数量×15%；近三年F国管理效率低的餐饮门店数量在持续上升。

因此近三年F国餐饮门店总数量和管理效率不低的门店数量都在持续上升，故（B）项正确。

28.（B）

【第1步　识别论证类型】

提问方式：以下哪项如果为真，最能削弱上述反对意见？

反对意见：古代人的寿命比现代人短（现象G），原因就是中医落后，对于疾病救治能力有限（原因Y）。

易知此题为现象原因模型。

【第2步　套用母题方法】

（A）项，“受访者表示”是一种主观观点，不能削弱题干。（干扰项·非事实项）

(B) 项，此项说明是古代自然灾害频繁造成古代人的寿命更短，而不是因为中医落后，另有他因，削弱题干。

(C) 项，此项涉及的是认识中医好处的必要条件，即看过中医。而题干涉及的是古代人寿命短的原因，无关选项。(干扰项・话题不一致)

(D) 项，“人们常说”是一种主观观点，不能削弱题干。(干扰项・非事实项)

(E) 项，题干不涉及如何选择中医或西医，无关选项。(干扰项・话题不一致)

29. (E)

【第1步　识别论证类型】

提问方式：以下哪项如果为真，最能支持“新节俭主义”的观点？

新节俭主义：省钱（S）而不降品味（P1），省钱而不失时尚（P2），省钱而不减体面（P3）。

此题无论据，可选择直接支持“新节俭主义”观点的项。

【第2步　套用母题方法】

(A) 项，此项涉及的是“新节俭主义”践行的难度，但不涉及新节俭主义的三个观点（P1、P2、P3）。

(B) 项，此项解释了年轻人奉行“新节俭主义”的原因，但不涉及新节俭主义的三个观点（P1、P2、P3）。

(C) 项，此项说明“新节俭主义”是一种浪费，是对“新节俭主义”的批评而非支持。

(D) 项，此项涉及的是“传统节俭主义”，而题干涉及的是“新节俭主义”，对象不一致。

(E) 项，此项说明“新节俭主义”不是一件丢面子的事（P3），支持“新节俭主义”的观点。

30. (E)

【第1步　识别论证类型】

提问方式：以下哪项如果为真，最能支持上述研究人员的结论？

研究人员的结论：这种与人类的经常性接触（会向长臂猿提供面包、水果、薯片和其他加工食品）扰乱了这些本应远离人类的长臂猿的正常社会行为。

此题无论据，同时提问针对论点，故优先考虑在论点内部拆桥搭桥。

【第2步　套用母题方法】

(A) 项，此项涉及的是长臂猿“接近人类的危险性”，而题干涉及的是长臂猿“正常社会行为受到的影响”，无关选项。(干扰项・话题不一致)

(B) 项，题干的论证不涉及长臂猿重要的社会行为，无关选项。(干扰项・话题不一致)

(C) 项，题干的论证不涉及长臂猿在路边和在森林里度过的时间分配比例，无关选项。(干扰项・话题不一致)

(D) 项，此项涉及的是长臂猿接受人类食物的原因，而题干涉及的是长臂猿接受人类食物的不良后果，无关选项。(干扰项・话题不一致)

(E) 项，此项指出人类向长臂猿提供食物导致长臂猿更多时间在路边觅食，会缩减长臂猿的社交联系，即扰乱了长臂猿的正常社会行为，搭桥法（论点内部搭桥），支持研究人员的结论。

满分必刷卷 3

时间：60 分钟　　总分：30×2=60 分　　你的得分________

1. “游泳圈”，也就是腰间赘肉，是腰腹倾斜部位脂肪长期堆积而形成的赘肉。许多女性认为平坦的腰腹更美观、健康，不过有研究发现，女性腰部适当有点赘肉可降低骨折危险，原因是适当的腰部赘肉可为骨骼提供额外力量。但是，一位研究者认为，其原因更可能是在正常体重范围内，腰围较丰满的女性体内雌激素较多，而这种荷尔蒙对骨骼有益。
下列哪项如果为真，最能加强该研究者的观点？
(A) 在跌倒时腰部赘肉会如软垫一样保护着身体。
(B) 研究发现，腰围最大的女性，骨折危险比其他女性低。
(C) 女性腰部脂肪每减少 1 公斤，骨折危险就会增加。
(D) 女性在进入更年期后雌激素分泌下降，骨折风险会显著增加。
(E) 雌激素具有调节女性血管平滑肌细胞和内皮细胞功能等作用。

2. 科学家研究了过去 6 600 万年的古气候记录，发现地球气候的变暖事件比冷却事件温度变化更大。对这种变暖偏差的一个可能的解释在于“乘数效应”，即最初的变暖会引发一系列相应变化，自然地加速某些生物和化学过程，进而导致更多的变暖。研究小组观察到，在 500 万年前，大约在北半球开始形成冰原的时候，这种变暖的偏差消失了。但随着今天北极冰层的消退，科学家推测：乘数效应可能会重新启动。
以下哪项如果为真，最能支持上述科学家的推测？
(A) 500 万年前北极冰川形成时的地球正在经历冷却阶段。
(B) 北极冰层正在缩小，并有可能作为人类行为的一个长期后果而消失。
(C) 由变暖导致的北极冰层融化会进一步加剧碳循环的生物化学过程。
(D) 地球古代历史上极端气候事件中变暖事件带来的长期影响更甚于变冷事件。
(E) 反常的夏季风和冰层变薄造成了北极冰层的海冰大量消失。

3. 人工智能（AI）系统“Pluribus”在六人制德州扑克比赛中击败了 5 名职业选手，这是当前唯一一个在多人扑克比赛中赢得胜利的 AI 系统。此前，人工智能在“战略性推理”方面取得的成就仅限于二人对决，因为在二人对决中，机器的策略是确保结果至少是平局，只要对手犯错，机器就能获胜，但这一策略不适用于多人对决。研究人员为此设计了一种新的“有限前瞻搜索”算法，这让机器在应对多名对手时能做出一个整体决策，大大提升胜率。
从以上陈述中可推出以下哪项结论？
(A) AI 在多人制策略游戏中必然会被人类所击败。
(B) 未来 AI 可以在任何多人对战游戏中取得胜利。
(C) 只要是在战略思维方面的二人对决，AI 的表现就能够超越人类。
(D) 当前没有第二个 AI 系统可以在多人扑克比赛中胜过人类选手。
(E) 人工智能可以在短时间内处理大量的数据和任务。

4. 研究者在 2009—2018 年间针对 10 万余名平均年龄为 42 岁的健康成年人展开研究。研究内容包括他们的含糖饮料摄入量及他们在多年随访期内的患癌状况。结果显示，每天饮用含糖饮料 100 毫升，总体患癌风险会增加 18%，患乳腺癌的风险更是高出 22%。研究人员认为：饮料中含有较多的糖，而糖会对内脏脂肪、血糖水平等产生影响，进而增加患癌风险。
以下哪项如果为真，最能质疑上述推断？
(A) 某些高血糖患者食用无糖食品，其癌症发病率较低。
(B) 饮料中的添加剂是患癌风险增加的主要因素。
(C) 经常喝纯果汁会增加人体的患癌风险。
(D) 内脏脂肪和血糖水平升高是患癌的主要因素之一。
(E) 调查发现，饮料中含糖量越高，越受消费者的喜欢。

5. 某生物工程师在《生物》杂志上介绍了一种新型生物活性支架。注射该支架后的 4 周，瘫痪小鼠获得了重新行走的能力。这种支架由多肽链组成，注射入小鼠体内后会形成纳米纤维网络，模拟脊髓的细胞外基质，促进神经和血管形成的信号分子能在网络中灵活运动，高效地激活细胞膜上不断移动的蛋白受体，显著促进细胞再生，恢复脊髓功能。研究者认为，这项技术可用于瘫痪患者的治疗。
上述论证基于以下哪项假设？
(A) 激活蛋白受体有助于恢复脊髓功能。
(B) 该支架可在 12 周内完成自身降解。
(C) 脑损伤患者是因为脊椎功能受损所致。
(D) 该技术在人体细胞中也取得了良好的效果。
(E) 患者能够承受得起该项治疗的费用。

6. 食物过敏的发病在全球呈逐年增高趋势，在低龄人群中尤为明显。因此，有部分医生认为，一旦发现婴幼儿食物过敏，就需要改变饮食习惯，杜绝致敏食物，并积极进行脱敏治疗。
下列哪项如果为真，最能支持上述观点？
(A) 部分医生经验不足、诊断方法不当，存在过度诊断倾向，给患者及其家庭带来不必要的恐惧和焦虑，增加了疾病负担。
(B) 对婴幼儿食物过敏不必过于恐慌，随着年龄增长，孩子消化道黏膜逐渐发育完善、免疫系统功能不断增强，对某些食物如鸡蛋、牛奶过敏会渐渐耐受。
(C) 危及生命的严重食物过敏，其抢救黄金期只有半小时甚至数分钟，必须在窒息、休克等现象发生之前，通过肌肉注射肾上腺素施救。
(D) 绝大多数食物过敏不需要进行脱敏治疗，如果过敏原食物是身体必需营养的来源，且日常生活中难以避免的，如鸡蛋、牛奶、小麦等，才考虑做脱敏治疗。
(E) 在婴幼儿身上，比较常见的就是蛋白质类的过敏。

7. 研究人员以有阿尔茨海默症状（记忆力下降、出现频繁和持久的健忘）的小鼠为对象，研究胆碱对阿尔茨海默症的影响。结果表明，与摄入正常胆碱含量食物的小白鼠相比，长期通过饮食摄入大量胆碱的小鼠空间记忆能力得到了改善。因此，多吃鸡蛋有利于改善阿尔茨海默症病人的症状。

要得到上述研究推论，还需基于以下哪一个前提？

(A) 胆碱通过阻止β-淀粉样蛋白斑块的产生来预防阿尔茨海默症。

(B) 长期补充胆碱对有阿尔茨海默症状的狗也有益处。

(C) 鸡蛋中富含对人体健康有益的优质蛋白。

(D) 鸡蛋中含有大量人体易消化吸收的胆碱。

(E) 鸡蛋中含有导致胆囊炎患者疼痛加重的胆固醇。

8. ChatGPT是美国OpenAI公司最新研发的聊天机器人模型，它使用自然语言处理技术，对海量数据进行深度学习，挖掘出关联统计性，形成合成语言语境下的对话能力，生成部分代替人类智能的文本或作品。ChatGPT像是“家教”或“字典”，已有许多学生开始通过ChatGPT应对作业和考试。据此，有家长担忧ChatGPT有可能取代学校教育。

以下哪项如果为真，最能说明上述家长的担忧是不必要的？

(A) ChatGPT会对学生提问提供一个答案，但这样做无助于培养学生的创新性，也无助于培养学生认知问题、解决问题的能力。

(B) 目前全球多所大学发布明确的人工智能禁令，禁止使用ChatGPT来完成学习与考试任务。

(C) 近来一项对美国1 000名18岁以上的学生调查显示，超89%的学生调研反馈会使用ChatGPT完成作业或论文。

(D) ChatGPT鼓励学生提出有趣、有意义的好问题，这可让学生摆脱过去填鸭式教育模式的束缚，使其在自主学习中变更聪明。

(E) ChatGPT给出的答案可能并不正确，而且学生也不具备辨别答案正确与否的能力。

9. “鼎”是我国古代青铜器中最具代表性的器物之一。鼎起初是用来煮肉的工具，之后用于祭祀神灵，最后走进了庙堂，成为权力的象征。在周朝时期，列鼎制度规定：天子用九鼎，诸侯用七鼎，大夫用五鼎，士用三鼎或一鼎。可见，鼎在这时已具有“明尊卑”的政治功能，成为区分权力等级的重要标志。鼎为什么能从煮肉大锅升级为权力重器？有专家分析指出，青铜鼎的这种“华丽转身”，与其物理属性高度相关。

以下哪项如果为真，最能支持上述专家的观点？

(A) 生产力水平较低的夏商周时代，常用大锅煮肉的人只能来自当时的权贵阶层。一个人拥有鼎，就是在向他人暗示：跟我走有肉吃。

(B) 夏商以来，我国黄河流域并非铜矿产区，青铜高度稀缺，青铜器一直被各大豪门大族视为珍宝，他们为了炫富，常铸鼎煮肉。

(C) 青铜器作为金属容器可长期保存，青铜鼎无论是三足圆鼎还是四足方鼎，其稳定性都很好，这些恰好符合人们对权力长久稳定的期望。

(D) 青铜鼎一般都刻有文字图案，通过它们，青铜鼎拥有者在祭祀中试图与神灵相沟通，并证明自己才是人世间与神灵沟通的代表。

(E) 青铜器本身的颜色应该是金灿灿的黄色，之所以现在被叫做“青铜”，是因为经历了几千年的化学反应，其表面出现一层青灰色的锈。

10. 某施工现场意外挖到了一个汉代的千年古墓。考古专家来到现场，对古墓进行了保护性挖掘，结果挖出了一汪清泉，内部惊现金龙玉席，墓主口含龙珠，置身清泉之中，给人的感觉非常独特。在不断挖掘和清理的过程中，考古专家发现了很多碎裂的陶片，把这些东西拼凑起来的话，能看到一些文字，其中有 4 个字是“千秋万岁”。专家据此认为，墓主很可能是皇室成员。

以下哪项如果为真，最能支持专家的结论？

(A)“千秋万岁”四个字的字体是小篆字体，这是西汉时期的官方字体。

(B) 陶片在很多皇室古墓中都有出现，且占比较高。

(C) 中国的封建时期，等级非常森严，民间百姓基本不会使用“千秋万岁”。

(D) 还需要其他证据进行进一步的分析，才能确认墓主的身份。

(E) 考古学者曾在某帝王陵中挖掘到带有“千秋万岁”字样的古钱币。

11. 有研究人员表示，购物可以被看作是一种对生活的主动选择，它带给你的结果是完全可预见的，这个过程能够提升人内心对于生活的掌控感，因此，购物会对情绪产生积极影响。

下列哪项如果为真，最能削弱以上结论？

(A) 克服冲动型事件所造成的压力有助于人们提升心理舒适度。

(B) 相关调查发现，超过半数的人都曾因为购物的花费而产生焦虑情绪。

(C) 调查发现，86%的消费者都有过花“冤枉钱”的经历。

(D) 大部分人在购物时是无须动脑的，从而可以在购物时让大脑得到休整。

(E) 在购物时，许多人或许会想象拥有这件物品后的生活会是什么样的。

12. 自国家发布三孩生育政策以来，该政策就受到了人民群众的广泛热议。但热议的重点并不是生育政策本身，而是从家庭微观层面讨论如何才能解决一对夫妻生育三个子女的问题。事实上，家庭生育决策不仅仅受人口政策的影响，还受到婚姻观、生育观、经济状况、孩童养育成本等多种因素的影响。因此，落实三孩生育政策应当加强配套生育支持措施，如优化生育休假制度、加强优质教育资源供给等。

下列哪项如果为真，不能支持上述观点？

(A) 就业市场性别歧视现象增加往往成为育龄女性生育多孩的顾虑。

(B) 老龄化和生育率下降将对国家和社会发展带来潜在危机。

(C) 在公立托育机构不足的情况下，不少家庭存在多孩托育的后顾之忧。

(D) 竞争优质教育资源困难会导致一些家庭对生育多孩望而却步。

(E) 很多孕妇担心生育三孩后，由于休假时间不够导致的陪伴缺失会影响孩子的健康成长。

13. 某 PC 生产商在一款新型笔记本电脑上加装了一组芯片，可以大幅提高笔记本电脑的图像处理能力。因此，该生产商认为，这款新型笔记本电脑的销量将大大高于以往的型号。

以下哪项如果为真，最能支持上述判断？

(A) 由于加装了一组芯片，新型笔记本电脑的散热能力比以往的型号差。

(B) 新型笔记本电脑与以往型号的用户定位不一样。

(C) 该厂商为新型笔记本电脑所采用的技术申请了专利。

(D) 某知名技术团队对这款新型笔记本电脑的性能表现大加称赞。

(E) 笔记本电脑的用户经常就电脑的图像处理能力“货比三家”。

14. 科学家发现，太空旅行会影响人脑的工作方式。在最新研究中，科学家借助静息状态功能性核磁共振成像技术，收集了14名宇航员执行太空任务前后在休息状态下的大脑数据，这些数据将帮助他们研究宇航员大脑的静默状态，并找出在长时间飞行后这种状态是否会改变。结果表明，在太空中待6个月后，宇航员大脑内支持不同类型信息整合的区域连接发生了变化。而且，在宇航员返回地球后的8个月里，其大脑内区域改变了的交流模式被保留下来。

以下哪项如果为真，最能支持上述结论？

(A) 飞行前后大脑在特定区域的功能连接变化源自宇航员自我意识的调整。

(B) 宇航员在太空长时间处于失重状态，这会引发大脑做出适应引力水平的改变。

(C) 科学家对宇航员大脑在静止状态下活动的分析是在特定条件下进行的。

(D) 了解失重引发宇航员生理和行为变化是规划人类太空探索的关键。

(E) 宇航员大脑内交流情况的持续变化受制于其在太空中生理和行为的转化。

15. 秀丽隐杆线虫是一种食细菌的线形动物，在遗传与发育生物学、行为与神经生物学、衰老与寿命、人类遗传性疾病等领域得到广泛应用。有研究者发现，对秀丽隐杆线虫播放频率大于100赫兹的声音时，秀丽隐杆线虫会迅速离开声音的来源。由此研究者认为，秀丽隐杆线虫不仅有听觉，还能分辨音调。

以下哪项如果为真，最能削弱上述结论？

(A) 人们普遍认为秀丽隐杆线虫只有触觉、嗅觉和味觉。

(B) 秀丽隐杆线虫没有类似耳朵的器官。

(C) 当声音的频率大于100赫兹时，部分线虫将无法听到。

(D) 声波会让物体表面振动，秀丽隐杆线虫会对栖息表面的振动做出反应。

(E) 有研究发现，一种与秀丽隐杆线虫亲缘关系相近的线虫不能感知声音。

16. 有研究团队做了一项前瞻性研究，该团队自2006年至2010年间招募社区人员，被招募的社区人员均处于工作状态且无认知障碍或痴呆。研究人员将其分为倒班工作组和非倒班工作组，平均随访时间12.4年。结果表明，长期倒班工作会增加痴呆的风险。

以下哪项如果为真，最能增强上述研究团队的结论？

(A) 长期倒班工作会使人认知功能下降，而该症状是痴呆的前兆。

(B) 上述患痴呆症的人，其家族也往往有人患痴呆症。

(C) 当人们处于睡眠状态时，大脑才能有效清除代谢废物。

(D) 长期倒班可能会增加工作中出事故的风险。

(E) 未来应该制定相关职业健康管理政策，以改善倒班工人的长期健康和生活质量。

17. 洗衣服的程序一般由多次的漂洗和脱水组成。在许多人看来，只清洗少量衣物时，并不需要太多次的漂洗，此时手洗不仅更快，而且用水量也会显著少于洗衣机。但事实并非如此，在清洗效果基本一致的情况下，即使是清洗2～3件衣物，使用洗衣机仍然更能节约用水。

下列哪项如果为真，最不能解释这一现象？

(A) 在每次漂洗衣物的时候，手洗的用水量往往高于洗衣机。

(B) 要达到相同的清洗效果，洗衣机所需的漂洗次数少于手洗。

(C) 衣物减少时，洗衣机会相应减少洗涤剂用量及用水量。

(D) 许多人没有形成循环利用洗衣服的水的习惯。

(E) 大多数需要反复手洗的污渍，洗衣机一次漂洗就可以做到。

18. 细颗粒物指数是空气污染程度测控的重要指标之一。环境评估报告显示，光东市去年的细颗粒物指数比十年前翻了两番。由此可见，该城市污染程度比十年前严重了。

以下哪项如果为真，最能削弱上述结论？

(A) 该市的常住人口数量是十年前的 5 倍。

(B) 调查表明，该市居民对城市环境的满意度比十年前显著提高。

(C) 该市的空气碳化物含量及地表水污染指数等指标均较十年前显著下降。

(D) 受高气压影响，近期该市的大气污染物比较集中，难以散去。

(E) 该环境评估报告目前还未受到权威机构的认可。

19. 某天文学研究团队对金星光谱进行研究时发现，有一条微弱的吸收线与磷化氢的特征相符，这表明金星浓密的硫酸云大气中存在磷化氢分子。该研究团队由此推测，金星上曾经存在生命活动。

要使上述推论成立，以下哪项必须假设？

(A) 其他研究团队在对金星光谱分析后也发现了相同的吸收线。

(B) 如今金星的环境已经不适宜生命活动。

(C) 金星上的生命形式与地球上的生存形式存在类似性。

(D) 磷化氢这一物质只能由生命活动产生。

(E) 某些生物能够在地球上类似金星环境中生存。

20. 普通牛奶中通常含有 3%左右的脂肪，而脱脂牛奶借助脱脂加工工艺能够将牛奶中的脂肪含量降低至 0.5%以下。由于过度摄入脂肪是人体肥胖的原因之一，因此，对于每天喝牛奶的人而言，相较于饮用普通牛奶，饮用脱脂牛奶的人更不容易肥胖。

要使上述推论成立，以下哪项必须假设？

(A) 脱脂牛奶与普通牛奶的口感差别不大。

(B) 脱脂加工工艺不会显著增加牛奶的生产成本。

(C) 牛奶经过脱脂加工后不会产生对人体有害的物质。

(D) 不管选择哪种牛奶，人们每天的牛奶摄入量基本一致。

(E) 脱脂牛奶在希望控制体重的人群中广受欢迎。

21. 为了提高司机的安全意识，某地在高速公路安装了动态警示牌，并在警示牌上流动播放附近路段的车祸发生率等相关数据。有研究机构对比了警示牌安装前后高速公路的车祸发生率，结果发现，警示牌附近路段的车祸发生率反而增加了。

下列哪项如果为真，最能解释上述这一现象？

(A) 该段高速公路仅在道路的一侧安装了动态警示牌。

(B) 滚动播放的数据会在一定程度上导致司机驾驶时分心。

(C) 多数司机无法在短时间内理解车祸发生率等数据的含义。

(D) 尽管是动态警示牌，但是许多司机依然注意不到。

(E) 警示牌附近路段转弯较多，车祸发生率始终高于其他路段。

22. 今年春季，有一家馒头店购买了专门制作馒头的机器进行馒头的生产，该机器的馒头制作速度相比手工制作馒头速度大大加快了。然而过了几个月，该馒头店的馒头销量反而下降了。

以下哪项如果为真，最不能解释上述这一现象？

（A）该机器制作的馒头口感明显不如手工馒头。

（B）当气温升高时，当地人通常不会选择馒头作为早餐。

（C）该早餐店附近新开了许多家早餐店。

（D）机器价格较高，大幅增加了早餐店的经营成本。

（E）商家将馒头由原来的5元3个变为了5元2个，顾客对此很不满。

23. 水芙蓉等外来物种泛滥生长会导致该水域的水质恶化，影响鱼虾等水生物的生长。但是，小龙虾对水质要求不太高，又有很强的适应生存能力，因此在这些水域中养殖小龙虾将不会受到影响。

下列哪项如果为真，最能削弱上述论断？

（A）小龙虾的市场前景广阔，但是市场价格始终上不去。

（B）鱼类的养殖已经受到水域环境的限制，养殖户们都改行养殖小龙虾。

（C）除小龙虾外，有的水生植物也不受水质恶化的影响。

（D）鲇鱼能够适应该水域的环境，因此建议养殖户可以大面积推广养殖。

（E）该水域水质的恶化使小龙虾幼虾的食物来源受到影响，导致其成活率降低。

24. 经济不景气、市场需求下降、收入减少等因素都可能导致公司陷入困境。天祥公司正面临这样的困境，董事会讨论过后决定裁员，计划首先解雇效率较低的员工，而不是简单地按照年龄的大小来决定。

以下哪项如果为真，是董事会作出这个计划的前提？

（A）年龄大小与工作效率没有关系。

（B）公司里最有工作经验的员工是最好的员工。

（C）公司里没有两个人的工作效率是相同的。

（D）公司里报酬最高的员工通常是最称职的。

（E）公司有能比较准确地判定员工效率的方法。

25. 近日，顺丰无人机进驻江南大学，打造了全国首个“无人配送”示范高校。无人机快递、无人超市等服务形式的出现，代替了很多人工操作。因此有人认为，自动化设备将代替人类完成各种服务工作。

下列哪项如果为真，最能削弱上述论断？

（A）有些服务工作需要有更多的情感交流来提高服务质量，而冰冷的机器无法提供。

（B）人工智能让机器具有更多的人类情感。

（C）最近关闭了好几家无人超市。

（D）有人担心人工智能会抢占大量岗位，造成大批人员失业。

（E）无人机管控法规现在还没有出台。

26. 今年上半年，A 省的“虚拟币”式传销案件多达 70 余起，涉案金额 9 700 万元，但该涉案金额仅是去年该省全年涉案金额的 38%。由此可知，今年该省的“虚拟币”式传销案件案值会比去年少。

下列哪项如果为真，最能质疑上述结论？

(A) 去年该类案件的涉案金额的六成是在三月前完成的。

(B) 今年上半年传销案件的数量比去年上半年高出 30%。

(C) 人们对“虚拟币”式传销案件的诈骗本质认识越来越清楚了。

(D) 由于国家加大打击力度，“虚拟币”式传销案件减少了很多。

(E) 根据“虚拟币”金融周期特点，该类案件的发案率高峰期一般在下半年。

27. 根据近几年的调查发现，随着人类社会不断进步，物质生活水平不断提高，人们越来越重视心理健康问题。成年人中患抑郁症的比例在逐年减少。但是，这还不足以得出抑郁症发病率在逐年下降的结论。

下列哪项如果为真，最能加强上述推论？

(A) 近年来未成年人得抑郁症的比例明显增加了。

(B) 女性患抑郁症的概率比男性高。

(C) 近年来防治抑郁症的医疗条件有了很大改善。

(D) 比起癌症、心血管疾病，近年来对抑郁症的防治缺乏重视。

(E) 对抑郁症的治疗目前还有难度，患者不可能在短期内得到治愈。

28. 东北虎是我国濒危的野生动物，目前数量极少，为了进一步保护东北虎种群，增加其数量，专家认为：应该对东北虎进行人工繁殖。

下列哪项如果为真，最能对上述结论提出质疑？

(A) 近 3 年在国内动物园中通过人工繁殖的东北虎总数 13 只，而野生环境中出生的东北虎数量未知。

(B) 东北虎通过人工繁殖，会改变其遗传基因特性，导致幼虎存活率低。

(C) 动物专家认为，人工繁殖的技术还不成熟，可能会给东北虎造成身体伤害。

(D) 目前，我国森林环境受到不同程度的破坏，适合于东北虎的生存空间有限，野生环境下东北虎繁殖数量低。

(E) 野生环境下繁殖的东北虎，能更好地适应大自然，具备野外独立生存能力。

29. 为了减轻电脑辐射对人体产生的危害，国内一家电脑制造商开发出一种特别的显示屏，这种显示屏产生的环绕使用者的电磁场比正常的屏幕产生的电磁场少得多，尽管比其他竞争者具有这方面的优势，但该制造商在把这种显示屏引入市场时并未在广告中称其是一种改进了安全性的产品。

下列哪一项最能解释该制造商为什么不在广告中宣扬其是一种改进了安全性的产品？

(A) 宣扬新产品将导致消费者对其已在市场销售的屏幕的安全性能提出质疑。

(B) 该制造商并不想让其竞争对手知道本公司是如何实现在技术上的进步的。

(C) 该制造商也没有在其他途径进行宣传。

(D) 其每年在国内市场销售的电脑比在其他国家市场上销售的电脑多得多。

(E) 当有更好的技术出现时，大多数电脑使用者迟早都会更换电脑。

30. 农药的使用在实际农业生产中还是存在一定的危害。在现代农业生产中，长期大量使用农药能使害虫产生耐药性，导致那些幸存的害虫能够继续繁殖，相当于在筛选害虫的抗性品系，而很多虫害正是因为农药过度使用造成的。

根据以上论述，我们可以推出下列哪项最能有效解决问题？

(A) 使用更加安全、稳定、有效的农药。

(B) 增加农药的使用量，尽可能地消灭所有害虫。

(C) 周期性地交替使用不同种类的农药。

(D) 培育更高产的农作物以抵消害虫造成的损失。

(E) 将土地闲置一段时间后再种植作物。

满分必刷卷 3 答案详解

答案速查

1～5	(D) (C) (D) (B) (D)	6～10	(C) (D) (A) (C) (C)
11～15	(B) (B) (E) (B) (D)	16～20	(A) (D) (C) (D) (D)
21～25	(B) (D) (E) (E) (A)	26～30	(E) (A) (B) (A) (C)

1. (D)

【第 1 步　识别论证类型】

提问方式：下列哪项如果为真，最能加强该研究者的观点？

该研究者的观点：女性腰部适当有点赘肉可降低骨折危险（现象 G），原因更可能是在正常体重范围内，腰围较丰满的女性体内雌激素较多，而这种荷尔蒙对骨骼有益（原因 Y）。

锁定关键词“原因”，可知此题为现象原因模型。

【第 2 步　套用母题方法】

(A) 项、(B) 项、(C) 项，均未涉及“雌激素”，无关选项。(干扰项 · 话题不一致)

(D) 项，此项指出女性在进入更年期后雌激素分泌下降（无因），骨折风险会显著增加（无果），无因无果，支持该研究者的观点。

(E) 项，此项指出了“雌激素”的作用，但未说明是否“对骨骼有益”，故不能支持该研究者的观点。(干扰项 · 话题不一致)

2. (C)

【第 1 步　识别论证类型】

提问方式：以下哪项如果为真，最能支持上述科学家的推测？

科学家的推测：随着今天北极冰层的消退，科学家推测，乘数效应（最初的变暖会引发一系列相应变化，自然地加速某些生物和化学过程，进而导致更多的变暖）可能会重新启动。

锁定关键词“推测”，可知此题为预测结果模型。

【第 2 步　套用母题方法】

(A) 项，此项涉及的是“500 万年前”的情况，而题干涉及的是“今天”的情况，无关选项。(干扰项 · 时间不一致)

(B) 项，此项说明“北极冰层正在缩小直至消失”，但不涉及北极冰层的消退是否会导致“乘数效应”重新启动，无关选项。(干扰项 · 话题不一致)

(C) 项，此项指出北极冰层融化会加剧碳循环的生物化学过程，说明乘数效应可能会出现，支持科学家的推测。

(D) 项，题干不涉及极端气候事件带来的长期影响的比较（干扰项·新比较）。同时，此项涉及的是“古代”的情况，而题干涉及的是“今天”的情况。(干扰项·时间不一致)

(E) 项，此项涉及的是北极冰层消退的“原因”，而题干涉及的是北极冰层消退的“结果”，无关选项。(干扰项·话题不一致)

3. (D)

【第1步　识别题目类型】

提问方式：从以上陈述中可推出以下哪项结论？故此题为推论题。

【第2步　套用母题方法】

(A) 项，题干指出AI系统“Pluribus”在六人制德州扑克比赛中取得了胜利，故此项为假。

(B) 项，题干仅描述了AI的1次胜利，无法由此推出未来在“任何多人对战游戏”中AI都会取得胜利。

(C) 项，题干指出AI与人类在二人对决中的“策略”是至少是平局，“策略”不等于“结果”，故此项无法由题干推出。

(D) 项，题干指出AI系统“Pluribus”是“当前唯一一个”在多人扑克比赛中赢得胜利的AI系统，由“当前唯一一个”可知，此项为真，可以由题干推出。

(E) 项，题干未涉及“在短时间内处理大量的数据和任务”，无关选项。(干扰项·话题不一致)

4. (B)

【第1步　识别论证类型】

提问方式：以下哪项如果为真，最能质疑上述推断？

题干：饮料中含有较多的糖，而糖会对内脏脂肪、血糖水平等产生影响（原因Y），进而增加患癌风险（结果G）。

题干涉及原因分析，故此题为现象原因模型。

【第2步　套用母题方法】

(A) 项，此项的论证对象是“无糖食品”，而题干的论证对象是“含糖饮料”，无关选项。(干扰项·对象不一致)

(B) 项，此项说明可能是饮料中的“添加剂”导致患癌风险增加，而不是饮料中的“糖”，另有他因，削弱题干。

(C) 项，此项的论证对象是“纯果汁”，而题干的论证对象是“含糖饮料”，无关选项。(干扰项·对象不一致)

(D) 项，此项指出内脏脂肪和血糖水平升高（Y）是患癌（G）的主要因素之一，搭桥法（因果相关），支持题干。

(E) 项，题干不涉及“含糖量与消费者喜爱程度”之间的关系，无关选项。(干扰项·话题不一致)

5. (D)

【第1步　识别论证类型】

提问方式：上述论证基于以下哪项假设？

题干：瘫痪小鼠（S1）注射新型生物活性支架后获得了重新行走的能力。因此，这项技术可适用于瘫痪患者（S2）的治疗。

题干中 S1 与 S2 不一致，故此题为拆桥搭桥模型（双 S 型）。

【第 2 步　套用母题方法】

(A) 项，此项仅重复了题干的论据，不必假设。

(B) 项，题干不涉及“支架的自身降解时间”，无关选项。（干扰项 • 话题不一致）

(C) 项，此项的论证对象是“脑损伤患者”，而题干的论证对象是“瘫痪患者”，无关选项。（干扰项 • 对象不一致）

(D) 项，此项指出“该技术在人体细胞中也取得了良好的效果”，即搭建了“瘫痪小鼠”和“瘫痪患者”在治疗效果上的相似关系，必须假设。

(E) 项，此项涉及的是该项治疗的“费用”，而题干涉及的是该项治疗的“效果”，无关选项。（干扰项 • 话题不一致）

6. (C)

【第 1 步　识别论证类型】

提问方式：下列哪项如果为真，最能支持上述观点？

部分医生认为：一旦发现婴幼儿食物过敏（需要解决的问题，目的 P），就需要改变饮食习惯，杜绝致敏食物，并积极进行脱敏治疗（措施 M）。

此题提问针对论点，可优先考虑在论点内部搭桥。另外，题干涉及措施，故此题也为措施目的模型。

【第 2 步　套用母题方法】

(A) 项，题干不涉及医生的诊断问题，无关选项。

(B) 项，此项指出随着年龄增长，孩子对某些食物“逐渐耐受”，那么可能不需要改变饮食习惯，削弱题干。

(C) 项，此项指出严重食物过敏会危及生命，因此需要避免这种情况发生，补充新论据，支持题干。

(D) 项，此项指出绝大多数食物过敏“不需要进行脱敏治疗”，削弱题干。

(E) 项，此项涉及的是婴幼儿食物过敏的“常见种类”，而题干涉及的是婴幼儿食物过敏后的“应对措施”，无关选项。（干扰项 • 话题不一致）

7. (D)

【第 1 步　识别论证类型】

提问方式：要得到上述研究推论，还需基于以下哪一个前提？

题干：在有阿尔茨海默症状的小鼠（S1）中，与摄入正常胆碱含量食物的小白鼠相比，长期通过饮食摄入大量胆碱（P1）的小鼠空间记忆能力得到了改善。因此，多吃鸡蛋（P2）有利于改善阿尔茨海默症病人（S2）的症状。

题干中 S1 与 S2 不一致，P1 与 P2 也不一致，故此题为拆桥搭桥模型。

【第2步 套用母题方法】

(A) 项，此项涉及的是“预防”阿尔茨海默症，而题干涉及的是“改善”阿尔茨海默症，无关选项。(干扰项·话题不一致)

(B) 项，题干不涉及有阿尔茨海默症状的“狗”，无关选项。(干扰项·对象不一致)

(C) 项，题干不涉及对人体健康有益的“优质蛋白”，无关选项。(干扰项·话题不一致)

(D) 项，此项构建了“胆碱”(P1) 和“鸡蛋”(P2) 之间的关系，搭桥法，必须假设。

(E) 项，题干不涉及“胆固醇”，无关选项。(干扰项·话题不一致)

8. (A)

【第1步 识别论证类型】

提问方式：以下哪项如果为真，最能说明上述家长的担忧是不必要的？

家长的担忧：ChatGPT像是“家教”或“字典”，已有许多学生开始通过ChatGPT应对作业和考试 (P1)。据此，有家长担忧ChatGPT有可能取代学校教育 (P2)。

此题提问针对论点，可优先考虑直接反驳论点。另外，题干中P1与P2不一致，故此题为拆桥搭桥模型 (双P型)。

【第2步 套用母题方法】

(A) 项，此项指出ChatGPT无法完成对学生“创新能力、认知问题的能力、解决问题的能力”的培养，说明ChatGPT即使可以应对作业和考试，也无法取代学校教育，削弱题干。

(B) 项，此项说明有多所大学“禁止”使用ChatGPT来完成学习与考试任务，但“禁止”使用不代表没有人使用，也不代表它不会在未来“取代学校教育”，不能削弱题干。

(C) 项，此项指出大部分学生确实会使用ChatGPT应对作业或论文，支持题干的论据。

(D) 项，此项指出ChatGPT对学生学习有好处，说明ChatGPT有可能取代学校教育，补充新论据，支持题干。

(E) 项，此项指出ChatGPT给出的答案可能并不正确，但未说明ChatGPT是否有可能“取代学校教育”，不能削弱题干。

9. (C)

【第1步 识别论证类型】

提问方式：以下哪项如果为真，最能支持上述专家的观点？

专家的观点：青铜鼎的这种“华丽转身”(从煮肉大锅升级为权力重器)(结果G)，与其物理属性 (原因Y) 高度相关。

此题提问针对论点，可优先考虑在论点内部搭桥。另外，此题涉及对原因的分析，故此题也为现象原因模型。

【第2步 套用母题方法】

锁定关键词“物理属性”，观察选项只有 (C) 项涉及，故优先分析 (C) 项。

(C) 项，此项指出青铜器作为金属器可“长期保存”(物理性质)，符合人们对权力长久稳定的期望，进而导致了青铜鼎的“华丽转身”，搭桥法 (因果相关)，支持专家的观点。

其余各选项均不涉及“物理属性”，可迅速排除。

10. (C)

【第 1 步 识别论证类型】

提问方式：以下哪项如果为真，最能支持专家的结论？

题干：考古专家发现了很多碎裂的陶片，把这些东西拼凑起来的话，能看到一些文字，其中有 4 个字是“千秋万岁”(P1)。专家据此认为，墓主很可能是皇室成员 (P2)。

题干中 P1 与 P2 不一致，故此题为拆桥搭桥模型 (双 P 型)。

【第 2 步 套用母题方法】

(A) 项，此项指出“千秋万岁”的字体及时期，但由此无法得知墓主的身份情况，不能支持题干。

(B) 项，此项涉及的是“陶片”在皇室古墓中经常出现，而题干涉及的是“陶片上的文字”。(干扰项 · 对象不一致)

(C) 项，此项指出封建时期民间百姓基本不会使用“千秋万岁”，说明使用“千秋万岁”的基本是皇室成员，支持题干。

(D) 项，题干的论证不涉及“其他证据”，无关选项。(干扰项 · 话题不一致)

(E) 项，此项指出考古学者曾在某帝王陵中挖掘到带有“千秋万岁”字样的“古钱币”，与题干中刻有“千秋万岁”的“陶片”形成类比，支持题干。但类比属于间接支持，且此项中的“某帝王陵”也仅仅是一个例子，未必有普遍性，故此项的支持力度弱。

11. (B)

【第 1 步 识别论证类型】

提问方式：下列哪项如果为真，最能削弱以上结论？

题干：购物 (S) 可以被看作是一种对生活的主动选择，它带给你的结果是完全可预见的，这个过程能够提升人内心对于生活的掌控感 (P1)，因此，购物 (S) 会对情绪产生积极影响 (P2)。

此题提问针对论点，可优先考虑直接反驳论点或在论点内部拆桥。另外，题干中 P1 与 P2 不一致，故此题也为拆桥搭桥模型 (双 P 型)。

【第 2 步 套用母题方法】

(A) 项，题干不涉及“冲动型事件所造成的压力”，无关选项。(干扰项 · 话题不一致)

(B) 项，此项指出购物 (S) 产生了焦虑情绪 (否 P2)，论点内部拆桥法，削弱题干。

(C) 项，此项指出大多数消费者花过“冤枉钱”，但不确定花“冤枉钱”对情绪的影响。(干扰项 · 不确定项)

(D) 项，此项指出购物“让大脑得到休整”，但不确定“让大脑得到休整”与“情绪”之间的关系。(干扰项 · 不确定项)

(E) 项，此项指出许多人会想象购物之后的生活，但不确定这种想象对情绪的影响。(干扰项 · 不确定项)

12.（B）

【第1步 识别论证类型】

提问方式：下列哪项如果为真，不能支持上述观点？

题干中的观点：落实三孩生育政策（目的P）应当加强配套生育支持措施（措施M），如优化生育休假制度、加强优质教育资源供给等。

锁定关键词“措施”，可知此题为措施目的模型。

【第2步 套用母题方法】

(B) 项，此项指出“老龄化和生育率下降”带来的潜在危机，与“加强配套生育支持措施”无关，话题不一致，不能支持题干观点，故此项为正确选项。

其他各选项分别从不同角度指出了落实三孩生育政策应当加强配套生育支持措施，支持题干观点。

13.（E）

【第1步 识别论证类型】

提问方式：以下哪项如果为真，最能支持上述判断？

题干：某PC生产商在一款新型笔记本电脑（S）上加装了一组芯片，可以大幅提高笔记本电脑的图像处理能力（P1）。因此，该生产商认为，这款新型笔记本电脑（S）的销量（P2）将大大高于以往的型号。

题干中P1与P2不一致，故此题为拆桥搭桥模型（双P型）。

【第2步 套用母题方法】

(A) 项，此项指出新型笔记本电脑的“散热能力”更差，可能会影响销量，削弱题干。

(B) 项，此项指出新型笔记本电脑与以往型号的“用户定位不一样”，但不确定用户定位的不同对销量有何影响。(干扰项·不确定项)

(C) 项，此项指出新型笔记本电脑的厂商申请了“技术专利”，但不确定技术专利对销量有何影响。(干扰项·不确定项)

(D) 项，此项为某“知名技术团队”的观点而非事实，诉诸权威。

(E) 项，此项指出消费者看重笔记本电脑的图像处理能力，即构建了“图像处理能力”(P1)和“销量”(P2)之间的关系，搭桥法，支持题干。

14.（B）

【第1步 识别论证类型】

提问方式：以下哪项如果为真，最能支持上述结论？

科学家的结论：研究结果表明，在太空中待6个月后，宇航员大脑内支持不同类型信息整合的区域连接发生了变化。而且，在宇航员返回地球后的8个月里，其大脑内区域改变了的交流模式被保留下来。因此，太空旅行（原因Y）会影响人脑的工作方式（结果G）。

此题提问针对论点，可优先考虑在论点内部搭桥。另外，此题涉及对现象原因的分析，故此题也为现象原因模型。

【第2步　套用母题方法】

(A) 项，此项指出大脑在特定区域的功能连接变化是由于“自我意识的调整”，另有他因，削弱题干。

(B) 项，此项指出宇航员在太空（Y）长时间处于失重状态，这会引发大脑（G）做出适应引力水平的改变，搭桥法（因果相关），支持题干。

(C) 项，不确定此项中的“特定条件”对题干中实验结果的影响。（干扰项·不确定项）

(D) 项，题干的论证不涉及“规划人类太空探索”，无关选项。（干扰项·话题不一致）

(E) 项，此项指出宇航员大脑内交流情况的持续变化受其“生理和行为转化”的影响，但“生理和行为的转化”是否受到了“太空旅行”的影响并不明确。（干扰项·不确定项）

15. (D)

【第1步　识别论证类型】

提问方式：以下哪项如果为真，最能削弱上述结论？

题干：对秀丽隐杆线虫（S）播放频率大于100赫兹的声音时（P1），秀丽隐杆线虫会迅速离开声音的来源（现象）。由此研究者认为，秀丽隐杆线虫（S）不仅有听觉（P2），还能分辨音调（P3）（原因）。

题干中P1与P2、P3不一致，故此题为拆桥搭桥模型（双P型）。另外，此题还涉及现象原因模型。

【第2步　套用母题方法】

(A) 项，“人们普遍认为”仅仅是观点，而非事实，诉诸众人。（干扰项·非事实项）

(B) 项，此项指出秀丽隐杆线虫没有类似耳朵的器官，但没有“类似耳朵的器官”不代表没有“听觉”，不能削弱题干。

(C) 项，此项指出“部分线虫”听不到频率大于100赫兹的声音，但不确定“秀丽隐杆线虫”是否属于这部分线虫。（干扰项·不确定项）

(D) 项，此项指出秀丽隐杆线虫做出反应是因为“物体表面振动”，而不是因为“有听觉”，另有他因，削弱题干。

(E) 项，此项的论证对象是“一种与秀丽隐杆线虫亲缘关系相近的线虫”，而题干的论证对象是“秀丽隐杆线虫”，无关选项。（干扰项·对象不一致）

16. (A)

【第1步　识别论证类型】

提问方式：以下哪项如果为真，最能增强上述研究团队的结论？

题干：研究人员将被招募的社区人员分为倒班工作组和非倒班工作组，平均随访时间12.4年。结果表明，长期倒班工作（原因Y）会增加痴呆的风险（结果G）。

题干使用对比实验，故此题为现象原因模型（求异法型）。

【第2步　套用母题方法】

(A) 项，此项指出长期倒班工作（Y）会使人认知功能下降，而该症状是痴呆（G）的前兆，因果相关（YG搭桥），支持题干。

(B) 项，此项指出痴呆可能与遗传有关，另有他因，削弱题干。

(C) 项，此项说明睡眠可以帮助大脑清除代谢废物，但不确定清除代谢废物与痴呆的关系。(干扰项·不确定项)

(D) 项，题干不涉及倒班带来的工作中出事故的风险，无关选项。(干扰项·话题不一致)

(E) 项，此项是建议项而非事实。(干扰项·非事实项)

17. (D)

【第1步　找到待解释的现象】

提问方式：下列哪项如果为真，最不能解释这一现象？

待解释的现象：在清洗效果基本一致的情况下，即使是清洗2～3件衣物，使用洗衣机仍然更能节约用水。

【第2步　套用母题方法】

(D) 项，此项没有直接涉及洗衣服时的用水量问题，不能解释题干。

其余各选项均从不同角度解释了为什么洗衣机洗衣服更能节约用水。

18. (C)

【第1步　识别论证类型】

提问方式：以下哪项如果为真，最能削弱上述结论？

题干：光东市 (S) 去年的细颗粒物指数比十年前翻了两番 (P1)。由此可见，该城市 (S) 污染程度比十年前严重了 (P2)。

此题提问针对论点，可优先考虑直接削弱论点或在论点内部拆桥。另外，题干中P1与P2不一致，故此题也为拆桥搭桥模型（双P型）。

【第2步　套用母题方法】

(A) 项，此项指出该市的常住人口数量是十年前的5倍，但不确定"常住人口数量上升"是否会导致"城市污染"。(干扰项·不确定项)

(B) 项，城市居民的"满意度"是一种主观感受，不能直接说明城市的污染程度。(干扰项·非事实项)

(C) 项，此项指出空气碳化物含量及地表水污染指数等指标显著下降，说明整体污染程度可能下降了，提出反面论据，削弱题干的结论。

(D) 项，此项涉及的是"近期"的情况，而题干涉及的是去年和十年前的比较。(干扰项·时间不一致)

(E) 项，"未受到权威机构的认可"不代表报告结果不可信，不能削弱题干。(干扰项·诉诸权威)

19. (D)

【第1步　识别论证类型】

提问方式：要使上述推论成立，以下哪项必须假设？

题干：金星 (S) 浓密的硫酸云大气中存在磷化氢分子 (P1)。该研究团队由此推测，金星 (S) 上曾经存在生命活动 (P2)。

题干中P1与P2不一致，故此题为拆桥搭桥模型（双P型）。

【第 2 步 套用母题方法】

(A) 项，题干不涉及“其他研究团队”，不必假设。

(B) 项，此项涉及的是“如今”的情况，而题干涉及的是“曾经”的情况，无关选项。(干扰项·时间不一致)

(C) 项，题干不涉及“地球”的情况，无关选项。

(D) 项，此项构建了“磷化氢”(P1) 和“生命活动”(P2) 之间的关系，搭桥法，必须假设。

(E) 项，题干不涉及“地球”的情况，无关选项。

20. (D)

【第 1 步 识别论证类型】

提问方式：要使上述推论成立，以下哪项必须假设？

题干：脱脂牛奶中的脂肪含量 (0.5%以下) 比普通牛奶 (3%左右) 低，而过度摄入脂肪是人体肥胖的原因之一。因此，相较于饮用普通牛奶，饮用脱脂牛奶的人更不容易肥胖。

题干论据中出现“3%左右”“0.5%以下”等含量数据，可知此题为统计论证模型 (数量比率型)。

【第 2 步 套用母题方法】

(A) 项，题干不涉及牛奶的“口感”。(干扰项·话题不一致)

(B) 项，题干不涉及牛奶的“生产成本”。(干扰项·话题不一致)

(C) 项，牛奶经过脱脂加工后是否产生有害物质，与它是否让人更不容易“肥胖”无关。(干扰项·话题不一致)

(D) 项，通过牛奶摄入的总脂肪量＝牛奶中的脂肪含量×牛奶的摄入量，故必须假设“牛奶的摄入量基本一致”。

(E) 项，“欢迎”是一种主观态度，并非事项，不必假设。(干扰项·非事实项)

21. (B)

【第 1 步 找到待解释的现象】

提问方式：下列哪项如果为真，最能解释上述这一现象？

待解释的现象：警示牌附近路段的车祸发生率反而增加了。

【第 2 步 套用母题方法】

(A) 项，此项指出警示牌只安在了道路的一侧，但未说明它对事故的影响，排除。

(B) 项，此项指出警示牌上的数据使得司机驾驶时分心，因此警示牌附近路段的车祸发生率反而增加了，可以解释题干。

(C) 项，此项指出司机无法在短时间内理解警示牌上数据的含义，但未说明这对事故的影响，排除。

(D) 项，此项指出有的司机“注意不到警示牌”，但未说明这对事故的影响，排除。

(E) 项，题干不涉及警示牌附近路段和其他路段车祸发生率的比较。(干扰项·新比较)

22. (D)

【第 1 步　找到待解释的现象】

提问方式：以下哪项如果为真，最不能解释上述这一现象？

待解释的现象：机器的馒头制作速度相比手工制作馒头速度大大加快了。然而过了几个月，馒头店的馒头销量反而下降了。

【第 2 步　套用母题方法】

(A) 项，此项说明馒头销量下降是因为机器制作的馒头口感不好，可以解释。

(B) 项，此项说明馒头销量下降是因为气温升高大家不会选择馒头作为早餐了，可以解释。

(C) 项，此项说明馒头销量下降是受到了竞争的影响，可以解释。

(D) 项，此项说明了“早餐店的经营成本大幅增加”，但未说明经营成本的增加是否影响了馒头的价格，也未说明其是否影响到消费者购买馒头的行为，故不能解释。

(E) 项，此项说明馒头销量下降是因为价格的提高，可以解释。

23. (E)

【第 1 步　识别论证类型】

提问方式：下列哪项如果为真，最能削弱上述论断？

题干：小龙虾对水质要求不太高，又有很强的适应生存能力，因此在这些水域（水质恶化）中养殖小龙虾将不会受到影响。

锁定关键词“将”，可知此题为预测结果模型。

【第 2 步　套用母题方法】

(A) 项，此项涉及的是小龙虾的“市场价格”，而题干涉及的是小龙虾在水质恶化环境下的“生存能力”。(干扰项・话题不一致)

(B) 项，题干不涉及“鱼类养殖户们”的应对措施。(干扰项・话题不一致)

(C) 项，此项说明小龙虾确实不受水质恶化的影响，支持题干。

(D) 项，此项的论证对象是“鲇鱼”，而题干的论证对象是“小龙虾”。(干扰项・对象不一致)

(E) 项，此项指出恶化的水质会影响小龙虾幼虾的食物来源，导致幼虾的成活率降低，说明恶化的水质会影响小龙虾的生存，削弱题干。

24. (E)

【第 1 步　识别论证类型】

提问方式：以下哪项如果为真，是董事会作出这个计划的前提？

题干：董事会讨论过后决定裁员，计划首先解雇效率较低的员工（措施），而不是简单地按照年龄的大小来决定。

锁定关键词“计划”，可知此题为措施目的模型。

【第 2 步　套用母题方法】

(A) 项，题干中的措施是“解雇效率较低的员工”而不是简单地按照“年龄的大小”，这说明效率和年龄不是完全对等的，但不能说明效率和年龄没有关系，故此项假设过度。

(B) 项，题干的论证不涉及“最有工作经验的员工”，无关选项。(干扰项・对象不一致)

(C) 项，此项涉及的是“没有两个人的工作效率是相同的”，即“所有人的工作效率都不相同”，而题干涉及的是“先解雇效率较低的员工”，即只需保证“不是所有人工作效率都相同”即可，假设过度。

(D) 项，题干的论证不涉及“报酬最高的员工”，无关选项。(干扰项・对象不一致)

(E) 项，此项指出公司有判定员工效率的方法，即措施可行，必须假设。

25. (A)

【第 1 步　识别论证类型】

提问方式：下列哪项如果为真，最能削弱上述论断？

题干：无人机快递、无人超市等服务形式的出现，代替了很多人工操作。因此有人认为，自动化设备将代替人类完成各种服务工作。

当提问方式为削弱“论断”时，既可以直接削弱论点，也可以削弱论据到论点的论证关系。锁定关键词“将”，可知此题为预测结果模型。

【第 2 步　套用母题方法】

(A) 项，此项指出有的服务工作无法被自动化设备取代，是题干论点的矛盾命题，削弱题干。

(B) 项，题干的论证不涉及“人类情感”。(干扰项・话题不一致)

(C) 项，几家无人超市关闭只是个例，无法说明自动化设备不能代替人类完成各种服务工作。(干扰项・有的不)

(D) 项，此项是部分人的主观观点，未必是事实，无法削弱题干。(干扰项・非事实项)

(E) 项，此项涉及的是“现在”，而题干涉及的是“将来”。(干扰项・时间不一致)

26. (E)

【第 1 步　识别论证类型】

提问方式：下列哪项如果为真，最能质疑上述结论？

题干：今年上半年，A 省的“虚拟币”式传销案件涉案金额 9 700 万元，仅是去年全年涉案金额的 38%。由此可知，今年该省的“虚拟币”式传销案件案值一定会比去年少。

题干论据中涉及的是“今年上半年”的情况，是论点中“今年”的情况的子集，故此题为归纳论证模型（题干中涉及数量，也可理解为统计论证模型）。

【第 2 步　套用母题方法】

(A) 项，“前三个月”属于上半年，故此项说明在去年上半年的涉案金额至少占六成。换句话说，此类案件多发生在上半年。而题干指出今年上半年的涉案金额仅是去年全年涉案金额的 38%，即小于去年同期的涉案金额，有可能今年整体的涉案金额会比去年少，支持题干。

(B) 项、(D) 项，这两项涉及的是“案件数量”，而题干涉及的是“涉案金额”，无关选项。(干扰项・概念不一致)

(C) 项，此项指出人们对诈骗本质认识更清楚了，但“人们的认识更清楚了”不代表“涉案金额减少”，不能削弱。

(E) 项，此项指出“虚拟币”案件的发案率高峰期一般在下半年，故“上半年涉案金额”不能代表全年的传销案件案值，样本没有代表性，削弱题干。

27.（A）

【第1步 识别论证类型】

提问方式：下列哪项如果为真，最能加强上述推论？

题干：成年人（S1）中患抑郁症的比例在逐年减少。但是，这还不足以得出（人们）（S2）抑郁症发病率在逐年下降的结论。

题干中S1是S2的子集，故此题为归纳论证模型（也可以理解为拆桥搭桥模型）。

【第2步 套用母题方法】

(A) 项，此项指出未成年人得抑郁症的比例明显上升，那么即使成年人中患抑郁症的比例在逐年减少，人们抑郁症发病率也可能不会降低，支持题干。

(B) 项，题干的论证不涉及男性和女性“患抑郁症的概率”的比较。(干扰项·新比较)

(C) 项，此项说明“近年来防治抑郁症的医疗条件有了很大改善”，这有助于说明抑郁症发病率下降，削弱题干。

(D) 项，题干不涉及“癌症、心血管疾病”和“抑郁症”之间的比较，无关选项。（干扰项·新比较）

(E) 项，题干不涉及抑郁症的“治愈时长”。(干扰项·话题不一致)

28.（B）

【第1步 识别论证类型】

提问方式：下列哪项如果为真，最能对上述结论提出质疑？

题干：为了进一步保护东北虎种群，增加其数量（目的P），专家认为：应该对东北虎进行人工繁殖（措施M）。

此题涉及措施目的的分析，故此题为措施目的模型。

【第2步 套用母题方法】

(A) 项，如果野生环境出生的数量少于人工繁殖的数量，则支持题干，如果高于人工繁殖的数量，则削弱题干。故此项无法确定“人工繁殖”是否有效。(干扰项·不确定项)

(B) 项，此项指出人工繁殖会导致幼虎存活率低，措施达不到目的（MP拆桥），削弱题干。

(C) 项，此项是动物专家的主观观点，不一定是客观事实，诉诸权威。(干扰项·非事实项)

(D) 项，此项说明野外不适合东北虎的繁殖，说明了人工繁殖的必要性，支持题干。

(E) 项，此项说明了野生环境下繁殖的东北虎的优势，但没有直接说明人工繁殖东北虎是否可行。(干扰项·不直接项)

29.（A）

【第1步 找到待解释的现象】

提问方式：下列哪一项最能解释该制造商为什么不在广告中宣扬其是一种改进了安全性的产品？

待解释的现象：某电脑制造商开发出的显示屏产生的电磁场更少，但该制造商在把这种显示屏引入市场时并未在广告中称其是一种改进了安全性的产品。

【第2步　套用母题方法】

(A) 项，此项指出该制造商之所以不宣传新产品的安全性是因为这样会导致消费者对其已在市场销售的屏幕安全性提出质疑，可以解释。

(B) 项，宣传“安全性”并不是让竞争对手知道它“在技术上如何进步”，故此项不能解释。

(C) 项，题干不涉及“其他途径”，无关选项。(干扰项・话题不一致)

(D) 项，题干不涉及国内外销售量之间的比较。(干扰项・新比较)

(E) 项，此项指出电脑消费者会因为更好的技术而消费，那么制造商应该宣传新产品的安全性，加剧题干的矛盾。

30. (C)

【第1步　识别题目类型】

提问方式：根据以上论述，我们可以推出下列哪项最能有效解决问题？故此题为推论题。

题干中的问题：长期大量使用农药能使害虫产生耐药性，进而造成虫害。

【第2步　套用母题方法】

因此，想要解决上述问题，就不能“长期大量”使用农药，即周期性地交替使用不同种类的农药。故 (C) 项正确。

满分必刷卷 4

时间：60 分钟　　总分：30×2=60 分　　你的得分________

1. 近10年内，东江市新建房屋室内被发现含有比老旧房屋程度高得多的空气污染。卫生组织今年发布的报告中显示，近10年中，新房内高程度的空气污染导致了该市168人死亡。专家解释称，新房内的空气污染程度较高是因为地理位置，大多数新房建在了旧垃圾场或者汽车排放物严重的地区附近，空气质量受其影响。
下列选项如果正确，哪项对上述解释提出了质疑？
(A) 压制板是一种新的、常用于房屋建造的胶合板替代物，它会把污染空气的罪魁祸首甲醛释放到屋子里。
(B) 温暖的气候环境会减慢空气流动，从而使污染聚集在源头。
(C) 该市168人死亡的真正原因可能是身体素质过低。
(D) 许多新房建造时带有空气过滤系统，可以把室内产生的房屋污染物去掉。
(E) 少部分建造在偏僻乡村的新房子受空气污染影响相对较小。

2. 各地的个人所得税起征点是否应该相同？对于这个问题，两个评论员分别发表了自己的看法。
评论员甲：全国统一的个人所得税起征点是否公平？对于东部和西部地区，收入水平不完全相同，我觉得为了公平起见，个人所得税的起征点应该考虑到各地区收入水平的差距，而不应该全国统一。
评论员乙：各个地区的平均收入水平不一样。如果按照行政区划区别对待，会产生一个问题：如果东部地区抬高了个人所得税起征点，大家都会涌入这些地区，从而影响了劳动力要素流动的市场调节机制。因此，我认为起征点应该全国统一。
以下哪项最为恰当地概括了甲和乙争论的焦点？
(A) 个人所得税起征点调整是否弊大于利。
(B) 确定个人所得税起征点的标准是单一的还是复合的。
(C) 确定个人所得税起征点应该是公平优先还是效果优先。
(D) 东部和西部地区收入水平是否完全相同。
(E) 确定个人所得税起征点是否应该按照行政区划区别对待。

3. 近年来科技的迅猛发展为科幻小说创作提供了启发，也为科幻小说创作提供了丰富的素材。科幻小说的主题即是围绕着科技幻想、揭示科技发展带来的社会问题及其给人类带来的启示而展开的。因此科幻小说的蓬勃发展是科技发展的结果。
以下哪项如果为真，最能削弱上述结论？
(A) 伴随着西方工业革命产生的科幻小说经历了初创、成熟和鼎盛三个历史时期。
(B) 科技发展拓展了科幻小说的想象空间，科幻小说为科技发展提供了人文视角。
(C) 科技只是科幻小说中的背景元素，科幻小说本质上还是要讲述一个完整的故事。
(D) 通常情况下，科技工作者并不喜欢科幻小说。
(E) 科幻小说展现了人类的愿望，最终推动科技发展将那些梦想变为现实。

4. 如今，打开微信朋友圈，越来越多的年轻人不再“晒娃”，而是“晒猫”，在各大短视频平台，各种风格的宠物博主层出不穷，以猫为主角的视频铺天盖地。有人认为，年轻人养猫是有益的。

以下哪项如果为真，最能支持上述观点？

(A) 有的年轻人小时候父母不让养猫，现在自己独居，具备了养猫的决定权。

(B) 狗必须每天遛，但猫不用，现代年轻人上班辛苦劳累没有时间和精力遛狗。

(C) 猫咪不需要太多运动量和基础教育，甚至主人忙的时候不用管它，猫咪自己就能玩得开心。

(D) 与父母、朋友、同事、邻里的相处过程中，年轻人难以感受到足够的社会支持，有时感到孤独，有猫陪伴可以减轻这种孤独感。

(E) 猫癣是猫的一种皮肤病，但也能由患病的猫传染给人。

5. 根据有关规定，保健产品外包装上必须标注“不具有疾病治疗功能”“不能代替药物治疗”等警示语。由于印在香烟外包装上的“吸烟有害健康”标语具有警示效果，因此，保健产品外包装上的警示语也能起到类似的效果——让人们看到保健品并不像一些商家宣传的那样神奇，对防范虚假宣传和防止保健品滥用都有积极意义。

上述论证基于以下哪一项前提？

(A) 消费者看到警示语后会显著降低购买欲望。

(B) 一些消费者会为了治疗疾病而购买保健品。

(C) 对于保健品虚假宣传的问题，难以依靠人为手段完全禁绝。

(D) 目前的医学手段无法医治由于滥用保健品对身体造成的伤害。

(E) 绝大多数保健品不是医药企业生产的。

6. 北方气候总体偏干旱，降水量相对较少，地表水的储存自然比南方要少。在北方，人们生活用水大多是抽取地下水，水质相对较“硬”。因此，某商家宣传其反渗透净水器时，宣称国内北方自来水水质偏硬，饮用硬度高的水不利于人体健康，使用其产品软化水质后将促进健康。

以下哪项最不能质疑上述商家的说法？

(A) 饮用水的硬度不足以对人体健康产生不良影响。

(B) 硬水质的饮用水富含人体所需矿物质成分，是人们补充钙、镁等成分的一种重要渠道。

(C) 长期饮用软水，人体从其他渠道摄入的重金属粒子无法有效中和，容易在人体蓄积。

(D) 部分安装了反渗透净水器的家庭，仍然选择饮用矿泉水或者纯净水。

(E) 软水没有钙、镁离子，取而代之的就是大量的钠离子，钠离子含量过高会威胁人体健康。

7. 宏鑫超市位于某市繁华地带，然而开业后销量一直不景气。后来，店长重新调整了超市货架通道的宽度，将通道宽度从原来的 1.3 米调整为 0.8 米。出乎意料的是，重新布局后的超市销量大增。因此，店长认为超市货架通道由宽变窄是销量好的关键因素。

以下哪项如果为真，不能支持店长的观点？

(A) 该超市属于便利超市，不提供购物车，货架通道不用很宽。

(B) 研究结果显示，将超市货架通道适当变窄会使销量上涨。

(C) 超市货架通道过宽时，顾客与货品有疏离感，购买欲望难以提升。

(D) 除了货架通道宽度调整外，超市货品摆放、商品标识等其他内容均未变化。

(E) 货架变窄后，顾客更容易关注到其他顾客购买的货品，从而跟随购买。

8. 某发达国家专家认为，自己的国家即使为解决气候变化问题而采取行动也不会取得很大成效，因为该国的碳排放量仅占当前全球碳排放量的1.5%，所以能否拯救世界免受气候变化的影响，完全取决于新兴发展中国家怎么做。对此，有研究人员反驳，将出现气候变化的主要责任归咎于新兴发展中国家，是一种极其不公平和不公正的说法。因为出现气候变化不仅仅是由于新兴发展中国家新排放了“增量”的温室气体，也是由于西方发达国家在工业革命开始以来的两个世纪中排放了海量的“存量”气体。

以下哪项如果为真，最能支持上述研究人员的论证？

(A) 按人均计算，新兴发展中国家的二氧化碳排放量比发达国家少很多。

(B) 按累计排放量计算的话，那么全世界最大的气体排放国是西方发达国家。

(C) 工业革命后，人类活动对地球的改造越来越大，自然对气候的影响力也越来越大。

(D) 气候问题是全球性问题，任何国家都无法单独解决，必须开展全球合作。

(E) 西方发达国家目前仍然在排放温室气体，为“增量”做出了“贡献”。

9. 古希腊作家阿里斯托芬在《吕西斯特拉特》（创作于公元前412年）中曾记载了一种“透亮”的精美服装，称其为“阿摩戈斯服装”。此后的古希腊作家在辞书中也有关于阿摩戈斯服装的记载，记载中的“阿摩戈斯”就是丝。对于当时丝的来源，有学者认为：古希腊的丝来自于当地的野蚕丝。

以下哪项如果为真，最能削弱学者的观点？

(A) 公元4世纪后，中国的丝通过大规模的贸易广泛传入拜占庭帝国统治的希腊地区。

(B) 考古学家曾在古希腊人生活的地区发现一种产野蚕丝的茧，但时间应在公元前1500年左右。

(C) 无论何时何地的野蚕丝，在质量和产量方面都不能与中国的家蚕丝相比，不能制作出精美的服装。

(D) 用野蚕丝纺线织布的技术实际上是模仿中国家蚕丝的技术。

(E) 在阿里斯托芬生活的年代，中国的丝绸已经传入古希腊，不过此时传入的是丝的纺成品，而非原材料。

10. 奥杜威峡谷是早期人类的活动地之一，也是火山活动活跃的地区。科学家对一些来自奥杜威峡谷的170万年前的火山沉积物进行了研究，意外地在火山沉积物中发现了一种由超嗜热细菌合成的脂类。科学家们推断：奥杜威峡谷在170万年前存在高温温泉，生活在这里的古人类很有可能借助这些温泉煮熟食物。

以下哪项如果为真，最能支持上述结论？

(A) 在其他古人类遗址中也发现了借助温泉煮食物的遗迹。

(B) 奥杜威峡谷是地质活动活跃的构造区，火山活动频繁。

(C) 超嗜热细菌通常在水温超过80℃的高温温泉中生长。

(D) 在奥杜威峡谷的遗迹中发现了多处古人类的遗迹和遗骨化石。

(E) 只有经过火山活动才能形成火山沉积物。

11. 研究者将上百只蚊子分成两组，分别让它们能或不能接触到水，一段时间后检测其叮咬“宿主”的频率。这里的“宿主”是一块温暖的蜡质塑料薄膜，上面涂有人造汗液，里面填充鸡血。结果发现，没水喝的蚊子中，多达 30%都吸食了“宿主”的血液，而喝饱水的蚊子中仅有 5%吸食了“宿主”的血液。因此，研究者认为：口渴的蚊子更爱吸血。

以下哪项如果为真，最能削弱上述论证？

(A) 与喝饱水的蚊子相比，口渴的蚊子在叮咬宿主后将释放更多毒素。

(B) 在另一个实验中，高温状况下蚊子叮咬“宿主”的频率比低温高。

(C) 一些蚊子会在水上产卵，这类蚊子处于缺水环境时会通过吸血来繁殖。

(D) 只有雌蚊子会叮人，试验中缺水组多为雌蚊子，饱水组则以雄蚊子为主。

(E) “缺水组”的蚊子数量大大多于“饱水组”。

12. 研究人员将 200 只出生 15 天、身体素质相当的小鼠分为两组进行饲养。实验组和对照组唯一不同的是：实验组每天分 3 次给它们播放各 20 分钟的人类各种田径运动赛的视频，而对照组每天分 3 次给它们播放各 20 分钟的田园风光的视频。15 天之后，实验组小鼠的体重比对照组平均轻 10%。研究人员由此推断：看田径运动赛的视频，可以帮助小鼠减肥。

以下哪项如果为真，最能支持该研究人员的上述推断？

(A) 美好的田园风光使得对照组的小鼠心情愉悦，体重增加。

(B) 实验中，两组小鼠都能充分观看视频，并逐渐对视频内容发生兴趣。

(C) 统计发现，受视频影响，实验组的小鼠每天的运动量明显高于对照组。

(D) 在田径运动赛的视频中，有部分拉拉队队员的尖叫声使得一些小鼠受到了惊吓。

(E) 无论是田园风光的视频还是田径运动赛的视频，都不会对小鼠的身体健康造成伤害。

13. 地球每时每刻都会受到宇宙射线的撞击，太阳活动和超新星爆发是宇宙射线的主要来源。当具有放射性的宇宙射线进入大气层，并轰击平流层和对流层时，它会与空气中的氮原子发生核反应，并形成碳-14 同位素。由于地球上的树木可以吸收碳-14 同位素，因此通过测定古树中碳-14 同位素的变化，就能了解太阳活动和超新星爆发的情况。

以下哪项如果为真，最能削弱上述观点？

(A) 许多古树由于生存时间过长，树干已被侵蚀，其中并不存留碳-14。

(B) 超新星距离地球极为遥远，其释放的射线难以在地球上留下痕迹。

(C) 地球上只有兆分之一的碳是以碳-14 的形式存在，检测古树中碳-14 难度较大。

(D) 古树年轮中的放射性浓度记录下了万年来地球上碳-14 同位素的数量变化。

(E) 南极冰芯中 Be-10 和 Cl-36 同位素的生成同样与宇宙射线有关，它们可以提供更多证据。

14. 有研究小组对 278 名实验者进行了基因分析与问卷调查，发现 TH 基因中的 rs10770141 位点碱基的类型与拖延症有很大关系。当 rs10770141 位点是 T 碱基时，TH 基因的活性更强，多巴胺水平更高，这样的人拖延倾向也更严重。研究者据此认为，拖延的倾向可能是受基因控制的，很难改变。

以下哪项如果为真，最能削弱上述结论？

(A) 有研究结果表明，有拖延倾向的人，其大脑内参与情绪处理的区域——杏仁核更大。

(B) 调节体内激素水平，可以刺激或抑制 TH 基因的表达，从而影响生产多巴胺的神经元的发育和分化。

(C) TH 基因对男性和女性的拖延倾向会产生不同的影响，对男性的影响效果比女性小。

(D) 高水平的多巴胺会提高认知灵活性，并拓宽注意力的范围，但也更容易使人分心，不能快速完成一件事。

(E) TH 基因不仅影响多巴胺的分泌，也会影响去甲肾上腺素的分泌，进而影响行动控制并增加个体拖延的倾向。

15. 全球气温已上升 1.1℃，从海平面上升、频发的极端天气事件到海冰迅速融化，世界各个区域均面临着前所未有的气候系统变化。有专家认为，气候正影响着“海洋居民”的生存环境，而人类的警醒和努力或许能为它们的生存带去希望。

以下哪项如果为真，最能支持上述观点？

(A) 人类可以凭借技术保护海洋生物。

(B) 人类的警醒和努力可以改善气候环境。

(C) 全球气温的上升导致了海平面上升、频发的极端天气事件等气候变化。

(D) 尽管人类有自命不凡的智慧，但是在重大灾难面前，一样是渺小的。

(E) 只有人类与海洋和平共处，才能避免遭遇史前海怪一样的灭绝的命运。

16. 斑马身上为什么会长条纹？近日，有科学家给奶牛涂上了斑马条纹，并对它们受到昆虫叮咬的次数进行了分析，随后与没有涂条纹的奶牛进行对比。结果发现，斑马条纹的确阻止了马蝇对奶牛的袭击，就连落在奶牛身上的马蝇数量都减少了 50%。研究人员据此推断，斑马条纹是为了阻止携带疾病的昆虫而长的。

以下哪项如果为真，不能质疑上述推断？

(A) 斑马身上的条纹可以分散和削弱草原上的刺蝇的注意力，是防止它们叮咬的一种手段。

(B) 黑色条纹在早晨吸收热量，使斑马变暖；而白色条纹反射更多的光线，因此可以帮助斑马在烈日下进食数小时的时候冷却下来。

(C) 奔跑着的斑马身上的条纹跳动着，使狮子视觉模糊，无法估测距离、确定追捕速度，因而常常捕获失败。

(D) 空气在吸收阳光的黑色条纹上流动得快，而在白色条纹上流动得慢，这样就会形成冷却气流，有利于保持凉爽。

(E) 斑马身上的条纹，是各自互不相同的，就像人类手上的指纹一样，是斑马之间互相辨认的主要标志。

17. 专利法中所保护的外观设计是指对产品的形状、图案或者其结合以及色彩与形状、图案的结合所作出的富有美感并适于工业应用的新设计。在授予外观设计专利权之前，需要对其是否符合授予专利的条件进行审查。有人认为，应用 AI 技术能够代替专利审查员进行外观设计审查。

以下哪项如果为真，最能够支持上述观点？

(A) 外观设计审查压力不断增大，案多人少的形势日益严峻，这一现实促使我们不得不采取更高效率的手段去应对。

(B) AI的自然语言处理技术可以对专利文献进行分类及索引，针对外观设计进行查找的图像识别技术正在进行研发。

(C) 当前，AI技术已广泛应用到第一、第二和第三产业中，在未来，AI技术将与人类的工作和生活发生更加深度的融合。

(D) AI适合在规则明确、完备、清晰的环境下运行，专利法和专利审查指南是一套相对有限的、逻辑严谨的规则体系和知识体系。

(E) 外观设计专利是为了促进商品的交流和经济的发展，所以授予专利的外观设计能在工业上应用。

18. 物理学家认为宇宙起始于大爆炸，大爆炸之后应该有相同数量的物质与反物质。但为什么我们周围的自然界中几乎没有反物质呢？反物质去了哪里？科学家推测，在宇宙的遥远之外有反物质星系区存在，那里的宇宙射线主要由反质子和反氦四粒子组成。

以下哪项如果为真，最能支持上述科学家的推断？

(A) 到目前为止，人类还没有在地球上发现以自然状态存在的反物质。

(B) 物质与反物质一旦接触便会相互湮灭，发生爆炸并产生巨大能量。

(C) 从1955年起，科学家就陆续制造出反质子、反中子、反氘核甚至反氦四等反物质。

(D) 物理实验中，在“云室”内施加磁场后，带电粒子会发生偏转产生弯曲的径迹，那些反常的径迹是反粒子造成的。

(E) 放置在地球大气层之外的阿尔法磁谱仪从宇宙射线中观测到了反氦四粒子。

19. 近日，有研究人员梳理了将近76 000名60岁以上女性的维生素摄入习惯，这些女性参与了为期数十年的护理健康研究。研究发现，服用高剂量维生素B6（每日35毫克以上）的人，相比较于服用低剂量或不服用的人，髋关节骨折的风险高出近50%。研究人员据此得出结论，服用高剂量维生素B6易导致老年女性髋关节骨折风险升高。

以下哪项如果为真，最能支持上述结论？

(A) 服用高剂量维生素B6会对神经系统产生毒性，增加老人跌倒的概率。

(B) 大多数出现体内维生素不足的人，都是因为日常的饮食摄入不当而导致的。

(C) 服用高剂量维生素B6会降低雌激素水平，使髋关节部位骨质疏松，从而更易骨折。

(D) 骨质疏松是严重威胁人类健康的常见的慢性骨骼疾病，多发生于老年女性。

(E) 50岁～60岁的女性中，有10%～30%因吸收较差而需要额外补充维生素B6。

20. 基于对牙齿残骸的详细研究，科学家们发现：鳄鱼的古老种群，包括现存或已灭绝的鳄鱼的远古祖先，与今天我们所熟知的肉食性动物并不相同，已灭绝的鳄鱼拥有更复杂的牙齿。因此，它们很有可能是植食性动物。

以下哪项如果为真，不能支持上述结论？

(A) 现存的鳄鱼是肉食性动物，有着相对简单的圆锥形牙齿。

(B) 通过对现存化石的分析，已灭绝的鳄鱼拥有短而宽的头骨，这是植食性动物的特征。

(C) 肉食性动物有着简单的牙齿，而植食性动物的牙齿更加复杂一些。

(D) 已经灭绝的鳄鱼比已经灭绝的植食性恐龙的牙齿结构更简单。

(E) 在哺乳动物和爬行动物身上都发现了饮食习惯与牙齿形成的对应特征。

21. 肌肉是人体最大的发热器官，肌肉含量高意味着体温高。体温高时，血液流速快，白细胞就能更加迅速地发现体内异常，把病原体扼杀在摇篮里；反之，体温下降，血液流速放缓，白细胞发现异物和消灭异物的效率大大降低，这就导致机体免疫力下降，容易感染病毒和细菌，引发疾病。因此，加强锻炼能有效提升免疫力。
以下哪项如果为真，最能支持上述观点？
(A) 白细胞的工作效率越强，人体免疫力越强，反之亦然。
(B) 免疫反应主要是为了消灭病毒和细菌。
(C) 引起体温过高的原因很多，最常见的是感染，包括各种细菌感染、病毒感染、支原体感染等。
(D) 锻炼会使肌肉产生轻微撕裂，身体在恢复的过程中会略微超过原先的水平，这就造成了肌肉的增长。
(E) 实验表明，体脂率（人体内脂肪重量在人体总体重中所占的比例）低的人，往往体温更高，也更怕冷。

22. 素髹漆器强调漆色之美，无纹饰之缀。有人认为，从素髹漆器的身上，现代人可嗅到宋朝美学的“极简风”。但是，反对者认为，社会审美取向的影响几乎可以忽略不计，“圈叠胎工艺”的成熟才是促使花瓣形素髹漆器产生的原因，工艺的进步使得表现花瓣形态的多曲造型成为可能。
以下哪项如果为真，最能削弱反对者的观点？
(A) 宋代金银器锤揲技法的产生为其他材质器物的花瓣造型起到示范作用。
(B) 实际上，“圈叠胎工艺”早在唐代就开始产生，元代以后逐渐销声匿迹。
(C) 对花瓣形态的钟爱不仅体现在素髹漆器上，在宋代雕漆和戗金漆器中也有体现。
(D) 使用“圈叠胎工艺”制作花瓣形素髹漆器对操作的精细度要求非常高，只有极少的工匠能做到。
(E) 宋人对花瓣形态的钟爱使素髹漆器的制作工艺不断进步，以满足人们的审美需求。

23. 巨齿鲨在海洋称霸了 2 000 万年，但在 260 万年前突然灭绝了。对于巨齿鲨灭绝的原因，一直众说纷纭。一种观点认为，当时气候变暖是巨齿鲨灭绝的原因，气候变暖使得海洋环境不再适合巨齿鲨生存。反对者则认为，气候变暖仅导致了小须鲸的灭绝，并没有导致巨齿鲨的灭绝。
以下哪项如果为真，最能削弱反对者的结论？
(A) 巨齿鲨与小须鲸的生活环境比较接近。
(B) 小须鲸的灭绝使巨齿鲨失去了赖以为生的食物。
(C) 气候变暖后巨齿鲨可以在更广阔的海域内活动。
(D) 巨齿鲨的体温调节机制能在一定程度上对抗气候变暖。
(E) 以目前的研究结果无法得出导致 260 万年前的气候变暖的真正原因。

24. 世界这么大，为什么唯有澳大利亚拥有种类如此繁多的有袋类动物？人们不禁推测：有袋类动物是在澳大利亚独立演化出来的。从地理上看，澳大利亚是一个与外界不相连的孤岛，因此这类动物在演化出来后很难向外界扩散。然而事实上，人们发现的最古老的有袋类动物化石是 1.1 亿年前生活在北美洲的三角齿兽化石。专家据此推断：有袋类动物很可能起源于北美洲，之后才迁移至澳大利亚。
以下哪项如果为真，最可能是专家推断的前提？
(A) 现今除了澳大利亚，南美洲草原也生活着一些有袋类动物。

(B) 北美洲的气候环境适宜、天敌少，更适合有袋类动物生存。
(C) 1.1 亿年前地球上的各大洲连在一起，有袋类动物可利用陆桥穿行。
(D) 北美洲的环境现在已逐渐不适合有袋类动物生存。
(E) 在北美洲发现的 1.1 亿年前的三角齿兽化石是最古老的动物化石。

25. 神话是远古时代人民的集体口头创作，它包括神的故事和神化的英雄传说，它表现了古代人民对自然力的斗争和对理想的追求，表达的是先民对超能力的崇拜和对美好生活的向往。它叙述的是先民心灵的期许和精神追求，但不是历史事实，因此，史书或者考古并不能证伪它。
以下哪项最可能是上述论证需要补充的前提？
(A) 神话未必被史书所记载或者留下史迹。
(B) 任何文学作品都要反映人民的精神追求。
(C) 史书并不叙述先民心灵的期许和精神追求。
(D) 历史事实一定可以通过史书或者考古验证真伪。
(E) 史书或者考古只能证伪与历史事实有关的叙述。

26. 研究显示，约 200 万年前，人类开始使用石器处理食物，例如切肉和捣碎植物。与此同时，人类逐渐演化形成较小的牙齿和脸型，以及更弱的咀嚼肌和咬力。因此研究者推测，工具的使用减弱了咀嚼的力量，从而导致人类脸型的变化。
以下哪项如果为真，最能削弱上述研究者的观点？
(A) 对与人类较为接近的灵长类动物进行研究，发现它们白天有一半时间用于咀嚼，它们的口腔肌肉非常发达、脸型也较大。
(B) 200 万年前人类食物类型发生了变化，这加速了人类脸型的变化。
(C) 在利用石器处理食物后，越来越多的食物经过了程度更高的处理，变得易于咀嚼。
(D) 早期人类进化出较小的咀嚼结构，这一过程使其他变化成为可能，比如大脑体积的增大。
(E) 200 万年前人们以“大牙”和“大脸”为美。

27. 科学家们多年前就发现尘土从撒哈拉沙漠向亚马逊流域转移的现象。据估算，每年强风会吹起平均 1.82 亿吨的尘埃离开撒哈拉沙漠的西部边缘，这些尘埃会向西穿过大西洋，当接近南非沿岸时，空气中大约会保留 1.32 亿吨的尘埃，大约 2 800 万吨会降落到亚马逊流域。因此，科学家认为亚马逊雨林的繁盛需要感谢来自撒哈拉沙漠的尘埃。
以下哪项如果为真，最能支持上述科学家的观点？
(A) 许多来自撒哈拉沙漠的尘埃富含植物生长所必需的磷，而磷在亚马逊的土地中因常年降雨而流失严重。
(B) 撒哈拉沙漠的沙尘在抑制大西洋飓风的形成方面发挥关键作用。
(C) 气象学研究表明：尘埃在许多时候是非常重要的，它们是地球系统的主要成分之一，并影响着气候的变化。
(D) 多年前，亚马逊雨林遭到大面积砍伐后植被开始减少，大量的尘埃有助于稳固水土，但同时也加重了干旱。
(E) 近十年的分析显示，2007 年是亚马逊植被生长最茂盛的时期，这一年有着强季风的流动和最大规模的沙尘输送量。

28. 一般而言，猫的平均寿命比狗长 3 年，达 15 年。有人认为，猫活得更久，是因为它们拥有强力的身体武器。但最新研究表明，猫的“长寿之道”可能与它们独居的习性有关。

以下哪项如果为真，最能支持上述研究观点？

(A) 猫独自生活，减少了感染疾病的可能性。

(B) 猫较少遭受掠食者攻击，因为它们具有很好的防御手段。

(C) 无论是休息还是活动，猫比狗都要警觉，反应也更为敏捷。

(D) 狗和人类一起生活时，其寿命会因为各种奇特的饲养方式而缩短。

(E) 猫的性格比狗高冷，更喜欢独居。

29. 幼儿教育管理中的“第一”意识和“最好”意识不仅明确宣扬竞争，甚至还鼓励竞争，第一个入园的孩子、吃饭吃得最干净的孩子、第一个入睡的孩子永远只有一位。这样的竞争意识使得孩子认为自己必须超越别人才能获得荣誉。因此，这样的竞争意识破坏了孩子自身的兴趣爱好。

以下哪项如果为真，最能支持上述论断？

(A) 幼儿竞争意识的培养不利于孩子自身的全面发展。

(B) 幼儿在竞争意识下会将注意力聚焦在能否获得荣誉上。

(C) 幼儿为获得荣誉超越别人是培养自身兴趣爱好的障碍。

(D) 作为公共教育机构，幼儿园班级管理举措不仅要有效，还应符合正义的要求。

(E) 幼儿的竞争意识不利于自我管理和自我约束能力的培养。

30. 2021 年全球棉花消费出现较大幅度的增长。但是，有研究人员却预测，2022 年全球棉花需求前景转弱，将令棉价不会出现大幅度增长的态势。

以下哪项如果为真，最能支持上述预测？

(A) 2022 年北半球主产国棉花种植面积预计缩小，南半球下年度种植面积预期偏稳。

(B) 2022 年全球棉花产量将受到气候、库存等诸多因素的影响，棉花价格波动或将加剧。

(C) 全球棉花的消费增速与全球 GDP 变化呈正相关，预计 2022 年全球 GDP 增速将较 2021 年上升。

(D) 目前降雨量正常，但是新棉种植情况存在较大不确定性，需持续关注天气变化。

(E) 一种性能与棉花近似但制造成本较低的新型人工材料生产技术在 2021 年年末趋于成熟并得到大规模应用。

满分必刷卷4 答案详解

答案速查

1～5	(A) (E) (E) (D) (B)	6～10	(D) (A) (B) (C) (C)
11～15	(D) (C) (B) (A) (B)	16～20	(A) (D) (E) (C) (D)
21～25	(D) (E) (B) (C) (E)	26～30	(B) (A) (A) (C) (E)

1. (A)

【第1步 识别论证类型】

提问方式：下列选项如果正确，哪项对上述解释提出了质疑？

题干：近10年中，新房内高程度的空气污染导致了该市168人死亡。专家解释称，新房内的空气污染程度较高（现象G）是因为地理位置，大多数新房建在了旧垃圾场或者汽车排放物严重的地区附近，空气质量受其影响（原因Y）。

此题中涉及对现象原因的分析，故此题为现象原因模型。

【第2步 套用母题方法】

(A)项，此项说明是因为"压制板（一种建筑材料）"导致新房内的空气污染程度较高，而不是因为"地理位置"，另有他因，削弱题干。

(B)项，此项说明了"污染源头"的情况，但不涉及新房内的空气污染程度较高的原因，无关选项。(干扰项·话题不一致)

(C)项，专家解释的是"新房内的空气污染程度较高"的原因，而此项解释的是"该市168人死亡"的原因，不能削弱题干。(干扰项·话题不一致)

(D)项，此项解释了那些没有污染的新房的情况，但无法解释有污染的新房的情况，故排除。

(E)项，此项指出不在旧垃圾场或者汽车排放物严重的地区建造的房子（无因），受空气污染影响相对较小（无果），无因无果，支持题干。

2. (E)

【第1步 识别论证类型】

提问方式：以下哪项最为恰当地概括了甲和乙争论的焦点？故此题为争论焦点模型。

【第2步 套用母题方法】

甲的观点：个人所得税的起征点应该考虑到各地区收入水平的差距，而不应该全国统一。

乙的观点：按照行政区划区别对待，会产生问题。因此，起征点应该全国统一。

故二人争论的焦点是：确定个人所得税起征点是否应该按照行政区划区别对待（是否应该全国统一）。故(E)项正确。

3.（E）

【第1步 识别论证类型】

提问方式：以下哪项如果为真，最能削弱上述结论？

题干中的结论：科幻小说的蓬勃发展（现象G）是科技发展（原因Y）的结果。

此题提问针对论点，可直接削弱论点或考虑在论点内部拆桥。另外，此题也为现象原因模型。

【第2步 套用母题方法】

(A) 项，此项涉及的是“科幻小说的发展时期”，而题干涉及的是“科幻小说蓬勃发展的原因”，无关选项。（干扰项·话题不一致）

(B) 项，此项指出“科技发展拓展了科幻小说的想象空间”，说明科幻小说很可能是科技发展的结果，因果相关，支持题干。

(C) 项，此项指出“科技只是科幻小说中的背景元素”，说明科幻小说与科技有关，明否暗肯。

(D) 项，题干不涉及“科技工作者是否喜欢科幻小说”，无关选项。（干扰项·话题不一致）

(E) 项，此项指出是“科幻小说”推动了“科技发展”，因果倒置，削弱题干。

4.（D）

【第1步 识别论证类型】

提问方式：以下哪项如果为真，最能支持上述观点？

题干中的观点：有人认为，年轻人养猫（S）是有益（P）的。

此题提问针对论点，可直接支持论点或考虑在论点内部搭桥。

【第2步 套用母题方法】

(A) 项，此项指出年轻人独居具备了养猫的决定权，但有养猫的“决定权”不代表对年轻人“有益”，不能支持题干。

(B) 项，题干不涉及“猫”和“狗”的比较。（干扰项·新比较）

(C) 项，此项指出养猫不需要年轻人花费太多额外的时间和精力，但由此不确定养猫是否对年轻人有益。（干扰项·不确定项）

(D) 项，此项说明养猫可以减轻年轻人的孤独感，说明年轻人养猫是有益的，补充论据，支持题干。

(E) 项，此项说明养猫可能会使人患皮肤病，说明年轻人养猫是有害的，削弱题干。

5.（B）

【第1步 识别论证类型】

提问方式：上述论证基于以下哪一项前提？

题干：由于印在香烟外包装上的“吸烟有害健康”标语具有警示效果，因此，保健产品外包装上的警示语（措施）也能起到类似的效果——让人们看到保健品并不像一些商家宣传的那样神奇，对防范虚假宣传和防止保健品滥用都有积极意义（目的）。

思路1：题干将“香烟”类比到“保健产品”，故此题为类比论证模型。（也可以理解为拆桥搭桥模型）

思路2：此题中涉及措施目的的分析，故此题也为措施目的模型。

【第2步 套用母题方法】

(A) 项，题干的论证不涉及“消费者的购买欲望”，无关选项。(干扰项·话题不一致)

(B) 项，此项说明确实有消费者误因为保健品可以治疗疾病而购买，标注“不具有疾病治疗功能”有必要，措施有必要，必须假设。

(C) 项，题干的论证不涉及“完全禁绝保健品虚假宣传”，无关选项。(干扰项·话题不一致)

(D) 项，题干的论证不涉及“滥用保健品”，无关选项。(干扰项·话题不一致)

(E) 项，此项涉及的是保健品是否由“医药企业生产”，与标语能否起作用无关。(干扰项·话题不一致)

6. (D)

【第1步 识别论证类型】

提问方式：以下哪项最不能质疑上述商家的说法？

题干：某商家宣传其反渗透净水器时，宣称国内北方自来水水质偏硬，饮用硬度高的水（原因Y）不利于人体健康（结果G），使用其产品软化水质（措施M）后将促进健康（目的P）。故此题中有现象原因模型和措施目的模型。

【第2步 套用母题方法】

(A) 项，此项指出饮用硬度高的水不会影响人体健康，因果无关（YG拆桥），削弱题干。

(B) 项，此项指出饮用硬水质的饮用水能够为人们补充钙、镁等矿物质成分，说明饮用硬度高的水有利于人体健康，削弱题干。

(C) 项，此项说明长期饮用软水反而对人体健康有害，措施达不到目的（MP拆桥），削弱题干。

(D) 项，此项讨论的是部分家庭对于水种类的选择，并不涉及“饮用软水、硬水与人体健康”之间的关系，话题不一致，不能质疑商家的说法，故此项为正确选项。

(E) 项，此项说明长期饮用软水反而对人体健康有害，措施达不到目的（MP拆桥），削弱题干。

7. (A)

【第1步 识别论证类型】

提问方式：以下哪项如果为真，不能支持店长的观点？

题干：

通道宽度1.3米：销量低；

通道宽度0.8米：销量高；

故：超市货架通道由宽变窄（原因Y）是销量好（结果G）的关键因素。

故此题为现象原因模型（求异法型）。

【第2步 套用母题方法】

(A) 项，此项指出“货架通道不用很宽”，但未分析这样对销量的影响，故不能支持题干。

(B) 项，此项说明将通道适当变窄确实可以增大销量，因果相关（YG搭桥），支持题干。

(C) 项，此项说明通道过宽（无Y）会使顾客购买欲望难以提升（无G），无因无果，支持题干。

(D) 项，此项说明没有其他原因对销量产生影响，排除他因，支持题干。

(E) 项，此项说明货架变窄后顾客会跟随购买其他顾客购买的货品，进而增大销量，因果相关（YG搭桥），支持题干。

8. (B)

【第 1 步　识别论证类型】

提问方式：以下哪项如果为真，最能支持上述研究人员的论证？

研究人员：将出现气候变化的主要责任归咎于新兴发展中国家，是一种极其不公平和不公正的说法（论点）。因为出现气候变化不仅仅是由于新兴发展中国家新排放了“增量”的温室气体，也是由于西方发达国家在工业革命开始以来的两个世纪中排放了海量的“存量”气体。

题干中出现了“增量”“存量”，故此题为统计论证模型。

【第 2 步　套用母题方法】

(A) 项，此项涉及的是“人均”二氧化碳排放量，但题干是以国家为单位计算二氧化碳排放总量，无关选项。(干扰项・话题不一致)

(B) 项，此项指出西方发达国家的累计排放量（存量）最多，说明把责任归咎于新兴发展中国家是不公平、不公正的，支持题干。

(C) 项，此项不涉及发展中国家、发达国家的排放问题，无关选项。(干扰项・话题不一致)

(D) 项，此项涉及的是“如何解决”气候问题，而题干涉及的是气候问题“责任”归咎于谁，无关选项。(干扰项・话题不一致)

(E) 项，此项说明西方发达国家目前仍然在排放温室气体，可以支持题干的论点。但此题的问题是“以下哪项最能支持上述研究人员的论证”，在题干论据中仅涉及了西方发达国家的“存量”，故此项的支持力度不如 (B) 项。

9. (C)

【第 1 步　识别论证类型】

提问方式：以下哪项如果为真，最能削弱学者的观点？

题干：对于当时（阿摩戈斯服装）丝的来源，有学者认为：古希腊的丝来自于当地的野蚕丝。此题提问针对论点，故可直接削弱论点或考虑在论点内部拆桥。

【第 2 步　套用母题方法】

(A) 项，此项说明当时还没有中国的丝进入希腊地区，排除他因，支持题干。

(B) 项，此项说明公元前 1500 年左右在古希腊人生活的地区发现一种产野蚕丝的茧，但不确定古希腊的丝“阿摩戈斯”是否来源于这种茧。(干扰项・不确定项)

(C) 项，此项说明野蚕丝不能制作出精美的服装，直接割裂了“古希腊的丝”和“野蚕丝”之间的关系，论点内部拆桥，削弱题干。

(D) 项，题干不涉及“纺线织布的技术”，无关选项。(干扰项・话题不一致)

(E) 项，此项指出在阿里斯托芬生活的年代有中国的丝绸传入古希腊，但未明确说明“阿摩戈斯服装”是否由中国丝绸制作而成。(干扰项・不确定项)

10. (C)

【第 1 步　识别论证类型】

提问方式：以下哪项如果为真，最能支持上述结论？

题干：在奥杜威峡谷 (S) 的火山沉积物中发现了一种由超嗜热细菌合成的脂类 (P1)。科学家们推断：奥杜威峡谷（S）在 170 万年前存在高温温泉（P2），生活在这里的古人类很有可能借助这些温泉煮熟食物。

题干中 P1 与 P2 不一致，故此题为拆桥搭桥模型（双 P 型）。

【第 2 步　套用母题方法】

(A) 项，此项的论证对象是“其他古人类遗址”，而题干的论证对象是“奥杜威峡谷”，无关选项。（干扰项・对象不一致）

(B) 项，题干不涉及奥杜威峡谷火山活动频繁的原因，无关选项。（干扰项・话题不一致）

(C) 项，此项指出超嗜热细菌（P1）通常在高温温泉（P2）中生长，搭桥法，支持题干。

(D) 项，此项中“发现了多处古人类的遗迹和遗骨化石”只能证明奥杜威峡谷曾有古人类存在，但无法确定此处是否曾存在高温温泉，不能支持题干。

(E) 项，此项指出奥杜威峡谷曾有过火山活动，但无法确定此处是否曾存在高温温泉。

11. (D)

【第 1 步　识别论证类型】

提问方式：以下哪项如果为真，最能削弱上述论证？

题干：

没水喝的蚊子：多达 30%吸食“宿主”的血液；
喝饱水的蚊子：仅有 5%吸食“宿主”的血液；
———————————————
故：口渴的蚊子更爱吸血。

本题通过两组对比的实验，得出一个因果关系，故此题为现象原因模型（求异法型）。

【第 2 步　套用母题方法】

(A) 项，题干不涉及口渴的蚊子和喝饱水的蚊子叮咬宿主后“释放毒素量”的比较。（干扰项・新比较）

(B) 项，题干不涉及“温度”对蚊子吸血的影响。（干扰项・话题不一致）

(C) 项，此项只说明了处于缺水环境时蚊子的情况，缺少对照组来进行比较，故不能很好地削弱题干。

(D) 项，此项说明缺水组的蚊子更爱吸血可能是因为性别比例的不同，另有他因，削弱题干。

(E) 项，此项涉及的是蚊子的“数量”，而题干涉及的是蚊子的“比例”，不能削弱题干。

12. (C)

【第 1 步　识别论证类型】

提问方式：以下哪项如果为真，最能支持该研究人员的上述推断？

题干：

实验组（每天播放人类各种田径运动赛的视频）：小鼠体重相对轻；
对照组（每天播放田园风光的视频）：小鼠体重相对重；
———————————————
故：看田径运动赛的视频，可以帮助小鼠减肥。

本题通过两组对比的实验，得出一个因果关系，故此题为现象原因模型（求异法型）。

【第 2 步　套用母题方法】

(A) 项，此项指出看田园风光的视频使得小鼠体重增加，但由此无法说明看田径运动赛的视频是否可以帮助小鼠减肥，无关选项。

(B) 项，此项指出两组小鼠都能充分观看视频，但不确定这对它们体重的影响。(干扰项·不确定项)

(C) 项，此项指出看田径运动赛的视频可以增加运动量，进而说明看田径运动赛的视频可以帮助小鼠减肥，补充新论据，支持题干。

(D) 项，此项指出一些观看田径运动赛视频的小鼠"受到了惊吓"，但不确定"受到了惊吓"是否会导致小鼠"体重减少"。(干扰项·不确定项)

(E) 项，题干不涉及看视频是否会对小鼠的"身体健康"造成伤害，无关选项。(干扰项·话题不一致)

13. (B)

【第 1 步　识别论证类型】

提问方式：以下哪项如果为真，最能削弱上述观点？

题干：通过测定古树中碳-14 同位素的变化（措施 M），就能了解太阳活动（目的 P1）和超新星爆发（目的 P2）的情况。

此题涉及措施目的的分析，故此题为措施目的模型。

【第 2 步　套用母题方法】

(A) 项，此项指出有的古树树干中并不存留碳-14，但仍然可以通过存留了碳-14 的古树了解太阳活动和超新星爆发的情况。(干扰项·有的不)

(B) 项，此项说明无法通过测定古树中碳-14 同位素的变化来了解超新星爆发的情况，削弱题干。

(C) 项，由检测碳-14 难度较大（困难性），不能说明用这种方法不可行（可行性），不能削弱题干。(干扰项·存在难度)

(D) 项，此项指出古树确实记录下了地球上碳-14 同位素的数量变化，补充新论据，支持题干。

(E) 项，此项指出 Be-10 和 Cl-36 同位素可以提供更多证据，但无法由此判断碳-14 同位素是否可以达到目的。

14. (A)

【第 1 步　识别论证类型】

提问方式：以下哪项如果为真，最能削弱上述结论？

题干：当 rs10770141 位点是 T 碱基时，TH 基因的活性更强，多巴胺水平更高，这样的人拖延倾向也更严重。研究者据此认为，拖延的倾向（结果 G）可能是受基因控制（原因 Y）的，很难改变。

锁定关键词"更……更……"，可知此题为现象原因模型（求异法型）。

【第 2 步　套用母题方法】

(A) 项，此项说明可能是因为杏仁核更大导致人有拖延倾向，另有他因，削弱题干。

(B) 项，此项指出刺激或抑制 TH 基因的表达可以影响生产多巴胺的神经元，由题干可知，多巴胺水平更高的人拖延倾向也更严重，故拖延倾向确实可能受基因控制，补充新论据，支持题干。

(C) 项，此项指出 TH 基因对男性拖延倾向的影响效果比女性小，说明 TH 基因确实会对拖延倾向产生影响，补充新论据，支持题干。

(D) 项，此项指出高水平的多巴胺使人不能快速（即拖延）完成一件事，补充新论据，支持题干。

(E) 项，此项指出 TH 基因确实会增加个体拖延倾向，支持题干。

15. (B)

【第 1 步 识别论证类型】

提问方式：以下哪项如果为真，最能支持上述观点？

专家认为：气候（S1）正影响着“海洋居民”的生存环境，而人类的警醒和努力（S2）或许能为“海洋居民”的生存带去希望。

题干中 S1 与 S2 不一致，故此题为拆桥搭桥模型（双 S 型）。

【第 2 步 套用母题方法】

(A) 项，题干不涉及“人类的技术”，无关选项。（干扰项 • 话题不一致）

(B) 项，此项指出人类的警醒和努力（S2）可以改善气候环境（S1），搭桥法，支持题干。

(C) 项，此项不涉及题干中的“人类的警醒和努力”这一话题，无关选项。（干扰项 • 话题不一致）

(D) 项，此项说明人类对重大灾难的应对能力薄弱，即无法为“海洋居民”的生存带去希望，削弱题干。

(E) 项，此项涉及的是“人类”的命运，而题干涉及的是“海洋生物”的命运，无关选项。（干扰项 • 话题不一致）

16. (A)

【第 1 步 识别论证类型】

提问方式：以下哪项如果为真，不能质疑上述推断？

题干：

涂上了斑马条纹的奶牛：马蝇数量减少了 50%；

没有涂斑马条纹的奶牛：马蝇数量无变化；

故：斑马条纹是为了阻止携带疾病的昆虫而长的。

本题通过两组对比的实验，得出一个因果关系，故此题为现象原因模型（求异法型）。

【第 2 步 套用母题方法】

(A) 项，此项说明了斑马身上的条纹可以防止刺蝇叮咬，支持题干。

其余各选项均说明斑马身上的条纹是由于其他原因而长的，另有他因，削弱题干。

17. (D)

【第 1 步 识别论证类型】

提问方式：以下哪项如果为真，最能够支持上述观点？

有人认为：应用 AI 技术能够代替专利审查员进行外观设计审查。

此题提问针对论点，故可直接支持论点或考虑在论点内部拆桥搭桥。

【第 2 步 套用母题方法】

(A) 项，此项不涉及“AI 技术”，故排除。（干扰项 • 话题不一致）

(B) 项，此项指出针对外观设计进行查找的图像识别技术正在进行研发，但不确定研发的结果。（干扰项 • 不确定项）

(C) 项，此项指出AI技术已被广泛应用，但不涉及AI技术能否应用于外观设计审查。(干扰项·话题不一致)

(D) 项，此项说明AI技术适合进行专利审查，支持题干。

(E) 项，题干不涉及外观设计专利的应用，无关选项。(干扰项·话题不一致)

18. (E)

【第1步　识别论证类型】

提问方式：以下哪项如果为真，最能支持上述科学家的推断？

科学家推测：在宇宙的遥远之外有大范围的反物质星系区存在，那里的宇宙射线主要由反质子和反氦四粒子组成。

此题提问针对论点，故可直接支持论点或考虑在论点内部拆桥搭桥。

【第2步　套用母题方法】

(A) 项，此项涉及的是"地球上"，而题干涉及的是"宇宙的遥远之外"，无关选项。(干扰项·范围不一致)

(B) 项，题干不涉及物质与反物质接触的后果，无关选项。(干扰项·话题不一致)

(C) 项，题干不涉及"科学家"是否可以"制造出反物质"，无关选项。(干扰项·话题不一致)

(D) 项，此项涉及的是反粒子会造成反常的径迹，而题干涉及的是在宇宙的遥远之外是否有反物质星系区存在，无关选项。(干扰项·话题不一致)

(E) 项，此项指出地球大气层之外确实观测到了反氦四粒子，由此可以推测在宇宙的遥远之外有反物质星系区存在，补充论据，支持题干。

19. (C)

【第1步　识别论证类型】

提问方式：以下哪项如果为真，最能支持上述结论？

题干：

服用高剂量维生素B6的60岁以上女性：髋关节骨折的风险相对高；

不服用高剂量维生素B6的60岁以上女性：髋关节骨折的风险相对低；

故：服用高剂量维生素B6（原因Y）易导致老年女性髋关节骨折风险升高（结果G）。

本题通过两组对象的对比实验，得出一个因果关系，故此题为现象原因模型（求异法型）。

【第2步　套用母题方法】

(A) 项，此项指出服用高剂量维生素B6会增加老人跌倒的概率，支持题干。但"增加老人跌倒的概率"不完全等价于"髋关节骨折风险升高"，故支持力度弱。

(B) 项，此项涉及的是"体内维生素不足"的原因，但不涉及"老年女性髋关节骨折风险是否升高"这一结果。(干扰项·话题不一致)

(C) 项，此项指出服用高剂量维生素B6（Y）会降低雌激素水平，使髋关节部位骨质疏松，从而更易骨折（G），因果相关（搭桥法），支持题干。

(D) 项，此项说明老年女性是骨质疏松的多发群体，但不涉及对其原因的分析，无关选项。

(E) 项，此项分析了部分女性需要补充维生素B6的"原因"，但不涉及题干中的因果关系。(干扰项·话题不一致)

20. (D)

【第 1 步 识别论证类型】

提问方式：以下哪项如果为真，不能支持上述结论？

题干：与今天我们所熟知的肉食性动物并不相同，已灭绝的鳄鱼（S）拥有更复杂的牙齿（P1），因此，它们（S）很有可能是植食性动物（P2）。

题干中 P1 与 P2 不一致，故此题为拆桥搭桥模型（双 P 型）。

【第 2 步 套用母题方法】

(A) 项，此项指出有着相对简单的圆锥形牙齿的现存的鳄鱼是肉食性动物，因此拥有更复杂的牙齿的已灭绝的鳄鱼可能是植食性动物，支持题干。

(B) 项，此项指出已灭绝的鳄鱼有植食性动物的特征，说明其很可能是植食性动物，支持题干。

(C) 项，此项指出植食性动物的牙齿更加复杂，即构建了“更复杂的牙齿”和“植食性动物”之间的关系，搭桥法，支持题干。

(D) 项，此项指出已经灭绝的鳄鱼比已经灭绝的植食性恐龙的牙齿结构更简单，因此已经灭绝的鳄鱼可能不是植食性动物，削弱题干。

(E) 项，此项指出哺乳动物和爬行动物的饮食习惯与牙齿都是相对应的，说明饮食习惯与牙齿形成确实有关联性，支持题干。

21. (D)

【第 1 步 识别论证类型】

提问方式：以下哪项如果为真，最能支持上述观点？

题干：

论据①：肌肉是人体最大的发热器官，肌肉含量高意味着体温高。

论据②：体温越高，白细胞效率越高，免疫力越强，人越不容易生病；体温越低，白细胞效率越低，免疫力越低，人越容易生病。

结论：加强锻炼能有效提升免疫力。

题干论据与论点中出现了不一致，故此题为拆桥搭桥模型。

【第 2 步 套用母题方法】

(A) 项，此项说明了“白细胞的工作效率”和“免疫力强弱”之间的关系，但未涉及“加强锻炼”，无关选项。

(B) 项，此项指出“免疫反应”和“消灭病毒和细菌”之间的关系，但未涉及“加强锻炼”，无关选项。

(C) 项，题干不涉及引起“体温过高”的原因，无关选项。

(D) 项，此项指出通过锻炼可以使肌肉含量上升，即构建了“肌肉含量高”和“加强锻炼”之间的关系，搭桥法（论据论点搭桥），支持题干。

(E) 项，此项指出体脂率低的人往往体温更高，但未涉及“加强锻炼”，无关选项。

22. (E)

【第 1 步 识别论证类型】

提问方式：以下哪项如果为真，最能削弱反对者的观点？

反对者的观点：社会审美取向的影响几乎可以忽略不计，“圈叠胎工艺”的成熟和工艺的进步（原因 Y）才是促使花瓣形素髹漆器产生（现象 G）的原因。

此题涉及对现象原因的分析，故此题为现象原因模型。

【第 2 步　套用母题方法】

(A) 项，此项的论证对象是“其他材质器物”，而题干的论证对象是“素髹漆器”。（干扰项·对象不一致）

(B) 项，题干不涉及“圈叠胎工艺”产生和消失的时间，无关选项。（干扰项·话题不一致）

(C) 项，题干不涉及“宋代雕漆和戗金漆器”。（干扰项·对象不一致）

(D) 项，此项涉及的是圈叠胎工艺的“操作难度”，而题干涉及的是圈叠胎工艺的成熟是否是花瓣形素髹漆器产生的原因，无关选项。（干扰项·话题不一致）

(E) 项，此项指出宋人对花瓣形态的钟爱（社会审美取向的影响）是素髹漆器工艺进步的原因，另有他因，削弱反对者的观点。

23. (B)

【第 1 步　识别论证类型】

提问方式：以下哪项如果为真，最能削弱反对者的结论？

反对者的观点：气候变暖仅导致了小须鲸的灭绝，并没有导致巨齿鲨的灭绝。

反对者的观点中存在对原因的分析，故此题为现象原因模型。

【第 2 步　套用母题方法】

(A) 项，此项指出巨齿鲨与小须鲸的生活环境比较接近，但不确定这是否会导致巨齿鲨的灭绝。（干扰项·不确定项）

(B) 项，气候变暖导致了小须鲸的灭绝，而小须鲸的灭绝导致了巨齿鲨的灭绝，故“气候变暖”间接导致了“巨齿鲨的灭绝”，削弱反对者的观点。

(C) 项，此项指出气候变暖后巨齿鲨可以在更广阔的海域内活动，那就说明他们不会因此灭绝，支持反对者的观点。

(D) 项，此项指出巨齿鲨能在一定程度上对抗气候变暖，支持反对者的观点。

(E) 项，此项涉及的是气候变暖的“原因”，而题干涉及的是气候变暖“结果”。（干扰项·话题不一致）

24. (C)

【第 1 步　识别论证类型】

提问方式：以下哪项如果为真，最可能是专家推断的前提？

题干：人们发现的最古老的有袋类动物化石是 1.1 亿年前生活在北美洲的三角齿兽化石。专家据此推断：有袋类动物很可能起源于北美洲，之后才迁移至澳大利亚。

【第 2 步　套用母题方法】

(A) 项，题干不涉及“南美洲”的情况，无关选项。（干扰项·对象不一致）

(B) 项，此项指出北美洲适合有袋类动物生存，但“适合有袋类动物生存”无法说明“起源于北美洲”，故排除。

(C) 项，使用取非法，若各大洲不相连，则有袋类动物可能无法由北美洲迁移至澳大利亚，故此项是题干成立的必要前提。

(D) 项，北美“现在”的情况与有袋类动物的“起源”无关。

(E) 项，题干指出三角齿兽化石是最古老的“有袋类动物化石”，而此项指出三角齿兽化石是最古老的“动物化石”，不是题干的前提。

25. (E)

【第 1 步　识别论证类型】

提问方式：以下哪项最可能是上述论证需要补充的前提？

题干：神话 (S) 不是历史事实 (P1)，因此，史书或者考古并不能证伪 (P2) 它（神话，S)。

题干中 P1 与 P2 不一致，故此题为拆桥搭桥模型（双 P 型)。

【第 2 步　套用母题方法】

(A) 项、(B) 项、(C) 项，均未讨论“历史事实”和“证伪”二者之间的关系，无关选项。

(D) 项，此项可以符号化为：历史事实→验证真伪，应从论据向论点搭桥，搭桥方向反了，不必假设。

(E) 项，此项指出史书或者考古只能证伪与历史事实有关的叙述，而神话不是历史事实，所以史书或者考古不能证伪它，搭桥法，必须假设。

26. (B)

【第 1 步　识别论证类型】

提问方式：以下哪项如果为真，最能削弱上述研究者的观点？

研究者推测：工具的使用减弱了咀嚼的力量（原因 Y)，从而导致人类脸型的变化（现象 G)。

易知此题为现象原因模型。

【第 2 步　套用母题方法】

(A) 项，此项指出“与人类较为接近的灵长类动物白天有一半时间用于咀嚼，它们的口腔肌肉非常发达、脸型也较大”，说明“咀嚼”可能会影响“脸型变化”，因果相关，支持题干。

(B) 项，此项指出可能是“200 万年前人类食物类型发生了变化”导致了“人类脸型的变化”，另有他因，削弱题干。

(C) 项，此项指出“石器处理食物后变得易于咀嚼”，因此有可能导致“人类脸型变化”，因果相关，支持题干。

(D) 项，题干不涉及“大脑体积”等其他影响，无关选项。（干扰项 · 话题不一致）

(E) 项，题干不涉及 200 万年前人们的“审美”，无关选项。（干扰项 · 话题不一致）

27. (A)

【第 1 步　识别论证类型】

提问方式：以下哪项如果为真，最能支持上述科学家的观点？

科学家的观点：亚马逊雨林的繁盛（现象 G）需要感谢来自撒哈拉沙漠的尘埃（原因 Y)。

故此题为现象原因模型。

【第 2 步　套用母题方法】

(A) 项，此项指出来自撒哈拉沙漠的尘埃富含植物生长所必需的磷，而亚马逊雨林缺失磷，即“亚马逊雨林的繁盛”可能是因为“撒哈拉沙漠的尘埃”，因果相关，支持题干。

(B) 项，题干不涉及“抑制大西洋飓风形成”的相关情况，无关选项。(干扰项·话题不一致)

(C) 项，此项指出尘埃对地球系统、气候变化的重要性，但未直接说明它对亚马逊雨林的影响。(干扰项·不直接项)

(D) 项，此项说明大量的尘埃有好处（稳固水土）也有坏处（加重干旱），故无法确定来自撒哈拉沙漠的尘埃是否导致了亚马逊雨林的繁盛。(干扰项·不确定项)

(E) 项，此项说明2007年亚马逊植被生长状况和沙尘输送量正相关，支持题干，但这只是个别年份的情况，故支持力度小。

28. (A)

【第1步　识别论证类型】

提问方式：以下哪项如果为真，最能支持上述研究观点?

最新研究表明：猫的“长寿之道”(现象G) 可能与它们独居的习性有关（原因Y)。

故此题为现象原因模型。

【第2步　套用母题方法】

(A) 项，此项指出独居会使猫减少感染疾病的可能性，故可能长寿，因果相关，支持题干。

(B) 项，此项说明猫的长寿可能是因为较少遭受掠食者攻击，另有他因，削弱题干。

(C) 项，题干不涉及猫和狗“警觉性和反应速度”方面的比较，无关选项。(干扰项·新比较)

(D) 项，此项的论证对象是“狗”，而题干的论证对象是“猫”。(干扰项·对象不一致)

(E) 项，题干不涉及猫和狗“性格和喜欢独居”方面的比较，无关选项。(干扰项·新比较)

29. (C)

【第1步　识别论证类型】

提问方式：以下哪项如果为真，最能支持上述论断?

题干：这样的竞争意识（S）使得孩子认为自己必须超越别人才能获得荣誉（P1)。因此，这样的竞争意识（S）破坏了孩子自身的兴趣爱好（P2)。

题干中P1与P2不一致，故此题为拆桥搭桥模型（双P型)。

【第2步　套用母题方法】

(A) 项，此项涉及的是“孩子的全面发展”，而题干涉及的是“孩子的兴趣爱好”。(干扰项·话题不一致)

(B) 项，此项指出幼儿在竞争意识下会将注意力聚焦在能否获得荣誉上，仅支持题干的论据，支持力度小。

(C) 项，幼儿为获得荣誉超越别人（P1）是培养自身兴趣爱好（P2）的障碍，搭桥法，支持题干。

(D) 项，此项是建议项而非事实，不能支持题干。(干扰项·非事实项)

(E) 项，题干不涉及“自我管理和自我约束能力的培养”，无关选项。(干扰项·话题不一致)

30. (E)

【第1步　识别论证类型】

提问方式：以下哪项如果为真，最能支持上述预测?

有研究人员预测：2022年棉价将不会出现大幅度增长的态势。

锁定关键词“预测”，可知此题为预测结果模型。

【第2步　套用母题方法】

(A) 项，此项说明全球棉花种植面积预计缩小，那就有可能出现供给不足，有助于说明棉价上涨，削弱题干。

(B) 项，此项指出棉花价格波动或将加剧，但不确定价格是往上波动还是往下波动。（干扰项·不确定项）

(C) 项，此项说明全球棉花的消费增速将较2021年上升，削弱题干中“2022年全球棉花需求前景转弱”这一断定。

(D) 项，此项说明新棉种植情况存在较大不确定性，故棉价是增长还是下降并不明确。（干扰项·不确定项）

(E) 项，此项指出人工材料可以替代棉花，即“棉花”存在替代品，支持题干中“2022年全球棉花需求前景转弱”这一断定。

满分必刷卷5

时间：60分钟　　总分：30×2=60分　　你的得分________

1. 野生动物之间因病毒入侵会暴发传染病。最新研究发现：热带、亚热带或低海拔地区的动物，因生活环境炎热，一直有罹患传染病的风险；生活在高纬度或高海拔等低温环境的动物，过去因长久寒冬可免于病毒入侵。但现在冬季正变得越来越温暖，持续时间也越来越短，因此，气温升高将加剧野生动物传染病的暴发。

以下哪项如果为真，最能支持上述观点？

(A) 无论气候如何变化，生活在炎热地带的动物始终面临着患传染病的风险。

(B) 适应寒带和高海拔栖息地的动物物种遭遇传染病暴发的风险正在升高。

(C) 冬季气温变暖会大大缩短冬眠动物的冬眠时间，从而使它们的活动时间延长。

(D) 随着气温升高、湿度加大，各类细菌、病毒、蚊虫等生长繁殖会加快。

(E) 不同种类的野生动物之间病毒是可以传染的。

2. 小王经营着一家打印店，他发现店内员工都很忙，大部分精力都花在了文件排版上。为了节省人力，他给店里的电脑安装了能自动完成常规排版操作的新款软件。然而，软件安装几个月后，店内员工反而更忙了。

以下哪项如果为真，最能解释上述现象？

(A) 部分文档有特殊的排版要求，依然需要人工操作完成。

(B) 能自动排版文档后，该店的文印、装订等业务量也因此大涨。

(C) 新软件操作有一定难度，员工需要接受培训才能熟练掌握。

(D) 安装软件后，该店并没有相应地调整排版和打印的收费标准。

(E) 使用该软件会使电脑大量的运行内存被占用，从而导致电脑卡顿。

3. 尽管许多行业并不看重从业者的学历，但对于从事金融咨询服务的人来说，学历还是极其重要的。有研究指出，人们在进行理财咨询时，更重视金融咨询师的学历而非资历。因此，就读金融服务管理专业的学生应尽可能获得高学历。

以下哪项最有可能是上述研究观点的假设？

(A) 金融咨询服务者的资历与其能力水平没有必然关联。

(B) 总体而言，高学历的人专业水平更高、工作能力更强。

(C) 就读金融服务管理专业的学生很可能会投身金融咨询服务行业。

(D) 近年来，越来越多的行业在招聘时限定其求职者必须具有高学历。

(E) 在进行理财咨询时更重视金融咨询师资历的人不到25%。

4. 某研究机构对上千名中年人进行了 40 年的跟踪调查，结果显示，平均每年休假时间超过 3 个星期的那些人，死亡率要比休假时间少于 3 个星期的低。因此，在今后的工作中，我们应尽量让自己享受每年 3 个星期以上的休假。

以下哪项如果为真，最能削弱上述论证？

(A) 并不是所有人都有条件每年享受超过 3 个星期的休假。

(B) 在这 40 年中，人们的工作、生活方式都发生了巨大变化。

(C) 那些休假较少的被调查者，面临更多压力，一般睡得也比那些休假较多的人要少。

(D) 长时间休假可能会影响工作业绩，进而影响职业生涯发展。

(E) 追求更长时间休假的人往往更为关注自己的身体健康状况。

5. 发酵乳制品因为其丰富的营养和益生菌含量，给人们带来了广泛的健康益处。比如，益生菌中最突出的乳酸杆菌和双歧杆菌能够减少病理改变、刺激黏膜免疫与炎症介质相互作用和增强免疫系统。最近，有科学家通过对 190 多万人的研究得出，发酵乳制品能够降低肿瘤的发生风险。

以下哪项如果为真，最能支持上述结论？

(A) 目前国内未有此类明确的专业报道。

(B) 发酵物产生的益生菌都是对身体有益的。

(C) 喝酸奶能够降低 19％的肿瘤发生风险，此说法受到权威专家的认可。

(D) 发酵乳制品中的益生菌可以维持肠道稳态并发挥潜在的抗癌作用。

(E) 发酵乳制品能抑制肠道内腐败菌的生长繁殖，对便秘和细菌性腹泻具有预防治疗作用。

6. 互联网公司从社会招聘成熟的计算机人才，往往需要提供相当高的薪酬福利，并且难以挖掘到核心人才。而毕业生初入社会，大部分都踏实肯干，前期成本也不高，后期还可以进行优胜劣汰的选择。因此，互联网公司更愿意培养这些新人。

以下哪项如果为真，最能质疑上述论证？

(A) 在互联网行业，毕业生也存在流动的可能性。

(B) 相较于工作经验，互联网公司更关注薪酬成本和人员的稳定性。

(C) 成熟的计算机人才进入互联网公司后带来的收益要远远高于毕业生。

(D) 需要接受大量培训，毕业生才能具备接近成熟计算机人才的工作能力。

(E) 由于互联网公司工作压力大、晋升渠道窄等缺点，大多数毕业生并不愿意进入互联网公司。

7. “饿怒”是“饥饿”和“愤怒”两个词的合成词。最近，研究人员在欧洲招募了 64 位自愿受试者，在 21 天里，对他们在日常工作和生活环境中处于饥饿状态时的情绪变化数据进行了收集整理分析。得出的结论是：愤怒和易恼等情绪与饥饿之间存在被诱导的关系，也就是说，饥饿会使人们“饿怒”。

以下哪项如果为真，最能支持上述结论？

(A) 受试者在饥饿状态下，能保持情绪愉悦的只有不到 10％。

(B) 饥饿与更强烈的愤怒和易恼情绪以及更低的愉悦感有关。

(C) 饥饿状态下的受试者更易出现易恼情绪和愤怒情绪。

(D) 出现饥饿的时候空腹状态持续时间较长，容易引起脑部功能失调。

(E) 许多人在出现愉悦情绪时会大大增加吃东西的欲望。

8. 人类学家测量了历史上各个时期的人类头骨之后发现，当代成人的脑容量平均为 1 349 毫升，相比中石器时代人类的脑容量，男性减少了 10%，女性减少了 17%。研究者认为，在分工日益明确的时代，富有合作精神的人比其他人有更多的生存和繁衍机会，"最友好者生存"是导致人类大脑不断缩小的重要原因。

以下哪项如果为真，最能支持上述研究者的结论？

(A) 随着气温的升高，人们对体重的要求降低，身体的缩小必然带来大脑的缩小。
(B) 石器时代的男性人类比女性人类更富有合作精神。
(C) 当代脑科学研究表明，脑容量更小会使得人类更富有合作精神。
(D) 外部信息存储介质的出现减轻了大脑的记忆负担，人类的大脑随之缩小。
(E) 合作会减少人类的攻击性，而攻击性的减少会使人身体变轻、脑容量减少。

9. 奶茶，乍一想应该既有奶又有茶，是一种营养丰富的健康饮品。事实果真如此吗？有专家指出，市面上的奶茶大多由茶粉勾兑而成，咖啡因超标。因此专家提醒：对青少年而言，为了保持身体健康，奶茶好喝但别"贪杯"。

以下哪项最有可能是上述专家观点的假设？

(A) 奶茶对身体健康没有任何好处。
(B) 过量摄入咖啡因会影响人们的身体健康。
(C) 相比其他人群，奶茶对青少年的吸引力更高。
(D) 奶茶中的咖啡因可能使人兴奋不已，甚至失眠。
(E) 青少年正处于生长发育的关键期，对咖啡因更敏感。

10. 羟苯甲酮是一种常见的紫外线吸收剂，多用于防晒护肤品中，全球 3 500 种品牌的防晒霜中均含有该物质。研究表明，即使是极低浓度的羟苯甲酮也会给珊瑚带来致命的伤害，有专家指出，为了保护珊瑚，在海滨浴场应该禁止使用防晒霜。

以下哪项如果为真，最能削弱上述专家的观点？

(A) 一些远离海岸的大洋中部分水域已检测到羟苯甲酮，但浓度较低。
(B) 羟苯甲酮易引起皮肤过敏，长期使用会影响人体免疫力和生殖能力。
(C) 防晒霜分为化学防晒霜和物理防晒霜，其中物理防晒霜不含羟苯甲酮。
(D) 羟苯甲酮会破坏、改变珊瑚的 DNA，降低幼年珊瑚正常发育的概率。
(E) 人们在很多场合都使用防晒霜，仅在海滨浴场限制使用效果有限。

11. 不用"管住嘴，迈开腿"就能成功瘦身，大概是很多人的梦想。然而一边吃得很饱一边掉体重却成了宇航员们的噩梦，因为这会使宇航员损失骨骼和肌肉，还会影响心血管系统的正常运作。宇航员总是表示已经吃饱了，然而与此同时，他们的体重却减轻了，为什么宇航员摄入的食物不够？一位航空研究所人员提出，这是因为食物在失重环境下不会像在地球上一样老实待在胃里，它们在胃里漂动，撑开胃部，会更快给大脑送去"你已经吃饱了，别再吃了"的信号。

以下哪项如果为真，最能驳斥这个研究员的解释？

(A) 宇航员必须坚持每周六天的高强度锻炼，否则低重力环境会让肌肉萎缩，但这也意味着他们会消耗更多的热量。

(B) 吃饭习惯于细嚼慢咽的人，通常在摄入过多的食物之前，大脑就会接收到饱胀感，从而降低食欲，避免进食过多。

(C) 实验证明，在失重情况下，胃壁本身的张力并不会受到太大影响，胃的内部压力也没有太大变化。

(D) 太空食物通常不需要太多咀嚼，研究显示，咀嚼次数越多，口腔活动会刺激体内消化和吸收活动更加活跃，热量消耗也越多。

(E) 同样处于太空中失重环境下的实验鼠的体重不但没有下降，反而上升了。

12. 开车是一项有风险的交通行为，驾驶员行车时的心理、生理和行为特性对驾驶安全影响很大，往往决定着潜在事故是否可能发生。研究认为，女驾驶员对复杂交通环境的辨别能力低，且在应激环境下反应不如男性积极，对突发事件不能应付。此外，男女驾驶员还有显著的身体条件方面的差异，视野、体力、空间能力等方面，男女间的平均差距都相当明显。由此，有人提出，相比男司机，女司机确实更有“马路杀手”的一面，即更容易造成严重的交通事故。

以下各项如果为真，哪项不能驳斥上述观点？

(A) 女司机造成重大事故的概率远低于男司机，女司机肇事事故中死亡人数约为男司机的 1/50。

(B) 相比男司机，女司机拥有更为良好的驾驶习惯，也更加注重超速问题，有利于行车安全。

(C) 领取驾驶证的女司机数量虽多，但真正开车的人并不多，以北京为例，男女司机的比例为 7∶3。

(D) 平均来说，同样里程的驾驶，男司机负全责的交通事故的发生率要远高于女司机。

(E) 女性较男性更为细心，驾驶准备工作也更加细致周密。

13. 人们常说“要想身体好，天天吃核桃”，多年经验浓缩成的俗话一定有它的道理。最近，有研究证实，多吃核桃的确有益肠道健康，可增加大量的有益肠道细菌，因此多吃核桃对人类心脏有好处。

以下哪项最有可能是上述研究结论的假设？

(A) 充满益生菌的肠道，可以长时间地保护人类心脏健康。

(B) 核桃可以增加肠道益生菌，从而降低患高血压的风险。

(C) 每天食用核桃可以帮助中老年人降低血压和胆固醇。

(D) 核桃还对糖尿病人的血糖控制有一定的帮助。

(E) 心脏病患者多吃核桃对他们的血管有益。

14. 医学上把晕车叫做“晕动症”。眼睛可以通过视神经，告诉大脑我们有没有在动；而耳朵则通过平衡感知系统——前庭，感受是否真的在动。正常情况下，眼睛和耳朵提供的信息是一致的。但坐在晃动的车上时，我们接收的信息出现了分歧——耳朵会觉得“你动了”，而眼睛则觉得“你没动”。这时，大脑接收到了两个不一致的报告，就会让它有点晕。据此，有人推理出一个结论：坐在车上看手机时往往会晕车晕得更严重。

以下哪项如果为真，最能支持上述结论？

(A) 车内光线不足，看手机容易引起视觉疲劳。

(B) 车辆的颠簸使眼睛难以聚焦，会损伤视力。

(C) 看手机时会强化眼睛的“没有动”的感觉。

(D) 晕车多数都是由于前庭发育不良引起的。

(E) 晕车时减少看外面的风景可以防止视觉神经和大脑神经不协调，缓解不适症状。

15. 目前认为造成白垩纪末期（约 6 600 万年前）包括恐龙在内的大量生物灭绝的原因是，一颗直径约 10 千米的巨大陨石撞击了地球。1991 年，陨石撞击的重要证据——陨石坑在墨西哥尤卡坦半岛附近发现。有学者提出如下假说：陨石撞击地球后，岩石等产生的尘埃造成植物无法进行光合作用，气候变得寒冷，恐龙等生物无法适应这种环境变化，从而灭绝。

以下哪项最能有力驳斥上述恐龙灭绝的原因？

(A) 白垩纪末期宇宙中有距离地球很近的新星爆炸，大量高能射线辐射到地球上来，导致恐龙及其他一些同时期的生物患皮肤病。

(B) 白垩纪末期的印度地区发生了大规模火山运动，在全球范围内带来了巨大的环境变化。

(C) 目前尚不确定 6 600 万年前在地球上撞出巨大陨石坑的是哪一颗小行星，因此也不清楚造成恐龙灭绝的始作俑者。

(D) 陨石撞击产生的岩石尘埃粒径约为 0.1 毫米，停留在大气中最多也就 1 周左右，阳光仅被阻挡 1 周的环境变化不至于引起生物灭绝。

(E) 在加拿大西部艾伯塔省的一个地区，发现大约 8 000 万年前生活于此的恐龙有 45 种，但就在陨石撞击之前不久，种类已减少到只有 6 种。

16. 长期生活不规律会导致免疫细胞和胆固醇积聚在血管壁上，变成粥样斑块。这些斑块破碎时会形成血栓，血栓有可能脱落，沿血管流动。由于牙周病菌是一种厌氧菌，而血管中有大量氧气，因此牙周病菌单独进入血管并不能存活。但是，免疫细胞能够有效隔绝血管中的氧气，所以人们认为牙周病菌能把免疫细胞当作交通工具，借此移动至身体各处。

以下哪项如果为真，最能加强上述结论？

(A) 生活不规律会使体内产生大量胆固醇和厌氧菌。

(B) 血栓脱落会导致血管不通顺阻碍牙周病菌移动。

(C) 免疫细胞的整体内环境不会造成牙周病菌失活。

(D) 牙周病菌对身体血管健康的影响是公认的。

(E) 牙周病菌如果能进入血液循环，容易引发炎症反应，从而增加心血管疾病的发病风险。

17. 有位青年到杂志社询问投稿结果。编辑说：“你的稿子我看过了，总的来说有一些基础，不过在语言表达上仍不够成熟，流于幼稚。”青年问：“那能不能把它当作儿童文学作品呢？”

下列哪项与青年所犯的逻辑错误相同？

(A) 甲到处宣扬说：“我从来不炫耀自己的优点。”

(B) 姐姐：“我不是叫你回来的时候顺带买包盐吗？你怎么没买？”弟弟：“你一天天就知道给我找事，烦！”

(C) 甲说：“人生太短暂，我们应该珍惜时间，抓住机会，尽情挥霍。”

(D) 甲问：“我能用蓝笔墨水写出红字，你信吗？”乙答：“不信。”甲就提笔在纸上写了一个“红”字。

(E) 甲开车撞到了行人乙，二人争执起来，甲说：“我有多年驾驶经验，责任不可能在我。”

18. 甲醛作为室内空气污染物，被世界卫生组织列为致癌和致畸形物质。研究者发现在甲醛胁迫下，植物光合作用的速率降低，植物叶片叶绿素含量下降，抗性越弱的植物品种其叶绿素含量下降越快。所以，甲醛污染对室内植物的影响与植物的抗性强弱有关。

以下哪项如果为真，最能反驳上述研究者的观点？

(A) 植物的抗性越好叶绿素含量越高，越能吸收甲醛。

(B) 植物叶绿素含量变化是评价其抗性强弱的重要指标。

(C) 甲醛污染对室内植物的影响取决于植物叶片的大小。

(D) 光合作用的速率改变，植物叶片叶绿素含量随之变化。

(E) 甲醛能与植物的蛋白质、核酸和脂类物质发生反应，对植物细胞造成伤害。

19. 为推动社区养老服务建设，某社区开设了“长者食堂”，向社区内符合条件的老年人提供一日三餐。该食堂的饭菜价格远低于市场价，且品种多样、味道极佳、分量充足，然而每天到该食堂就餐的老年人数量并不多。

以下哪项如果为真，最能解释题干中的现象？

(A) 该社区内和周边有许多深受当地居民喜爱的餐馆。

(B) 该“长者食堂”占地面积较大，食堂内就餐座位充足。

(C) 符合就餐条件的老年人在社区居民中的占比不高。

(D) 部分老年人因距离较远、无法享受就餐补贴等问题，尽管有就餐需求，但仍不愿在食堂内用餐。

(E) 社区内多数老年人选择送餐上门而非到食堂用餐。

20. 手臂疼痛是接种所有疫苗都会产生的副作用。实际上，手臂疼痛是人体对体内注入异物的正常反应。这种反应与抗原呈递细胞有关，这些细胞通常存在于人体肌肉、皮肤和其他组织中。当它们检测到外来入侵者时，就会引发连锁反应，最终产生抗体并针对特定病原体提供长期保护，这一过程被称为适应性免疫反应。因此，当在手臂上接种疫苗时，免疫细胞因子刺激神经是导致手臂疼的原因。

以下哪项最可能是上述论证的假设？

(A) 在抗原处理过程中，巨噬细胞、树突状细胞会起调节作用，防止适应性免疫反应的过弱或过强。

(B) 不同的疫苗所引发的手臂疼痛反应程度不同。

(C) 适应性免疫反应是产生免疫细胞因子的原因。

(D) 免疫细胞因子能够召集更多的免疫细胞聚集。

(E) 免疫细胞因子作为灵敏的炎症指标，其表达调控失衡与许多疾病的发生、发展相关。

21. 研究表明，糖尿病是一种由多病因引起的以慢性高血糖为特征的代谢性疾病，是多种因素共同作用的结果，有家族聚集现象。家族史是提示可能患糖尿病风险的重要依据，因此，了解家族史，有助于更好地预防糖尿病。

以下哪项最可能是上述论证的假设？

(A) 家族聚集现象体现在家族史中。

(B) 了解患糖尿病风险有助于预防糖尿病。

(C) 绝大多数人有途径了解自己的家族史。

(D) 不健康的生活方式也是影响糖尿病发病的因素。

(E) 如果一个人父母双方都患有糖尿病，那么他患糖尿病的概率会比普通人高出好几倍。

22. 几年以前，作为一个减少以橡树叶子为食的吉普赛蛾数量的方法，昆虫学家在橡树林中引进了一种对部分吉普赛蛾有毒的真菌。从此，该橡树林中吉普赛蛾毛虫和成熟的蛾的数量都显著下降。昆虫学家推论说这种现象归因于有毒真菌的出现。

以下哪项如果为真，最能支持昆虫学家的推论？

(A) 在过去的几年中，空气污染和酸雨是造成橡树数量大量减少的原因。

(B) 为控制吉普赛蛾而引进的有毒真菌除了对吉普赛蛾有毒以外，还对其他少数几种昆虫有毒。

(C) 吉普赛蛾毛虫和成虫数量的减少伴随着以它们为食的一些物种的数量的增加。

(D) 在橡树林中引入真菌后，该橡树林中其他以橡树叶子为食的生物数量并未出现增加。

(E) 在橡树林中引入真菌后，吉普赛蛾数量的减少量并不比目前同一时期内其他地区的减少量大。

23. 网店的客服诉求大致可以分为售前问题、售后问题和投诉。随着人工智能技术的发展，其中一部分重复性高、内容简单的问题，可以通过智能客服来答复。在智能客服系统完善后，它甚至能够比人工客服更快速、准确地回答这些问题。有人据此认为，网店人工客服这一岗位将会很快消失。

以下哪项最无法削弱上述论断？

(A) 智能客服的研发成本远高于雇用数名人工客服。

(B) 智能客服无法与客户进行情感交流，开展客户维护。

(C) 智能客服对复杂问题的回应能力不如人工客服。

(D) 智能客服的完善需要相对漫长的过程。

(E) 智能客服无法主动引导对话进程，这可能会在某些情况下导致对话效率低下。

24. 因为市场严管，欧洲某国没有餐厅售卖冒牌牛肉，且该国餐厅几乎都标榜自己所提供的是澳洲进口牛肉。但由于价格低廉且品质尚可，来自南美洲的牛肉占据了该国牛肉进口总量的一半以上。

下列哪项如果为真，最有助于解释上述现象？

(A) 澳洲进口牛肉的品质及价格均高于南美洲进口牛肉。

(B) 澳洲进口牛肉基本不会出现在该国普通民众的日常饮食中。

(C) 该国国内餐厅的牛肉使用量不到该国进口牛肉总量的20%。

(D) 市场严管前该国餐饮业经常出现用南美洲牛肉冒充澳洲进口牛肉的情况。

(E) 澳洲牛肉与其他牛肉相比，富含更多的优质蛋白质和脂肪，口感更加鲜美。

25. 在经验交流会上，有多个省份的同类机构都提到了某公司新开发的安全管理系统。他们认为，这套系统运行稳定、操作便捷，对业务帮助很大。小李代表单位参加了本次经验交流会，会后他提出，为了提高本单位的安全管理水平，建议单位也引进这套系统。

以下哪项如果为真，最能反驳上述建议？
(A) 本单位已经拥有一套运行多年的安全管理系统。
(B) 并不是所有省份的同类机构都使用了这套系统。
(C) 安全管理水平提升需要管理系统和管理机制双管齐下。
(D) 本单位的业务运行机制和其他省份有较大差异。
(E) 这套系统的成本高于本单位原有的安全管理系统。

26. 环境与生活方式能使基因表达发生改变，但不涉及 DNA 序列的变化。研究人员发现，喝茶也能让人发生这种变化，但其作用仅限于女性。研究结果显示，经常喝茶的女性的确也出现了基因表达改变的现象，并且不少变异的基因与癌症和雌激素水平有关。
以下哪项如果为真，最能支持上述结论？
(A) 不饮茶的女性较少出现基因表达改变的情况。
(B) 女性经常喝茶能减少炎症的发生。
(C) 常饮茶和常饮咖啡的女性雌激素水平有较大差异。
(D) 女性和男性体内含有的激素水平不同。
(E) 经常喝茶的男性较少出现基因表达改变的情况。

27. 研究人员招募了 619 人参与实验，其中 200 人完全放弃智能手机一周；226 人将他们每天使用智能手机的时间减少一小时；193 人保持原来的智能手机使用习惯而不做任何改变。在干预实验一个月和四个月后对所有参与者进行回访，以了解他们的生活习惯和幸福感。研究人员发现，完全放弃智能手机，或将其每天使用智能手机的时间减少一小时都对参与者的生活方式和幸福感产生了积极影响。但是，研究人员认为，减少而非完全放弃智能手机的日常使用，对一个人的幸福感会产生更为积极的影响。
以下哪项如果为真，最能支持上述研究人员的观点？
(A) 完全放弃智能手机的使用会影响人们的工作效率和生活质量。
(B) 完全放弃智能手机使用的积极影响在现代社会很难长期持续。
(C) 减少使用比完全放弃使用智能手机的积极影响更持久稳定。
(D) 减少智能手机的使用是综合平衡多方利弊后的理性选择。
(E) 人们应该逐步减少使用智能手机的时间，而不是完全放弃使用智能手机。

28. 通常，人们认为运动能减肥。然而，最近一项针对马拉松运动员的研究显示，随着每天训练量的加大，虽然运动员每日消耗的能量增加，但身体其他方面的新陈代谢会出现相应地减慢，每日总能量消耗达到了一种平衡。研究人员认为，既然体重的增减取决于摄入食物中的能量与身体消耗能量的差值，而每日总能量消耗又基本恒定，因此，少吃就能减肥。
以下哪项如果为真，最能驳斥上述观点？
(A) 在控制饮食的同时进行体育锻炼能够更有效地减肥。
(B) 与运动相比，节食才是肥胖者控制体重的最直接方法。
(C) 运动消耗了摄入的能量却减少了肥胖者在休息时燃烧的热量。
(D) 肥胖者往往有代谢困难，即使少吃也不能完全消耗每日摄入的热量。
(E) 肥胖者常常会产生强烈的饥饿感，他们往往不愿意少吃。

29. 某中学地处山区，每年暑假时都会有高校学生前来开展一个月左右的支教活动。该中学有教师对此提出质疑，认为尽管高校学生受教育程度高，但他们没有教师资格证，因此无法开展专业有效的教学。

以下哪项最有可能是上述教师观点的假设？

(A) 只有专业有效的教学才是学生们喜爱的教学。

(B) 高校学生不具备考取教师资格证的能力。

(C) 有教师资格证的人就能开展专业有效的教学。

(D) 只有拥有教师资格证的人才能够开展专业有效的教学。

(E) 该中学的教师均具有教师资格证。

30. 2023年国家开始推广全民阅读，调查发现，2024年我国成年国民人均纸质图书阅读量为4.66本，较2023年的4.65本略有增长。据此有人认为，全民阅读没什么效果。

以下哪项如果为真，最能削弱上述观点？

(A) 2024年我国有些省份成年国民人均纸质图书阅读量低于3本。

(B) 全民阅读推广以来，读书节活动吸引了很多人参加。

(C) 2024年，我国成年国民的电子书阅读率比2023年提高了5.8个百分点。

(D) 2024年，人均阅读量最高的日本纸质图书阅读量与2023年基本持平。

(E) 2024年，我国成年国民人均每天接触手机时长比2023年增加了6.03分钟。

满分必刷卷 5　答案详解

答案速查

1～5	(D) (B) (C) (E) (D)	6～10	(C) (C) (E) (B) (C)
11～15	(C) (C) (A) (C) (D)	16～20	(C) (D) (C) (E) (C)
21～25	(B) (D) (A) (C) (D)	26～30	(A) (C) (D) (D) (C)

1. (D)

【第 1 步　识别论证类型】

提问方式：以下哪项如果为真，最能支持上述观点？

题干中的观点：气温升高（原因 Y）将加剧野生动物传染病的暴发（结果 G）。

此题提问针对论点，故可优先考虑在论点内部搭桥。另外，锁定关键词“将”，可知此题也为预测结果模型。

【第 2 步　套用母题方法】

(A) 项，此项涉及的是“炎热地带的野生动物始终面临患传染病的风险”，而题干涉及的是“气温升高和传染病暴发之间的关系”，无关选项。（干扰项·话题不一致）

(B) 项，此项指出“适应寒带和高海拔栖息地的动物遭遇传染病暴发的风险正在升高”，但不确定这是否是因为“气温升高”。（干扰项·不确定项）

(C) 项，此项说明冬季气温变暖会使冬眠动物的活动时间延长，但不涉及这是否会引发传染病。（干扰项·话题不一致）

(D) 项，此项指出气温升高（Y）会使各类细菌、病毒等生长繁殖加快，说明患传染病的风险很可能会增加（G），搭桥法，支持题干。

(E) 项，此项涉及的是“不同种类的野生动物之间病毒是否可以传染”，而题干涉及的是“气温升高是否会加剧野生动物传染病的暴发”，无关选项。（干扰项·话题不一致）

2. (B)

【第 1 步　找到待解释的现象】

提问方式：以下哪项如果为真，最能解释上述现象？

待解释的现象：小王给店里的电脑安装了能自动完成常规排版操作的新款软件。然而，软件安装几个月后，店内员工反而更忙了。

【第 2 步　套用母题方法】

(A) 项，此项指出有部分文档需要人工操作完成，但未说明为什么几个月后店内员工反而更忙了，不能解释。

(B) 项，此项指出安装了能自动完成常规排版操作的新款软件后，该店的文印、装订等业务量大涨，因此店内员工更忙了，可以解释。

(C) 项，此项指出员工需要接受培训才能熟练掌握该软件，但未说明为什么几个月后店内员工反而更忙了，不能解释。

(D) 项，此项指出安装软件后该店的收费标准没有变化，但未说明为什么几个月后店内员工反而更忙了，不能解释。

(E) 项，此项指出该软件会使电脑卡顿，但未说明电脑卡顿是否会导致员工变忙，不能解释。

3. (C)

【第 1 步　识别论证类型】

提问方式：以下哪项最有可能是上述研究观点的假设？

研究观点：人们在进行理财咨询时，更重视金融咨询师（S1）的学历（P）而非资历。因此，就读金融服务管理专业的学生（S2）应尽可能获得高学历（P）。

题干中 S1 与 S2 不一致，故此题为拆桥搭桥模型（双 S 型）。

【第 2 步　套用母题方法】

(A) 项，题干说的是人们“更重视金融咨询师的学历而非资历”，也就是说，“学历”和“资历”相比较而言“学历”更加重要，但题干并不包含“二者没有联系”这一含义，故不必假设。

(B) 项，此项涉及的是“高学历的人”，而题干仅涉及“金融服务管理专业的学生”，假设过度。

(C) 项，此项指出就读金融服务管理专业的学生（S2）很可能会投身金融咨询服务行业（金融咨询师，S1），搭桥法，必须假设。

(D) 项，此项涉及的是“越来越多的行业”的招聘要求，而题干只涉及客户对“金融咨询师”学历的要求，假设过度。

(E) 项，题干不涉及进行理财咨询时更重视金融咨询师“资历”的人的比例，无关选项。(干扰项・话题不一致)

4. (E)

【第 1 步　识别论证类型】

提问方式：以下哪项如果为真，最能削弱上述论证？

题干：

平均每年休假时间超过 3 个星期的人：死亡率较低；
平均每年休假时间少于 3 个星期的人：死亡率较高；

故：我们应尽量让自己享受每年 3 个星期以上的休假。

题干中存在两组对象的对比实验，故此题为现象原因模型（求异法型）。

【第 2 步　套用母题方法】

(A) 项，题干不涉及人们是否“有条件每年享受超过 3 个星期的休假”，无关选项。(干扰项・话题不一致)

(B) 项，此项指出人们的“工作、生活方式发生了变化”，但未说明这是否对“死亡率”产生影响，不能削弱题干。

(C) 项，此项指出“休假时间短的人压力更大、睡眠更少”，但不确定这些是否与“死亡率”有关。(干扰项・不确定项)

(D) 项，题干不涉及“长时间休假”对“工作业绩和职业生涯”的影响，无关选项。(干扰项·话题不一致)

(E) 项，此项说明很可能是“更关注自己的身体健康状况”导致休假时间长的人死亡率低，另有他因，削弱题干。

5. (D)

【第1步　识别论证类型】

提问方式：以下哪项如果为真，最能支持上述结论？

题干：发酵乳制品（原因Y）能够降低肿瘤的发生风险（结果G）。

此题提问针对论点，可优先考虑在论点内部搭桥。另外，此题也为现象原因模型。

【第2步　套用母题方法】

(A) 项，此项指出国内未有此类明确的“专业报道”，但不确定结论是否正确。(干扰项·不确定项)

(B) 项，此项指出发酵乳制品“对人的身体有益”，但不确定这种“有益”是不是“降低肿瘤发生风险”。(干扰项·不确定项)

(C) 项，此项指出“喝酸奶能够降低19%的肿瘤发生风险”的说法受到权威专家的认可，但权威专家的观点未必能代表事实情况。(干扰项·非事实项)

(D) 项，此项指出“发酵乳制品具有维持肠道稳态和抗癌的作用”，因此可以“降低肿瘤的发生风险”，搭桥法（YG搭桥），支持题干。

(E) 项，题干不涉及发酵乳制品是否“有利于防治便秘和细菌性腹泻”，无关选项。(干扰项·话题不一致)

6. (C)

【第1步　识别论证类型】

提问方式：以下哪项如果为真，最能质疑上述论证？

题干：互联网公司从社会招聘成熟的计算机人才需要提供高的薪酬福利，并且难以挖掘到核心人才，而大部分毕业生（S）踏实肯干，前期成本不高，后期可以优胜劣汰（P1）。因此，互联网公司更愿意培养（P2）这些新人（S）。

题干中P1与P2不一致，故此题为拆桥搭桥模型（双P型）。

【第2步　套用母题方法】

(A) 项，此项指出毕业生存在“流动的可能性”，但不确定毕业生流动的可能性有多大。(干扰项·不确定项)

(B) 项，此项指出互联网公司更关注薪酬成本和人员的稳定性，而不是工作经验，说明毕业生比成熟人才更符合条件，支持题干。

(C) 项，此项指出成熟人才带来的收益远高于毕业生，说明互联网公司在招聘时需要考虑“收益”，而不是仅考虑“前期成本”等，拆桥法（双P），削弱题干。

(D) 项，此项指出“毕业生需要接受培训才能具备成熟计算机人才的工作能力”，但是不能否认毕业生有“前期成本低”“后期可以进行优胜劣汰的选择”等优势，不能削弱题干。

(E) 项，题干不涉及“毕业生是否愿意进入互联网公司”，无关选项。(干扰项·话题不一致)

7. (C)

【第1步 识别论证类型】

提问方式：以下哪项如果为真，最能支持上述结论？

题干结论：愤怒和易恼等情绪与饥饿之间存在被诱导的关系，也就是说，饥饿（原因 Y）会使人们“饿怒”（结果 G）。

此题提问针对论点，可优先考虑在论点内部搭桥。另外，题干涉及因果关系，故此题也为现象原因模型。

【第2步 套用母题方法】

(A) 项，此项指出受试者在饥饿状态下能“保持情绪愉悦”的人数较少，但由此不能确定“产生愤怒情绪”的人数有多少。（干扰项·不确定项）

(B) 项，此项仅指出饥饿与愤怒和易恼情绪以及更低的愉悦感“有关”，但不能确定二者具体有怎样的关系，而且此项有因果倒置的可能，即有可能是这些情绪引发了饥饿。（干扰项·不确定项）

(C) 项，此项指出“饥饿状态下的受试者（与非饥饿状态下的受试者相比）更易出现易恼情绪和愤怒情绪”，即通过对照组支持题干。

(D) 项，此项指出饥饿会“引起脑部功能失调”，但不确定是否会“对情绪产生影响”。（干扰项·不确定项）

(E) 项，此项涉及的是“人们出现愉悦情绪时是否会增加吃东西的欲望”，而题干涉及的是“饥饿是否会使人们‘饿怒’”，无关选项。（干扰项·话题不一致）

8. (E)

【第1步 识别论证类型】

提问方式：以下哪项如果为真，最能支持上述研究者的结论？

研究者的结论：在分工日益明确的时代，富有合作精神的人比其他人有更多的生存和繁衍机会，“最友好者生存”（原因 Y）是导致人类大脑不断缩小（结果 G）的重要原因。

此题提问针对论点，可优先考虑在论点内部搭桥。另外，此题涉及对现象原因的分析，故此题也为现象原因模型。

【第2步 套用母题方法】

(A) 项，此项说明是体重变小导致了大脑容量变小，另有他因，削弱题干。

(B) 项，题干不涉及男性和女性之间的比较，无关选项。（干扰项·新比较）

(C) 项，此项指出是脑容量小（G）导致了人更富有合作精神（Y），因果倒置，削弱题干。

(D) 项，此项说明很可能是“外部信息存储介质的出现”导致了大脑容量变小，另有他因，削弱题干。

(E) 项，此项指出“合作”（Y）会减少攻击性，进而导致“脑容量减少”（G），因果相关（YG 搭桥），支持题干。

9. (B)

【第1步 识别论证类型】

提问方式：以下哪项最有可能是上述专家观点的假设？

专家：市面上的奶茶（S）大多由茶粉勾兑而成，咖啡因（P1）超标。因此，对青少年而言，为了保持身体健康（P2），奶茶（S）好喝但别“贪杯”。

题干中 P1 与 P2 不一致，故此题为拆桥搭桥模型（双 P 型）。另外，锁定关键词“为了”，可知此题也为措施目的模型。

【第 2 步　套用母题方法】

(A) 项，题干中专家只是提醒要少喝奶茶，而不是“禁止”喝奶茶，故无须假设奶茶对身体健康“没有任何好处”，假设过度。

(B) 项，此项指出过量摄入咖啡因（P1）不利于身体健康（P2），搭桥法（双 P），必须假设。

(C) 项，题干不涉及“青少年”和“其他人群”的比较，无关选项。（干扰项·新比较）

(D) 项，此项指出奶茶中的咖啡因可能使人“兴奋不已”“失眠”，但不确定这是否会影响“身体健康”。（干扰项·不确定项）

(E) 项，此项指出青少年对咖啡因更“敏感”，但不确定这是否会影响“身体健康”。（干扰项·不确定项）

10. (C)

【第 1 步　识别论证类型】

提问方式：以下哪项如果为真，最能削弱上述专家的观点？

题干：羟苯甲酮是一种常见的紫外线吸收剂，多用于防晒护肤品中；即使是极低浓度的羟苯甲酮也会给珊瑚带来致命的伤害。有专家指出，为了保护珊瑚，在海滨浴场应该禁止使用防晒霜。

锁定“禁止”一词，可知此题为绝对化结论模型。另外，锁定关键词“为了”，可知此题也为措施目的模型。

【第 2 步　套用母题方法】

(A) 项，此项涉及的是“远离海岸的大洋中”，而题干涉及的是“海滨浴场”，无关选项。（干扰项·话题不一致）

(B) 项，题干不涉及“羟苯甲酮对人的危害”，无关选项。（干扰项·话题不一致）

(C) 项，此项指出“物理防晒霜不含羟苯甲酮”，因此在海滨浴场可以使用物理防晒霜而避免对珊瑚产生危害（反例），对于绝对化结论来说，一个反例即可削弱题干，故此项正确。

(D) 项，此项具体解释了羟苯甲酮是如何危害珊瑚的，说明“禁止使用防晒霜”确实有助于“保护珊瑚”，支持题干。

(E) 项，此项指出“仅在海滨浴场限制使用防晒霜效果有限”，但“效果有限”不能说明没有效果，故此项削弱力度弱。

11. (C)

【第 1 步　识别论证类型】

提问方式：以下哪项如果为真，最能驳斥这个研究员的解释？

题干中的解释：宇航员总是表示已经吃饱了，然而与此同时，他们的体重却减轻了（现象 G）。一位航空研究所人员提出，这是因为食物在失重环境下不会像在地球上一样老实待在胃里，它们在胃里漂动，撑开胃部，会更快给大脑送去“你已经吃饱了，别再吃了”的信号（原因 Y）。

研究员的观点中存在因果关系，故此题为现象原因模型。

【第2步　套用母题方法】

(A) 项，此项说明每周六天的高强度锻炼让宇航员消耗了更多的热量，从而有可能导致体重减轻（但并未直接指出这一点），另有他因，削弱题干。

(B) 项，此项指出“细嚼慢咽”可以降低食欲，避免进食过多，但不确定宇航员是否存在“细嚼慢咽”这一情况，故不能削弱题干。（干扰项·不确定项）

(C) 项，此项指出“失重状态下胃壁本身的张力并没有受到影响”，说明胃部并没有被“撑开”，直接反驳了题干的原因，否因削弱。与 (A) 项相比，此项的削弱力度大。

(D) 项，题干不涉及“咀嚼次数”和“热量消耗”之间的关系，无关选项。（干扰项·话题不一致）

(E) 项，此项的论证对象是“实验鼠”，而题干的论证对象是“宇航员”。（干扰项·对象不一致）

12. (C)

【第1步　识别论证类型】

提问方式：以下各项如果为真，哪项不能驳斥上述观点？

题干：相比男司机，女司机 (S) 确实更有“马路杀手”的一面，即更容易造成严重的交通事故 (P)。

【第2步　套用母题方法】

(C) 项，此项涉及的是“真正开车的女性司机并不多”，而题干涉及的是“女司机是否更容易造成严重的交通事故”，与之相关的数据是女司机的事故率，故此项为无关选项。

其余各项均从不同方面削弱了题干的观点。

13. (A)

【第1步　识别论证类型】

提问方式：以下哪项最有可能是上述研究结论的假设？

题干：多吃核桃 (S) 的确有益肠道健康，可增加大量的有益肠道细菌 (P1)，因此，多吃核桃 (S) 对人类心脏有好处 (P2)。

题干中 P1 与 P2 不一致，故此题为拆桥搭桥模型（双 P 型）。

【第2步　套用母题方法】

(A) 项，充满益生菌的肠道 (P1) 可以长时间地保护人类心脏健康 (P2)，搭桥法（双 P），必须假设。

其余各项都指出了吃核桃对人体的好处，但均不直接涉及“心脏健康”，故排除。（干扰项·不直接项）

14. (C)

【第1步　识别论证类型】

提问方式：以下哪项如果为真，最能支持上述结论？

题干：坐在晃动的车上时，我们接收的信息出现了分歧——耳朵会觉得“你动了”，而眼睛则觉得“你没动”，这时大脑接收到了两个不一致的报告（S1），就会让它有点晕（P）。因此，坐在车上看手机（S2）时往往会晕车晕得更严重（P）。

题干中 S1 与 S2 不一致，故此题为拆桥搭桥模型（双 S 型）。

【第 2 步 套用母题方法】

(A) 项，此项说明看手机会“视觉疲劳”，但不确定这会不会导致晕车。（干扰项 • 不确定项）

(B) 项，题干不涉及“车辆颠簸对视力的影响”，无关选项。（干扰项 • 话题不一致）

(C) 项，此项指出看手机时会强化“没有动”的感觉（即强化眼睛与耳朵感受的不一致），搭桥法（双 S），支持题干。

(D) 项，此项涉及的是“晕车的原因”，而题干涉及的是“看手机是否晕车晕得更严重”，无关选项。（干扰项 • 话题不一致）

(E) 项，题干不涉及“如何缓解晕车的不适症状”，无关选项。（干扰项 • 话题不一致）

15. (D)

【第 1 步 识别论证类型】

提问方式：以下哪项最能有力驳斥上述恐龙灭绝的原因？

有学者提出如下假说：陨石撞击地球后，岩石等产生的尘埃造成植物无法进行光合作用，气候变得寒冷，恐龙等生物无法适应这种环境变化（原因 Y），从而灭绝（结果 G）。

易知此题为现象原因模型。

【第 2 步 套用母题方法】

(A) 项，此项指出距离地球很近的新星爆炸导致恐龙等生物“患皮肤病”，但不确定其是否会导致它们灭绝。（干扰项 • 不确定项）

(B) 项，此项指出白垩纪末期印度地区的火山运动导致了“地球环境发生变化”，但不确定此变化是否导致了恐龙等生物灭绝。（干扰项 • 不确定项）

(C) 项，此项指出“不清楚造成恐龙灭绝的始作俑者”，故不能确定是否是陨石撞击地球导致了恐龙等生物灭绝。（干扰项 • 不确定项）

(D) 项，此项指出陨石撞击地球后产生的尘埃（Y）并不会导致生物灭绝（G），因果无关（YG 拆桥），削弱题干。

(E) 项，此项指出陨石撞击地球之前“恐龙种类就已大量减少”，但不能确定“种类大量减少”是否导致了其“灭绝”。（干扰项 • 不确定项）

16. (C)

【第 1 步 识别论证类型】

提问方式：以下哪项如果为真，最能加强上述结论？

题干：牙周病菌是一种厌氧菌，而血管中有大量氧气，因此牙周病菌单独进入血管并不能存活，而免疫细胞能够有效隔绝血管中的氧气，因此，牙周病菌（措施 M）能把免疫细胞当作交通工具，借此移动至身体各处（目的 P）。

此题提问针对论点，可优先考虑在论点内部拆桥搭桥。另外，此题涉及措施目的的分析，故此题也为措施目的模型。

【第2步　套用母题方法】

(A) 项，题干不涉及“长期生活不规律对身体的影响”，无关选项。(干扰项·话题不一致)

(B) 项，此项指出血栓脱落后对牙周病菌的移动“有阻碍”，说明牙周病菌可能并不能“移动至身体各处”，削弱题干。

(C) 项，此项指出“免疫细胞内环境不会使牙周病菌失活”，说明牙周病菌可能移动至身体各处，措施可行，支持题干。

(D) 项，此项指出“牙周病菌对身体血管健康的影响是公认的”，但“公认”未必能代表事实情况。(干扰项·非事实项)

(E) 项，题干不涉及“牙周病菌进入血液循环后的负面影响”，无关选项。(干扰项·话题不一致)

17. (D)

【第1步　识别题目类型】

提问方式：下列哪项与青年所犯的逻辑错误相同？故此题为论证结构相似题。

题干中编辑说的“流于幼稚”指的是语言表达不成熟，而青年表达中的“儿童文学作品”指的是提供给小朋友阅读的作品，显然二者概念不同，青年犯了“偷换概念”的逻辑错误。

【第2步　套用母题方法】

(A) 项，甲的这一行为本身就是在炫耀自己的优点，此项犯了“自相矛盾”的逻辑错误，与题干不同。

(B) 项，此项中弟弟和姐姐讨论的不是同一个话题，犯了“转移论题”的逻辑错误，与题干不同。

(C) 项，此项中“珍惜时间”与“尽情挥霍”自相矛盾，与题干不同。

(D) 项，此项甲表达中的“红字”指的是红颜色的字，而甲写的“红”字是指汉字“红”，此项犯了“偷换概念”的逻辑错误，与题干相同。

(E) 项，此项甲犯了“诉诸人身”的逻辑错误，与题干不同。

18. (C)

【第1步　识别论证类型】

提问方式：以下哪项如果为真，最能反驳上述研究者的观点？

研究者的观点：在甲醛胁迫下，植物光合作用的速率降低，植物叶片叶绿素含量下降，抗性越弱的植物品种其叶绿素含量下降越快。因此，甲醛污染对室内植物的影响（现象G）与植物的抗性强弱（原因Y）有关。

锁定关键词“越……越……”，可知此题为现象原因模型（共变法型）。

【第2步　套用母题方法】

(A) 项，此项指出植物的抗性越好（Y）叶绿素含量越高，越能吸收甲醛（G），搭桥法，支持题干论点。

(B) 项，此项指出“植物叶绿素含量变化与其抗性强弱有关”，支持题干的论据。

(C) 项，此项指出甲醛污染对室内植物的影响取决于“植物叶片的大小”，另有他因，削弱题干。

(D) 项，此项指出“光合作用的速率会影响植物叶片的叶绿素含量”，说明光合作用速率和叶绿素含量有关系，支持题干的论据。

(E) 项，此项涉及的是“甲醛对植物的负面影响”，而题干涉及的是“甲醛污染对室内植物的影响”是否与“植物的抗性强弱”有关，无关选项。(干扰项·话题不一致)

19. (E)

【第1步　找到待解释的现象】

提问方式：以下哪项如果为真，最能解释题干中的现象？

待解释的现象：“长者食堂”的饭菜价格远低于市场价，且品种多样、味道极佳、分量充足。然而，每天到该食堂就餐的老年人数量并不多。

【第2步　套用母题方法】

(A) 项，此项指出“该社区内和周边有许多深受当地居民喜爱的餐馆”，不能说明该食堂所具有的优点对老年人没有吸引力，不能解释。

(B) 项，此项进一步说明了“长者食堂”的优点，加剧了题干中的矛盾，不能解释。

(C) 项，此项指出符合就餐条件的老年人在社区居民中的“占比”不高，但未说明该社区居民数量的多少，因此不能确定符合就餐条件的老年人“数量”的多少。(干扰项·不确定项)

(D) 项，此项仅指出部分老年人因距离较远、无法享受就餐补贴等问题不愿在食堂内用餐，可以解释题干。但由于此项的数量为“部分”，故解释力度弱。

(E) 项，此项指出社区内“多数”老年人选择“送餐上门”而非到食堂用餐，因此到该食堂就餐的老年人数量较少，可以解释。

20. (C)

【第1步　识别论证类型】

提问方式：以下哪项最可能是上述论证的假设？

题干：手臂疼痛(S)是由于适应性免疫反应(P1)。因此，当在手臂上接种疫苗时，免疫细胞因子刺激神经(P2)是导致手臂疼(S)的原因。

题干中P1与P2不一致，故此题为拆桥搭桥模型(双P型)。

【第2步　套用母题方法】

(A) 项，题干不涉及“巨噬细胞、树突状细胞”等对象，故不必假设。(干扰项·对象不一致)

(B) 项，题干不涉及“不同疫苗所引发的手臂疼痛反应程度的区别”，无关选项。(干扰项·话题不一致)

(C) 项，此项搭建了“适应性免疫反应”(P1)与“免疫细胞因子刺激神经”(P2)之间的关系，搭桥法(双P)，必须假设。

(D) 项，此项指出“免疫细胞因子能够召集更多的免疫细胞聚集”，但未说明其是否与手臂疼痛有关系，不必假设。

(E) 项，此项指出免疫细胞因子与“许多疾病”相关，而题干仅涉及“手臂疼痛”这一现象，无关选项。(干扰项·话题不一致)

21.（B）

【第 1 步　识别论证类型】

提问方式：以下哪项最可能是上述论证的假设？

题干：家族史（S）是提示可能患糖尿病风险（P1）的重要依据，因此，了解家族史（S），有助于更好地预防糖尿病（P2）。

题干中 P1 与 P2 不一致，故此题为拆桥搭桥模型（双 P 型）。

【第 2 步　套用母题方法】

(A) 项，此项指出“家族聚集现象体现在家族史中”，而题干涉及的是“了解家族史”是否有助于“预防糖尿病”，无关选项。（干扰项・话题不一致）

(B) 项，此项搭建了“了解糖尿病风险”（P1）与“预防糖尿病”（P2）之间的关系，搭桥法（双 P），必须假设。

(C) 项，题干不涉及绝大多数人是否“有途径了解自己的家族史”，无关选项。（干扰项・话题不一致）

(D) 项，题干不涉及影响糖尿病发病的其他因素，无关选项。（干扰项・话题不一致）

(E) 项，此项指出父母双方都患有糖尿病会使子女患糖尿病的概率高“好几倍”，而题干仅表示家族史是提示可能患糖尿病风险的“重要依据”，但是否能达到“好几倍”的程度则不确定。（干扰项・程度不一致）

22.（D）

【第 1 步　识别论证类型】

提问方式：以下哪项如果为真，最能支持昆虫学家的推论？

昆虫学家：该橡树林中吉普赛蛾毛虫和成熟的蛾的数量都显著下降（现象 G），归因于有毒真菌的出现（原因 Y）。

锁定关键词“归因于”，可知此题为现象原因模型。

【第 2 步　套用母题方法】

(A) 项，题干不涉及“橡树减少的原因”，无关选项。（干扰项・话题不一致）

(B) 项，题干不涉及“有毒真菌是否对其他昆虫有毒”。（干扰项・话题不一致）

(C) 项，此项说明吉普赛蛾毛虫和成虫数量的减少与以其为食的物种增加有关，另有他因，削弱题干。

(D) 项，此项说明吉普赛蛾数量的减少并不是因为存在食物竞争关系的其他生物数量的增加导致的，排除他因，支持题干。

(E) 项，题干不涉及同一时期不同地区吉普赛蛾数量的减少量的比较，无关选项。（干扰项・新比较）

23.（A）

【第 1 步　识别论证类型】

提问方式：以下哪项最无法削弱上述论断？

题干：随着人工智能技术的发展，其中一部分重复性高、内容简单的问题，可以通过智能客服来答复。在智能客服系统完善后，它甚至能够比人工客服更快速、准确地回答这些问题。有人据此认为，网店人工客服这一岗位将会很快消失。

锁定关键词“将”，可知此题为预测结果模型。

【第2步 套用母题方法】

(A) 项，此项指出智能客服的“研发成本高”，但这些研发成本可能是相关开发企业的成本，并不等于相关网店使用它的成本高，因此不影响题干结论的成立性。故此项不能削弱题干。

其余各项均从不同方面削弱了题干。

24. (C)

【第1步 找到待解释的现象】

提问方式：下列哪项如果为真，最有助于解释上述现象？

待解释的现象：欧洲某国没有餐厅售卖冒牌牛肉，且该国餐厅（S1）几乎都标榜自己所提供的是澳洲进口牛肉，但来自南美洲的牛肉占据了该国（S2）牛肉进口总量的一半以上。

【第2步 套用母题方法】

(A) 项，此项说明澳洲进口牛肉的品质及价格均高于南美洲进口牛肉，可以解释“该国餐厅几乎都标榜自己所提供的是澳洲进口牛肉”，但是并不能解释为何“南美洲的牛肉占据了该国牛肉进口总量的一半以上”。

(B) 项，此项指出“澳洲进口牛肉基本不会出现在该国普通民众的日常饮食中”，因此餐厅卖澳洲进口牛肉可能并不会受顾客欢迎，与“该国餐厅几乎都标榜自己所提供的是澳洲进口牛肉”冲突，加剧了题干的矛盾。

(C) 项，此项指出“该国国内餐厅（S1）的牛肉使用量不到该国（S2）进口牛肉总量的20%”，说明来自南美洲的牛肉大多用于该国餐厅之外，即指出了S1与S2的差异，可以解释。

(D) 项，题干的现象是“严管后”的情况，而此项是“严管前”的情况，不能解释。

(E) 项，此项指出“澳洲牛肉与其他牛肉相比具有优势”，与题干中“来自南美洲的牛肉占据了该国牛肉进口总量的一半以上”冲突，加剧了题干的矛盾。

25. (D)

【第1步 识别论证类型】

提问方式：以下哪项如果为真，最能反驳上述建议？

题干：有多个省份的同类机构（S1）都提到了某公司新开发的安全管理系统（P）运行稳定、操作便捷，对业务帮助很大。因此，小李建议单位也引进这套系统（P）以提高本单位（S2）的安全管理水平。

题干中S1与S2不一致，故此题为拆桥搭桥模型（双S型）。

【第2步 套用母题方法】

(A) 项，此项指出“本单位已有一套运行多年的安全管理系统”，但未说明这套管理系统的效果，故不确定是否需要引进题干中的新系统。(干扰项·不确定项)

(B) 项，题干不涉及“其他省份是否都使用了这套系统”，无关选项。(干扰项·话题不一致)

(C) 项，此项指出“安全管理水平提升需要管理系统和管理机制双管齐下”，但不确定本单位的管理机制如何。(干扰项·不确定项)

(D) 项，此项指出“多个省份的同类机构”(S1) 和“本单位”(S2) 之间有差异，拆桥法（双 S），削弱题干。

(E) 项，题干不涉及新系统与旧系统的“成本”比较，无关选项。(干扰项·新比较)

26. (A)

【第 1 步　识别论证类型】

提问方式：以下哪项如果为真，最能支持上述结论？

题干结论：喝茶（原因 Y）能使女性基因表达发生改变（现象 G）。

此题提问针对论点，可优先考虑在论点内部搭桥。另外，此题也为现象原因模型。

【第 2 步　套用母题方法】

(A) 项，此项指出“不饮茶的女性（无因）较少出现基因表达改变（无果）的情况”，无因无果，支持题干。

(B) 项，题干不涉及“炎症”，无关选项。(干扰项·话题不一致)

(C) 项，题干不涉及“常饮茶”的女性和“常饮咖啡”的女性之间的比较，无关选项。(干扰项·新比较)

(D) 项，题干不涉及男性与女性之间的比较，无关选项。(干扰项·新比较)

(E) 项，此项说明了“男性”的情况，但不涉及“女性”基因表达发生改变的原因，无关选项。(干扰项·对象不一致)

27. (C)

【第 1 步　识别论证类型】

提问方式：以下哪项如果为真，最能支持上述研究人员的观点？

研究人员的观点：减少而非完全放弃智能手机的日常使用（原因 Y），对一个人的幸福感会产生更为积极的影响（结果 G）。

此题提问针对论点，可优先考虑在论点内部搭桥。另外，此题也为现象原因模型。

【第 2 步　套用母题方法】

题干中暗含“减少使用智能手机”与“放弃智能手机”的比较。

(A) 项、(B) 项，仅涉及“完全放弃”智能手机使用的情况；(D) 项，此项仅涉及“减少”使用智能手机。故排除这三项。

(C) 项，此项指出“减少使用比完全放弃使用（Y）智能手机的积极影响更持久稳定（G）”，搭桥法，支持题干。

(E) 项，此项强调“应该”如何，是建议项，不能说明事实情况。(干扰项·非事实项)

28. (D)

【第 1 步　识别论证类型】

提问方式：以下哪项如果为真，最能驳斥上述观点？

题干观点：既然体重的增减取决于摄入食物中的能量与身体消耗能量的差值，而每日总能量消耗又基本恒定，因此，少吃（措施 M）就能减肥（目的 P）。

此题提问针对论点，可优先考虑在论点内部拆桥。另外，此题也为措施目的模型。

【第 2 步　套用母题方法】

(A) 项，此项指出“在控制饮食的同时进行体育锻炼能够更有效地减肥”，说明“少吃”确实有助于减肥，支持题干。(干扰项・明否暗肯)

(B) 项，此项指出“节食”是肥胖者控制体重的最直接方法，支持题干。

(C) 项，此项指出“运动”对人体的影响，但不涉及“少吃”是否能“减肥”，不能削弱。

(D) 项，此项指出少吃（M）不能有效帮助肥胖者减肥（P），措施达不到目的，削弱题干。

(E) 项，题干不涉及肥胖者是否“愿意”少吃，无关选项。(干扰项・话题不一致)

29. (D)

【第 1 步　识别论证类型】

提问方式：以下哪项最有可能是上述教师观点的假设？

题干：尽管高校学生（S）受教育程度高，但他们没有教师资格证（P1），因此（高校学生，S）无法开展专业有效的教学（P2）。

题干中 P1 与 P2 不一致，故此题为拆桥搭桥模型（双 P 型）。

【第 2 步　套用母题方法】

(A) 项，此项涉及的是“教学专业程度”和“学生喜爱程度”之间的关系，而题干涉及的是“高校学生是否能开展专业有效的教学”，无关选项。(干扰项・话题不一致)

(B) 项，题干不涉及“高校学生是否具备考取教师资格证的能力”，无关选项。(干扰项・话题不一致)

(C) 项，此项说明“有教师资格证的人→能够开展专业有效的教学”，由此无法确定“无教师资格证的高校学生”的情况，不必假设。

(D) 项，此项指出“能够开展专业有效的教学→拥有教师资格证”，等价于“没有教师资格证（P1）→不能开展专业有效的教学（P2）”，搭桥法（双 P），必须假设。

(E) 项，题干不涉及“该中学的教师”的情况，无关选项。(干扰项・对象不一致)

30. (C)

【第 1 步　识别论证类型】

提问方式：以下哪项如果为真，最能削弱上述观点？

题干：2024 年我国成年国民（S1）人均纸质图书阅读（P1）量为 4.66 本，较 2023 年的 4.65 本略有增长。因此，全民（S2）阅读（P2）没什么效果。

题干中 S1 与 S2 不一致，P1 与 P2 也不一致，故此题为拆桥搭桥模型。

【第 2 步　套用母题方法】

(A) 项，此项指出“有些省份”的人均纸质阅读量低于 3 本，不能反驳全国平均阅读量，不能削弱。(干扰项・有的不)

(B) 项，此项指出“全民阅读推广后吸引了很多人参加读书活动”，但不能确定他们“是否阅读了更多的书”。(干扰项・不确定项)

(C) 项，此项指出“2024 年，我国成年国民的电子书阅读率比 2023 年提高了 5.8 个百分点”，说明“纸质图书阅读量”（P1）不能代表“全民阅读”（P2），拆桥法（双 P），削弱题干。

(D) 项，此项涉及的是“日本”的情况，而题干涉及的是“我国”的情况，无关选项。（干扰项·对象不一致）

(E) 项，题干不涉及“每天接触手机时长”的变化，无关选项。（干扰项·话题不一致）

满分必刷卷 6

时间：60 分钟　　总分：30×2=60 分　　你的得分________

1. 维生素 B1 能驱蚊这个“偏方”，在网上和民间流传很久。据说，因为维生素 B1 很臭，很多人甚至觉得它的味道很恶心，如果身上带有维生素 B1 的味道，蚊子就会被熏跑。但有专家指出，维生素 B1 并不能有效驱蚊。
以下哪项如果为真，最能支持专家的观点？
(A) 人觉得难闻的味道，蚊子未必不喜欢。
(B) 维生素 B1 特别不稳定，怕光、怕热，喷在身上，很快就挥发了。
(C) 有不少媒体专门辟谣：维生素 B1 驱蚊无科学依据，并不能保证安全和有效。
(D) 维生素 B1 的味道至多能干扰蚊子的感官系统，暂时性地“迷惑”蚊子，使其不能迅速找到人。
(E) 薄荷中不含有维生素 B1，但是它当中蕴含着丰富的薄荷油、薄荷酮等成分，驱蚊效果比维生素 B1 好。

2. 科学家选择了两块“受伤的雨林”——原生雨林被砍光，在失去土壤韧性后又被用来放牧，最终长满了一种被称为“栅栏草”的入侵植物，原生雨林没有机会喘息与再生。研究人员将其中一块地均匀覆盖上近半米高的咖啡果肉，另一块土地则什么也不做，任其自然。两年之后，两块地发生了迥然不同的剧变：被咖啡果肉覆盖的那块，“栅栏草”已经完全消失，取而代之的是本应属于这里的热带树种的年轻树冠；而另一块地则依然被“栅栏草”霸占着。由此可见，咖啡果肉有助于热带雨林的生态恢复。
以下除哪项外，均能支持以上结论？
(A) 咖啡果肉下面的草叶会被抑制，窒息而亡后分解的残留物混合了一层营养丰富的咖啡果肉，形成供新植物成长的肥沃土壤。
(B) 覆盖咖啡果肉是一次“集中施肥”的过程，能够使土地更有韧性，生产恢复能力更佳。
(C) 咖啡果肉是制作咖啡豆后的废料，其味道会吸引食草型动物前来觅食，改变周边的环境。
(D) 咖啡果肉中富含碳、氮、磷等植物生长所需要的营养成分，能够为雨林修复按下“加速键”。
(E) 半米高的咖啡果肉会形成密不透风的“隔绝”层，在重压之下“栅栏草”被抑制生长，窒息死亡。

3. 如何利用法律达到保护动物的最好效果？目前，在有些国家，对这个问题的回答是要求人类履行保护动物的义务，即赋予动物被保护的权利。然而，另一方面，法律是否要赋予动物权利呢？对于该问题，反对者认为，动物不能拥有权利，因为它们自身无法行使这些权利。猪不能亲自作为原告，猿也无法在法庭上表达意愿。
以下哪项最可能是反对者的论证需要补充的前提？
(A) 动物只能拥有自身能够行使的权利。
(B) 除了猪和猿以外，很多动物也无法使用法律保护自己。
(C) 凡是动物能够行使的权利动物均应拥有。
(D) 不能履行相关义务，自然就不可能享有相应的权利。
(E) 动物只有拥有被保护的权利，人类才能履行保护动物的义务。

4. 近年来，一些第三方机构根据高校每年公布的毕业生就业质量报告，制作了高校毕业生薪酬指数排名，大有以此作为高校排名依据的架势。实际上，一些岗位为社会创造的价值深远，但眼前的薪酬回报可能并不是最高的，这些毕业生现在和未来为社会创造的价值，可能远远超出其获得的薪酬。因此，毕业生的就业质量不应以薪酬作为主要衡量指标。

以下哪项如果为真，最能支持上述结论？

(A) 薪酬水平不代表毕业生现在和未来为社会创造的价值。

(B) 就业地域和行业不同，往往对毕业生的薪酬水平影响更大。

(C) 就业试用期与从业一年后的薪酬水平相差较大，统计对此未加区分。

(D) 毕业生的就业质量适合用为社会创造的价值来进行衡量。

(E) 有的第三方机构认为不应该将薪酬作为衡量毕业生的就业质量的主要指标。

5. 很多人在购物时，一看到其中有“卡拉胶”“瓜尔豆胶”“果胶”等字样就会担心其安全性。其实，我们无须闻“胶”色变，这些胶属于食品添加剂中的增稠剂，加“胶”追求的是口感，安全是有保障的。平常炒菜勾芡时用到的“生粉水”，在某种意义上也属于一种增稠剂。

以下哪项如果为真，最能支持以上观点？

(A) 添加了食用胶的果冻、布丁等小零食，口感更加细腻、润滑。

(B) 尽管有些食品在包装上并未标明胶含量，但一般是符合质量标准的。

(C) 通过添加增稠剂制成的“老酸奶”，其营养成分及价值与普通酸奶差别不大。

(D) 常用的食用胶一般都是“天然产物”，是从有益菌或可食植物等提取而来的。

(E) 市面上绝大部分“生粉水”的质量符合欧盟国家的要求。

6. 共享单车和共享充电宝经历几轮洗牌，早已形成几大巨头鼎力的局面，与之相比，共享雨伞似乎渐渐淡出了公众视野。但是，近期的一项调查报告认为，从供需两端对该行业运营情况、市场规模及发展趋势来看，共享雨伞行业正在逐渐强大，拥有广阔的市场前景。

以下除哪项外，均能支持上述结论？

(A) 国家鼓励和发展共享经济给予了共享雨伞政策上的支持。

(B) 晴热天气下，用户出于遮阳目的也愿意为共享雨伞付费。

(C) 设备成本是盈利的关键，而雨伞是成本最低的产品之一。

(D) 共享雨伞的租借方式主要是信用免押，容易被用户接受。

(E) 共享雨伞行业未来也面临着与共享单车类似的市场竞争。

7. 药物在经过胃肠道时，会接触胃酸、蛋白酶等各种成分，因此胰岛素等蛋白类药物无法口服，只能通过注射完成治疗。近日，有研究人员发明了一种胰岛素胶囊，让患者直接口服，在药物到达小肠后，它会自行溶解，药物中含有胰岛素的微针结构会结合到小肠壁上，并通过增压自动将胰岛素释放到血液中，研究人员据此认为，这种口服的胰岛素胶囊将给广大的糖尿病患者带来福音。

以下哪项如果为真，最能支持上述论证？

(A) 胰岛素注射治疗是一种有效地控制血糖的治疗手段。

(B) 糖尿病的治疗还需要控制饮食、定期检测血糖情况。

(C) 这些药物表面用耐酸聚合物覆盖，不会被胃酸破坏。

(D) 存放时间和存放温度的变化，都会影响该胶囊药效。

(E) 这种口服的胰岛素胶囊不能治疗其他的肠胃疾病。

8. 现在，很多盛产柑橘的地区虽然种植条件没有变化，但生产的柑橘吃起来却比过去甜多了。有人认为柑橘更甜不是自然条件下的变甜，而是因为果农给果实注射了食品甜味剂——甜蜜素，才会增加甜度。

以下除哪项外，均能质疑上述说法？

(A) 注射的针眼会成为微生物入侵的通道，易导致水果腐烂。

(B) 甜蜜素是安全食品添加剂，许多国家和地区都允许添加。

(C) 注射无法保证甜蜜素在水果内均匀分布，还可能影响口感。

(D) 甜蜜素不被消费者所认可，商家在进货时很重视消费者的想法。

(E) 果林里柑橘数量巨大，逐个为果实注入甜蜜素几乎不可能。

9. 台风破坏力巨大，长期以来人们一直想找到控制台风的方法。在追踪台风的试验中，研究人员用飞机在台风的不同部位播撒碘化银、干冰、尿素等催化剂，结果发现台风眼区扩大了 6～7 倍，眼区周围风速也随之减弱。因此，研究人员认为上述播撒试验能较有效地干扰台风强度，削弱其力量。

以下哪项如果为真，最能削弱上述结论？

(A) 播撒试验相当于把台风核心区域的能量分散，从而削减或抑制其发展。

(B) 播撒试验会引发台风内部的能量重新分布，可能会改变台风传播的路径。

(C) 不少研究者认为，无论是从物理学还是统计学角度分析，播撒试验并不可靠。

(D) 进行播撒试验时正好处于台风自身减弱的演变期，因此才获得了成功。

(E) 播撒碘化银、干冰、尿素等催化剂，可能会对环境造成污染。

10. 研究人员从健康人骨髓中提取出间充质干细胞并大量培养，制成再生医疗产品。研究人员将这种再生医疗产品注射到 46 名外伤性脑损伤患者的大脑损伤部位，并和没有接受注射的另外 15 名同类型患者进行比较。结果发现，接受注射的患者手脚运动机能有明显改善。研究人员据此认为，注射这种干细胞制品帮助了脑内神经细胞再生，改善了患者的运动机能。

以下哪项如果为真，最能支持上述结论？

(A) 接受间充质干细胞制品注射的患者基本没有出现排异反应。

(B) 间充质干细胞制品已达到了批量生产的条件。

(C) 间充质干细胞可分化成多种组织细胞，修复受损器官。

(D) 血清素也可以帮助脑内神经细胞再生。

(E) 接受间充质干细胞制品注射的患者认为，比起其他治疗方式，这种方式的治疗效果更好。

11. 在上课时间与学习成绩的关联研究中，研究者跟踪调查了 10 所中学里就读的上万名学生，结果发现：如果将早晨上课时间推迟半个小时，一个学期后，学生们的数学、英语、科学成绩普遍提高了 1/2 个等级，如从 B 提高到 B+的位置。因此，研究者认为推迟半个小时上早课，有助于保证学生更加充足的睡眠，从而提高成绩。

以下哪项如果为真，最能削弱上述观点？

(A) 调查中少数学生有部分课程的成绩降低了 1 个等级。

(B) 即使推迟上课时间，成绩提高的学生依然早起预习。

(C) 推迟半个小时上早课，缩短了学生上课的整体时间。
(D) 改善学生的学习方法，会有效提高学生的学习成绩。
(E) 人脑中海马区的存储空间需要被不断清空，以接收新的知识，这一清空过程主要在睡眠期完成。

12. 在太空环境下，失重及较高水平的电离辐射环境容易造成宇航员骨质疏松。近日，在国际空间站宇航员的配合下，研究人员利用金鱼鳞在太空进行了有关褪黑素与骨质疏松关系的实验，发现与不添加褪黑素的金鱼鳞相比，人为添加褪黑素后金鱼鳞骨质疏松现象得到抑制，骨质疏松速度放慢。研究人员认为，未来有可能利用褪黑素开发药物，帮助进入太空的宇航员预防和治疗骨质疏松。
以下哪项如果为真，最能支持上述结论？
(A) 褪黑素有助于改善宇航员的睡眠水平。
(B) 金鱼鳞的骨芽细胞，即处于骨细胞早期发育阶段的细胞能够产生褪黑素。
(C) 目前，尚没有药物能够很好地预防和治疗宇航员在太空失重情况下导致的骨质疏松。
(D) 人为添加褪黑素的金鱼鳞数量与没有添加褪黑素的金鱼鳞数量大致相当。
(E) 在褪黑素的作用下，金鱼鳞和人类骨骼具有同样的应答机制，可用作骨骼研究的模型。

13. 牛结核病是由牛分枝杆菌引起的一种人畜共患传染病，该病在世界各地均有发生。有科学家使用一种 CRISPR 基因编辑技术，给 20 头奶牛植入了一种与抗结核病相关的基因，其中 11 头感染结核病的奶牛活过了 3 年。科学家因此得出结论，对奶牛进行基因改造可以抵抗结核病。
以下哪项如果为真，最能支持上述科学家的结论？
(A) 没有感染结核病的奶牛不需要进行基因改造。
(B) 经过基因改造的奶牛，对疯牛病有较高的抵抗力。
(C) 牛结核病往往是致命的，并且还会传播给人类和其他动物。
(D) 巴氏灭菌法可以在很大程度上消除牛奶中的结核病菌。
(E) 没有进行过基因改造的奶牛，得结核病后一般只能存活 1～2 年。

14. 近几年，移民政策的放宽改善了 H 国的人口结构，使得劳动力人口的比例大大增加，弥补了由于生育率低下和人口老龄化所带来的劳动力缺口。但是，一些反对者认为，新移民的到来会对 H 国社会造成严重的财政赤字以及经济负担，同时也会剥夺 H 国本土居民的就业机会。
以下哪项如果为真，最能削弱反对者观点？
(A) 提升移民门槛后，H 国人移民至其他国家也不像原来一样简单。
(B) 大量的移民涌入，对 H 国公共安全造成威胁。
(C) 移民中的少数精英分子，为 H 国的经济发展做出了贡献。
(D) 部分国家通过引进移民改善了人口结构，而劳动力的增加又带来了经济的快速发展。
(E) H 国的福利制度决定了人们宁愿失业也不愿从事季节性的工作，而大量的移民主要从事季节性工作。

15. 传统的中国饮食，几乎都是以热食为主，很少见全冷食的中国大餐。的确，很多食物在热的情况下，才能体现其色香味美。热食可以增进食欲，促进胃肠道的蠕动和增加胃肠消化液的分泌，同时有利于食物的消化和吸收。但是医学专家指出，热食不等于“烫食”，长期食用“烫食”易患食管疾病。

以下哪项如果为真，最能支持专家的结论？

(A) 食管黏膜疾病的病因与食物过干过硬、吞咽过快等因素有关。

(B) 长期食用“烫食”会使口腔黏膜增厚。

(C) 食管炎有时伴有间变细胞，这是癌前病变之一。

(D) 食物太烫，在口腔存在时间缩短，这不利于饮食的消化吸收。

(E) 在接触烫食时，食管黏膜会有轻度灼伤，长此以往会发生病变。

16. S 校是一所普通高校，近三年来，学校针对即将毕业的学生开展了一系列就业指导课程，结果发现和前几年相比，学生的就业率普遍提升了 5%，而且大部分学生在就职后很少跳槽，就业稳定性较高。因此，S 校认为，该校开展的就业指导课程能显著提升本校本科毕业生的就业率及就业稳定性。

以下哪项如果为真，不能削弱上述结论？

(A) 开设就业指导课后，S 校学生就业后的工资水平并没有显著提高。

(B) 与 S 校情况相似的 A 校也开设了就业指导课，学生的就业率反而下降了。

(C) 那些选修了就业指导课的学生，在上学期间都参加了课外的社会实践。

(D) 近三年，S 校的研究生就业率比以往提高 8%，本科生就业率下滑较多。

(E) 就业指导课大多传授的是制作简历与求职技巧，对学生实际工作指导有限。

17. 知道宇宙中恒星级质量黑洞的总数，可以帮助人类进一步理解宇宙这一“巨型怪兽”是如何从“轻种子”黑洞生长起来的，进而可以让人们对恒星演化、星系演化等基本天体物理过程有更深刻的认识。不久前，来自意大利的科学家首次计算出恒星级质量黑洞在整个宇宙中的数量及分布情况，推算出宇宙中恒星级质量黑洞的数量达到了 4 000 亿亿个。这意味着宇宙中有 4 000 亿亿个恒星变成了黑洞。

以下哪项如果为真，最能支持上述论证？

(A) 恒星经过一系列复杂的演化，在寿命走向终点后，最终会坍塌成恒星级质量黑洞。

(B) 根据质量大小，黑洞可分为恒星级质量黑洞、中等质量黑洞及超大质量黑洞三类。

(C) 黑洞互相之间常发生合并事件，合并后形成质量更大的黑洞，乃至超大质量黑洞。

(D) 研究人员通过黑洞诞生的概率、恒星质量等指标评估得出恒星级质量黑洞的数据。

(E) 估算跨越宇宙演化历程的黑洞分布和数量对于解释超大质量黑洞具有决定性作用。

18. A 市价格监测数据显示：2024 年 2 月 17 日，该市粮油米面、肉蛋、水果价格基本稳定；当日部分蔬菜价格上涨明显，黄瓜、茄子、西红柿、青辣椒、芸豆 5 种蔬菜价格分别是 4.98 元/斤、5.98 元/斤、4.98 元/斤、5.98 元/斤、9.98 元/斤，较一周前价格上涨 1～2 元不等。

以下哪项如果为真，最能解释上述蔬菜价格上涨这一现象？

(A) 本周有新的蔬菜上市，其品质明显提高。

(B) 上周受冷空气影响，绿叶类蔬菜价格上涨。

(C) 本周节日效应减退，居民蔬菜需求量减少。

(D) 与肉类、蛋类相比，上述蔬菜的价格不至于太高。

(E) 天气原因影响了物流，上述蔬菜的供应受到影响。

19. 有调查显示，国产品牌奶粉在一线城市的市场占有率仅有2%，而洋奶粉占98%。在退守二、三线市场的同时，很多国产奶粉欲海外贴牌自救，即国内企业海外注册品牌，实际将国产奶粉销回国内，给国产奶粉披上洋奶粉的外衣，不少企业认为，海外贴牌有可能为国产奶粉生存提供一线生机。

以下哪项如果为真，最能反驳上述观点？

(A) 海外贴牌奶粉走高端路线，会与本土奶粉拉开价格距离。

(B) 贴牌“洋奶粉”销回国内后会对本土奶粉品牌造成冲击。

(C) 贴牌“洋奶粉”的外衣被揭穿之后会引发更大的信任危机。

(D) 国产奶粉海外贴牌之后一线城市市场占有率可达5%。

(E) 海外贴牌之后奶粉制作工艺和质量并未改变。

20. 脑电波在深度睡眠的时候是最慢的，在人清醒放松的时候则会加快。最快的脑电波被称为伽马波，频率为40赫兹，当我们集中注意力，做决定或者使用记忆时以这种脑电波为主。阿尔茨海默症患者通常会产生较少的伽马波，这促使研究人员尝试诱发这种类型的波。近日有实验表明，听低音噪声确实可以诱发伽马波，因此研究人员认为这一方法能有效治疗阿尔茨海默症。

以下哪项如果为真，最能支持上述结论？

(A) 一些患者在实行该低音疗法时虽然加快了脑电波的传导，但产生了头晕、心慌等一系列不良反应。

(B) 研究发现，日照疗法的效果比低音疗法更显著，它可以促进大脑产生免疫细胞，帮助分解患者脑部沉积的物质。

(C) 实验发现，该低音疗法使海马体内沉积的淀粉样蛋白斑块减少，而该蛋白是阿尔茨海默症的一个关键特征。

(D) 该低音疗法中，不同频率的声音对脑部的影响不同，只有接近40赫兹的频率才会影响到起记忆作用的海马体。

(E) 目前很多医院都拥有实施低音疗法的设备和可以操作该设备的医生。

21. 有研究人员认为，一万年前，猛犸象的灭绝与染色体异常和癌症有关。他们发现猛犸象颈椎上有一块平坦的圆形区域，这意味着其颈骨处曾连着一块小肋骨，这种罕见的异常情况表明猛犸象有其他骨骼问题。如果人出现颈肋骨畸形的情况，90%的发病者活不到成年——死因并不是颈肋骨本身，而是由此导致的其他骨骼问题，而这种情况通常和染色体异常及癌症有关。

以下哪项如果为真，最能质疑上述结论？

(A) 种群数量减少导致了猛犸象染色体异常和癌症多发。

(B) 仅在部分地区的猛犸象化石中发现颈肋骨畸形现象。

(C) 染色体异常使猛犸象无法抵御来自寄生虫的攻击。

(D) 从很早的时候开始，癌症就是哺乳动物的多发疾病。

(E) 相比于其他史前巨型动物，猛犸象并不是染色体异常及癌症的高发物种。

22. 地表臭氧是由氮氧化物（NO_x）和挥发性有机化合物（VOC_s）在阳光照射下通过光化学反应产生的。在某国城市地区，夏季臭氧经常成为首要大气污染物。一项研究发现，在过去五年中该国北方地区主要大城市的 PM2.5 浓度显著降低，减少了气溶胶对 HO_2 自由基的吸收，因此，PM2.5 浓度显著降低导致了城市夏季臭氧的增加。

以下哪项如果为真，最能支持上述结论？

(A) 臭氧和 PM2.5 两种污染物对人体的危害程度相当。

(B) 大气中的 PM2.5 浓度与气溶胶的吸收性显著相关。

(C) 大气中 HO_2 自由基的数量与城市夏季臭氧含量正相关。

(D) 应该通过控制大气中 HO_2 自由基的数量来解决大气污染的问题。

(E) 该国城市地区在过去五年中 NO_x 和 VOC_s 的排放量均有所增加。

23. 历史上曾有多次小行星与地球撞击事件，碰撞地点会产生高温，进而影响地球大气层和地壳的结构，但因为年代久远，而且撞击产生的冲击波通常会把现场的证据抹去——把陨石和地表岩石都蒸发掉，因此地质学家无法测定撞击时产生的温度。位于加拿大的一个小行星撞击坑提供了一个新证据，这个陨石坑内的普通矿物锆石转变成了宝石状的立方氧化锆。据此推算，小行星撞击地球的温度下限为 2 370 摄氏度。

要使上述论证成立最可能基于下列哪一前提？

(A) 锆石转变为立方氧化锆所需的最低温度为 2 370 摄氏度。

(B) 小行星撞击地球事件直接导致了地球演化进程的巨大改变。

(C) 当撞击温度达到 2 370 摄氏度时，陨石和地表岩石会蒸发。

(D) 想要确定小行星撞击对地球演化的影响，就必须测定撞击时的温度。

(E) 每个小行星撞击坑中都发现了宝石状的立方氧化锆。

24. 从早几年的“技工荒”，到目前劳动力市场呈现出以体力劳动为主的技工、普工同时紧俏，与此同时，不少高校毕业生仍在为一份工作发愁。这种强烈的对比，将劳动力市场的结构性供需矛盾以一种超出人们惯常认知的方式展现在世人面前。有学者认为，造成这一现象的深层次根源在于，全社会整体的择业意愿与社会需求的背离程度正在不断加深。

以下哪项如果为真，不能支持上述结论？

(A) 当前技能教育培训发展较慢，使有从事体力工作意愿的劳动者无法享受到相应的技能训练。

(B) 高等教育的大众化增加了从事脑力劳动的机会，强化了更多人选择从事脑力劳动的志向。

(C) 独生子女的大量存在使家庭愿意集中足够的精力、财力来承担让孩子跻身脑力劳动领域的成本。

(D) 大部分的求职者认为从事脑力工作有更大的发展前景，同时也更加体面。

(E) 虽然随着人工智能的发展，社会对技工和普工的需求总量有所下降，但愿意从事这一工作的劳动者数量减少得更快。

25. 研究者招募了一批学生并分成三组，要求每人完成智力测试，但在测试前有10分钟的准备时间；这期间，第一组听了莫扎特的乐曲，第二组听了普通流行音乐，第三组没有听任何音乐。之后让受试者答题，结果显示：第一组受试者得分明显比后两组要高。因此，研究者认为：听莫扎特的音乐可以有效提高人们在智力测试中的得分。

以下哪项如果为真，最能反驳上述结论？

(A) 第一组受试者都很喜欢莫扎特的音乐。

(B) 第一组受试者在尖子班中选取，后两组在普通班中选取。

(C) 后两组受试者在进行智力测试时较为紧张、焦虑。

(D) 智力测试的题目只有图形推理题，不能全面反映受试者的智力情况。

(E) 受试者没有学习过音乐领域或智力研究领域的专业知识。

26. 对于以飞沫方式传播的病毒，人们应该在大风和下雨时特别做好病毒防护措施。飞沫传播，即空气飞沫传播，是空气传播的一种方式。病原体由传染源通过咳嗽、喷嚏、谈话排出的分泌物和飞沫，使易感者吸入受染。刮风会把病毒吹得到处都是，下雨会让病毒更快繁殖，它们都会加速病毒在空气中的传播。

以下各项如果为真，除哪项外均能质疑上述观点？

(A) 在潮湿的环境中，细菌可能会更快繁殖。

(B) 有效的病毒防护措施，如戴口罩，会导致呼吸不畅。

(C) 病毒只能寄生在宿主体内繁殖，潮湿环境不会增加病毒数量。

(D) 大风会将高浓度的病毒吹散，但不会吹到同一地方，达到“稀释”效果。

(E) 病毒赖以附着和传播的飞沫会随降雨沉降被冲走，降低其在空气中的含量。

27. 世界各地的大学都面临着同样的趋势：图书馆纸质书籍使用量急剧下降。在耶鲁大学的一座图书馆，大学生的图书借阅量在过去十年中下降了64%。有人据此得出结论，与过去的大学生相比，现在的大学生普遍不爱阅读了。

以下哪项如果为真，最能削弱上述论证？

(A) 有些大学生依然保持对阅读的热情，他们享受阅读所带来的乐趣。

(B) 大学生更倾向于选择便捷的电子文献而不是纸质书。

(C) 据统计，在很多大学，教师的图书借阅量下降了近50%。

(D) 学生更多地从以书籍阅读为中心的领域流向注重实验研究的领域。

(E) 一些图书馆改变了室内空间设计风格。

28. 近年来，很多地方实施了院士引进计划，并针对院士建立了容错机制，让其潜心研发而无后顾之忧。有学者对此指出，容错机制、宽松的考核评价机制是每个科研工作者梦寐以求的理想科研环境，应该提供给本身正处于创新能力高峰期的青年科学家，而不是已取得较高学术成就的院士。

以下哪项如果为真，最能支持该学者的观点？

(A) 某些单位更加看重的是院士的头衔，可以帮助他们拿到更多的科研项目。

(B) 某市组建青年科学团队，经过数月努力，但还是没能拿下重大科研项目。

(C) 科研容错机制能让青年科学家卸下包袱，大胆投入到科技创新的实践中。

(D) 青年科学家比院士需要更多的努力才能取得突破创新。

(E) 让过多的资源集中在院士身上，并没有创造出更多的科研成果。

29. 研究人员通过实验发现，中草药提取成分汉防己碱显著提高了感染埃博拉病毒的实验小鼠存活率。实验中对感染埃博拉的小鼠分两组采用了不同的治疗方案：一组感染后没有使用汉防己碱治疗，仅有一半小鼠存活；另一组感染后使用汉防己碱治疗，小鼠的存活率显著提高，且没有发现副作用。研究人员由此认为，汉防己碱是埃博拉病毒的“克星”，有望在今后五年内用于治疗埃博拉感染疾病。

以下哪项如果为真，最能支持上述结论？

(A) 从防己科千金藤属植物粉防己中可大量提取出汉防己碱。

(B) 埃博拉病毒主要攻击免疫细胞，汉防己碱可抑制其对免疫细胞的侵蚀。

(C) 汉防己碱具有镇痛和消炎作用，也是治疗高血压的良药。

(D) 汉防己碱不会引发肝纤维化、缺氧性肺动脉高压等问题。

(E) 实验中感染埃博拉病毒后存活下来的小鼠主要为成年雄性小鼠。

30. 胆固醇是动物组织细胞不可缺少的重要物质，其中低密度脂蛋白胆固醇水平长期过高是造成脑中风、冠心病等心脑血管疾病的主要原因。一项调查发现，某地区动物内脏消费量大，而食用动物内脏会使人摄入大量的低密度脂蛋白胆固醇，但是，该地区的人患脑中风、冠心病等心脑血管疾病的比例却低于正常水平。

以下除哪项外，均有助于解释该地区的这一现象？

(A) 近年来动物内脏才成为当地居民餐桌上常见的美食。

(B) 该地区市场上近年来动物内脏的销售价格持续走低。

(C) 该地区的人爱吃海鱼，海鱼含有不饱和脂肪酸能降低血浆胆固醇。

(D) 当地居民喜欢食用醋，醋酸有助于心脑血管疾病的防治。

(E) 当地居民的某种基因突变能加速分解低密度脂蛋白胆固醇。

满分必刷卷 6 答案详解

答案速查

1～5	(B) (C) (A) (D) (D)	6～10	(E) (C) (B) (D) (C)
11～15	(B) (E) (E) (E) (E)	16～20	(A) (A) (E) (C) (C)
21～25	(A) (C) (A) (A) (B)	26～30	(A) (B) (C) (B) (B)

1. (B)

【第 1 步 识别论证类型】

提问方式：以下哪项如果为真，最能支持专家的观点？

专家的观点：维生素 B1（S）并不能有效驱蚊（被熏跑）（P）。

此题提问针对论点，可优先考虑在论点内部搭桥。

【第 2 步 套用母题方法】

(A) 项，此项中“未必不喜欢”是不确定信息，不能很好地削弱或支持题干。（干扰项·不确定项）

(B) 项，此项构建了“维生素 B1”与“不能有效驱蚊”之间的关系，搭桥法（SP），支持题干。

(C) 项，“不少媒体”的观点并不一定就是事实，诉诸众人。（干扰项·非事实项）

(D) 项，此项涉及的是维生素 B1 的味道对驱蚊有一定的效果，削弱专家的观点。

(E) 项，“薄荷”的驱蚊效果比维生素 B1 好并不能说明维生素 B1 不能驱蚊，无关选项。（干扰项·新比较）

2. (C)

【第 1 步 识别论证类型】

提问方式：以下除哪项外，均能支持以上结论？

题干：研究人员将其中一块地均匀覆盖上近半米高的咖啡果肉，另一块土地则什么也不做，结果表明，咖啡果肉（原因 Y）有助于热带雨林的生态恢复（结果 G）。

本题通过两组对比的实验，得出一个因果关系，故此题为现象原因模型（求异法型）。

【第 2 步 套用母题方法】

(C) 项，此项指出咖啡果肉会吸引食草型动物进而“改变”周边的环境，但不确定这种“改变”是好还是坏，故不能支持。（干扰项·不确定项）

其他各选项分别从不同的方面说明在“受伤的雨林”上覆盖咖啡果肉确实有助于雨林的生态恢复，支持题干。

3. (A)

【第 1 步　识别论证类型】

提问方式：以下哪项最可能是反对者的论证需要补充的前提？

反对者：动物（S）不能拥有权利（P2），因为动物（S）自身无法行使这些权利（P1）。

题干中 P1 与 P2 不一致，故此题为拆桥搭桥模型（双 P 型）。

【第 2 步　套用母题方法】

(A) 项，动物只能拥有（P2）自身能够行使（P1）的权利，搭桥法（双 P 搭桥），必须假设。

(B) 项，此项说明很多动物确实无法行使法律权利，支持题干论据，但不是题干论证的假设项，排除。

(C) 项，此项可以化简为：行使权利→拥有权利。但由此无法确定“无法行使这些权利”会怎么样，故不必假设。

(D) 项，反对者的论证中并不涉及“义务”和“权利”之间的关系，无关选项。(干扰项·话题不一致)

(E) 项，反对者的论证中并不涉及“动物的权利”和“人类的义务”之间的关系，无关选项。(干扰项·话题不一致)

4. (D)

【第 1 步　识别论证类型】

提问方式：以下哪项如果为真，最能支持上述结论？

题干：一些岗位为社会创造的价值深远，但眼前的薪酬回报可能并不是最高的，这些毕业生现在和未来为社会创造的价值（S1），可能远远超出其获得的薪酬（P）。因此，毕业生的就业质量（S2）不应以薪酬（P）作为主要衡量指标。

题干中 S1 与 S2 不一致，故此题为拆桥搭桥模型（双 S 型）。

【第 2 步　套用母题方法】

(A) 项，此项指出薪酬水平不代表毕业生创造的社会价值，仅重复了论据，支持力度较弱。

(B) 项，此项涉及的是毕业生薪酬水平的影响因素，而题干涉及的是毕业生薪酬水平“能否衡量就业质量”，无关选项。(干扰项·话题不一致)

(C) 项，此项说明统计不够科学，但与薪酬能否作为就业质量的主要衡量指标无关。(干扰项·话题不一致)

(D) 项，毕业生的就业质量（S2）适合用为社会创造的价值（S1）来进行衡量，搭桥法（双 S 搭桥），支持题干。

(E) 项，有的第三方机构“认为”如何仅仅是一种观点，不代表事实。(干扰项·非事实项)

5. (D)

【第 1 步　识别论证类型】

提问方式：以下哪项如果为真，最能支持以上观点？

题干：加“胶”是有安全保障的。

此题提问针对论点，可优先考虑在论点内部搭桥。

【第2步 套用母题方法】

(A) 项，此项仅涉及添加了食用胶后食品的“口感”，但不涉及“安全性”，不能支持。

(B) 项，此项指出食品一般是“符合质量标准”（诉诸权威）的，但是不确定其是否安全。(干扰项·不确定项)

(C) 项，题干并不涉及“营养成分及价值”的比较，无关选项，(干扰项·新比较)

(D) 项，此项说明常用的食用胶的安全确实有保障，支持题干。

(E) 项，此项指出绝大部分“生粉水”（个例）符合“欧盟国家的要求”（诉诸权威），但是不确定其是否安全。(干扰项·不确定项)

6. (E)

【第1步 识别论证类型】

提问方式：以下除哪项外，均能支持上述结论？

题干：共享雨伞行业正在逐渐强大，拥有广阔的市场前景。

题干的论点是对结果的预测，故此题为预测结果模型。

【第2步 套用母题方法】

(A) 项，此项指出共享雨伞有政策上的支持，这有利于该行业的发展，支持题干。

(B) 项，此项指出共享雨伞也可以用来遮阳，说明消费者有需求，支持题干。

(C) 项，此项指出共享雨伞成本低，容易盈利，支持题干。

(D) 项，此项指出共享雨伞的租借方式容易被用户接受，支持题干。

(E) 项，此项指出雨伞行业未来也面临着与共享单车类似的市场竞争，但这种市场竞争是否意味着雨伞行业未来有“广阔的市场前景”并不明确，不能支持题干。

7. (C)

【第1步 识别论证类型】

提问方式：以下哪项如果为真，最能支持上述论证？

题干：有研究人员发明了一种胰岛素胶囊，通过口服（不需要注射），在药物到达小肠后，它会自行溶解，药物中含有胰岛素的微针结构会结合到小肠壁上，并通过增压自动将胰岛素释放到血液中。研究人员据此认为，这种口服的胰岛素胶囊（措施M）将给广大的糖尿病患者带来福音（目的P）。

易知此题为措施目的模型。另外，锁定关键词“将”，可知此题也为预测结果模型。

【第2步 套用母题方法】

(A) 项，此项的对象是“注射的胰岛素”，而题干的对象是“口服的胰岛素胶囊”，无关选项。(干扰项·对象不一致)

(B) 项，题干并不涉及治疗糖尿病的注意事项，无关选项。(干扰项·话题不一致)

(C) 项，题干中指出这种胶囊是在到达“小肠”时起作用，故此项指出这种胶囊不会被胃酸破坏是题干的必要条件，即措施可行，支持题干。

(D) 项，此项涉及的是口服胰岛素胶囊的“储存注意事项”，而题干涉及的是口服胰岛素胶囊是否能“造福患者”，无关选项，(干扰项·话题不一致)

(E) 项，题干并不涉及“其他的肠胃疾病”，无关选项。(干扰项·话题不一致)

8. (B)

【第 1 步　识别论证类型】

提问方式：以下除哪项外，均能质疑上述说法？

题干：有人认为柑橘更甜不是自然条件下的变甜，而是因为果农给果实注射了食品甜味剂——甜蜜素（原因 Y），才会增加甜度（结果 G）。

此题涉及对现象原因的分析，故此题为现象原因模型。

【第 2 步　套用母题方法】

(A) 项、(C) 项、(D) 项，这几项分别从不同的方面说明注射甜蜜素的风险，故果农不会冒着风险来注射甜蜜素，削弱题干。

(B) 项，此项说明“甜蜜素是安全食品添加剂”，也就是注射甜蜜素没有风险，与 (A)、(C)、(D) 项相反，不能削弱题干。

(E) 项，此项指出注射甜蜜素没有可行性，削弱题干。

9. (D)

【第 1 步　识别论证类型】

提问方式：以下哪项如果为真，最能削弱上述结论？

题干中的结论：播撒试验（原因 Y）能较有效地干扰台风强度，削弱其力量（结果 G）。

此题涉及对现象原因的分析，故此题为现象原因模型。另外，此题也可认为是措施目的模型。

【第 2 步　套用母题方法】

(A) 项，此项指出播撒试验 (Y) 有助于削减或抑制台风发展 (G)，搭桥法，支持题干。

(B) 项，此项涉及的是播撒试验可能会“改变台风传播的路径”，而题干涉及的是播撒试验能否“削弱台风强度”。(干扰项 · 概念不一致)

(C) 项，此项涉及研究者的观点，但研究者的观点未必为真。(干扰项 · 非事实项)

(D) 项，此项涉及的是播撒试验获得成功是因为台风处于自身减弱的演变期，而不是因为播撒试验本身有效，另有他因，削弱题干。

(E) 项，此项指出播撒试验“可能”带来的危害，即措施可能有副作用，削弱力度较小。

10. (C)

【第 1 步　识别论证类型】

提问方式：以下哪项如果为真，最能支持上述结论？

题干：

注射间充质干细胞医疗产品：运动机能有明显改善；

没有注射间充质干细胞医疗产品：运动机能没有明显改善；

故：注射这种干细胞制品（原因 Y，措施 M）帮助了脑内神经细胞再生，

改善了患者的运动机能（结果 G，目的 P）。

本题通过两组对比的实验，得出一个因果关系，故此题为现象原因模型（求异法型）。另外，此题涉及措施目的的分析，故此题也为措施目的模型。

【第 2 步　套用母题方法】

(A) 项，此项涉及的是注射间充质干细胞医疗产品“没有出现排异反应”，说明注射该产品没有副作用，支持力度弱。

(B) 项，题干的论证不涉及间充质干细胞医疗产品是否可以批量生产，无关选项。(干扰项·话题不一致)

(C) 项，此项指出注射间充质干细胞 (Y 或 M) 医疗产品确实有助于恢复受损器官 (G 或 P)，搭桥法，支持题干。

(D) 项，此项涉及的是“血清素”的功效，但其他措施有效无法说明题干中的措施无效，无关选项。(干扰项·其他措施)

(E) 项，“认为”是主观观点，但患者的观点未必为真。(干扰项·非事实项)

11. (B)

【第 1 步　识别论证类型】

提问方式：以下哪项如果为真，最能削弱上述观点？

题干：

早晨上课时间未推迟半个小时：成绩低；

早晨上课时间推迟半个小时：成绩高；

故：研究者认为推迟半个小时上早课 (原因 Y，措施 M)，有助于保证学生更加充足的睡眠，从而提高成绩 (结果 G，目的 P)。

题干通过一组对象前后对比的实验，得出一个因果关系，故此题为现象原因模型 (求异法型)。另外，此题涉及措施目的的分析，故此题也为措施目的模型。

【第 2 步　套用母题方法】

(A) 项，此项指出少数学生有部分课程成绩降低，但这只是部分情况，不能由此说明推迟上课时间无助于成绩的提高。(干扰项·有的不)

(B) 项，此项说明尽管推迟半个小时上早课，成绩好的学生依然会早起 (削弱“充足的睡眠”) 预习 (说明成绩提高有其他原因)，削弱题干。

(C) 项，此项指出学生上课的整体时间减少，但不确定上课的整体时间减少对成绩的影响。(干扰项·不确定项)

(D) 项，其他措施是否有效与题干中的措施是否有效无关，无关选项。(干扰项·其他措施)

(E) 项，此项搭建了“充足的睡眠”和“提高成绩”之间的关系，支持题干。

12. (E)

【第 1 步　识别论证类型】

提问方式：以下哪项如果为真，最能支持上述结论？

题干：与不添加褪黑素的金鱼鳞相比，人为添加褪黑素后金鱼鳞骨质疏松现象得到抑制，骨质疏松速度放慢。研究人员认为，未来有可能利用褪黑素开发药物，帮助进入太空的宇航员预防和治疗骨质疏松。

本题涉及多个论证，分析如下：

①类比论证模型：论据中的论证对象是“金鱼”，论点中的论证对象是“宇航员”。

②现象原因模型 (求异法型)：与不添加褪黑素的金鱼鳞相比，人为添加褪黑素后金鱼鳞骨质疏松现象得到抑制，骨质疏松速度放慢。

③预测结果模型：论点中出现关键词“未来”。

【第2步 套用母题方法】

(A) 项，题干不涉及褪黑素是否有助于“改善宇航员的睡眠水平”，无关选项。(干扰项·话题不一致)

(B) 项，此项涉及的是“自身产生的褪黑素”，而题干涉及的是“添加的褪黑素”，无关选项。(干扰项·话题不一致)

(C) 项，此项涉及的是“目前”的情况，而题干涉及的是“将来”的情况，无关选项。(干扰项·时间不一致)

(D) 项，题干并不涉及两组金鱼鳞数量的比较，无关选项，(干扰项·新比较)

(E) 项，此项指出“金鱼鳞”和“宇航员的骨骼”之间具有同样的应答机制，即指出二者之间的相似性（双S搭桥)，支持题干。

13. (E)

【第1步 识别论证类型】

提问方式：以下哪项如果为真，最能支持上述科学家的结论?

科学家的结论：使用CRISPR基因编辑技术，给20头奶牛植入了一种与抗结核病相关的基因，其中11头感染结核病的奶牛活过了3年。因此，对奶牛进行基因改造（原因Y/措施M）可以抵抗结核病（结果G/目的P)。

故此题为现象原因模型或措施目的模型。

【第2步 套用母题方法】

(A) 项，此项的论证对象是“没有感染结核病的奶牛”，而题干的论证对象是“感染了结核病的奶牛”，无关选项。(干扰项·对象不一致)

(B) 项，此项涉及的是“疯牛病”，而题干的涉及是“结核病”，无关选项。(干扰项·对象不一致)

(C) 项，此项涉及的是牛结核病的“危害”，而题干涉及的是牛结核病的“抵抗方法”，无关选项。(干扰项·话题不一致)

(D) 项，此项的论证对象是“牛奶中的结核病菌”，而题干的论证对象是“感染了结核病的奶牛”，无关选项。(干扰项·对象不一致)

(E) 项，此项与题干形成对照组：

没经过基因改造的牛，存活时间为1～2年；

经过基因改造的牛，存活时间为3年。

故此项通过构造对照组支持了题干。

14. (E)

【第1步 识别论证类型】

提问方式：以下哪项如果为真，最能削弱反对者观点?

反对者的观点：新移民的到来（S）会对H国社会造成严重的财政赤字以及经济负担（P1)，同时也会剥夺H国本土居民的就业机会（P2)。

此题提问针对论点，可优先考虑在论点内部拆桥。另外，锁定关键词“会”，可知此题也为预测结果模型。

【第2步 套用母题方法】

(A) 项，此项的论证对象是“移民至其他国家的H国人”，而题干的论证对象是“H国接受的移民”，无关选项。(干扰项·对象不一致)

(B) 项，题干不涉及大量的移民涌入是否会对H国“公共安全造成威胁”，无关选项。(干扰项·话题不一致)

(C) 项，此项指出“少数精英分子”为H国的经济发展做出了贡献，但不确定移民的整体情况。(干扰项·仅比例/仅部分)

(D) 项，此项的论证对象是“部分国家”，而题干的论证对象是“H国”，无关选项。(干扰项·对象不一致)

(E) 项，此项指出移民主要从事的工作类型和H国本土居民不同，即割裂了“新移民的到来”和“剥夺H国本土居民的就业机会”之间的关系，拆桥法 (SP2拆桥)，削弱题干。

15. (E)

【第1步 识别论证类型】

提问方式：以下哪项如果为真，最能支持专家的结论？

专家：热食不等于“烫食”，长期食用“烫食”(S) 易患食管疾病 (P)。

此题提问针对论点，可优先考虑在论点内部搭桥。

【第2步 套用母题方法】

(A) 项，题干不涉及导致食管黏膜疾病的其他因素，无关选项。(干扰项·话题不一致)

(B) 项，此项说明长期食用“烫食”会导致口腔黏膜增厚，但不确定“口腔黏膜增厚”与“食管疾病”之间的关系。(干扰项·不确定项)

(C) 项，此项涉及的是食管炎导致的后果，而题干涉及的是患食管疾病的原因，无关选项。(干扰项·话题不一致)

(D) 项，此项说明食用“烫食不利于饮食的消化吸收”，但不确定“消化吸收”与“食管疾病”之间的关系。(干扰项·不确定项)

(E) 项，此项指出长期接触“烫食”食管会发生病变，即搭建了“长期食用‘烫食’”和“食管疾病”之间的关系，搭桥法 (SP搭桥)，支持专家的结论。

16. (A)

【第1步 识别论证类型】

提问方式：以下哪项如果为真，不能削弱上述结论？

题干：

开展了就业指导课程前：学生的就业率、就业稳定性未提升；

开展了就业指导课程后：学生的就业率、就业稳定性提升；

故：开展的就业指导课程 (原因Y，措施M) 能显著提升本校本科毕业生的就业率及就业稳定性 (结果G，目的P)。

本题通过一组对象前后对比的实验，得出一个因果关系，故此题为现象原因模型 (求异法型)。另外，此题涉及措施目的的分析，故也为措施目的模型。

【第 2 步　套用母题方法】

(A) 项，此项涉及的是“工资水平”，而题干涉及的是“就业率及就业稳定性”无关选项。(干扰项·话题不一致)

(B) 项，此项指出与 S 校情况相似的 A 校也开设了就业指导课（有因），但并没有得到与 S 校相似的结果（无果），有因无果，削弱题干。

(C) 项，此项指出选修了就业指导课的学生也参加了课外的社会实践，即有可能是因为参加课外的社会实践导致本科毕业生的就业率及就业稳定性提升，另有他因，削弱题干。

(D) 项，此项直接指出近三年本科生就业率下滑，否定论点，削弱题干。

(E) 项，此项指出就业指导课程对学生实际工作指导有限，可能无法提升就业稳定性，否定论点，削弱题干。

17. (A)

【第 1 步　识别论证类型】

提问方式：以下哪项如果为真，最能支持上述论证？

题干：宇宙中恒星级质量黑洞（S1）的数量达到了 4 000 亿亿个（P）。这意味着宇宙中有 4 000亿亿个（P）恒星（S2）变成了黑洞。

题干中 S1 与 S2 不一致，故此题为拆桥搭桥模型（双 S 型）。

【第 2 步　套用母题方法】

(A) 项，此项指出恒星最终会坍塌成恒星级质量黑洞，即构建了“4 000 亿亿个黑洞”和“4 000亿亿个恒星”二者之间的关系，搭桥法（双 S 搭桥），支持题干。

(B) 项、(C) 项、(D) 项、(E) 项，这四项涉及的是黑洞的分类、黑洞之间的合并、得出黑洞数量的指标和估算黑洞及数量的作用，而题干涉及的是黑洞与恒星之间的数量关系，故均为无关选项。(干扰项·话题不一致)

18. (E)

【第 1 步　找到待解释的现象】

提问方式：以下哪项如果为真，最能解释上述蔬菜价格上涨这一现象？

待解释的现象：该市当日部分蔬菜（黄瓜、茄子、西红柿、青辣椒、芸豆）价格上涨明显。

【第 2 步　套用母题方法】

(A) 项、(B) 项、(C) 项，这三项中涉及的“蔬菜”无法确定是否为题干中提及的 5 种蔬菜，不能解释，排除。(干扰项·对象不一致)

(D) 项，题干不涉及上述蔬菜与肉类、蛋类的价格比较，无关选项。(干扰项·新比较)

(E) 项，此项指出天气原因导致上述蔬菜的供应受到影响，进而解释了上述几种蔬菜价格上涨明显这一现象。

19. (C)

【第 1 步　识别论证类型】

提问方式：以下哪项如果为真，最能反驳上述观点？

题干：国产品牌奶粉在一线城市的市场占有率仅有 2%，而洋奶粉占 98%。不少企业认为，海外贴牌（措施 M）有可能为国产奶粉生存提供一线生机（目的 P）。

此题涉及措施目的的分析，故此题为措施目的模型。

【第2步 套用母题方法】

(A) 项，此项指出海外贴牌奶粉价格更高，国产奶粉贴牌后可能赚到更多的钱，支持题干。

(B) 项，此项只说明贴牌“洋奶粉”会与本土奶粉品牌产生竞争，但不能确定将本土奶粉进行贴牌后是否在整体上有利于国产奶粉的发展，故不能削弱题干。

(C) 项，此项指出贴牌“洋奶粉”可能会引发国产奶粉更大的信任危机，从而影响国产奶粉的发展，措施弊大于利，削弱题干。

(D) 项，此项指出贴牌“洋奶粉”在一线城市市场占有率上升，即有可能为国产奶粉生存提供一线生机，支持题干。

(E) 项，此项指出贴牌“洋奶粉”在贴牌前后工艺和质量没有改变，而“工艺和质量没有改变”是否会对贴牌的效果产生影响并不明确，不能削弱题干。

20. (C)

【第1步 识别论证类型】

提问方式：以下哪项如果为真，最能支持上述结论？

题干：阿尔茨海默症患者通常会产生较少的伽马波，而听低音噪声确实可以诱发伽马波，因此研究人员认为这一方法（听低音噪声，措施M）能有效治疗阿尔茨海默症（目的P）。

题干涉及措施目的的分析，故此题为措施目的模型。

【第2步 套用母题方法】

(A) 项，此项指出了该项疗法对一些患者有副作用，削弱题干，但力度较弱。

(B) 项，题干不涉及日照疗法与低音疗法效果上的比较。(干扰项·新比较)

(C) 项，此项构建了“低音噪声”和“治疗阿尔茨海默症”之间的关系，措施可以达到目的(MP搭桥)，支持题干。

(D) 项，此项说明低音疗法确实对“影响到起记忆作用的海马体”有作用，但不确定这种作用对阿尔茨海默症的影响，故支持力度弱。

(E) 项，此项说明很多医院有实施低音疗法的条件，措施可行，支持题干，但措施可行不能证明措施的有效性，故支持力度弱。

21. (A)

【第1步 识别论证类型】

提问方式：以下哪项如果为真，最能质疑上述结论？

论据①：猛犸象（S2）颈椎上有一块平坦的圆形区域，这意味着其颈骨处曾连着一块小肋骨，这种罕见的异常情况表明猛犸象有其他骨骼问题。

论据②：如果人（S1）出现颈肋骨畸形的情况，90%的发病者活不到成年——死因并不是颈肋骨本身，而是由此导致的其他骨骼问题，而这种情况通常和染色体异常及癌症有关。

论点：猛犸象（S2）的灭绝（结果G）与染色体异常和癌症（P2：原因Y）有关。

本题涉及多个论证，分析如下：

①现象原因模型：此题涉及现象原因的分析。

②类比论证模型：论据中的论证对象是“人”，论点中的论证对象“猛犸象”。

【第2步　套用母题方法】

(A) 项，此项说明不是因为染色体异常及癌症导致了猛犸象的灭绝（种群数量减少），而是因为种群数量的减少导致了染色体异常及癌症，因果倒置，削弱题干。

(B) 项，此项指出仅在部分地区猛犸象化石中发现颈肋骨畸形的情况，但不确定其他地区的情况如何。(干扰项・仅部分/不确定项)

(C) 项，此项指出染色体异常使猛犸象无法抵御寄生虫的攻击，这可能会导致猛犸象的灭绝，支持题干。

(D) 项，此项指出癌症在“哺乳动物”中多发，但不确定这些“哺乳动物”是否包括“猛犸象”。(干扰项・不确定项)

(E) 项，题干并不涉及猛犸象与其他史前巨型动物之间的比较，无关选项。(干扰项・新比较)

22. (C)

【第1步　识别论证类型】

提问方式：以下哪项如果为真，最能支持上述结论？

题干：在过去五年中该国北方地区主要大城市的PM2.5浓度显著降低（S），减少了气溶胶对HO_2自由基的吸收（HO_2自由基增加）(P1)，因此PM2.5浓度显著降低（S）导致了城市夏季臭氧的增加（P2）。

题干中P1与P2不一致，故此题为拆桥搭桥模型（双P型）。

【第2步　套用母题方法】

(A) 项，题干并不涉及臭氧和PM2.5对人体危害程度的比较，无关选项。(干扰项・新比较)

(B) 项，此项涉及的是PM2.5浓度与气溶胶的吸收性显著相关，但“正相关”还是“负相关”并不明确。

(C) 项，此项说明大气中HO_2自由基的数量（P1）与夏季臭氧含量（P2）正相关，搭桥法（双P搭桥），支持题干。

(D) 项，此项指出“应该”如何解决大气污染，但不确定事实情况如何。(干扰项・非事实项)

(E) 项，此项指出NO_x和VOC_s排放量增加，但NO_x和VOC_s与PM2.5浓度之间的关系并不明确。

23. (A)

【第1步　识别论证类型】

提问方式：要使上述论证成立最可能基于下列哪一前提？

题干：位于加拿大的一个小行星撞击坑提供了一个新证据，这个陨石坑（S）内的普通矿物锆石转变成了宝石状的立方氧化锆（P1）。据此推算，小行星撞击地球（S）的温度下限为2 370摄氏度（P2）。

题干中P1与P2不一致，故此题为拆桥搭桥模型（双P型）。

【第2步　套用母题方法】

(A) 项，此项构建了“锆石转变成了宝石状的立方氧化”和“温度下限为2 370摄氏度”之间的关系，搭桥法（双P搭桥），必须假设。

(B) 项，题干并不涉及小行星撞击地球对地球演化进程的影响，无关选项。(干扰项·话题不一致)

(C) 项，此项涉及的是撞击温度达到 2 370 摄氏度时的对“陨石和地表岩石”的影响，但不涉及“锆石转变成了宝石状的立方氧化”，无关选项。(干扰项·话题不一致)

(D) 项，题干并不涉及确定小行星撞击对地球演化的影响所需的条件，无关选项。(干扰项·话题不一致)

(E) 项，题干的论证不必假设“每个”小行星撞击坑中都会发现宝石状的立方氧化锆，假设过度。(干扰项·范围不一致)

24. (A)

【第 1 步　识别论证类型】

提问方式：以下哪项如果为真，不能支持上述结论？

题干：造成这一现象（劳动力市场的结构性供需矛盾）（结果 G）的深层次根源在于，全社会整体的择业意愿与社会需求的背离程度正在不断加深（原因 Y）。

锁定关键词“根源在于”，可知此题为现象原因模型。

【第 2 步　套用母题方法】

(A) 项，此项涉及的是工作意愿与“当前技能教育培训”不匹配，而题干涉及的是择业意愿与“社会需求”不匹配，无关选项。(干扰项·话题不一致)

(B) 项、(C) 项、(D) 项，这三项说明更多人选择从事脑力劳动而非体力劳动，即择业意愿与社会需求相背离，支持题干。

(E) 项，此项说明技工和普工的供给量不满足社会的需求量，即择业意愿与社会需求相背离，支持题干。

25. (B)

【第 1 步　识别论证类型】

提问方式：以下哪项如果为真，最能反驳上述结论？

题干：

听莫扎特的乐曲：答题得分高；

没听莫扎特的乐曲（听普通流行音乐、没有听任何音乐）：答题得分低；

故：听莫扎特的音乐（原因 Y）可以有效提高人们在智力测试中的得分（结果 G）。

本题通过两组对比的实验，得出一个因果关系，故此题为现象原因模型（求异法型）。另外，本题的结论也可认为是措施目的模型。

【第 2 步　套用母题方法】

(A) 项，此项涉及的是第一组受试者对莫扎特的音乐的喜爱程度，但“喜爱程度”对测试成绩的影响并不明确。(干扰项·不确定项)

(B) 项，此项说明两组实验对象存在其他影响测试成绩的差异，另有差因，削弱题干。

(C) 项，此项指出后两组受试者在受试时较为紧张、焦虑，但无法证明第一组受试者不存在上述情况。同时，“紧张、焦虑”的情绪对测试成绩的影响并不明确。(干扰项·不确定项)

(D) 项，此项涉及的是上述智力测试不能全面反映受试者的智力情况，而题干涉及的是“智

力测试的得分”是否与“听莫扎特的乐曲”有关，无关选项。(干扰项・话题不一致)

(E) 项，此项指出受试者没有学习过音乐领域的专业知识，诉诸人身，不能削弱。

26. (A)

【第1步　识别论证类型】

提问方式：以下各项如果为真，除哪项外均能质疑上述观点？

题干：刮风会把病毒吹得到处都是，下雨会让病毒更快繁殖，它们都会加速病毒在空气中的传播。因此，对于以飞沫方式传播的病毒（P），人们应该在大风和下雨时特别做好病毒防护措施（M）。

锁定关键词“措施”，可知此题为措施目的模型。

【第2步　套用母题方法】

(A) 项，此项的论证对象是“细菌”，而题干的论证对象是“病毒”，无关选项。(干扰项・对象不一致)

(B) 项，此项指出有效的病毒防护措施会给身体带来负担，即措施有副作用，削弱题干。

(C) 项，此项说明在潮湿环境中不会增加病毒数量，即下雨不会让病毒更快繁殖，削弱题干。

(D) 项，此项指出大风会将高浓度的病毒“稀释”，即大风不会加速病毒在空气中的传播，削弱题干。

(E) 项，此项说明下雨时空气中的病毒含量会降低，即下雨不会让病毒更快繁殖，削弱题干。

27. (B)

【第1步　识别论证类型】

提问方式：以下哪项如果为真，最能削弱上述论证？

题干：图书馆纸质书籍（S1）使用量急剧下降（结果G）。有人据此得出结论，与过去的大学生相比，现在的大学生普遍不爱阅读（S2）了（原因Y）。

题干论据中的论证对象“图书馆纸质书籍”是论点中论证对象“阅读”的子集，故此题为归纳论证模型（可理解为拆桥搭桥模型）。另外，题干中涉及对现象原因的分析，故此题也为现象原因模型。

【第2步　套用母题方法】

(A) 项，此项说明现在的有些大学生依然喜爱阅读，是题干中论点的反例，削弱论点。但由于此题要求反驳“论证”，故此项力度较弱。

(B) 项，此项指出大学生更倾向于选择便捷的电子文献，即指出“图书馆纸质书籍”并不能代表“阅读量”，样本没有代表性（双S拆桥），削弱题干。

(C) 项，此项的论证对象是“教师”，而题干的论证对象是“大学生”，无关选项。(干扰项・对象不一致)

(D) 项，说明大学生确实不再需要进行阅读了，支持题干。

(E) 项，此项说明了图书馆空间设计风格有变化，但不确定这一变化对阅读的影响。(干扰项・不确定项)

28. (C)

【第1步 识别论证类型】

提问方式：以下哪项如果为真，最能支持该学者的观点？

学者：容错机制（S）应该提供给本身正处于创新能力高峰期的青年科学家（P），而不是已取得较高学术成就的院士。

此题提问针对论点，故可直接支持论点或考虑在论点内部搭桥。

【第2步 套用母题方法】

(A) 项，此项涉及的是把容错机制提供给院士的原因，而题干涉及的是容错机制应该提供给青年科学家，无关选项。（干扰项·话题不一致）

(B) 项，此项指出青年科学团队没有拿下重大科研项目，但“没有拿下重大科研项目”与“容错机制应该提供给谁”无关。（干扰项·话题不一致）

(C) 项，此项指出容错机制有助于青年科学家进行科技创新，即构建了“容错机制”和“提供给青年科学家”之间的关系，搭桥法（SP搭桥），支持题干。

(D) 项，题干不涉及青年科学家和院士取得突破创新需要付出努力的比较，无关选项。（干扰项·新比较）

(E) 项，此项说明确实不应该将资源（可能包括“容错机制”）集中在院士身上，可能支持题干。

29. (B)

【第1步 识别论证类型】

提问方式：以下哪项如果为真，最能支持上述结论？

题干：

感染埃博拉病毒后没有使用汉防己碱治疗，仅有一半小鼠存活；
感染埃博拉病毒后使用汉防己碱治疗，小鼠的存活率显著提高；

———————————————————————

故：汉防己碱是埃博拉病毒的“克星”（原因Y，措施M），有望在今后五年内用于治疗埃博拉感染疾病（结果G，目的P）。

题干通过两组对比的实验，得出一个因果关系，故此题为现象原因模型（求异法型）。另外，此题涉及措施目的的分析，故此题也为措施目的模型。

【第2步 套用母题方法】

(A) 项，此项涉及的是汉防己碱的“提取途径”，而题干涉及的是汉防己碱的“治疗效果”，无关选项。（干扰项·话题不一致）

(B) 项，此项指出汉防己碱可以通过抑制埃博拉病毒来保护免疫细胞，因果相关（YG搭桥），支持题干。

(C) 项，题干不涉及汉防己碱是否还有其他功效，无关选项。（干扰项·话题不一致）

(D) 项，此项指出用汉防己碱没有副作用，支持题干，但力度弱于 (B) 项。

(E) 项，题干不涉及年龄、性别对治疗埃博拉感染疾病的影响，无关选项。（干扰项·话题不一致）

30. （B）

【第1步　找到待解释的现象】

提问方式：以下除哪项外，均有助于解释该地区的这一现象？

待解释的现象：低密度脂蛋白胆固醇水平长期过高是造成脑中风、冠心病等心脑血管疾病的主要原因。某地区动物内脏消费量大，而食用动物内脏会使人摄入大量的低密度脂蛋白胆固醇，但是，该地区的人患脑中风、冠心病等心脑血管疾病的比例却低于正常水平。

【第2步　套用母题方法】

(A) 项，此项说明当地居民开始吃动物内脏的时间并不久，故目前该地区的人患心脑血管疾病的比例低，可以解释。

(B) 项，此项指出动物内脏的销售价格持续走低，但这只能解释该地区的内脏消费量为什么大，无法解释为何患心脑血管疾病的比例低，故此项为正确选项。

(C) 项，此项指出该地区的人在吃动物内脏的同时也会吃海鱼，而海鱼有助于降低胆固醇，从而降低患心脑血管疾病的可能，故该地区的人患心脑血管疾病的比例低，可以解释。

(D) 项，此项说明当地居民喜欢食用的醋帮助当地居民预防了心脑血管疾病，故当地居民患心脑血管疾病的比例低，可以解释。

(E) 项，此项指出当地居民的某种基因突变分解了低密度脂蛋白胆固醇，从而帮助当地居民预防心脑血管疾病，故该地区的人患心脑血管疾病的比例低，可以解释。

满分必刷卷 7

时间：60分钟　　总分：30×2=60分　　你的得分________

1. 肥皂是脂肪酸金属盐的总称，其中的金属主要是钠或钾等碱金属。海水中的钠和肥皂中的钠实际上都是以离子的形式存在的，由于离子间的平衡，海水中的钠离子会阻止肥皂中的钠离子在水中充分溶解。因此，在海水中，肥皂不起清洁作用。

以下哪项最适合作为上述论证的前提?

(A) 肥皂中的钠离子要先充分溶解才能发挥清洁作用。

(B) 海水中的钠离子可以从海水中分离出来。

(C) 肥皂要与水共同使用才能发挥清洁作用。

(D) 肥皂中的钠离子不溶于水。

(E) 肥皂中的其他离子均没有清洁作用。

2. 某市今年进入夏天以来，不少市民发现蚊子越来越多，简直无法控制。之所以出现这种情况，有医学专家认为，由于该市今年气温比去年同期要高，而高温的天气有利于蚊子的生长，这就使得该市今年的蚊子比往年多。

以下哪项如果为真，最能削弱该专家的观点?

(A) 该市前年同期气温更高，但是蚊子不多。

(B) 也有部分市民觉得今年的蚊子不那么多。

(C) 邻近某市今年气温不高，但蚊子也很多。

(D) 蚊子的繁殖与蚊子所处环境的卫生有关。

(E) 较高的温度可以促进蚊子的新陈代谢，加速幼虫的生长。

3. 为什么人类的平均寿命越来越长? 传统观点认为，这完全得益于现代医学的发展、充足的食物以及先进的卫生系统。但新研究表明，虽然上述因素在最近200年内，延长了人类的寿命，但人类平均寿命不断增长的趋势，早在这之前就存在了。当人类的祖先开始更多地摄入肉食后，他们就渐渐进化出了对抗肉食中病菌的免疫机制。因此，新的观点认为：人类在更多地摄入肉食后进化出的免疫机制才是延长寿命的主要原因。

以下哪项如果为真，最能削弱上述新观点?

(A) 人类因食物更丰富而使自己寿命更长。

(B) 有些素食主义者不吃肉，寿命也很长。

(C) 其他灵长类动物的祖先也摄入肉食。

(D) 灵长类的免疫机制应该是一样的。

(E) 有的人类也摄入了更多的肉食，但是寿命反而大大缩短了。

4. 中国传统的实用理性，直到现在仍没有发生根本性的改变，它在现代中国人精神领域中的一个突出表现就是：人们习惯于把“科学”和“技术”合在一起使用，谓之为“科技”。这样一来，“科技”的探究精神往往被剥离了，而“科技”就只剩下实用主义的“技术”了。
以下哪项如果为真，最能削弱上述结论？
(A) 科技内在地包含“科学”和“技术”两个方面，无法剥离。
(B)“科学”和“技术”合用不等于剥离探究精神。
(C) 科学并不能等同于探究精神。
(D)“科学”和“技术”的区别在于，科学解决理论问题，技术解决实际问题。
(E) 科技要服务于社会，追求实用性并没有错。

5. 从发展视角来看，金融科技创新正在驱动全球支付方式产生巨大变革，支付工具多元化和支付生态多样性的特征日渐明显，现金作为一种支付手段的重要性正在下降。有经济学家称，商家的未来在于手机支付，因为当你看不到钱被花出去的时候，也就意味着焦虑感会减少。
以下哪项如果为真，不能支持该经济学家的结论？
(A) 相比于现金支付，手机支付更便捷、安全。
(B) 不具备网购和支付能力的手机已经被市场淘汰。
(C) 目睹金钱在眼前消失会激活某一脑区，产生焦虑感。
(D) 同一商品在实体店的销售额远低于网上商场的销售额。
(E) 现金消费的行为更能激发人们继续挣钱的愿望。

6. 某论坛有人发帖：“人类正常体温 37℃已成历史，自 19 世纪以来，人类体温下降了 0.4℃。而体温每下降 1℃，免疫力就会下降 30%；而体温每上升 1℃，免疫力就会提高 5～6 倍。”因此有网友担心，自己体温始终低于正常标准，这意味着自己的免疫力也低于常人。
以下哪项如果为真，最能质疑该网友的担心？
(A) 人类体温是否自 19 世纪以来下降了 0.4℃，目前并无权威统计数据支持。
(B) 体温越高，就会激活人体内更多的免疫细胞，从而更好地歼灭入侵的病原微生物。
(C) 正常体温标准是根据多数人的测量结果而来，每个人的体温存在差异属于正常现象，对健康并无影响。
(D) 与正常体温的人相比，体温低的人身体中有一部分酶的活性受抑制，身体的代谢强度会下降。
(E) 一般正常体温腋下温度为 36℃～37℃，舌下温度为 36.3℃～37.2℃，直肠温度为 36.5℃～37.7℃，体位不同，有所差异。

7. 小盗龙是一种生活在 1.2 亿年前带羽毛的肉食性恐龙。此前，人们根据小盗龙眼眶很大，认为它是夜行动物。但是随着对一种名为“黑素体”的物质研究的逐渐深入，人们发现，小盗龙的羽毛呈现“五彩斑斓的黑”，即通体是黑色，仔细瞧时却能在黑中发现绿、蓝、紫等其他颜色，并呈现金属光泽。由此科学家推测，小盗龙有可能是在白天活动。
以下哪项如果为真，最能支持科学家的推测？
(A)“五彩斑斓的黑”可能被用来进行种内信息交流，如个体识别、吸引配偶等。
(B) 近距离观察乌鸦，会发现阳光下乌鸦的羽毛也呈现出这种五彩斑斓的结构色。
(C)“五彩斑斓的黑”需要阳光反射才能呈现，有此颜色的恐龙基本都在白天活动。
(D) 某教授认为，从现有的研究资料来看，小盗龙更有可能在白天活动。
(E) 大型恐龙一般在白天猎食，而小型恐龙不具有竞争优势，它们大多在夜间猎食。

8. 截至2019年年末，全国60岁以上的老年人超2.5亿，其中农村老年人占1.3亿。估计未来可能还有近10%的农村人口会转移到城市居住，但仍有4亿多的农村人口。根据预测，到2028年的时候，农村老年人口的比重或将突破农村人口的30%。由此可见，我国农村的老龄化水平要高于城市，农村面临着更为严重的老龄化问题。

以下各项如果为真，除哪项外均能支持以上论述？

(A) 农村的年轻人越来越多地向城市转移并改变其户籍性质。

(B) 截至2019年年末，我国农村人口在总人口中的占比不足50%。

(C) 未来，我国将采取更有力的措施积极应对农村人口老龄化。

(D) 农村转移到城市居住的人口中，六十岁以上的老年人占比不到30%。

(E) 相比于城市，农村的环境更受老年人喜欢，在农村养老已然成了一种新趋势。

9. 某县支行在对其储户进行统计分析时发现，在该行存款10万元以上的大额储户中，有60%的储户是城镇居民，该行某负责人由此向县领导建议：为了增加上述大额储户的比例，县政府应该鼓励农村居民向城镇转移。

以下哪项如果为真，最能质疑该负责人的建议？

(A) 很多农村居民更愿意将钱存入银行。

(B) 城镇居民由于消费水平高，通常会更积极努力工作。

(C) 该县农村居民平均存款额只有城镇居民的70%。

(D) 存款50万元以上的大额储户中，农村居民的比例要略高于城镇居民。

(E) 该县城镇居民的比例超过60%。

10. 研究者对278名42岁至60岁的男性进行追踪研究，发现其中献过血的人患冠心病的比例比未献过血的低。同期另一项研究也表明：定期适量地献血可以降低血液黏稠度，促进血液循环。研究者据此认为，适量献血不仅有助于预防冠心病，还能预防衰老。

以下哪项如果为真，最能支持研究人员的观点？

(A) 人体内的铁元素不超过正常比例，人们患冠心病的风险就不会明显提高。

(B) 氧化是身体老化生病的基础，血液过浓会直接导致人体的“氧化作用”加快。

(C) 研究显示，患冠心病并不会导致人体衰老得更快。

(D) 口服抗衰老药物和食物，能够清除血液中的“自由基”而达到抗衰老的效果。

(E) 献血越多，越可以减少血液内的铁元素，从而刺激造血器官保持旺盛造血功能。

11. 为了提高学生的阅读能力，研究人员设计了A、B两套阅读方案。为了比较这两套方案的效果，研究人员将被试学生分为两组，甲组采用方案A，乙组采用方案B。在随后的阅读能力测试中，甲组学生比乙组学生的平均分高出很多。研究人员据此认为，采用阅读方案A更有助于提高学生的阅读能力。

上述结论的成立需要补充以下哪项假设？

(A) 甲组学生人数多于乙组。

(B) 两组学生的阅读能力均有所提高。

(C) 甲组学生的阅读速度明显快于乙组。

(D) 甲组中成绩最低的学生比乙组中成绩最高的学生成绩高。

(E) 两组学生在方案实施前的阅读能力基本相同。

12. 大约 30%接受化疗的癌症患者都曾饱受“化疗脑”的困扰。“化疗脑”指患者化疗后思维不清，典型的症状包括注意力、记忆力和视觉空间能力受损。有研究表明，癌症患者出现这些认知能力受损的症状系化疗所致。

以下哪项如果为真，最能加强上述研究结论？

(A) 10%～40%癌症患者的“化疗脑”症状由术后焦虑、抑郁或生理疲惫所引发。

(B) 很多癌症患者大都年过半百，其认知能力下降是由自然衰老导致的。

(C) 化疗药物对神经的毒性会引发大脑炎症，使患者的认知出现障碍。

(D) 癌细胞入侵大脑，致使大脑结构发生改变，进而影响认知功能。

(E) 患者认知能力受损的各项症状无法在后续治疗中完全恢复。

13. 人工甜味剂主要有阿斯巴甜、三氯蔗糖和糖精这几种。很多产品都在使用人工甜味剂来增强口感，人工甜味剂不会像其他糖类一样给人们造成热量上的负担。但有研究人员认为，人工甜味剂会让人变胖，因为人工甜味剂能改变肠道菌群的结构，帮助某些特定肠道菌群生长，这些细菌可以高效提取食物中的能量，把能量转化为脂肪。

以下哪项如果为真，不能支持上述研究人员的论证？

(A) 摄入人工甜味剂变胖的小鼠，用广谱抗生素杀死其体内肠道细菌后，体重会恢复正常。

(B) 在肥胖小鼠和正常小鼠的对比实验中发现，基因决定小鼠肠道菌群结构的不同。

(C) 与没有食用人工甜味剂的小鼠相比，食用了人工甜味剂的小鼠脂肪增长率更快。

(D) 肥胖基因小鼠的肠道内会有一群细菌格外繁荣，人工甜味剂也会使小鼠肠道内的这种细菌格外繁荣。

(E) 研究人员把来自肥胖小鼠的肠道细菌转入正常体重的小鼠后，正常小鼠变胖了。

14. 某市最近举行了以“我家的传家宝”为题的小学生征文比赛。在逾两万名学生的参赛作品中，“外婆留了一件补了又补的旧衣服”成了上千名学生笔下的“我家的传家宝”。对此，李研究员认为，不是生活阅历的缺乏，而是创造力的匮乏导致了孩子们的作文千篇一律。

以下哪项如果为真，最能支持李研究员的观点？

(A) 孩子课外时间几乎都被各种补习班占用，没有属于自己的生活，缺乏创作素材。

(B) 课外班也有足球、钢琴、机器人等兴趣型的，孩子们的生活色彩并不是单一的。

(C) 孩子们被要求背诵范文，抑制了其创造力的激发，形成了大量的对范文的模仿。

(D) 与其追问“千篇一律”的原因，倒不如想办法解决这一问题。

(E) 同期举办的“乐学杯”中学生征文比赛中也出现了千篇一律的情况。

15. 近日，某国宇航局的火星车在对火星进行探索时，发现了类似丹麦海岸上的圆形鹅卵石。研究者认为这将是第一个能够证明火星上曾出现水流的证据，这一发现也进一步支持了“火星曾出现适居环境”这一理论。

要得到上述结论，最需要补充以下哪项前提条件？

(A) 火星车在登陆区附近发现了一个冲积扇，冲积扇可能因为水流的沉积物而形成。

(B) 火星车在火星表面发现了一些神秘的标记，这些标记可能是外星文明留下的证据。

(C) 这些鹅卵石已有 20 多亿年历史，可能是在火星形成 20 亿年后出现的。

(D) 对从火星车挖掘的鹅卵石粉末样本进行分析，发现火星在远古时期的环境状况是适宜微生物生存的。

(E) 只有被水冲刷才会形成圆形鹅卵石。

16. 研究者认为，红茶是抗氧化效果最好的茶。研究者采用体外穴位间电位实时监测法，测试红茶、乌龙茶和绿茶三种茶汤的摄入对人体经络的体表电位影响后发现：红茶引起的经络体表电位影响最大、作用时间最长，而这可能与茶汤颗粒最小有关系。

以下哪项如果为真，最能支持研究者的结论？

(A) 人体经络的体表电位测试受个体差异影响过大。

(B) 市场上具有打嗝效应的茶叶往往被奉为上等茶。

(C) 黑茶、白茶等其余茶汤的颗粒比乌龙茶和绿茶都要小。

(D) 茶汤的抗氧化性强弱取决于其成分颗粒的大小。

(E) 体外实验的分析结果仍需进一步检验才能应用于临床医学。

17. 赤潮是近岸海水受到有机物污染所致，当含有大量有机物的生活污水、工业废水和农业废水流入海洋后，赤潮生物便会急剧繁殖起来，从而形成赤潮。因此有人认为，只要限制有机物污染海水，就可以有效减少赤潮。

以下哪项如果为真，最能削弱上述论证？

(A) 某些地区的海水从未出现过赤潮。

(B) 全球气候变暖也是引发赤潮的原因。

(C) 赤潮生物在海水中的密度呈动态变化。

(D) 通过增大藻类养殖和贝类养殖范围可以降低赤潮的发生。

(E) 有机物是生命产生的物质基础，所有的生命体都含有机物。

18. 人体某些细胞可以把身体产生的废物残渣“吃掉”，这种现象称作“细胞吞噬”。“细胞吞噬”可以消除掉可能致癌的基因突变细胞。某日本科学家研究发现酿酒的酵母细胞也具有细胞吞噬功能。此消息一出，很多酿酒厂商打出了“喝酒抗癌”的广告词。

以下哪项如果为真，最能质疑“喝酒抗癌”的广告词？

(A) 大量饮酒的人有些癌症发生的概率比不喝酒的人高很多。

(B) 酿酒酵母细胞只能“吃掉”自己产生的废物，对人体无用。

(C) 酿酒厂商的广告带有夸大宣传的成分，可信度较弱。

(D) “喝酒抗癌”的宣传可能会误导大众酗酒，从而有害健康。

(E) 少量饮用粮食发酵而成的白酒可以通血脉、散湿气。

19. 日前，某眼镜公司研制了一种水梯度专利材质，这种材质可以使隐形眼镜的核心至表面含水量由33%梯度递增到80%及以上，可实现对眼睛更为长久的保湿效果。然而，新材料隐形眼镜上市后，尽管做了大力宣传，销量依然惨淡。公司负责人由此认为：隐形眼镜的使用者并不在意眼镜的保湿效果。

以下各项如果为真，则除了哪项均能削弱上述论证？

(A) 很多消费者试戴后认为这种新产品的眼镜厚度增加，造成眼部不适。

(B) 为了保证眼睛湿润，许多隐形眼镜使用者一般只会在必要的时候佩戴。

(C) 传统的隐形眼镜经常和眼睛争夺水分，长期佩戴会引发干眼症和眼部过敏。

(D) 很多消费者虽看到了广告，但由于不太了解材料的安全性能，所以没有购买。

(E) 该公司的新品宣传广告主要是在线下，但消费者往往喜欢在网上了解隐形眼镜产品。

20. 中国人有将水烧开再喝的习惯，家家户户都备有开水壶。但是并非所有烧开的水都是对身体有益的。有研究表明：饮用水不能反复烧开，否则容易致癌。

以下哪项如果为真，最能削弱上述研究结论？

(A) 将饮用水烧开的目的是溶解水中的钙、镁等离子，破坏其络合物结构以降低水的硬度。

(B) 水本身在加热情况下，分子结构并不会变化。

(C) 饮用水中硝酸盐能致癌，烧开或过滤水均不能去除，而烧水会浓缩硝酸盐。

(D) 虽然饮用水反复烧开可能增加水中的亚硝酸盐浓度，但不会达到致癌量。

(E) 加热饮用水会杀灭大部分对人体有害的细菌，将水中的菌群含量降低到安全状态。

21. 人体内有两种脂肪：白色脂肪和棕色脂肪。白色脂肪负责储存能量，像不停扩建的一排仓库；而棕色脂肪则像一座锅炉，快速烧脂产热，用来保持体温。只占人体体重 1%的棕色脂肪竟然能够提高 20%的基础代谢率，而且相同重量的棕色脂肪比白色脂肪能贮藏更多的能量。有实验证实，坚持长期慢跑或者散步可以帮助人体将更多的白色脂肪转化为棕色脂肪，进而减轻体重。有学者据此认为，长期慢跑或者散步可以降低罹患心血管疾病的风险。

以下哪项最可能是上述结论所依赖的前提？

(A) 人体脂肪过度累积容易导致心血管疾病。

(B) 适当减轻体重可降低罹患心血管疾病的风险。

(C) 通过剧烈运动过多减少脂肪也不利于健康。

(D) 长期慢跑或者散步均不会导致膝盖受到伤害。

(E) 心血管疾病的发生和运动量有很大关联性。

22. 正常人体内的酸碱度（pH 值）稳定在 7.3－7.45 之间，是偏碱性的。之所以这么稳定，其原因在于人体内有三大调节系统，即体内缓冲系统调节、肺调节和肾脏调节。如果体内的 pH 值低于 7.35，就属于“酸中毒”。有一种理论认为，癌症患者几乎都是酸性体质，因此酸性体质会诱发癌症。

以下哪项如果为真，最能质疑这一理论？

(A) 现代医学研究证实，癌症是由多种因素导致的。

(B) 健康人体内的 pH 值一般不会受摄入食物的影响而改变。

(C) 人的身体处于“酸中毒”状态，若未得到及时治疗，不出几天就会死亡。

(D) 肿瘤组织呼吸作用的代谢途径与人体正常组织不同。

(E) 没有证据表明癌症患者的人体调节系统失常，“酸性体质”不能界定。

23. 望远镜越来越大，越来越昂贵，是否有更好的替代方案呢？有天文学家提出，可利用地球大气弯曲和聚焦光线，把整个地球变成一个“望远镜镜头”。当太阳系外恒星的光线抵达地球大气时，光线会发生弯曲（或折射）。这种弯曲使光线集中并聚焦在地球另一边空间中的某个区域，在合适的位置，比如在距地球 150 万公里的轨道上，放置一架带有探测器的航天器就可以捕捉到聚焦的光线。这意味着，这种被称为“地球望远镜”的设备能够进行超灵敏探测，揭示太阳系外恒星的特征。

以下哪项如果为真，最能质疑上述天文学家的观点？

(A) 地球望远镜无法解决来自地球干扰光线的负面影响。

(B) 将带有探测器的航天器放在预设位置目前难度较大。

(C) 来自太阳系外恒星的光线会从不同高度进入地球大气。

(D) 为了捕捉聚焦的光线，“地球望远镜”的最佳工作温度是50K（－223℃）以下。

(E) 正在建造的高清望远镜能准确捕捉到太阳系内天体的光线。

24. 珊瑚礁纷繁复杂的颜色让其看起来似乎非常随机地生长，但一项新研究显示，许多珊瑚的生长并不是随机的，它们很乐于彼此靠近地生活。在一个区域内，珊瑚越多，它们抵挡风浪的能力就越强；珊瑚集群还能扰动流经的海水，使营养物质在珊瑚礁内分布得更加均匀；更多的邻居也意味着更多的交配机会，有性繁殖的成功率也会更高。研究者据此推断，可以通过追踪珊瑚集群的生长变化情况来修复珊瑚礁，防止濒危珊瑚灭绝。

以下哪项如果为真，最能削弱上述论证？

(A) 在不同的海区，珊瑚集群的生长规律差异很大，而且会随外界变化而移动，追踪其群落变化有着较高的难度。

(B) 珊瑚的生长对环境要求很高，如果对环境不加保护，珊瑚将停止生长，出现“白化”现象而大量死亡。

(C) 遭遇风暴后，珊瑚虫被损毁，一些幸存的珊瑚会在间隙里迅速生长，在曾经由单一珊瑚主导的地点形成多样的珊瑚集群。

(D) 通过追踪珊瑚集群的方式虽然能防止濒危珊瑚灭绝，但过高的费用将给政府带来很大的财政压力。

(E) 许多珍稀的珊瑚物种将后代释放到水中，其幼体经过浮游阶段找到合适的栖息地后才继续生长，这些物种往往分散得较为稀疏，不成群落。

25. 人会患上癌症，是因为体内有一小部分细胞在不受控制地疯狂生长。这些细胞失控，是因为它们发生了突变，多个突变积累最终导致正常细胞变成癌细胞。但这些突变是哪里来的呢？研究者认为，“所有的癌症都是坏运气、环境和遗传综合作用的结果”。有些突变是环境所致，比如吸烟或者接触了别的致癌物，有些突变是从父母那里遗传来的，但还有些突变单纯就是“运气不好”——细胞分裂、DNA复制的时候总会无可避免地偶尔犯点儿错误。微观层面上，所有的新突变都是随机的。研究数据显示，癌症的风险大约有65%可以归于这些不可控的“坏运气”。

根据上述信息，可以得出以下哪项？

(A) 癌症无法预防，因此癌症预防工作应让位于早期检测，将更多资金用于癌症的早期检测、早期治疗。

(B) 老年人发生的细胞分裂总次数多于年轻人，因而老年人罹患各种癌症的风险都比年轻人高。

(C) 人类结肠的细胞分裂次数是十二指肠的100倍，因而人类患结肠癌的风险高于患十二指肠癌。

(D) 不抽烟的人罹患肺癌的风险比抽烟的人要低。

(E) 在不同的历史时期，人类各种癌症的发生率是基本保持不变的。

26. 相比早期生活在农村的孩子，城市里的孩子更容易出现过敏性疾病，与此同时，早期生活在城市的孩子其呼吸系统内微生物群的发育较为迟缓和不充分，而农村孩子的发育较为成熟。因此研究认为，儿童体内微生物群发育不良是过敏性疾病出现的主要原因。

以下哪项如果为真，最能支持上述结论？

(A) 城市化水平越高，儿童出现空气过敏原致敏的概率就越高。

(B) 在城市的孩子比生活在农村的孩子胃肠道内微生物群发育更迟缓。

(C) 过敏性疾病与人体免疫功能有关，微生物群是形成良好免疫功能的主要因素。

(D) 过敏性疾病的儿童患者体内白细胞介素较少。

(E) 目前已经研发出有效的办法解决儿童体内微生物群发育不良的问题。

27. 研究人员用 6 年时间追踪了超过 3 800 名青少年，请他们记录每天用来浏览社交网站的时间，同时评估他们孤独和悲伤等抑郁症状的程度。结果表明，那些在社交媒体上花费时间较多（即比所有青少年花费在社交媒体上的平均时间多出一小时以上）的青少年，其抑郁程度显著增加。研究人员由此得出：长时间地使用社交软件导致了青少年抑郁程度显著增加。

以下哪项如果为真，最能削弱上述结论？

(A) 有的青少年由于学习压力过大而导致抑郁。

(B) 看电视时间越长的青少年，其抑郁倾向会显著增强。

(C) 有抑郁倾向的青少年往往花费较多时间在社交媒体上转移焦虑、寻找慰藉。

(D) 经常使用社交媒体有助于帮助青少年快速找到解决问题的办法。

(E) 除了长时间地使用社交软件外，家庭氛围和同学关系也会影响青少年的抑郁程度。

28. 某餐馆经理在例会上总结，最近推出了三个新菜品：蒜蓉秋葵、干煸四季豆、咖喱土豆。前两个菜点的人多，最后一个菜最便宜，但几乎无人问津。这说明顾客一定不喜欢吃咖喱。

以下哪项最为恰当地指出了该经理总结中存在的漏洞？

(A) 依据一个不具有代表性的样本得出不相干的结论。

(B) 把对某个现象的一种可能的解释当作必然的解释。

(C) 把主观性猜测当作客观性证据来得出一般性结论。

(D) 片面地根据部分情况来推论整体，得出错误的结论。

(E) 两个不具有因果联系的事件当作有因果联系。

29. 天然钻石一般是在火山爆发的过程中来到地球表面的，它在地球深处的高温高压环境下形成，然后被岩浆带到地球的表面。近日，有研究团队研发出新的人造钻石培育技术，在实验室环境下，一星期就可以“培育”出一颗 1 克拉大小的钻石。人造钻石和天然钻石在成分和结构上并无差别，但其成本只有天然钻石市场价格的 1/6。有人据此预测，全球市场的天然钻石价格将大幅下降。

以下哪项如果为真，最能质疑上述预测？

(A) 人造钻石凝结的劳动价值远高于天然钻石。

(B) 钻石消费者认为人造钻石不是值得购买的“真正的钻石”。

(C) 结婚率的大幅度下降，可能导致钻石需求量有所下降。

(D) 虽然天然钻石价格会下降，但不可能降低到原价格的 1/6。

(E) 在工业和科研所需的精密仪器制造中，人造钻石需求量大。

30. 血脑屏障会阻挡外来药物进入脑肿瘤组织，为解决这一难题，研究人员研发了一种智能纳米药物。他们先将化疗药物制备成纳米晶体，然后与装配有主动导航功能分子的红细胞膜混合在一起，主动导航的红细胞膜带着纳米晶体绕开血脑屏障，到达以往药物无法到达的脑肿瘤组织，将药物导入其中并在肿瘤细胞中释放，对脑肿瘤组织实施精准打击。研究人员认为，该药物可有效治疗脑肿瘤。

以下哪项如果为真，最能削弱研究人员的结论？

（A）治疗脑肿瘤首先要解决的问题并非是克服血脑屏障。

（B）通过手术将脑肿瘤切除是一种有效的治疗方法。

（C）智能纳米药物需与病灶组织导航靶向技术相结合。

（D）智能纳米药物的残留物会刺激脑肿瘤组织的生长。

（E）通过单次高剂量的静脉注射智能纳米药物可有效抑制脑肿瘤生长。

满分必刷卷 7　答案详解

答案速查

1～5	(A) (A) (A) (B) (E)	6～10	(C) (C) (C) (E) (B)
11～15	(E) (C) (B) (C) (E)	16～20	(D) (B) (B) (C) (D)
21～25	(B) (E) (A) (E) (C)	26～30	(C) (C) (B) (B) (D)

1. (A)

【第 1 步　识别论证类型】

提问方式：以下哪项最适合作为上述论证的前提？

题干：由于离子间的平衡，海水中的钠离子（S）会阻止肥皂中的钠离子在水中充分溶解（P1）。因此，在海水中（S），肥皂不起清洁作用（P2）。

题干中 P1 与 P2 不一致，故此题为拆桥搭桥模型（双 P 型）。

【第 2 步　套用母题方法】

(A) 项，此项指出肥皂中的钠离子充分溶解后才能发挥清洁作用，即构建了“阻止肥皂中的钠离子在水中充分溶解”与“肥皂不起清洁作用”之间的关系，搭桥法（双 P），必须假设。

其他各选项均不涉及“充分溶解”与“清洁作用”之间的关系，均为无关选项。

2. (A)

【第 1 步　识别论证类型】

提问方式：以下哪项如果为真，最能削弱该专家的观点？

专家的观点：由于该市今年气温比去年同期要高（原因 Y），而高温的天气有利于蚊子的生长，这就使得该市今年的蚊子比往年多（结果 G）。

此题涉及对现象原因的分析，故此题为现象原因模型。

【第 2 步　套用母题方法】

(A) 项，此项指出该市前年同期气温更高（有因），但是蚊子不多（无果），有因无果，削弱专家的观点。

(B) 项，“觉得”是一种主观观点，不代表事实，故排除。(干扰项・非事实项)

(C) 项，邻近某市今年气温不高（无因），但蚊子也很多（有果），无因有果，削弱专家的观点。但此项的论证对象与题干不一致，故削弱力度小于 (A) 项。

(D) 项，此项指出蚊子的繁殖与其所处环境的卫生有关，但是该市的卫生状况并不明确，故排除。

(E) 项，此项指出高温确实有助于蚊子数量的增长，即构建了“蚊子数量增多”与“较高的温度”的关系，因果相关（YG 搭桥），支持专家的观点。

3. (A)

【第1步　识别论证类型】

提问方式：以下哪项如果为真，最能削弱上述新观点？

新观点：人类在更多地摄入肉食后进化出的免疫机制（原因Y）才是延长寿命（结果G）的主要原因。

锁定关键词"主要原因"，可知此题为现象原因模型。

【第2步　套用母题方法】

(A) 项，此项指出是"食物更丰富"导致"人类寿命的延长"，另有他因，削弱新观点。

(B) 项，此项指出"有些"人不吃肉寿命也很长，"有的不"只能反驳"所有"，故不能削弱新观点。(干扰项·有的不)

(C) 项、(D) 项，题干的论证不涉及其他灵长类动物，无关选项。(干扰项·对象不一致)

(E) 项，此项指出"有的"人类多吃肉反而寿命缩短，"有的不"只能反驳"所有"，故不能削弱新观点。(干扰项·有的不)

4. (B)

【第1步　识别论证类型】

提问方式：以下哪项如果为真，最能削弱上述结论？

题干：人们习惯于把"科学"和"技术"合在一起使用（P1），谓之为"科技"（S）。这样一来，"科技"（S）的探究精神往往被剥离了，而"科技"就只剩下实用主义的"技术"了（P2）。

题干中P1与P2不一致，故此题为拆桥搭桥模型（双P型）。

【第2步　套用母题方法】

(A) 项，此项涉及的是"科学和技术"是否被剥离，而题干涉及的是"探究精神"是否被剥离，无关选项。(干扰项·话题不一致)

(B) 项，此项指出"科学"和"技术"合用不等于剥离探究精神，即割裂了"'科学'和'技术'合在一起使用"（P1）与"探究精神被剥离"（P2）之间的关系，拆桥法，削弱题干。

(C) 项，此项涉及的是"科学"与探究精神的关系，而题干涉及的是"科技（科学与技术合用）"与探究精神的关系，故排除。(干扰项·话题不一致)

(D) 项，题干不涉及"科学"和"技术"的区别，无关选项。(干扰项·话题不一致)

(E) 项，题干不涉及科技追求实用性是否正确，无关选项。(干扰项·话题不一致)

5. (E)

【第1步　识别论证类型】

提问方式：以下哪项如果为真，不能支持该经济学家的结论？

经济学家：商家的未来在于手机支付，因为当你看不到钱被花出去的时候（S），也就意味着焦虑感会减少（P）。

此题提问针对论点，可优先考虑选项是否支持论点或在论点内部搭桥。

【第2步　套用母题方法】

(A) 项，此项说明手机支付优于现金支付，支持经济学家的结论。

(B) 项，此项说明手机都具备网购和支付能力，即可以为"手机支付"提供条件，支持经济学家的结论。

(C) 项，此项搭建了“现金支付”和“焦虑感”之间的关系，搭桥法（SP 搭桥），支持经济学家的结论。

(D) 项，此项指出同一商品在网上商场的销售额更高，说明消费者可能更倾向于“手机支付”，补充新论据，支持经济学家的结论。

(E) 项，此项指出现金消费的优点，削弱“商家的未来在于‘手机支付’”这一结论。

6. (C)

【第 1 步 识别论证类型】

提问方式：以下哪项如果为真，最能质疑该网友的担心？

题干：人类体温每下降 1℃，免疫力就会下降 30%；而体温每上升 1℃，免疫力就会提高 5～6 倍。”因此有网友担心，自己体温始终低于正常标准（原因 Y），这意味着自己的免疫力也低于常人（结果 G）。

题干涉及对体温与免疫力之间因果关系的判断，故此题为现象原因模型。

【第 2 步 套用母题方法】

(A) 项，“无权威统计数据支持”无法证明论据中的数据是错的，不能质疑网友的担心。（干扰项 • 非事实项）

(B) 项，此项解释了“体温高”为什么会“提高免疫力”，即对论据进行了补充说明，支持题干。

(C) 项，此项指出个人体温有差异是正常现象，并不会影响身体健康，割裂了“体温始终低于正常标准”与“免疫力也低于常人”之间的关系，因果无关（YG 拆桥），削弱题干。

(D) 项，此项涉及的是“体温”与“代谢”之间的关系，而题干涉及的是“体温”与“免疫力”之间的关系，无关选项。（干扰项 • 话题不一致）

(E) 项，题干不涉及身体各处温度的差异，无关选项。（干扰项 • 话题不一致）

7. (C)

【第 1 步 识别论证类型】

提问方式：以下哪项如果为真，最能支持科学家的推测？

题干：小盗龙（S）的羽毛呈现“五彩斑斓的黑”（P1）。由此科学家推测，小盗龙（S）有可能是在白天活动（P2）。

题干中 P1 与 P2 不一致，故此题为拆桥搭桥模型（双 P 型）。

【第 2 步 套用母题方法】

(A) 项，此项涉及的是小盗龙羽毛颜色所代表的“功能”，而题干涉及的是小盗龙羽毛颜色所代表的“活动时间”，无关选项。（干扰项 • 话题不一致）

(B) 项，此项的论证对象是“乌鸦”，而题干的论证对象是“小盗龙”，无关选项。（干扰项 • 对象不一致）

(C) 项，此项指出有“五彩斑斓的黑”（P1）颜色羽毛的恐龙基本都在白天活动（P2），搭桥法（双 P），支持题干。

(D) 项，教授的个人观点存在主观性，未必为真。（干扰项 • 非事实项）

(E) 项，题干不涉及恐龙体形大小与猎食时间的关系，无关选项。（干扰项 • 话题不一致）

8. (C)

【第1步　识别论证类型】

提问方式：以下各项如果为真，除哪项外均能支持以上论述？

题干：根据预测，到2028年的时候，农村老年人口的比重或将突破农村人口的30%。由此可见，我国农村的老龄化水平要高于城市，农村面临着更为严重的老龄化问题。

锁定关键词“预测”，可知此题为预测结果模型。另外，题干中涉及数量关系，故此题也为统计论证模型。

【第2步　套用母题方法】

(A) 项，此项指出越来越多的农村年轻人向城市转移，则农村老年人的比例可能越来越高，支持题干的论据。

(B) 项，此项指出农村人口在总人口中的占比不足50%，而农村老年人口却占全国老年人口的一半以上（即$\frac{1.3}{2.5}\times 100\%=52\%$），据此可知，农村面临着更为严重的老龄化问题，补充论据，支持题干。

(C) 项，此项涉及的是农村老龄化的“应对措施”，而题干涉及的是对农村老龄化趋势的“预测”，话题不一致，故此项为正确答案。

(D) 项，此项指出转移到城市居住的人中年轻人比老年人多，则留在农村的老年人的比例更高，支持题干的论据。

(E) 项，此项指出老年人更倾向于在农村养老，说明农村的老年人的比例可能会持续升高，支持题干的论据。

9. (E)

【第1步　识别论证类型】

提问方式：以下哪项如果为真，最能质疑该负责人的建议？

题干：在该行存款10万元以上的大额储户中，有60%的储户是城镇居民。因此，为了增加上述大额储户的比例（目的P），县政府应该鼓励农村居民向城镇转移（措施M）。

题干的论据中出现比率，选项中也出现比率，故此题为百分比对比模型。另外，锁定关键词“为了”，可知此题也为措施目的模型。

【第2步　套用母题方法】

(A) 项，此项说明有很多农村居民比城镇居民更愿意在银行储蓄，但这些农村居民是否为大额储户并不明确。（干扰项·不确定项）

(B) 项，题干不涉及城镇居民“消费与工作的关系”，无关选项。（干扰项·话题不一致）

(C) 项，此项指出农村居民“平均存款额较低”，但“平均存款额较低”不代表大额储户少，故不能支持或削弱题干。

(D) 项，此项的论证对象是“50万元以上的大额储户”，而题干的论证对象是“10万元以上的大额储户”，无关选项。（干扰项·对象不一致）

(E) 项，此项指出在该县的人口中，城镇居民的比例超过60%，同比削弱，故此项可以削弱题干。

10. (B)

【第 1 步　识别论证类型】

提问方式：以下哪项如果为真，最能支持研究人员的观点？

研究人员的观点：研究发现，献过血（S）的人患冠心病的比例比未献过血的低（P1）；定期适量地献血（S）可以降低血液黏稠度（P2），促进血液循环。因此，适量献血（S）不仅有助于预防冠心病（P3），还能预防衰老（P4）。

题干中“P1 和 P2”与“P3 和 P4”均不一致，故此题为拆桥搭桥模型（双 P 型）。

【第 2 步　套用母题方法】

(A) 项，题干并未涉及“铁元素的比例”与“患冠心病的风险”之间的关系，无关选项。(干扰项 · 话题不一致)

(B) 项，此项构建了“血液黏稠度”(P2) 与“预防衰老”(P4) 之间的关系，搭桥法（双 P 搭桥），支持研究人员的观点。

(C) 项，此项涉及的是“患冠心病”与“衰老”之间的关系，而题干涉及的是“适量献血”与“衰老”之间的关系，无关选项。(干扰项 · 话题不一致)

(D) 项，此项指出口服抗衰老药物和食物能达到抗衰老的效果，但即使这种新措施是有效的，也无法说明题干中的措施无效。(干扰项 · 其他措施)

(E) 项，题干并未涉及“献血量”与“造血功能”之间的关系，无关选项。(干扰项 · 话题不一致)

11. (E)

【第 1 步　识别论证类型】

提问方式：上述结论的成立需要补充以下哪项假设？

题干：

甲组采用方案 A：在随后的阅读能力测试中的平均分相对较高；

乙组采用方案 B：在随后的阅读能力测试中的平均分相对较低；

故：采用阅读方案 A（原因 Y）更有助于提高学生的阅读能力（结果 G）。

本题通过两组对比的实验，得出一个因果关系，故此题为现象原因模型（求异法型）。

【第 2 步　套用母题方法】

(A) 项，此项指出两组人数的不同，但“人数不同”不影响“平均分”，不必假设。

(B) 项，此项说明两组学生的阅读能力均有所提高，但未指出两组学生之间的区别，不必假设。

(C) 项，此项涉及的是两组学生的“阅读速度”存在差异，阅读速度是阅读能力的一个方面，但此项未指出阅读速度的差异是在实验前还是实验后，因此，此项不必假设。

(D) 项，此项涉及的是甲组中成绩最低的学生与乙组中成绩最高的学生成绩的比较，而题干涉及的是两组“平均分”的比较，不必假设。

(E) 项，此项排除了在实验过程中，阅读能力本身有差异对阅读能力测试平均分造成影响的可能性，排除差因，必须假设。

12. (C)

【第1步　识别论证类型】

提问方式：以下哪项如果为真，最能加强上述研究结论？

研究结论：癌症患者出现这些认知能力受损的症状（结果G）系化疗所致（原因Y）。

锁定关键词“所致”，可知此题为现象原因模型。

【第2步　套用母题方法】

(A) 项，此项说明部分癌症患者的“化疗脑”症状是由术后焦虑、抑郁或生理疲惫引起的，另有他因，削弱题干。

(B) 项，此项指出认知能力下降是由自然衰老导致的，另有他因，削弱题干。

(C) 项，此项指出化疗药物的毒性会使患者的认知出现障碍，即构建了“化疗”和“认知能力受损”之间的关系，因果相关（YG搭桥），支持题干。

(D) 项，此项说明认知能力受损可能是由“癌细胞入侵大脑”引起的，另有他因，削弱题干。

(E) 项，此项涉及的是认知能力受损是否能够恢复，而题干涉及的是认知能力受损的原因，无关选项。(干扰项·话题不一致)

13. (B)

【第1步　识别论证类型】

提问方式：以下哪项如果为真，不能支持上述研究人员的论证？

研究人员：人工甜味剂（S）会让人变胖（P2），因为人工甜味剂（S）能改变肠道菌群（P1），有助于某些特定肠道菌群的生长，这些细菌可以高效提取食物中的能量，把能量转化为脂肪。

研究人员论证中P1与P2不一致，故此题为拆桥搭桥模型（双P型）。另外，锁定关键词“因为”，可知此题也为现象原因模型。

【第2步　套用母题方法】

(A) 项，通过构建对照组来说明某些特定肠道菌群会导致小鼠变胖，支持题干。

(B) 项，此项指出是“基因”决定小鼠肠道菌群结构的不同，即不是“人工甜味剂”改变肠道菌群结构，另有他因，削弱题干。

(C) 项，此项构建了“人工甜味剂”和“肥胖”之间的关系，支持题干。

(D) 项，此项通过“肠道菌群”构建了“人工甜味剂”和“肥胖”之间的关系，支持题干。

(E) 项，通过构建对照组来说明某些特定肠道菌群会导致小鼠变胖，支持题干。

14. (C)

【第1步　识别论证类型】

提问方式：以下哪项如果为真，最能支持李研究员的观点？

李研究员：不是生活阅历的缺乏，而是创造力的匮乏（原因Y）导致了孩子们的作文千篇一律（结果G）。

锁定关键词“导致了”，可知此题为现象原因模型。

【第2步　套用母题方法】

(A) 项，此项说明孩子确实缺少生活阅历，可能是这方面的原因导致他们的作文千篇一律，另有他因，削弱李研究员的观点。

(B) 项，此项说明了孩子的生活不是单一的，但由此不确定是不是创造力的匮乏导致他们的作文千篇一律。(干扰项・不确定项)

(C) 项，此项指出孩子们被要求背诵范文，抑制了其创造力的激发（Y），形成了大量的对范文的模仿（G），因果相关，支持李研究员的观点。

(D) 项，此项涉及的是作文千篇一律的“解决办法”，而题干涉及的是作文千篇一律的“原因”，无关选项。(干扰项・话题不一致)

(E) 项，此项的论证对象是“中学生”，而题干的论证对象是“小学生”，无关选项。(干扰项・对象不一致)

15. (E)

【第1步　识别论证类型】

提问方式：要得到上述结论，最需要补充以下哪项前提条件？

题干：某国宇航局的火星车在对火星（S）进行探索时，发现了类似丹麦海岸上的圆形鹅卵石（P1）。研究者认为这将是第一个能够证明火星（S）上曾出现水流（P2）的证据，这一发现也进一步支持了“火星曾出现适居（P3）环境”这一理论。

题干中P1与P2、P3均不一致，故此题为拆桥搭桥模型（双P型）。

【第2步　套用母题方法】

(A) 项，题干中不涉及“冲积扇”，无关选项。

(B) 项，题干不涉及“神秘的标记”，无关选项。

(C) 项，题干不涉及“鹅卵石的历史及形成时间”，无关选项。

(D) 项，此项支持题干的观点，但不是题干的隐含前提。

(E) 项，此项指出只有被水冲刷（P2）才会形成圆形鹅卵石（P1），搭桥法（双P搭桥），必须假设。

16. (D)

【第1步　识别论证类型】

提问方式：以下哪项如果为真，最能支持研究者的结论？

研究者：红茶（S）引起的经络体表电位影响最大、作用时间最长，这可能与茶汤颗粒最小有关系（P1）。因此，红茶（S）是抗氧化效果最好的茶（P2）。

题干中P1与P2不一致，故此题为拆桥搭桥模型（双P型）。

【第2步　套用母题方法】

(A) 项，此项说明题干所选择的实验方法可能会受到过大的个体差异影响，故其结果可能不准确，削弱研究者的结论。

(B) 项，题干未涉及“打嗝效应”，无关选项。

(C) 项，此项比较了黑茶、白茶等其余茶汤的颗粒与乌龙茶和绿茶茶汤的颗粒大小，但不涉及颗粒大小与抗氧化效果的关系，故不能支持题干。

(D) 项，此项指出茶汤的成分颗粒越小则抗氧化性越强，即构建了“茶汤颗粒最小”和“抗氧化效果最好”之间的关系，搭桥法（双P），支持研究者的结论。

(E) 项，题干不涉及如何才能在临床医学上应用，无关选项。(干扰项・话题不一致)

17. (B)

【第1步 识别论证类型】

提问方式：以下哪项如果为真，最能削弱上述论证？

题干：当含有大量有机物的生活污水、工业废水和农业废水流入海洋后，赤潮生物便会急剧繁殖起来，从而形成赤潮。因此有人认为，只要限制有机物污染海水（措施M），就可以有效减少赤潮（目的P）。

锁定关键词“可以”，可知此题为措施目的模型。另外，题干的论点中出现绝对化词“只要……就……”，故此题也为绝对化结论模型。

【第2步 套用母题方法】

(A) 项，此项指出“某些地区的海水从未出现过赤潮”，“有的不”只能反驳“所有”，不能削弱题干。(干扰项·有的不)

(B) 项，此项说明全球气候变暖也会引发赤潮，即只限制有机物可能无法有效减少赤潮，削弱题干。

(C) 项，此项涉及的是赤潮生物在海水中的密度变化，而题干涉及的是限制有机物是否可以有效减少赤潮，无关选项。(干扰项·话题不一致)

(D) 项，其他措施可以有效降低赤潮的发生，无法说明题干中的措施无效。(干扰项·其他措施)

(E) 项，此项涉及的是“生命体是否含有机物”，而题干涉及的是“限制有机物是否可以有效减少赤潮”，无关选项。(干扰项·话题不一致)

18. (B)

【第1步 识别论证类型】

提问方式：以下哪项如果为真，最能质疑“喝酒抗癌”的广告词？

题干：某日本科学家研究发现酿酒的酵母细胞（S）具有细胞吞噬功能（P1）。因此，很多酿酒厂商打出了“喝酒（S）抗癌（P2）”的广告词。

题干中P1与P2不一致，故此题为拆桥搭桥模型（双P型）。

【第2步 套用母题方法】

(A) 项，“有些”癌症发生的概率不代表整体的癌症发生概率，故不能削弱题干。(干扰项·有的不)

(B) 项，此项说明酿酒酵母细胞无法吃掉癌症细胞，即割裂了“吞噬功能”和“抗癌”之间的关系，拆桥法（双P），削弱题干。

(C) 项，此项说明广告可信度较弱，但“可信度较弱”并不能说明喝酒没有抗癌效果。

(D) 项，此项涉及的是“喝酒抗癌的宣传”可能存在的危害，而题干涉及的是喝酒是否能抗癌，无关选项。(干扰项·话题不一致)

(E) 项，此项涉及的是喝白酒可以“通血脉、散湿气”，而题干涉及的是喝酒能否“抗癌”。(干扰项·话题不一致)

19. (C)

【第 1 步　识别论证类型】

提问方式：以下各项如果为真，则除了哪项均能削弱上述论证？

题干：新材料隐形眼镜可实现对眼睛更为长久的保湿效果，上市后，尽管做了大力宣传，销量依然惨淡（结果 G）。公司负责人由此认为：隐形眼镜的使用者并不在意眼镜的保湿效果（原因 Y）。

此题涉及对现象原因的分析，故此题为现象原因模型。

【第 2 步　套用母题方法】

(A) 项、(D) 项、(E) 项，这三项说明新产品销售状况不佳是因为其他原因，而不是因为使用者不在意眼镜的保湿效果，另有他因，削弱题干。

(B) 项，此项说明使用者在意眼镜的保湿效果，削弱题干。

(C) 项，此项指出了“传统隐形眼镜”的缺点，但不能解释“新型隐形眼镜”销量低的原因，无关选项。

20. (D)

【第 1 步　识别论证类型】

提问方式：以下哪项如果为真，最能削弱上述研究结论？

研究结论：饮用水不能反复烧开（原因 Y），否则容易致癌（结果 G）。

题干涉及因果关系，故此题为现象原因模型。另外，此题也可以认为是对结果进行分析，故此题也为预测结果模型。

【第 2 步　套用母题方法】

(A) 项，此项涉及的是将饮用水烧开的“目的”，而题干涉及的是“反复烧开饮用水”是否容易“致癌”，无关选项。(干扰项・话题不一致)

(B) 项，此项指出水加热后分子结构不会变化，但“分子结构不会变化”与“是否致癌”之间的关系并不明确。

(C) 项，此项说明烧水会浓缩硝酸盐，从而可能更容易致癌，因果搭桥（YG 搭桥），支持题干。

(D) 项，此项说明即使反复烧开饮用水，亚硝酸盐的浓度也不会达到致癌量，即反复烧开饮用水不会使其更容易致癌，因果拆桥（YG 拆桥），削弱题干。

(E) 项，此项涉及的是加热饮用水会“杀菌”，而题干涉及的是“反复烧开饮用水”是否容易“致癌”，无关选项。(干扰项・话题不一致)

21. (B)

【第 1 步　识别论证类型】

提问方式：以下哪项最可能是上述结论所依赖的前提？

题干：坚持长期慢跑或者散步（S）可以帮助人体将更多的白色脂肪转化为棕色脂肪（P1），进而减轻体重（P2）。有学者据此认为，长期慢跑或者散步（S）可以降低罹患心血管疾病的风险（P3）。

题干中“P1、P2”与 P3 不一致，故此题为拆桥搭桥模型（双 P 型）。

【第2步 套用母题方法】

(A) 项，此项涉及的是“脂肪过度”，而题干涉及的是“白色脂肪转化为棕色脂肪”，故排除。

(B) 项，此项指出减轻体重（P2）可降低罹患心血管疾病的风险（P3），搭桥法，必须假设。

(C) 项，题干不涉及“剧烈运动”，故排除。

(D) 项，题干不涉及长期慢跑或者散步对“膝盖”的影响，故排除。

(E) 项，题干不涉及“心血管疾病”和“运动量”的关系，故排除。

22. (E)

【第1步 识别论证类型】

提问方式：以下哪项如果为真，最能质疑这一理论？

某理论：癌症患者几乎都是酸性体质，因此酸性体质（原因 Y）会诱发癌症（结果 G）。

易知此题为现象原因模型。

【第2步 套用母题方法】

(A) 项，此项说明癌症是由多种因素导致的，但并不能否认酸性体质会诱发癌症，故不能很好地削弱题干中的理论。

(B) 项，题干不涉及食物对人体 pH 值的影响。(干扰项·话题不一致)

(C) 项，此项涉及的是“酸中毒”可能致死，但无法确定这是否会诱发癌症。(干扰项·不确定项)

(D) 项，题干不涉及“代谢途径”的比较，无关选项。(干扰项·新比较)

(E) 项，此项削弱“癌症患者几乎都是酸性体质”，削弱题干中理论的论据。

23. (A)

【第1步 识别论证类型】

提问方式：以下哪项如果为真，最能质疑上述天文学家的观点？

天文学家：可利用地球大气弯曲和聚焦光线（措施 M），把整个地球变成一个“望远镜镜头”（目的 P）。

此题涉及措施目的的分析，故此题为措施目的模型。

【第2步 套用母题方法】

(A) 项，此项说明建设“地球望远镜”还存在无法解决的问题，即建设“地球望远镜”这一方案不可行，削弱题干。

(B) 项，“难度大”不代表“不能将带有探测器的航天器放在预设位置”，故削弱力度弱。

(C) 项，题干并未涉及太阳系外恒星的光线如何进入地球大气，无关选项。(干扰项·话题不一致)

(D) 项，题干并未涉及“地球望远镜”的最佳工作温度，无关选项。(干扰项·话题不一致)

(E) 项，此项涉及的是“高清望远镜”，而题干涉及的是“地球望远镜（带有探测器的航天器）”，无关选项。(干扰项·对象不一致)

24. (E)

【第1步 识别论证类型】

提问方式：以下哪项如果为真，最能削弱上述论证？

题干：许多珊瑚的生长并不是随机的，它们很乐于彼此靠近地生活。研究者据此推断，可以通过追踪珊瑚集群的生长变化情况来修复珊瑚礁（措施 M），防止濒危珊瑚灭绝（目的 P）。锁定关键词“通过……防止……”，可知此题为措施目的模型。

【第 2 步　套用母题方法】

(A) 项、(B) 项、(C) 项，这三项并不涉及“濒危珊瑚”，无关选项。（干扰项·对象不一致）

(D) 项，此项指出“通过追踪珊瑚集群的方式能防止濒危珊瑚灭绝”，说明题干中的措施是有效的，支持题干。（干扰项·明否暗肯）

(E) 项，此项说明许多珍稀的珊瑚物种并不会彼此靠近地生活，故修复珊瑚礁也不能使它们生长得较好，难以防止它们灭绝，措施达不到目的，削弱题干。

25. (C)

【第 1 步　识别题目类型】

提问方式：根据上述信息，可以得出以下哪项？故此题为推论题。

【第 2 步　套用母题方法】

(A) 项，此项涉及的是癌症预防和早期检测的主次关系，而题干涉及的是癌症产生的原因，无法推出。

(B) 项，老年人发生的细胞分裂“总次数”多于年轻人，无法得出老年人患“各种癌症”的风险都比年轻人高，推理过度。

(C) 项，此项指出人类结肠的细胞分裂次数是十二指肠的 100 倍，细胞分裂次数越多越容易产生 DNA 突变，再结合题干信息可知，DNA 突变积累可能使人患癌，故人类患结肠癌的风险高于患十二指肠癌，可以推出。

(D) 项，题干指出，所有的癌症都是坏运气、环境和遗传综合作用的结果，仅凭是否抽烟无法判断谁患癌的风险更高，无法推出。

(E) 项，题干指出，所有的癌症都是坏运气、环境和遗传综合作用的结果，无法确定在不同的历史时期这些因素是否相同，故也无法推出人类各种癌症的发生率基本保持不变。

26. (C)

【第 1 步　识别论证类型】

提问方式：以下哪项如果为真，最能支持上述结论？

题干：

城市的孩子呼吸系统内微生物群的发育较为迟缓和不充分：容易出现过敏性疾病；

农村的孩子呼吸系统内微生物群的发育较为成熟：不容易出现过敏性疾病；

故：儿童体内微生物群发育不良（原因 Y）是过敏性疾病出现（结果 G）的主要原因。

本题通过两组对象的对比，得出一个因果关系，故此题为现象原因模型（求异法型）。

【第 2 步　套用母题方法】

(A) 项，题干并未涉及“不同城市化水平”与“空气过敏原致敏概率”之间的关系，无关选项。（干扰项·话题不一致）

(B) 项，此项涉及的是“胃肠道内微生物群”，而题干涉及的是“呼吸系统内微生物群”，无关选项。（干扰项·话题不一致）

(C) 项，此项说明微生物群影响人体的免疫功能，而免疫功能又与过敏性疾病有关，即构建了“微生物群发育不良”和“过敏性疾病出现”之间的关系，因果相关（YG搭桥），支持题干。

(D) 项，此项指出过敏性儿童患者体内的白细胞介素较少，说明可能是白细胞介素的原因让儿童出现过敏性疾病，另有他因，削弱题干。

(E) 项，此项涉及的是儿童体内微生物群发育不良的“解决办法”，而题干涉及的是微生物群发育不良导致的“结果”，无关选项。（干扰项·话题不一致）

27. (C)

【第1步　识别论证类型】

提问方式：以下哪项如果为真，最能削弱上述结论？

题干的结论：长时间地使用社交软件（原因Y）导致了青少年抑郁程度显著增加（结果G）。故此题为现象原因模型。

【第2步　套用母题方法】

(A) 项，此项指出“有的青少年由于学习压力过大（另有他因）导致抑郁”，但“有的不”只能反驳“所有”，故排除此项。（干扰项·有的不）

(B) 项，此项涉及的是“看电视时长”与抑郁程度的关系，而题干涉及的是“使用社交软件时长”与抑郁程度的关系。（干扰项·话题不一致）

(C) 项，此项说明有抑郁倾向的青少年会花费较多时间在社交媒体上，而不是在社交媒体上花费时间较多导致青少年抑郁程度增加，因果倒置，削弱题干。

(D) 项，此项涉及的是经常使用社交媒体的“好处”，而题干涉及的是在社交媒体上花费的时长对青少年“抑郁程度”的影响，无关选项。（干扰项·话题不一致）

(E) 项，此项肯定了长时间地使用社交软件确实会影响青少年的抑郁程度，支持题干。（干扰项·明否暗肯）

28. (B)

【第1步　识别题目类型】

提问方式：以下哪项最为恰当地指出了该经理总结中存在的漏洞？故此题为评论逻辑漏洞题。

【第2步　套用母题方法】

题干中，“咖喱土豆无人问津”，有可能是因为不喜欢吃咖喱，但也有可能是因为不喜欢吃土豆。

(B) 项，指出“不喜欢吃咖喱”只是其中一种可能的解释而不是必然的解释，正确。

29. (B)

【第1步　识别论证类型】

提问方式：以下哪项如果为真，最能质疑上述预测？

题干：人造钻石和天然钻石在成分和结构上并无差别，但其成本只有天然钻石市场价格的1/6。有人据此预测，全球市场的天然钻石价格将大幅下降。

锁定关键词“预测”“将”，可知此题为预测结果模型。

【第 2 步　套用母题方法】

(A) 项，此项指出人造钻石凝结的劳动价值远高于天然钻石，但无法由此确定天然钻石的价格会大幅下降，故排除。

(B) 项，此项说明人造钻石不被消费者认可，那么天然钻石可能不会因为人造钻石的成本低而丧失市场需求以及价格大幅下降，削弱题干。

(C) 项，此项涉及的是“钻石”的需求量可能有所下降，但不能由此确定“天然钻石”的情况。

(D) 项，此项肯定了天然钻石的价格确实会下降，支持题干的论证。(干扰项・明否暗肯)

(E) 项，此项指出在某些领域人造钻石的需求量大，但不能由此确定“天然钻石”的价格情况，故排除。

30. (D)

【第 1 步　识别论证类型】

提问方式：以下哪项如果为真，最能削弱研究人员的结论?

研究人员的结论：一种智能纳米药物（措施 M）可有效治疗脑肿瘤（目的 P)。

此题涉及措施目的的分析，故此题为措施目的模型。

【第 2 步　套用母题方法】

(A) 项，不是“首要解决”的问题不代表不需要解决，同时，此项也未讨论题干措施是否有效。(无关选项・话题不一致)

(B) 项，此项说明手术切除脑肿瘤是有效的方法，但即使这种方法是有效的，也无法说明题干中的方法无效。(干扰项・其他措施)

(C) 项，此项说明题干中的药物要起到作用需要“与病灶组织导航靶向技术相结合”这一条件，但不确定这一条件是否能满足。(干扰项・不确定项)

(D) 项，此项说明智能纳米药物不能有效治疗脑肿瘤反而会促进脑肿瘤的生长，即割裂了“智能纳米药物”和“有效治疗脑肿瘤”二者之间的关系，措施达不到目的，削弱题干。

(E) 项，此项说明该药物可以有效治疗脑肿瘤，措施可以达到目的，支持题干。

满分必刷卷 8

时间：60 分钟　　　　总分：30×2=60 分　　　　你的得分________

1. 2024 年的冬天似乎比往年更早到来。还没进入 11 月份，我国部分地区就出现了第一场降雪和气温降至零度以下的情况。有专家据此表示，2024 年的冬天将成为我国 60 年来最冷的一个冬天。

以下哪项如果为真，最能削弱上述论述？

(A) 我国其他一些地区的气温并未出现较往年明显下降的迹象。

(B) 2024 年 11 月前出现大雪天气的地区往年几乎没有出现过类似现象。

(C) 在全球变暖的情况下，近年来我国冬季平均气温呈上升趋势。

(D) 2024 年的冬天是我国近 60 年来持续时间最长的冬天。

(E) 据统计，第一场降雪的时间与整个冬天的平均气温无明显相关性。

2. 肌萎缩侧索硬化症（ALS），俗称“渐冻症”。某科研团队研究发现，ALS 的疾病发展与肠道微生物 AM 菌的数量密切相关。研究人员观察和比较了 37 名 ALS 患者及 29 名健康亲属的肠道菌群和血液、脑脊液样本，发现他们的肠道细菌菌株有差异，其中有一种菌株与烟酰胺的产生有关。此外，在这些 ALS 患者的血液和脑脊液中，烟酰胺水平有所下降。

以下哪项最可能是上述研究发现的假设？

(A) 人类肠道中的微生物非常复杂。

(B) 烟酰胺是肠道微生物 AM 菌的代谢物。

(C) 小鼠补充烟酰胺后，ALS 症状得到了减轻。

(D) 人体肠道细菌的变化与许多疾病发展速度均有关。

(E) ALS 是由 AM 菌的数量过少导致的。

3. 自古以来，我国就有“少年强则国家强”的说法，这不仅是对青少年的寄语，更是对国家未来的期许。青少年是国家的未来，是民族的希望，他们的身体健康状况直接关系到国家的强盛和民族的发展。为了提高国内青少年的身体素质，有人建议增加义务教育阶段体育课的课时。因为中小学生进行体育锻炼的时间越长，他们的身体素质就会越好。

以下哪项最可能是上述论述的假设？

(A) 中小学生课外体育锻炼的平均时长已经足够长。

(B) 中小学生会在体育课上进行体育锻炼。

(C) 体育课课时越少，中小学生生病的可能越大。

(D) 体育课是中小学生提升身体素质的唯一途径。

(E) 增加体育锻炼时间有利于青少年的心理健康。

4. 为了研究早餐前锻炼和早餐后锻炼对健康的影响，研究人员进行了连续 8 周的实验，其中，实验组在早餐前锻炼，对照组在早餐后锻炼。结果发现，实验组锻炼过程中平均燃烧的脂肪量是对照组的 2 倍。体检结果进一步显示，实验组胰岛素反应能力得到了改善，而对照组没有。研究人员由此认为，相较于早餐后锻炼，早餐前锻炼更能降低罹患心血管疾病的风险。
以下哪项如果为真，最能支持上述研究人员的观点？
(A) 胰岛素反应能力强能有效稳定人体的血糖含量。
(B) 胰岛素反应能力强能有效降低人体的脂肪量。
(C) 脂肪量过高是罹患心血管疾病的主要原因。
(D) 饱食状态下锻炼常常会引起胃穿孔等意外。
(E) 实验对象都是已经患有心血管疾病的个体。

5. 一项实验中，研究者对被试者进行了身体活动水平的调查，分析了他们平均每天坐着的时间。结果显示，每天坐的时间过长（超过 5 小时）与大脑内侧颞叶缩小密切相关，即使其他时间身体达到了很高的活动水平，也无法改变颞叶缩小的趋势。因此，久坐会对人的记忆力产生影响。
以下哪项最可能是上述结论的假设？
(A) 有些记忆力较差的人不常运动，更喜欢宅在家里。
(B) 大部分帕金森患者会出现记忆力的持续衰退和颞叶缩小的状况。
(C) 大脑内侧颞叶区域包含海马回，而这一部位与记忆的形成有关。
(D) 各年龄段群体中，久坐对年轻人记忆力的影响大于中老年人。
(E) 许多老年人容易出现大脑内侧颞叶缩小的情况。

6. 应激又称紧张刺激，它是人或有机体在某种环境作用下，产生的一种适应环境的反应状态，如果这个刺激或情境需要人作出较大的努力去适应，甚至超出一个人所能负担的适应能力，这时就会出现紧张状态。应激本身没有致痛能力，但是流行病学调查发现，长期应激与疼痛慢性化的发生正相关，即长期处于巨大压力下的人群，其疼痛症状更易迁延，进而发展为慢性疼痛。
以下哪项如果为真，最能支持上述调查结果？
(A) 具有焦虑倾向的人，其应激水平往往较高，疼痛慢性化的发生率也会更高。
(B) 如果长期处于慢性应激状态，体内的平衡不能被维持在正常水平，那么身体各个系统都会受到负面影响。
(C) 长期应激可影响神经内分泌系统，使人的疼痛抑制系统的功能被削弱。
(D) 如果能有效缓解应激、保持心态平和，疼痛慢性化的发生率将会降低。
(E) 吸烟使人体神经内分泌系统发生紊乱，对疼痛感知的影响与应激相似。

7. 最近有研究团队以问卷调查的方式，调查了 519 名从未吸过传统香烟、年龄在 18 岁～25 岁的年轻人，调查内容包括这些年轻人吸电子烟的情况和吸传统香烟的意向等。研究报告称，在从未吸过传统香烟的年轻人中，那些正在吸电子烟的人更可能尝试传统香烟，有关电子烟的监管政策要注意保护年轻人。
以下哪项如果为真，最能支持上述结论？
(A) 受访者中有 20%的人尝试过电子烟或未来很可能会尝试电子烟。
(B) 即使只尝了两三口电子烟，也有可能提高吸传统香烟的可能性。
(C) 受访者中正在吸电子烟的有 60%表示未来一定会尝试传统香烟。
(D) 电子烟对健康的危害比传统香烟小，但仍然含有很多有害物质。
(E) 青少年如果经常吸电子烟，会更加容易对尼古丁上瘾。

8. 耳机为我们的生活带来了许多便利，但长时间、高分贝、睡觉佩戴等不良习惯，却正在“悄无声息”地将耳朵的健康偷走。专家表示，噪声对听力的损伤程度与噪声的强度和持续时间有关，噪声的暴露量越大，对听力的影响就越严重。

以下哪项如果为真，最能支持上述专家的观点？

(A) 许多听力受损的人都喜欢持续使用耳机，并且将音量调到80分贝以上。

(B) 调查发现，头戴式耳机比入耳式耳机对听力的影响要小一些。

(C) 如果每天以超过80分贝的音量听音乐且时长达到1小时，持续数年就会损伤听力。

(D) 降噪耳机可以适当降低背景噪声，让使用者能够以相对比较低的音量听清耳机中的声音。

(E) 不良生活习惯和心血管疾病等因素会造成听力损伤。

9. 在广袤的中华大地上，最近几十年已经新种植了数以十亿计的树木，绿色植被的增长有目共睹，沙漠化和水土流失情况得到了极大缓解。据此，有专家指出，中国已经是全球变绿的最重要力量之一。

以下哪项如果为真，最能支持上述专家的观点？

(A) 中国西南地区和东北地区的快速造林大大减少了我国对进口木材的依赖。

(B) 卫星数据对比显示，中国大量过去荒漠化的地方现在已经被绿色植被所覆盖。

(C) 到了2022年，中国的森林面积已经增长到了2.31亿公顷，覆盖率更是攀升到了24.02%。

(D) 在有些国家和地区，毁林开荒正在导致具有全球气候调节功能的雨林面积大大减少。

(E) 中国的植被面积仅占全球的6.6%，但全球植被面积净增长的25%来自中国。

10. 为什么青少年会更“热血”，更冲动，更容易冒险，有研究显示，这跟青少年大脑前额叶皮层的功能有关。前额叶皮层具有负责调控注意力、作出计划、理性思考、调控情绪的能力，这部分皮层一般要等到25岁左右才能发育完全。因此，25岁之前谈理智是没有意义的。

以下哪项如果为真，最能质疑上述结论？

(A) 青少年时期的大脑中多巴胺的分泌很旺盛，使得青少年更喜欢新鲜刺激的游戏。

(B) 婴幼儿时期大脑发育相对青少年时期更加幼稚和不成熟，但也能逐渐学会控制大小便。

(C) 很多中年人也经常有冲动冒险、情绪失控的行为，前额叶皮层发育完全也并不意味着就一定很理智。

(D) 大脑有“用进废退”的现象，青少年大脑前额叶皮层可通过不断训练而促进其成熟。

(E) 如果前额叶皮层受损，可能导致一系列神经心理症状，如执行功能障碍、运动障碍、情感障碍和社会行为异常等。

11. 随着气温上升，热带雨林遭受闪电雷击并引发大火的概率也会上升。然而，目前的监测表明，美洲热带雨林虽然更频繁地受到闪电雷击，却没有引发更多的森林大火。研究者认为，这可能与近年来雨林中藤蔓植物大量增加有关。

以下哪项如果为真，最能支持上述结论？

(A) 闪电雷击常常引起温带森林大火，但热带雨林因为湿度较大，并不会产生较大火灾。

(B) 1968年热带雨林中藤蔓植物的覆盖率是32%，当前其覆盖率已经高达60%，有的地区甚至超过75%。

(C) 雷击这样大规模、速度极快地放电，先摧毁了外部的藤蔓植物，中间的树木得到了保护。

(D) 藤蔓茎干相对树枝电阻更小，能像建筑上的避雷针那样传导闪电，让大部分电流从自己的茎干传导。

(E) 美洲对热带雨林的保护力度极小，导致大范围地区的树木被砍伐，使得雨林的面积已经消失了很大一部分。

12. 研究人员用X射线拍摄猕猴进食、打哈欠以及相互嘶吼时发出各种各样声音的影像。结果显示，猕猴很容易就能发出许多不同的声音，包括英语字母中最基本的5个元音。研究人员据此推测，猕猴不能说出数千个单词和完整的句子，是因为它们的大脑和人类存在差异。

以下哪项如果为真，最能支持上述研究人员的推测？

(A) 猕猴和类人猿的声带特征是它们无法重现人类语音的原因。

(B) 近年来，科学家们几乎可以肯定地说，八哥鸟可以模仿和理解人类的语言是因为它们在大脑结构上与人类相似。

(C) 非洲灰鹦鹉经过人类训练之后，可以说800多个单词。

(D) 人类丰富的语言表达能力主要源于大脑中特有的高度发达的语言功能区。

(E) 利用电脑模拟猕猴讲完整的句子，每个词都比较清晰，并不难听懂。

13. 如今，常有人抱怨自己很难有充足的睡眠，睡眠质量也常常不佳。一些专家认为这与现代科技的众多产物，比如长明的路灯、电视、电脑和手机有关，正是这些人造光源和电子设备产生的光扰乱了睡眠，让人们难以入睡。

以下哪项如果为真，最能支持上述结论？

(A) 在一些没有电的农村地区，人们的平均睡眠时间比生活在城市同龄人的睡眠时间长很多。

(B) 经常抱怨自己睡眠质量不好的人大多数都住在城市。

(C) 当前一些人的睡眠问题很可能不是因为睡眠总时间短，而是因为使用电脑等设备引发了一些健康问题。

(D) 当个体暴露在光源下，入睡会变得比以往困难，睡眠也呈现出碎片化的状况。

(E) 现代人的昼夜节律常被工作和时差打乱，电子设备和人造光源并不是睡眠被打断的唯一原因。

14. 今年夏天，街边冷饮摊上的冰激凌普遍涨价，多款畅销产品的价格都有不同程度的上涨。有人认为，这是因为冰激凌中的中高端品种越来越多，使消费者对价格较高的冰激凌有更高的接受度。

以下哪项最能削弱上述结论？

(A) 中高端品种冰激凌刺激了其他品种冰激凌的市场价格上涨。

(B) 低价冰激凌的品种同样越来越多，并且味道也很受欢迎。

(C) 某家大型超市的冰激凌平均价格未出现明显上涨。

(D) 厂家和经销商的经营成本、用工成本不断上涨。

(E) 调查显示，广州、上海、北京等大城市购买冰激凌的人群更为集中。

15. 在现代社会，工作和生活压力已成为许多人生活中的主要挑战，压力与焦虑如影随形，成为我们难以摆脱的负面情绪。一项心理调查显示，受过良好教育的人感受到的日常工作生活压力会大于受教育程度低的人。有专家指出，这是因为受过良好教育的人有着更广阔的工作生活场景，而随着场景拓展，面临的冲突性事件数量呈几何级上升。

下列哪项最能削弱以上论证？

(A) 克服冲突性事件所造成的压力有助于人们提升心理舒适度。

(B) 随着受教育程度的提升，冲突性事件所造成的压力将逐渐降低直至消失。

(C) 日常工作生活的压力越大，人们越能提升自己的个人能力。

(D) 与受教育程度高的人相比，受教育程度低的人心理抗压能力更弱。

(E) 学历或教育水平较高的人往往都有远大的想法和目标，这会给他们带来很大的压力。

16. 日常生活中，摄像头几乎与我们如影随形。不同部门、单位甚至个人都安装了摄像头，出现了人们所到之处几乎处处都有摄像头的乱象。有专家指出，“摄像头乱象”的出现，主要原因是与视频监控系统管理相关的法律法规不健全、不完善，体现在使用主体的权限、设备的规格、监控人员的资质及素质要求、监控资料及数据的复制、传播等方面。因此，完善与视频监控系统管理相关的法律法规即可解决“摄像头乱象”。

以下哪项如果为真，最能削弱上述结论？

(A) 在使用和管理方面，摄像头的使用过程中还存在视频监控资料未经合法程序即被复制、传播的现象。

(B) 在解决其他社会问题上，法律法规的完善并没有起到立竿见影的作用。

(C) 一些人对公共空间和个人空间的认识不清可能会造成“摄像头乱象”。

(D) 视频监控系统的技术标准在行业内部已基本达成共识。

(E) 摄像头生产源应该加强设计攻关，在代码防护设置、口令校验等方面不断深化。

17. 秋冬时节感冒多发，预防感冒的小技巧很受关注。网上一直流传：放置一颗洋葱在房间里，可以预防感冒，因为洋葱挥发出的含硫化合物有抑菌抗癌的作用，可净化室内空气。因此，在室内放几个切去两端的洋葱，就可以有效预防感冒。

以下哪项如果为真，最能驳斥以上观点？

(A) 洋葱所含的硫化物对肠道的细菌有一定抑制作用，但需要每天口服一定的量。

(B) 人类所患的感冒是由病毒引起的，洋葱对病毒是没有抑制作用的。

(C) 实验证明，室内放置洋葱1小时后，室内细菌总数没有显著减少。

(D) 现有研究尚未发现食物可以有效吸附病菌和病毒。

(E) 在室内放置切去两端的洋葱会使室内产生刺鼻的气味。

18. 我国有关法律规定，大中型危险化学品生产企业与居民建筑物应至少保持1 000米的安全红线，然而，随着城市的快速发展，很多原先地处偏远的危化品生产企业逐渐被居民区包围，一旦发生事故，会对周边居民的生命财产造成不可估量的损失。为防范危化品生产企业带给附近居民的风险，有专家建议在城市郊区设立化工园区，集中安置原本分散在城市各地的危化品生产企业，并严格遵守1 000米安全红线规定。

以下哪项如果为真，最能质疑上述专家的建议？

(A) 危化品在销售废弃等环节无法远离居民区，这些环节也有可能发生事故。

(B) 新建化工园区设备先进、管理严格，入驻企业的前期运营成本将大幅提高。

(C) 化工企业集中安置容易引发连锁事故，可能威胁到数千米之外的居民安全。

(D) 许多危化品生产企业考虑到运输和销售的便利性，并不愿意搬迁到郊区。

(E) 集中安置原本分散在城市各地的危化品生产企业会花费大量的安置资金。

19. 国外某公司从农户手中收购伪步行虫和蟋蟀等昆虫，把它们加工成粉末或油，再与其他食材混合，制成让人吃不出昆虫味道的美味食品。2019年该公司销售这种食品已实现百万美元盈利。联合国粮农组织肯定了这家公司的做法，并指出食用昆虫有利于应对世界性粮食供应紧缺和营养不良的问题。

以下哪项如果为真，最能支持上述结论？

(A) 世界粮食供应紧张状况还将持续，开发昆虫等新食材可有效应对食物需求增长。

(B) 昆虫富含蛋白质、脂肪、补足维生素和铁的营养成分，是量大低成本的补充食材。

(C) 国外某权威研究机构称，在21世纪，食用昆虫有利于人口增长和蛋白质消费增加。

(D) 很多人可以接受将昆虫作为食材，并不会觉得恶心。

(E) 亚洲、非洲一些缺粮且人口营养不良的地区在大力发展昆虫养殖加工业。

20. 中国互联网络信息中心发布报告显示，截至2018年12月，我国短视频用户规模达6.48亿，其中青少年用户占了很大比重，开展青少年防沉迷工作刻不容缓。相关主管部门组织短视频平台企业研发了青少年防沉迷系统，进入“青少年模式”后，每日使用时长将限定为累计40分钟，打赏、充值、提现、直播等功能将不可用，每天22时至次日6时期间，禁止使用短视频App。

以下哪项如果为真，最能质疑该模式的有效性？

(A) 用户使用“青少年模式”需提交身份证信息等，增加了泄露个人隐私的风险。

(B) 不加选择地浏览视频内容，可能会对青少年价值观产生负面影响。

(C) 该系统通过大数据分析来识别疑似青少年用户，可能会“误伤”成年人。

(D)“青少年模式”目前尚无法识别网络使用者的真实身份。

(E) 研究报告显示，有六成家长认为“青少年模式”效果不够明显、使用体验欠佳。

21. 中小学生“抬头不看黑板，低头手机平板”的现象屡见不鲜，对学生的学习和成长造成严重影响。因此有专家建议，所有中小学都应当制定校规，禁止中小学生在校园使用智能手机、平板电脑，从而避免这些电子产品影响孩子们在校园中的学习与生活。

以下哪项最能质疑该专家的建议？

(A) 许多家长严格限制孩子使用电子产品的时间。

(B) 中小学生在校外玩手机平板的现象比校内严重。

(C) 学校将加强对中小学生带电子产品进入校园的检查。

(D) 一些中小学生带智能手机、平板电脑去学校是为了方便学习，而不是休闲娱乐。

(E) 中小学生需要在校内通过平板电脑学习某些课程。

22. 近日，某研究小组开发出一种双光子成像显微镜的改进版本，它可以让科学家更快地获得人类大脑内血管和单个神经元等结构的高分辨率图像。有研究者认为，新技术或将促进神经科学的研究。

以下哪项如果为真，最能支持上述观点？

(A) 改版后较传统双光子显微镜成像快100到1 000倍，所能达到的组织深度为原来的2倍。

(B) 新技术可以更好地了解大脑内血流的变化，还能通过添加电压敏感的荧光染料或荧光钙探针来测量神经元活动。

(C) 研究人员经常使用双光子显微镜制作大脑等组织的高分辨率3D图像，但这种成像技术不易扫描大脑等组织深处，且很耗时。

(D) 研究证明，使用改进的新技术可以在肌肉和肾脏组织切片中实现约200微米尺度的成像，在老鼠大脑组织切片中实现约300微米的成像。

(E) 相较于单光子显微镜，双光子成像显微镜对大脑内血管和神经元等伤害更小。

23. 近年来，国家从药品生产、流通和销售各环节发力，频频出台降低药价的相关政策。但是，让不少患者感到疑惑的是，一方面是国家降低药价的政策不断出台，另一方面却是诸多常用药价格不断上涨。

以下哪项如果为真，最能解释上述现象？

(A) 价格下降的药品占大多数，价格上涨的药品占少数，因此从整体上来说，药品价格仍然是下降了。

(B) 国家虽然出台了降低药价的政策，但是其影响要经过一段时间才能显现出来。

(C) 常用进口药的需求增多，相关政策无法控制此类药品的价格上涨。

(D) 降低药价的政策可以有效控制药品市场中因制药原料涨价而导致的药价上涨。

(E) 药品的生产和流通环节的人力成本和物力成本越来越高。

24. 农科院在一档农业电视节目中介绍了一种经济价值高的养殖动物——肉兔，强调肉兔有易于养殖、繁殖速度快等优点，节目播出后受到了大家的关注。但是，某村在养殖肉兔之后，发现肉兔在当地市场销路并不理想。

以下哪项如果为真，最能解释上述现象？

(A) 电视节目播出后，当地许多大型养殖企业都开始养殖肉兔。

(B) 该村的其他养殖企业同期推出了市场价格更高的黑毛乌骨鸡。

(C) 虽然当地有食用兔肉的习俗，但在全国范围内兔肉并不被广泛接受。

(D) 由于养殖技术成熟，肉兔养殖已成为最具经济效益的养殖产业之一。

(E) 养殖肉兔比养鸡需要更高要求的养殖环境。

25. 一项调查显示：甲品牌汽车的购买者中，有8成都是女性，是最受女性青睐的汽车品牌。但是，最近连续6个月的女性购车量排行榜却显示，乙品牌汽车的女性购买量位居第一。

以下哪项如果为真，最能解释上述现象？

(A) 甲品牌汽车的销量远低于乙品牌汽车。

(B) 乙品牌汽车的女性买主所占比例为75%。

(C) 排行榜设立的目的之一是引导消费者的购车意图。

(D) 购买意愿和购买行为并不总是一致的，不可混为一谈。

(E) 乙品牌汽车的销量绝大多数是由新能源汽车贡献的。

26. 2020年11月24日，“嫦娥5号”于文昌卫星发射中心顺利发射，任务是在月球表面收集灰尘和碎片，也就是月壤，并带回地球，以帮助了解月球的演化。有天文学家认为，获得月壤也可以帮助研究人员更准确地确定太阳系其他行星（如火星、水星等）表面物质的年龄。

以下哪项如果为真，最能支持上述论证？

(A) 月球表面的灰尘和碎片等物质与太阳系其他行星的表面物质成分相似。

(B) 月壤由月球岩石在遭受陨石撞击和太阳风轰击等空间风化作用后形成。

(C) 月球与太阳系其他行星基本形成于同一时期。

(D) 对月壤的研究还可以为人类未来在其他太空领域的探索打下基础。

(E) 现有技术可以将其他行星（如火星、水星等）表面的灰尘和碎片带回地球。

27. 某消费导向杂志在读者中做了一项调查，以预测明年的消费趋势。在被调查者中，有57%的人在明年有奢侈品项目消费的计划。该杂志由此推测：明年消费者的消费能力会很强。
以下哪项如果为真，最能削弱该杂志的推测？
(A) 该刊物的读者要比一般消费者富有。
(B) 并非所有该刊物的读者都对调查作了回答。
(C) 大多没有奢侈品项目消费计划的人都打算存钱买房。
(D) 计划购买的奢侈品大多是进口的，并不能刺激国内市场。
(E) 去年有奢侈品项目消费计划的人今年的消费能力普遍较弱。

28. 从2019年5月1日至2019年年底，某机构统计的新能源车辆事故共计113起，着火事故占有一定比例。在着火事故车辆中，乘用车占比达到69.6%，专用车次之，公交车最低。这说明，在新能源车辆中，乘用车的安全性大大低于专用车和公交车。
以下哪项如果为真，最能质疑上述结论？
(A) 新能源汽车中乘用车的利润最高，企业对其安全性设施的研发投入也最高。
(B) 新能源专用车和公交车的司机一般驾龄较长、水平较高，出车事故率较低。
(C) 在新能源汽车的着火事故中，乘用车的伤亡人数远远少于专用车和公交车。
(D) 据该机构统计，新能源专用车和公交车保有量不到新能源汽车总量的10%。
(E) 新能源车辆发生着火事故的比例远远高于传统油车。

29. 人类是起源于热带的物种，在进化史的大部分时间里，人类都生活在温暖的气候中。而向北扩散到更高纬度的古人类最初不得不应对寒冷，人类究竟是如何适应寒冷的？有学者认为，古人类身体的进化使人类能够适应寒冷，如粗壮的体形，从而最大限度地产生和保持热量。但是，反对者则认为，即便存在上述进化，但是古人类在当时已发展出较为复杂的文化。有考古证据表明，他们曾用动物的兽皮制作衣服和搭建庇护所来抵御寒冷。因此，文化才是古人类能够适应寒冷的真正原因。
以下哪项最为恰当地概括了反对者在反驳时所使用的方法？
(A) 通过质疑上述学者的论据以反驳他的观点。
(B) 对上述学者阐述的现象提出一种新的解释。
(C) 在承认上述学者观点的基础上展开论证。
(D) 提出一个新的论据以反驳上述学者的观点。
(E) 陈述了一个一般规律，该论证是运用这个规律的一个实例。

30. 宫观位于高山之巅，层峦拥翠，巉岩宿云，登临其上，顿感天近云低，有如离尘绝世。宫后有亭，登亭纵目，眼底群峦，尽伏槛下，清江如带，横呈天际，平畴庐舍，宛若图画。想到所见道观所在无不是名山大川，游览者小陈推测，古代道观的选址一定都在风景绝美之处。
下列哪项如果为真，最能质疑小陈的推测？
(A) 不仅是道教建筑处于名山大川，其他宗教建筑大多也风景如画。
(B) 由于长期以来环保意识薄弱，许多道观周边风景遭到了很大的破坏。
(C) 周边景色一般的道观，往往地处城镇，历经战乱和改建，基本绝迹了。
(D) “小隐隐于野，中隐隐于市，大隐隐于朝”，真正的道德之士追求的是精神的净土和心灵的宁静。
(E) 古代道观的选址往往由道长依据风水理论决定。

满分必刷卷 8 答案详解

答案速查

1～5	(E) (B) (B) (C) (C)	6～10	(C) (C) (C) (E) (D)
11～15	(D) (D) (D) (D) (B)	16～20	(C) (B) (C) (B) (D)
21～25	(E) (B) (C) (A) (A)	26～30	(A) (A) (D) (B) (C)

1. (E)

【第 1 步 识别论证类型】

提问方式：以下哪项如果为真，最能削弱上述论述？

题干：我国部分地区（S1）没进入 11 月份就出现了第一场降雪和气温降至零度以下的情况（P1）。有专家据此表示，2024 年的冬天将成为我国（S2）60 年来最冷（P2）的一个冬天。

题干中 S1 与 S2、P1 与 P2 不一致，故考虑拆桥搭桥模型（双 S 型或双 P 型）。另外，锁定关键词“将”，可知此题也为预测结果模型。

【第 2 步 套用母题方法】

(A) 项，此项指出我国其他一些地区气温没有出现较往年“明显下降的迹象”，但由此无法说明我国整体的冬季气温是否下降。（干扰项 · 不确定项）

(B) 项，此项只能说明 2024 年的天气反常，但是不确定 2024 年的冬天是不是 60 年以来最冷的冬天。（干扰项 · 不确定项）

(C) 项，此项涉及的是我国“近年来”冬季平均气温的变化趋势，而题干涉及的是“2024 年的冬天（未来）”的情况，时间不一致，无关选项。

(D) 项，此项涉及的是冬天的“持续时间”，而题干涉及的是“温度”，无关选项。（干扰项 · 话题不一致）

(E) 项，此项指出“第一场降雪的时间”（P1）与“气温”（P2）无明显相关性，拆桥法（双 P），削弱题干。

2. (B)

【第 1 步 识别论证类型】

提问方式：以下哪项最可能是上述研究发现的假设？

研究发现：ALS 患者与健康亲属的肠道细菌菌株有差异，其中有一种菌株与烟酰胺的产生有关；在这些 ALS 患者（S）的血液和脑脊液中，烟酰胺（P1）水平有所下降。因此，ALS 的疾病发展（S）与肠道微生物 AM 菌（P2）的数量密切相关。

题干中 P1 与 P2 不一致，故此题为拆桥搭桥模型（双 P 型）。

【第 2 步　套用母题方法】

(A) 项，此项涉及的是“肠道中的微生物的复杂程度”，而题干涉及的是“ALS 的疾病发展”是否与“肠道微生物 AM 菌的数量”有关，无关选项。(干扰项 • 话题不一致)

(B) 项，此项指出烟酰胺 (P1) 是肠道微生物 AM 菌 (P2) 的代谢物，搭桥法 (双 P)，必须假设。

(C) 项，此项的论证对象是“小鼠”，而题干的论证对象是“人”，不必假设。(干扰项 • 对象不一致)

(D) 项，题干不涉及“许多疾病”的发展速度，无关选项。(干扰项 • 话题不一致)

(E) 项，此项指出 ALS 是由“AM 菌的数量过少”导致的，而题干说的是 ALS 的疾病发展与肠道微生物“AM 菌的数量”密切相关，概念不一致，不必假设。

3. (B)

【第 1 步　识别论证类型】

提问方式：以下哪项最可能是上述论述的假设？

题干：中小学生进行体育锻炼的时间 (S1) 越长，他们的身体素质就会越好 (P)。因此，为了提高国内青少年的身体素质 (P)，有人建议增加义务教育阶段体育课的课时 (S2)。

题干中 S1 与 S2 不一致，故此题为拆桥搭桥模型 (双 S 型)。

【第 2 步　套用母题方法】

(A) 项，此项指出“中小学生课外体育锻炼的平均时长已经足够长”，说明没有必要再增加课时了，削弱题干的建议。

(B) 项，此项指出“中小学生会在体育课上进行体育锻炼”，即搭建了“体育锻炼时长”(S1) 与“体育课课时”(S2) 之间的关系，搭桥法 (双 S)，必须假设。

(C) 项，题干不涉及“体育课课时少”与“生病”的关系，无关选项。(干扰项 • 话题不一致)

(D) 项，此项强调体育课是中小学生提升身体素质的唯一途径，“唯一”一词过于绝对，假设过度。

(E) 项，此项涉及的是“心理健康”，而题干涉及的是“身体素质”，无关选项。(干扰项 • 概念不一致)

4. (C)

【第 1 步　识别论证类型】

提问方式：以下哪项如果为真，最能支持上述研究人员的观点？

研究人员的观点：实验组 (早餐前锻炼，S) 锻炼过程中平均燃烧的脂肪量 (P1) 是对照组 (早餐后锻炼) 的 2 倍；体检结果进一步显示，实验组胰岛素反应能力 (P2) 得到了改善，而对照组没有。因此，相较于早餐后锻炼，早餐前锻炼 (S) 更能降低罹患心血管疾病 (P3) 的风险。

题干中 P1、P2 与 P3 均不一致，故此题为拆桥搭桥模型 (双 P 型)。

【第 2 步　套用母题方法】

(A) 项，此项涉及的是“胰岛素反应能力和血糖之间的关系”，而题干涉及的是“早餐前锻炼和心血管疾病”之间的关系，无关选项。(干扰项 • 话题不一致)

(B) 项，此项指出了 P1 与 P2 之间的关系，但未涉及 P3，故不能支持研究人员的观点。

(C) 项，此项指出脂肪量过高是罹患心血管疾病的主要原因，即搭建了“脂肪量”(P1) 与“心血管疾病”(P3) 之间的关系，搭桥法（双 P)，支持研究人员的观点。

(D) 项，题干不涉及“饱食状态下锻炼的后果”，无关选项。(干扰项·话题不一致)

(E) 项，如果“所有实验对象都已经患有心血管疾病”，那么就无法由此题中的对比实验确定“早餐前锻炼是否更能降低罹患心血管疾病的风险”，即实验设计不合理，削弱研究人员的观点。

5. (C)

【第1步 识别论证类型】

提问方式：以下哪项最可能是上述结论的假设？

题干：实验结果显示，每天坐的时间过长（S）与大脑内侧颞叶缩小（P1）密切相关，因此，久坐（S）会对人的记忆力（P2）产生影响。

题干中 P1 与 P2 不一致，故此题为拆桥搭桥模型（双 P 型）。

【第2步 套用母题方法】

(A) 项，此项指出有可能是记忆力较差导致人“不常运动，更喜欢宅在家里”，但不确定他们是否会“久坐”。(干扰项·不确定项)

(B) 项，题干不涉及“帕金森患者”的情况，无关选项。(干扰项·对象不一致)

(C) 项，此项指出大脑内侧颞叶区域（P1）与记忆（P2）的形成有关，搭桥法（双 P)，最可能是题干的假设。

(D) 项，题干不涉及“年轻人和中老年人”的比较，无关选项。(干扰项·新比较)

(E) 项，题干不涉及容易出现大脑内侧颞叶缩小情况的“人群”，无关选项。(干扰项·话题不一致)

6. (C)

【第1步 识别论证类型】

提问方式：以下哪项如果为真，最能支持上述调查结果？

调查结果：长期应激与疼痛慢性化的发生正相关，即长期处于巨大压力（原因 Y）下的人群，其疼痛症状更易迁延，进而发展为慢性疼痛（结果 G)。

此题提问针对论点，可优先考虑在论点内部搭桥。另外，题干涉及因果关系，故此题也为现象原因模型。

【第2步 套用母题方法】

(A) 项，此项指出具有焦虑倾向的人，其应激水平往往较高（题干中的现象 1)，疼痛慢性化的发生率也会更高（题干中的现象 2)，即由同一个原因导致了题干中的两种现象，共因削弱。

(B) 项，此项涉及的是“应激对人身体的其他影响”，而题干涉及的是“长期应激与疼痛慢性化的关系”，无关选项。(干扰项·话题不一致)

(C) 项，此项指出长期应激（Y）会削弱人的疼痛抑制系统，从而发展成为慢性疼痛（G)，因果相关（YG 搭桥)，支持题干。

(D) 项，此项指出“缓解应激（无因）”可以“降低疼痛慢性化的发生率（无果）”，无因无果，支持题干。但 (C) 项是直接支持，此项是间接支持，故此项的支持力度不如 (C) 项。

(E) 项，题干不涉及“吸烟”对疼痛感知的影响，无关选项。(干扰项·话题不一致)

7. (C)

【第 1 步　识别论证类型】

提问方式：以下哪项如果为真，最能支持上述结论？

题干结论：研究报告称，在从未吸过传统香烟的年轻人中，那些正在吸电子烟的人（S）更可能尝试传统香烟（P），有关电子烟的监管政策要注意保护年轻人。

此题提问针对论点，可优先考虑在论点内部搭桥（SP 搭桥）。

【第 2 步　套用母题方法】

(A) 项，此项仅涉及“电子烟”，未涉及“传统香烟”，故排除。

(B) 项，此项指出“尝试过电子烟的人可能提高吸传统香烟的可能性”，但“可能”是弱化词，故此项支持力度较弱。

(C) 项，此项指出受访者中正在吸电子烟的人（S）有 60%表示一定会在未来尝试吸传统香烟（P），搭桥法（SP），支持题干。

(D) 项，题干不涉及电子烟和传统香烟危害性的比较，无关选项。（干扰项・新比较）

(E) 项，此项仅涉及“电子烟”，未涉及“传统香烟”，故排除。

8. (C)

【第 1 步　识别论证类型】

提问方式：以下哪项如果为真，最能支持上述专家的观点？

专家的观点：噪声对听力的损伤程度与噪声的强度和持续时间有关，噪声的暴露量越大（原因 Y），对听力的影响就越严重（结果 G）。

此题提问针对论点，可优先考虑在论点内部搭桥。另外，题干涉及因果关系，故此题也为现象原因模型。

【第 2 步　套用母题方法】

(A) 项，此项指出“许多听力受损的人都喜欢以超过 80 分贝的音量持续使用耳机”，说明有可能是“听力受损”使得他们“喜欢以超过 80 分贝的音量持续使用耳机”，因果倒置，削弱题干。

(B) 项，题干不涉及“头戴式耳机和入耳式耳机”的对比，无关选项。（干扰项・新比较）

(C) 项，此项指出每天长时间以超过 80 分贝（高分贝）的音量听音乐，持续数年会损伤听力，因果相关（YG 搭桥），支持题干。

(D) 项，题干不涉及“降噪耳机的优点”，无关选项。（干扰项・话题不一致）

(E) 项，题干不涉及不良生活习惯和心血管疾病等因素对听力的影响，无关选项。（干扰项・话题不一致）

9. (E)

【第 1 步　识别论证类型】

提问方式：以下哪项如果为真，最能支持上述专家的观点？

专家的观点：在广袤的中华大地上（S1），最近几十年已经新种植了数以十亿计的树木。因此，中国已经是全球（S2）变绿的最重要力量之一。

题干中 S1 与 S2 不一致，故此题为拆桥搭桥模型（双 S 型）。

【第2步　套用母题方法】

(A) 项，此项涉及的是“我国对进口木材的依赖”，而题干涉及的是“中国是否已经是全球变绿的最重要力量之一”，无关选项。(干扰项·话题不一致)

(B) 项、(C) 项，仅仅说明了我国的情况，但不确定这对“全球变绿”是否有影响。(干扰项·不确定项)

(D) 项，此项涉及的是“有些国家和地区”的情况，而题干涉及的是“中国”的情况，无关选项。(干扰项·对象不一致)

(E) 项，此项指出“全球植被面积净增长的25%来自中国”，即搭建了“中国”(S1) 与“全球变绿”(S2) 之间的关系，搭桥法 (双 S)，支持题干。

10. (D)

【第1步　识别论证类型】

提问方式：以下哪项如果为真，最能质疑上述结论？

题干：25岁之前 (S) 大脑的前额叶皮层未发育完全 (P1)，而前额叶皮层具有理性思考等能力 (P2)。因此，25岁之前 (S) 谈理智是没有意义的 (P3)。

此题论据中P1与P2的关系已经明确，不需要进行二者间的拆桥。且此题提问针对论点，可优先考虑在论点内部拆桥 (SP3拆桥)。

【第2步　套用母题方法】

(A) 项，题干不涉及“青少年更喜欢新鲜刺激游戏的原因”，无关选项。(干扰项·话题不一致)

(B) 项，题干不涉及“婴幼儿时期大脑发育情况”，无关选项。(干扰项·话题不一致)

(C) 项，题干的意思是“发育不完全→不理智”，由此并不能推出“发育完全→理智”。此项“发育完全∧不理智”只能反驳“发育完全→理智”，不能反驳题干。

(D) 项，此项指出青少年大脑前额叶皮层“可通过训练”而变成熟，说明“25岁之前谈理智”是有意义的，削弱题干。

(E) 项，题干不涉及“前额叶皮层受损的后果”，无关选项。(干扰项·话题不一致)

11. (D)

【第1步　识别论证类型】

提问方式：以下哪项如果为真，最能支持上述结论？

题干：美洲热带雨林虽然更频繁地受到闪电雷击，却没有引发更多的森林大火 (现象G)，这可能与近年来雨林中藤蔓植物大量增加 (原因Y) 有关。

此题提问针对论点，可优先考虑在论点内部搭桥。另外，此题涉及对现象原因的分析，故此题也为现象原因模型。

【第2步　套用母题方法】

(A) 项，此项指出是热带雨林湿度较大使得较大火灾并未发生，另有他因，削弱题干。

(B) 项，此项指出热带雨林中藤蔓植物的覆盖率增加，但不确定其是否会减少森林大火的发生。(干扰项·不确定项)

(C) 项，此项只能说明“藤蔓植物的存在会对中间的树木有保护作用”，但不确定是否会

“进一步阻止大火的发生”。(干扰项 · 不确定项)

(D) 项，此项说明“美洲热带雨林更频繁地受到闪电雷击但没有引发更多的森林大火”是由于藤蔓植物的导电作用，因果相关（YG 搭桥），支持题干。

(E) 项，题干不涉及“美洲热带雨林面积缩小的现象及其原因”，无关选项。(干扰项 · 话题不一致)。

12. (D)

【第 1 步　识别论证类型】

提问方式：以下哪项如果为真，最能<u>支持上述研究人员的推测</u>?

研究人员的推测：猕猴不能说出数千个单词和完整的句子（现象 G），是因为它们的大脑和人类存在差异（原因 Y)。

此题提问针对论点，可优先考虑<u>在论点内部搭桥</u>。另外，此题也为<u>现象原因模型</u>。

【第 2 步　套用母题方法】

(A) 项，此项指出是“声带特征”导致了猕猴不能像人一样说出数千个单词和完整的句子，另有他因，削弱题干。

(B) 项，此项的论证对象是“八哥鸟”，而题干的论证对象是“猕猴”，无关选项。(干扰项 · 对象不一致)

(C) 项，此项的论证对象是“非洲灰鹦鹉”，而题干的论证对象是“猕猴”，无关选项。(干扰项 · 对象不一致)

(D) 项，此项指出“人类丰富的语言能力”主要源于“人类大脑中特有的语言功能区”，说明有可能是猕猴的大脑与人类存在差异，所以不能说出数千个单词和完整的句子，因果相关（YG 搭桥），支持题干。

(E) 项，题干不涉及“利用电脑模拟猕猴说话是否清晰易懂”，无关选项。(干扰项 · 话题不一致)

13. (D)

【第 1 步　识别论证类型】

提问方式：以下哪项如果为真，最能<u>支持上述结论</u>?

题干：正是这些人造光源和电子设备产生的光扰乱了睡眠（原因 Y)，让人们难以入睡（结果 G)。

此题提问针对论点，可优先考虑<u>在论点内部搭桥</u>。另外，此题也为<u>现象原因模型</u>。

【第 2 步　套用母题方法】

(A) 项，此项提供对照组，从而有助于说明光源和电子设备产生的光扰乱了睡眠，支持题干。

(B) 项，此项指出经常抱怨睡眠质量不好的人住在城市中，但不确定这些人睡眠不好是否与“人造光源和电子设备产生的光”有关。(干扰项 · 不确定项)

(C) 项，此项指出有可能是“使用电脑等设备引发了一些健康问题”导致了睡眠问题，另有他因，削弱题干。

(D) 项，此项指出人暴露在光源下（Y）会出现“入睡困难”“睡眠碎片化”（G）的状况，因果相关（YG搭桥），支持题干。(A) 项是间接支持，此项是直接支持，故此项的支持力度更大。

(E) 项，此项指出“电子设备和人造光源”不是睡眠问题的唯一原因，可能是原因之一。（干扰项·否定绝对化）

14. (D)

【第1步 识别论证类型】

提问方式：以下哪项最能削弱上述结论？

题干：街边冷饮摊上的冰激凌普遍涨价（现象G），有人认为，这是因为冰激凌中的中高端品种越来越多，使消费者对价格较高的冰激凌有更高的接受度（原因Y）。

此题提问针对论点，可优先考虑在论点内部拆桥。另外，此题也为现象原因模型。

【第2步 套用母题方法】

(A) 项，此项指出很可能是中高端品种冰激凌导致了冰激凌普遍涨价，因果相关（YG搭桥），支持题干。

(B) 项，题干不涉及“低价冰激凌”的品种和受欢迎程度，无关选项。（干扰项·话题不一致）

(C) 项，此项指出某家超市的冰激凌平均价格未上涨，个例不能反驳整体的情况，不能削弱题干。（干扰项·有的不）

(D) 项，此项说明可能是冰激凌的“成本上升”导致了价格上涨，另有他因，削弱题干。

(E) 项，此项涉及的是“北上广等大城市购买冰激凌的人群更集中”，而题干涉及的是“冰激凌普遍涨价的原因”，无关选项。（干扰项·话题不一致）

15. (B)

【第1步 识别论证类型】

提问方式：下列哪项最能削弱以上论证？

题干：调查显示，受过良好教育的人感受到的日常工作生活压力会大于受教育程度低的人（现象G）。有专家指出，这是因为受过良好教育的人有着更广阔的工作生活场景，而随着场景拓展，面临的冲突性事件数量呈几何级上升（原因Y）。

此题涉及现象原因的分析，故此题为现象原因模型。

【第2步 套用母题方法】

(A) 项，题干说的是受教育程度高的人会“面临”冲突性事件，而此项说的是“克服”冲突性事件，偷换概念。（干扰项·概念不一致）

(B) 项，此项指出“随着受教育程度的提升，冲突性事件造成的压力会降低直至消失”，直接否定了题干的观点。

(C) 项，题干不涉及“工作生活压力与个人能力的关系”，无关选项。（干扰项·话题不一致）

(D) 项，此项涉及的是“抗压能力”，而题干涉及的是“压力大小”，无关选项。（干扰项·概念不一致）

(E) 项，此项说明受过良好教育的人的“远大的目标”会导致压力过大，另有他因，但未必能反驳题干的原因，削弱力度较弱。

16. （C）

【第 1 步　识别论证类型】

提问方式：以下哪项如果为真，最能削弱上述结论？

题干：有专家指出，“摄像头乱象”的出现（现象 G），主要原因是与视频监控系统管理相关的法律法规不健全、不完善（原因 Y），体现在使用主体的权限、设备的规格、监控人员的资质及素质要求、监控资料及数据的复制、传播等方面。因此，完善与视频监控系统管理相关的法律法规（措施 M）即可解决“摄像头乱象”（目的 P）。

可见，此题中存在现象原因模型和措施目的模型。

【第 2 步　套用母题方法】

(A) 项，此项说明摄像头在“使用和管理方面”还存在其他问题，但不涉及题干中的措施能否解决这些问题，无关选项。

(B) 项，题干不涉及“其他社会问题”，无关选项。（干扰项・话题不一致）

(C) 项，此项指出造成“摄像头乱象”可能是因为“人们对公共空间和个人空间的认识不清”，另有他因，削弱题干。

(D) 项，题干不涉及视频监控系统的“技术标准”，无关选项。（干扰项・话题不一致）

(E) 项，此项指出摄像头生产源“应该”如何，是建议项而非事实。（干扰项・非事实项）

17. （B）

【第 1 步　识别论证类型】

提问方式：以下哪项如果为真，最能驳斥以上观点？

题干观点：在室内放几个切去两端的洋葱（措施 M），就可以有效预防感冒（目的 P）。

此题提问针对论点，可优先考虑在论点内部拆桥。另外，此题也为措施目的模型。

【第 2 步　套用母题方法】

(A) 项，题干不涉及“洋葱对肠道细菌的作用”，无关选项。（干扰项・话题不一致）

(B) 项，此项指出洋葱对病毒没有抑制作用，因此在室内放洋葱不能预防感冒，措施达不到目的（MP 拆桥），削弱题干。

(C) 项，此项指出“室内放置洋葱 1 小时后，室内细菌总数没有显著减少”，削弱题干的论据“洋葱挥发出的含硫化合物有抑菌作用”，但未直接对观点进行削弱，故力度不如 (B) 项。

(D) 项，此项指出“尚未有研究发现”食物可以有效吸附病菌和病毒，但不确定洋葱实际上是否有此功效。（干扰项・不确定项）

(E) 项，此项涉及的是“洋葱会产生刺鼻的气味”，而题干涉及的是“洋葱是否能预防感冒”，无关选项。（干扰项・话题不一致）

18. （C）

【第 1 步　识别论证类型】

提问方式：以下哪项如果为真，最能质疑上述专家的建议？

专家的建议：为防范危化品生产企业带给附近居民的风险（目的 P），建议在城市郊区设立化工园区，集中安置原本分散在城市各地的危化品生产企业，并严格遵守1 000米安全红线规定（措施M）。

锁定关键词“建议”，可知此题为措施目的模型。

【第2步 套用母题方法】

(A) 项，此项涉及的是“危化品的销售废弃等环节”，而题干涉及的是“危化品生产企业”，无关选项。(干扰项·话题不一致)

(B) 项，此项指出“新建化工园区前期成本较高（副作用）”，但未涉及这能否“防范危化品生产企业带给附近居民的风险”，削弱力度弱。

(C) 项，此项指出集中安置化工企业会“威胁到居民安全”，措施达不到目的，削弱题干。

(D) 项，此项指出许多危化品生产企业不愿意搬迁到郊区，但不能说明其他企业是否愿意搬进来，故不能削弱题干。(干扰项·有的不)

(E) 项，此项指出集中安置危化品生产企业“会花费大量的安置资金（副作用）”，但未涉及这能否“防范危化品生产企业带给附近居民的风险”，削弱力度弱。

19. (B)

【第1步 识别论证类型】

提问方式：以下哪项如果为真，最能支持上述结论？

题干结论：食用昆虫（措施M）有利于应对世界性粮食供应紧缺（目的P1）和营养不良的问题（目的P2）。

此题提问针对论点，可优先考虑在论点内部搭桥。另外，锁定关键词“应对”，可知此题也为措施目的模型。

【第2步 套用母题方法】

(A) 项，此项指出开发昆虫等新食材可“有效应对食物需求增长”，但不确定其是否能够应对“营养不良”的问题。(干扰项·不确定项)

(B) 项，此项指出昆虫富含各种营养成分，是量大低成本的补充食材，因此食用昆虫不仅有利于解决粮食供应紧缺问题，还有利于解决营养不良的问题，措施可以达到目的（MP搭桥），支持题干。

(C) 项，“权威研究机构”的观点未必是事实。(干扰项·非事实项)

(D) 项，此项仅说明此措施能“被人接受”，措施可行，支持题干。但措施可行不代表措施有效，故支持力度小于（B）项。

(E) 项，此项指出一些缺粮且人口营养不良的地区在大力发展昆虫养殖加工业，但不确定这样做是否能解决粮食供应紧缺和营养不良问题。(干扰项·不确定项)

20. (D)

【第1步 识别论证类型】

提问方式：以下哪项如果为真，最能质疑该模式的有效性？

此题为措施目的模型，题干要求削弱“有效性”，即削弱“防止青少年沉迷”这一目的，故不涉及该目的的选项均为无关选项。

【第2步 套用母题方法】

(A) 项，题干不涉及“泄露个人隐私的风险”，无关选项。(干扰项·话题不一致)

(B) 项，题干不涉及“不加选择地浏览视频内容”的影响。(干扰项·话题不一致)

(C) 项，题干不涉及该措施对“成年人”的影响，无关选项。(干扰项·话题不一致)

(D) 项，此项指出“青少年模式”无法“识别使用者的真实身份”，说明该模式不能有效识别青少年，措施达不到目的 (MP 拆桥)，削弱题干。

(E) 项，家长的观点未必是事实，不能削弱。(干扰项·非事实项)

21. (E)

【第1步 识别论证类型】

提问方式：以下哪项最能质疑该专家的建议？

专家的建议：所有中小学都应当制定校规，禁止中小学生在校园使用智能手机、平板电脑 (措施 M)，从而避免这些电子产品影响孩子们在校园中的学习与生活 (目的 P)。

锁定关键词“建议”，可知此题为措施目的模型。

【第2步 套用母题方法】

(A) 项，此项涉及的是“家长”的做法，而题干涉及的是“学校”的做法，无关选项。(干扰项·话题不一致)

(B) 项，此项涉及的是“校外”的情况，而题干涉及的是“校内”的情况，无关选项。(干扰项·话题不一致)

(C) 项，此项指出学校“将加强带电子产品进入校园的检查”，但不确定这样做能否达到题干中的目的。(干扰项·不确定项)

(D) 项，此项指出“一些”中小学生带电子产品去学校的目的是“方便学习”，说明对这些人来说可以不用禁止他们带电子产品去学校。但“一些”人的情况未必有代表性，故此项削弱力度弱。

(E) 项，此项指出中小学生需要用平板电脑在校内学习，因此不能禁止在校园使用平板电脑，措施不可行，削弱题干。

22. (B)

【第1步 识别论证类型】

提问方式：以下哪项如果为真，最能支持上述观点？

题干：近日，某研究小组开发出一种双光子成像显微镜的改进版本，它可以让科学家更快地获得人类大脑内血管和单个神经元等结构的高分辨率图像。有研究者认为，新技术或将促进神经科学的研究 (G)。

锁定关键词“将”，可知此题为预测结果模型。

【第2步 套用母题方法】

(A) 项，此项指出新技术能“提高成像速度、达到更深的组织”，但不直接涉及对“神经科学研究”是否有促进作用。(干扰项·不直接项)

(B) 项，此项指出新技术可以“更好地测量神经元活动”，说明新技术对神经科学研究有促进作用，支持题干。

(C) 项，此项指出了双光子显微镜成像技术的缺点，对题干有一定的削弱。

(D) 项，此项涉及的是“老鼠”，而题干涉及的是“人类”，故新技术对老鼠大脑组织切片中的情况未必与人类的情况一致，对象不一致，支持力度弱。

(E) 项，题干不涉及“单光子显微镜”与“双光子显微镜”之间“伤害性”的比较，无关选项。(干扰项·新比较)

23. (C)

【第1步　找到待解释的现象】

提问方式：以下哪项如果为真，最能解释上述现象?

待解释的现象：近年来，国家频频出台降低药价的相关政策。但是，一方面是国家降低药价的政策不断出台，另一方面却是诸多常用药价格不断上涨。

【第2步　套用母题方法】

(A) 项，此项指出从整体上来说药品价格下降了，但未说明为什么诸多常用药价格不断上涨，不能解释。

(B) 项，此项指出“降低药价的政策的影响要经过一段时间才能显现出来”，只能说明药品暂时没有降价的原因，但不能说明常用药价格为什么不断上涨，不能解释。

(C) 项，此项指出不受相关政策控制的“常用进口药”的价格上涨，因此许多常用药价格上涨，可以解释。

(D) 项，此项指出降低药价的政策能够有效控制药价上涨，与题干中诸多常用药价格不断上涨冲突，加剧题干的矛盾。

(E) 项，此项指出药品的成本提高，但未说明为什么在降价政策出台的同时常用药价格上涨，不能解释。

24. (A)

【第1步　找到待解释的现象】

提问方式：以下哪项如果为真，最能解释上述现象?

待解释的现象：一档电视节目强调肉兔有易于养殖、繁殖速度快等优点并受到了大家的关注。但是，某村在养殖肉兔之后，发现肉兔在当地市场销路并不理想。

【第2步　套用母题方法】

(A) 项，此项指出当地许多大型养殖企业开始养殖肉兔，与村民的养殖形成竞争关系，因此村民养殖肉兔销路不理想，可以解释。

(B) 项，此项的论证对象是“黑毛乌骨鸡”，而题干的论证对象是“肉兔”，无关选项。(干扰项·对象不一致)

(C) 项，题干不涉及“全国”的情况，无关选项。(干扰项·范围不一致)

(D) 项，此项指出“肉兔养殖技术成熟、最具经济效益”，与“肉兔在当地市场销路不理想”冲突，加剧题干的矛盾。

(E) 项，题干不涉及养殖肉兔与养鸡的比较，无关选项。(干扰项·新比较)

25. （A）

【第 1 步　找到待解释的现象】

提问方式：以下哪项如果为真，最能解释上述现象？

待解释的现象：甲品牌汽车的购买者中，有 8 成都是女性，是最受女性青睐的汽车品牌。但是，乙品牌汽车最近连续 6 个月的女性购买量位居第一。

【第 2 步　套用母题方法】

(A) 项，此项指出甲品牌汽车的销量远低于乙品牌汽车，虽然甲品牌汽车的购买者中有 8 成是女性，但总的女性购买量并没有乙品牌汽车多，可以解释。

(B) 项，此项说明的是乙品牌汽车的女性买主所占的比例，但未说明购买量的情况，不能解释。

(C) 项，题干不涉及“排行榜设立的目的”，无关选项。(干扰项・话题不一致)

(D) 项，此项涉及的是“购买意愿”，而题干涉及的是“汽车购买量”，无关选项。(干扰项・话题不一致)

(E) 项，题干不涉及乙品牌汽车中销量高的汽车类型，无关选项。(干扰项・话题不一致)

26. （A）

【第 1 步　识别论证类型】

提问方式：以下哪项如果为真，最能支持上述论证？

题干：顺利发射的“嫦娥 5 号”的任务是在月球表面收集月壤并带回地球（S)，以帮助了解月球的演化（P1)。有天文学家认为，获得月壤（S）也可以帮助研究人员更准确地确定太阳系其他行星（如火星、水星等）表面物质的年龄（P2)。

题干中 P1 与 P2 不一致，故此题为拆桥搭桥模型（双 P 型)。

【第 2 步　套用母题方法】

(A) 项，此项指出“月球表面”(P1）和“太阳系其他行星（如火星、水星等）表面”(P2 搭）的物质成分相似，搭桥法（双 P)，支持题干。

(B) 项，题干不涉及“月壤的形成过程”，无关选项。(干扰项・话题不一致)

(C) 项，题干不涉及“月球与太阳系其他行星的形成时间”，无关选项。(干扰项・话题不一致)

(D) 项，题干不涉及“月壤对其他太空领域探索的作用”，无关选项。(干扰项・话题不一致)

(E) 项，此项指出“现有技术可以将其他行星表面的物质带回地球”，而题干涉及的是“将月壤带回地球”是否有助于“确定其他行星表面物质的年龄”，无关选项。(干扰项・话题不一致)

27. （A）

【第 1 步　识别论证类型】

提问方式：以下哪项如果为真，最能削弱该杂志的推测？

题干：某消费导向杂志在读者（S1）中做了一项调查，有 57%的人在明年有奢侈品项目消费的计划（P1)。该杂志由此推测：明年消费者（S2）的消费能力会很强（P2)。

题干中 S1 与 S2 不一致，P1 与 P2 也不一致，故此题为拆桥搭桥模型。

【第2步　套用母题方法】

(A) 项，此项指出该刊物的读者（S1）要比一般消费者（S2）富有，这些读者不能代表一般的消费者，拆桥法（双S），削弱题干。

(B) 项，此项指出“并非所有读者都对调查作了回答”，等价于“有的读者没对调查作回答”，但不能说明这些读者是否具有代表性，故不能很好地削弱题干。（干扰项·有的不）

(C) 项，此项仅涉及“没有奢侈品消费计划的人”，仅仅是一部分人的情况，故不能很好地削弱题干。（干扰项·有的不）

(D) 项，题干不涉及“奢侈品的来源及其对国内市场的影响”，无关选项。（干扰项·话题不一致）

(E) 项，此项涉及的是“今年”的情况，而题干涉及的是“明年”的情况，无关选项。（干扰项·时间不一致）

28. (D)

【第1步　识别论证类型】

提问方式：以下哪项如果为真，最能质疑上述结论？

题干：某机构统计的新能源车辆事故中着火事故占有一定比例，其中乘用车占比达到69.6%，专用车次之，公交车最低。因此，在新能源车辆中，乘用车的安全性大大低于专用车和公交车。

题干的论据中出现数量关系，故此题为统计论证模型（其他数量关系型）。

【第2步　套用母题方法】

(A) 项，此项指出“企业对新能源乘用车安全性设施的研发投入最高”，这有可能增加其安全性，但无法由此比较它与专用车和公交车哪个安全性更高。（干扰项·不确定项）

(B) 项，此项说明“新能源专用车和公交车的事故率较低”是因为司机的原因，另有他因，削弱题干。

(C) 项，此项指出新能源乘用车的伤亡人数更少，有助于说明它更安全，削弱题干。但是，它无法反驳题干中的比例关系，故削弱力度弱。

(D) 项，此项指出“新能源专用车和公交车保有量不到总量的10%”，即新能源乘用车的占比达到了90%以上，但它在新能源车辆着火事故中的占比仅为69.6%，这说明新能源乘用车比新能源专用车和公交车更安全，削弱题干。

(E) 项，题干不涉及“新能源汽车与传统油车的比较”，无关选项。（干扰项·新比较）

29. (B)

【第1步　识别题目类型】

提问方式：以下哪项最为恰当地概括了反对者在反驳时所使用的方法？故此题为评论反驳方法题。

有学者认为：古人类身体的进化（原因Y1）使人类能够适应寒冷。

反对者认为：文化（原因Y2）才是古人类能够适应寒冷的真正原因。

【第2步　套用母题方法】

反对者使用的方法是“另有他因”，故(B)项的描述最为准确。

30. (C)

【第1步 识别论证类型】

提问方式：下列哪项如果为真，最能质疑小陈的推测？

小陈的推测：古代道观的选址一定都在风景绝美之处。

此题提问针对论点，可优先考虑在论点内部拆桥。另外，锁定关键词“一定”，可知此题也为绝对化结论模型。

【第2步 套用母题方法】

(A)项，题干不涉及“其他宗教建筑”，无关选项。(干扰项·对象不一致)

(B)项，此项指出许多道观周边风景“遭到了很大破坏”，但未说明这些道观选址时周边的景色是否优美，不能削弱。

(C)项，此项指出周边景色一般的道观，基本绝迹了，说明古代道观不一定都在风景绝美之处，削弱题干。

(D)项，题干不涉及“道德之士的追求”，无关选项。(干扰项·话题不一致)

(E)项，此项指出古代道观选址是“道长依据风水理论决定的”，但不确定依据“风水理论”确定的选址是否在“风景绝美之处”。(干扰项·不确定项)

满分必刷卷 9

时间：60 分钟　　总分：30×2＝60 分　　你的得分________

1. 人们在唱歌时身体会发生一系列变化，如压力荷尔蒙水平下降以及内啡肽水平变化等，而内啡肽荷尔蒙会直接影响个人情绪的变化。科学研究发现，脑部血流量增加会显著提升老年痴呆症患者的记忆能力。因此，有专家认为，唱歌可以帮助患有老年痴呆症的人更好地克服记忆障碍。

以下哪项最可能是上述专家观点的假设？

(A) 唱歌会显著改善患有肺部疾病的患者的呼吸。

(B) 患有老年痴呆症的人比其他老年人更加喜爱唱歌。

(C) 参加集体合唱可以帮助人们提升自我价值和自信心。

(D) 老年痴呆症病人在唱歌时大脑皮质区的血流量会显著增加。

(E) 大脑中内啡肽荷尔蒙水平上升时会引发愉悦和放松的感觉。

2. 研究人员在 2011 年至 2017 年间采集了 600 多名 60 岁以上老年人的身高、血压和饮食习惯等多项数据，随后，又对研究对象进行了神经心理评估和认知障碍评定。在排除吸烟、饮酒等风险因素后发现，那些每周吃两次、每次吃约 150 克蘑菇的老年人，比每周吃蘑菇少于一次的老年人患轻度认知障碍的风险低。研究人员解释说，这是因为蘑菇中含有一种特殊化合物——麦角硫因。因此，食用蘑菇有助于降低老年人患轻度认知障碍的风险。

以下哪项如果为真，最能支持上述结论？

(A) 研究发现，每周食用两次以上蘑菇的年轻人患心脏病的风险降低。

(B) 轻度认知障碍老年患者血浆中麦角硫因的水平明显低于同龄健康人。

(C) 上述研究中老年人主要食用的是金针菇、平菇等 6 种常见蘑菇。

(D) 人体实际上无法自行合成麦角硫因，只能从食物中获取。

(E) 经常食用蘑菇可以滋养青少年的脑细胞并改善记忆力。

3. 与水和大气污染不同，土壤污染的隐蔽性较强。目前，基于微生物细胞外呼吸的土壤原位修复技术已经成为我国华南地区土壤生物修复技术的生力军。与物理化学修复相比，这种修复方式具有高效率、低成本、非破坏、适用广等特点。因此，这一技术与发达国家用的土壤修复技术相比具有一定的优势。

以下哪项最可能是上文所作的假设？

(A) 发达国家的土壤和我国的有很大差异，并不适用土壤原位修复技术。

(B) 土壤原位修复技术优于物理化学修复。

(C) 土壤原位修复技术是在华南地区特定的土壤条件下开发起来的。

(D) 发达国家的土壤修复主要采用物理化学修复。

(E) 我国的土壤修复技术比发达国家更为成熟。

4. 不同的读者在阅读时，会在大脑内对文章信息进行不同的加工编码。其中，一种是浏览，从文章中收集观点和信息，使知识作为独立的单元输入大脑，称为线性策略；一种是做笔记，在阅读时会构建一个层次清晰的框架，就像用信息积木搭建了一个“金字塔”，称为结构策略。做笔记能够对文章的主要内容进行标注，因此与单纯的浏览相比，做笔记能够取得更优的阅读效果。
以下哪项最可能是上述论证的假设？
(A) 阅读时做笔记便于日后的查询和复习。
(B) 阅读效果的好坏取决于能否在阅读时抓住要点。
(C) 用浏览的方式进行阅读属于知识加工的线性策略。
(D) 做笔记涉及了更加复杂的认知加工过程。
(E) 与线性策略相比，结构策略能够让学习提升速度。

5. 伤害感受神经能够对造血干细胞动员进行调控，增强造血干细胞的黏附或迁移，降钙素基因相关肽（CGRP）是伤害感受神经元主要分泌的神经递质分子。研究者发现，给予 CGRP 可以显著增强造血干细胞动员。CGRP 可以直接影响造血干细胞，诱导细胞表面形成 CALCRL 和 RAMP1 蛋白形成的二聚体受体，并促进造血干细胞进入血管。研究专家认为，吃辣可以促进造血干细胞动员。
要使上述论证成立，还需补充以下哪一前提？
(A) 骨髓神经纤维中高达 77%都是伤害感受神经元。
(B) 辛辣食物导致的“辣味”是一种痛觉，会激活伤害感受神经。
(C) 辣的食物能够促进消化液的分泌，增加消化酶的活性，加速胃肠道蠕动。
(D) 造血干细胞会在神经的调控之下，从骨髓释放进入循环，对损失的血细胞进行补充。
(E) CGRP 广泛分布于中枢、外周和其他系统中。

6. 有调查发现，某镇的乡村振兴工作中，由县农业部门工作人员担任驻村工作队队长的村庄其农业产业发展速度明显快于由其他部门工作人员担任驻村工作队队长的村庄。据此有人认为，县农业部门的工作人员更重视当地的农业产业发展，而农业产业发展是增加当地农民收入的重要手段，因此县农业部门的工作人员开展乡村振兴工作成效往往较好。
以下哪项最可能是上述论证的隐含前提？
(A) 农业部门工作人员往往有更多农业产业相关的专业知识。
(B) 农民收入是评价乡村振兴工作成效的重要指标。
(C) 乡村振兴工作的成效只能用农业产业发展情况来衡量。
(D) 不同村庄农民收入在乡村振兴工作开展前基本持平。
(E) 农业产业发展是增加当地农民收入的唯一手段。

7. 某机构对在广州有创业、就业、实习等经历的港澳青年进行调查，结果显示，有留穗发展意愿的港澳青年比例占七成以上；九成港澳青年通过实习了解和认识广州；有超过一半的港澳青年非常看好粤港澳大湾区的发展前景。因此，来广州实习有助于港澳青年获得对粤港澳大湾区的认同感。
以下哪项最可能是上述论述的假设？
(A) 熟悉广州有助于港澳青年更好地适应在广州工作和生活。
(B) 港澳青年的留穗发展意愿是其对粤港澳大湾区具有认同感的重要表现。
(C) 通过实习，港澳青年对粤港澳大湾区发展前景更有信心。
(D) 超过一半的在穗实习港澳青年参与了这项调查。
(E) 地方认同感主要包括对地方的历史、文化、习俗、传统和价值观的认同。

8. 人们感受气味通过嗅觉受体实现。研究发现：随着人类的演化，编码人类嗅觉受体的基因不断突变，许多在过去能强烈感觉气味的嗅觉受体已经突变为对气味不敏感的受体，与此同时，人类嗅觉受体的总体数目也随时间推移逐渐变少。由此可以认为，人类的嗅觉经历着不断削弱、逐渐退化的过程。
以下哪项如果为真，最能支持上述结论？
(A) 随着人类进化，嗅觉中枢在大脑皮层中所占面积逐渐减少。
(B) 相对于视觉而言，嗅觉在人类感觉系统中的重要性较低。
(C) 人类有大约 1 000 个嗅觉受体相关基因，其中只有 390 个可以编码嗅觉受体。
(D) 不同人群之间嗅觉存在很大差异，老年人的嗅觉敏感性明显低于年轻人。
(E) 随着人类的进化，人们获得食物的方式越来越安全，不需要通过嗅觉去确定某一植株是否有毒。

9. 维生素 D 是人体必需的脂溶性维生素。人通过暴露于阳光下、膳食摄入和维生素 D 补充等途径补充维生素 D。不断有研究提示，补充维生素 D 可以降低癌症发生风险、保护血管、预防糖尿病、保护肝肾等。但最近的一项包括 2.6 万人的随机对照实验显示，补充维生素 D 在降低心血管事件发生率、死亡率，以及预防癌症、降低癌症死亡率方面，与安慰剂无异。因此，有研究者认为，补充维生素 D 并不会产生积极作用。
以下哪项如果为真，最能支持该研究者的观点？
(A) 维生素 D 可直接影响人类 229 个基因的活性，缺乏维生素 D 会增加患上各种免疫性疾病的风险。
(B) 针对大量研究的综述显示，身体中维生素 D 水平不佳的人群的死亡率会增加。
(C) 补充维生素 D 的价值视情况而定，体重指数低的人补充维生素 D，对自身免疫性疾病有预防作用。
(D) 研究显示，口服维生素 D 和钙补充剂会使轻度和中度动脉粥样硬化患者的全因死亡风险增加 38%。
(E) 许多食物中富含维生素 D，如海鱼、动物肝脏、蛋黄和瘦肉等。

10. 经历了若干年的沉淀，甲国已经在人才、数据、基础设施和政策层面做了较多储备，为人工智能的发展提供了丰沃的土壤，许多国际知名的人工智能专家和企业也加盟甲国。最近几年，各种区域性的人工智能论坛和学术会议多次在甲国举行。有专家认为，这次世界人工智能大会在甲国召开，充分证明了甲国在世界人工智能领域的号召力和凝聚力。
以下哪项如果为真，最能支持上述专家的观点？
(A) 甲国有足够的人力和财力，能够保证世界人工智能大会的顺利召开。
(B) 甲国已经出现了许多世界领先的人工智能研究团队和研究机构，并吸引了国际上众多的优秀人才到甲国来进行人工智能基础理论研究。
(C) 一个国家如果在世界人工智能领域具备足够的号召力和凝聚力，那么这个国家一定会多次举办各种区域性的人工智能论坛和学术会议。
(D) 世界人工智能大会影响巨大、关注度高，只有在世界人工智能领域具备足够号召力和凝聚力的国家才能举办。
(E) 人工智能将给社会带来巨大变化，并有力推动新经济的发展，成为社会变革和创新驱动的新引擎。

11. 今年入夏以来，全球持续出现高温天气。对于高温天气产生的原因，一种观点认为，入夏以来，高温天气的出现是由全球气候变暖造成的。在全球气候变暖的大背景下，高温这样的灾害性天气会有增多的趋势。反对者则认为高温天气的出现并不一定是由全球气候变暖造成的，而是与大气环流特征的变化相关。大气环流特征的变化会导致多种极端天气频繁的发生，包括高温天气。

以下哪项如果为真，最能支持第一种观点？

(A) 全球气候变暖是由大气环流特征变化导致的。

(B) 持续的高温天气不仅会导致气候异常、海平面上升，对人类健康和生态系统也造成巨大危害。

(C) 高温天气是暖气团控制下的温度较高的炎热天气。

(D) 全球气候变暖通过改变大气环流特征来改变高温等极端天气事件的强度和发生频率。

(E) 气象学家们认为，造成持续高温天气的原因很复杂，既有直接原因，也有间接原因。

12. 熊蜂是一类多食性昆虫，与蜜蜂相比，熊蜂体型更大且多毛，颜色各异，大多有着经典的黄黑条纹，黑身红尾。人们发现，由于密集管理型农业系统的推广，熊蜂在这些地方开始衰落，有的种类已经灭绝，相对而言，普通蜜蜂的数量并没有明显减少。因此，相比普通蜜蜂，农田利用方式的改变对熊蜂的生存威胁更大。

以下哪项如果为真，最能支持上述结论？

(A) 蜜蜂采食会派出“侦查员”，回来后通过一种“摆动舞”告知蜂群食源在哪里，而熊蜂不会跳舞，因此大多独自采食。

(B) 蜜蜂会在蜂巢内储藏大量食物，熊蜂的蜂巢储存食物量较少，一旦出现食物短缺，熊蜂就会处于劣势。

(C) 蜜蜂属于大型化社群，而熊蜂属于小型化社群，这会导致基因分异度降低，更易受到寄生虫感染而大量死亡。

(D) 密集型农田往往种植单一植物，如果植物不是处于花期，熊蜂就会因无法如蜜蜂般进行远距离飞行而岌岌可危。

(E) 密集型农业技术采用大规模化的生产模式，使得农业产生的温室气体排放量增加，对生态环境产生不良影响。

13. 某研究调查了数千名被试者的睡眠情况与健康状况，结果发现，从中年至老年（50 岁至 70 岁间）一直处于较短睡眠模式（即每晚睡眠时长少于 6 小时）的人，失智风险会增加 30%。研究者呼吁，中老年人适当增加睡眠时长，可以预防失智的发生。

以下哪项陈述如果为真，最能质疑上述研究者的观点？

(A) 老年人每日睡眠时间过长不仅会有疲劳感，还会导致记忆力降低、精力不集中。

(B) 随着年龄的增加，身体的细胞也慢慢衰老，这就导致睡眠时间开始变短。

(C) 心血管代谢问题和精神疾病等都是失智的重要风险因素。

(D) 中老年人失智会使他们的生活质量严重下降。

(E) 失智是一种因脑部疾病所导致的渐进性认知功能退化，跟睡眠时长无关。

14. 近年来，我国企业在设计产品时，注重融入中国元素。例如，在T恤上印上京剧脸谱等图案、推出中国航天系列文创产品……这些产品一上市，就受到消费者的热捧，“国货即潮流”的新消费观念正逐渐形成。有专家就此认为，正是这些中国元素的融入让国潮商品获得了国内消费者的青睐。

以下哪项如果为真，最能削弱上述专家的观点？

(A) 中国文化五千年来绵延不绝，传统文化已深深刻在中国人的骨子里。

(B)“中国制造”的高品质、高性能提升了消费者对其的认可度和忠诚度。

(C) 随着视野的开阔，消费者渐趋理性，对明显溢价的洋品牌不再盲目追捧。

(D) 中国文化的软实力已经深深影响着我国民众日常生活的方方面面。

(E) 国潮商品的中国式设计容易让消费者眼前一亮，从而引起消费者的购买欲望。

15. 日前，研究人员在30个国家开展了近65项研究，涉及包括6万多名年龄在6岁到79岁之间的研究对象，目的是调查社会经济地位与牙齿磨损之间的联系。他们发现，在上私立学校且父母收入较高的青少年中，牙齿磨损似乎要严重得多。因此研究人员认为，富易伤牙。

以下哪项如果为真，最能支持上述研究者的观点？

(A) 良好的口腔卫生习惯是保持一口好牙齿的秘诀。

(B) 富裕家庭的孩子有更多的机会进行定期牙齿护理。

(C) 社会经济地位低的成年人更容易因饮食不当、潜在疾病而出现牙齿磨损。

(D) 相较于贫困家庭的孩子，富人的孩子更容易买到碳酸饮料，多喝碳酸饮料会增加牙齿磨损程度。

(E) 与低收入家庭的儿童相比，来自高收入家庭的儿童的食物种类丰富度更高。

16. 近些年来，电视剧的资本投入越来越大，数量和类型也越来越丰富，但真正能够走入并留存于观众内心的荧屏形象却越来越少，并未能如以前一样对观众产生较为深刻的影响。这种现象背后的根本原因是电视剧的质量不如以往。

以下哪项最可能是上述论证的假设？

(A) 电视剧的高资本投入不能带来高质量。

(B) 观众对电视剧的要求越来越高。

(C) 经典电视剧难以超越。

(D) 电视剧的质量与其能否对观众产生深刻影响紧密相关。

(E) 电视剧的资本投入越大，数量和类型就越丰富。

17. 某便利店新进了一批个性商品，如带酸味的啤酒、芥末味道的饼干等，这些个性商品摆放在单独设立的区域进行销售。三个月之后，店长发现：和之前没有引进个性商品时相比，店里的总销售额大幅提升。所以店长认为销售额增加的主要原因是引进了这些个性商品。

以下哪项如果为真，最能支持店长的观点？

(A) 三个月以来，这些个性商品的销量和销售额都很有限。

(B) 来店消费的主要是年轻人，年轻人喜欢尝试新鲜事物。

(C) 近三个月，该店对货品摆放进行了重新规划和调整，货品陈列更加有序醒目。

(D) 除了增加个性商品，店里的常规商品也增加了一些品牌和种类。

(E) 一般情况下，个性商品难以被绝大多数人接受。

18. 科学家对19岁以上的1 524名男性和2 008名女性共3 532人进行了调查。结果显示：不吃早餐的男性在1年内体重增加3公斤以上的比重是吃早餐的1.9倍之多；不吃早餐的女性在1年内体重增加3公斤以上的比重是吃早餐的1.4倍之多。因此，他们得出结论：无论男女，不吃早餐，体重增加的概率会比较高。

以下哪项如果为真，最能削弱上述结论？

(A) 不吃早餐，男女体重不一定都会增加。

(B) 男女体重增加主要是早上睡懒觉造成的。

(C) 即使吃早餐，不论男女，体重都有增加的概率。

(D) 相比男性，不吃早餐对女性体重增加的影响并不大。

(E) 不吃早餐会导致中午和晚上的食量变大，从而会造成脂肪的堆积。

19. 瑜伽是以静态拉伸为主的有氧运动，具有动作和缓、呼吸平和、渐次到位的运动特质。长时间坚持练习，可以滋养其身心，使其越来越年轻。调查发现，相比那些不练习瑜伽的人来说，经常练习瑜伽的人体型更好一些。可见，瑜伽能锻炼人的柔韧性，塑造完美体型。

以下哪项如果为真，最能对上述结论提出质疑？

(A) 大部分人喜欢瑜伽，就是因为瑜伽能够让人拥有更好的体型。

(B) 塑造完美体型的方式不仅仅只有瑜伽。

(C) 瑜伽不仅能够塑造人的完美体型，还能预防关节炎。

(D) 真正体型不好的人一般不会选择练习瑜伽。

(E) 保持好体型有助于降低患病风险，提高心血管功能和免疫系统能力。

20. 甜味通常意味着食物中含有糖分，是快速获得能量的信号，果冻、蛋糕、饼干及膨化食品中都含有或多或少的糖类。然而近年来，公众对于糖有害健康的讨论越来越多。有专家表示，数据显示白糖的销售量明显下降，这说明公众对糖的危害性的警觉性提高了。

以下哪项如果为真，最能削弱上述专家的观点？

(A) 盐和醋的销售量近年来不断攀升。

(B) 现在人均白糖消费量是10年前的80%。

(C) 由于媒体的广泛宣传，公众越来越意识到糖对人体的危害性。

(D) 近年来，白糖价格因为甘蔗种植面积大幅缩减而飙升。

(E) 减少白糖摄入后，一些嗜甜者出现了睡眠障碍。

21. 科学家在金星大气层中探测到了磷化氢的踪迹，浓度极高，是地球大气层中磷化氢浓度的1 000倍至100万倍。在地球上，磷化氢仅见于工业生产领域或由厌氧微生物所产生。对于金星上磷化氢的来源，研究团队进行了大量分析，推断是否来自光照、闪电、火山或者从金星表面向上吹至大气层中的矿物质等，但根据已有知识的计算结果均不支持这些来源。研究人员因此表示，有磷化氢意味着没有充足的氧气存在，但有可能被证明是存在厌氧生物的，故而金星大气层中的磷化氢有可能是某种生物留下的印记。

以下哪项如果为真，最能削弱上述研究人员的观点？

(A) 金星大气中含有大量二氧化碳以及浓硫酸云层，温室效应非常严重。

(B) 科学家们发现了“不需要呼吸”的动物，比较符合金星的大气条件。

(C) 金星上存在某些未知的光化学过程，这些光化学过程能够释放大量的磷化氢。

(D) 磷化氢需要很多能量来制作，且任何行星上都不太可能存在太多磷，因此一颗行星产生大量磷化氢的可能性很低。

(E) 科学家在太阳系外的行星 Proxima Centauri b 的大气层中探测到了高浓度的磷化氢，但该行星没有生物的踪迹。

22. 研究人员以某大型科技公司办公区为观察对象，探索工作场所各方面因素对员工工作效率的影响。研究者发现，与坐在墙旁的人相比，位置靠窗的员工的工作效率更高、精力更集中；座位面对整个房间，且视线范围内的办公桌相对较少的员工更加专注和高效。研究人员据此认为，办公室布局会影响员工的工作专注力和工作效率。

以下哪项如果为真，不能支持上述研究者的结论?

(A) 自然光可以调节人的生物节律，位置靠窗的员工更多接受自然光照射，上班时精力更加充沛。

(B) 优秀的员工对于工位有更多的选择权，而新入职的员工往往被安排在靠墙或门口位置。

(C) 如果员工视线范围内可以看到很多同事，会很容易分心，而且容易被别的同事之间的沟通所打扰。

(D) 办公室的空气污染比户外严重，远离窗户的员工更容易因空气污染而头疼疲倦，影响办公效率。

(E) 靠近窗户的员工可以吸收更多的氧气，从而提高大脑的运作效率。

23. 某研究将行走模式分为两类：一类是零星地短时间行走，另一类是不间断地行走 10 分钟以上。该研究追踪了某国 16 732 名 66 岁至 78 岁女性，4 年随访期间有 804 名女性去世。结果发现，不管是零星散步还是较长时间的不间断行走，步数更多的人寿命更长；在约 4 500 步之后，这种效应趋于稳定。研究者提出，只要开始走路，就能降低老年女性的死亡风险。

以下哪项如果为真，不能质疑研究者的结论?

(A) 中青年女性的生活方式和老年女性有很大不同，每天行走步数与死亡率没有显著关联。

(B) 正确的走路方式，才能使身体变得健壮，不当的走路方式和姿势，会危害身体健康。

(C) 在这个年龄段，每天能够自主行走达到一定步数，通常意味着有更好的整体健康状况。

(D) 能够坚持走路的人，或者有更多的生活内容，或者有更好的健康意识，这两者均有益健康。

(E) 该研究又追踪了该国 78 岁以上的 5 000 名女性，同样的 4 年随访结果却发现步数更多的人寿命反而更短。

24. 研究人员对 1971 年到 2008 年间的 36 400 名某国公民的膳食数据和 1984 年到 2006 年间的该国 14 419 人的运动数据进行分析和整合。他们发现，生活在 21 世纪初和 20 世纪 80 年代的同龄人，摄入同样的热量、同样质量的蛋白和脂肪，做同样多的运动，21 世纪初的人还是会比 20 世纪 80 年代的人在体重指数上高 2.3%。换句话说，即使我们遵循同样的饮食和锻炼计划，今天的人也要比 20 世纪 80 年代的人重 10%。研究者认为，这种情况可能和科技的发展有关。

以下哪项如果为真，不能支持研究者的观点?

(A) 近年来，越来越多的新型化工产品应用于日常生活，这些物质可能改变人体的荷尔蒙进程，让人体调整和维持体重的机制发生变化。

(B) 90 年代后，新型的抗抑郁药被研发出来，成了很多国家最常用的处方药之一，而这些药物都有让人变得虚胖的副作用。

(C) 近年来，科技发展使得人类的工作和生活方式发生了很大转变，体力劳动的比例显著下降，即使维持日常运动，总的体能支出也明显降低。
(D) 现代人吃的肉比几十年前的人多得多，需要新的肠道菌群来消化，肠道菌群的变化可能让人的食欲大增，从而体重增长。
(E) 科技发展使得现在的零食比以前更美味，并且热量更高。

25. 某教师收集了本班学生的语文学习兴趣、每天的学习时长等信息，结合期末考试语文成绩分析后发现，与每天语文学习时长不足 2 小时的学生相比，学习超过 2 小时的学生的学习兴致普遍更高，其语文期末考试平均分也更高。该教师由此得出结论，增加语文学习时长能够有效培养学习兴趣，进而提高语文成绩。
下列哪项如果为真，最能质疑上述结论？
(A) 该班级期末考试语文成绩最好的学生每天学习语文 1 小时。
(B) 该班级的语文期末考试平均分高于其他班级。
(C) 语文学习兴趣高的学生拥有更好的学习习惯。
(D) 只有语文学习兴趣高的学生才乐于花更长时间学习语文。
(E) 本班学生的数学学习成绩相对于其他班级而言较差。

26. 作为一种户外运动，徒步正成为越来越多人的生活方式。徒步者们大多喜欢走在美丽清新的城市近郊、乡村荒野、风景名胜或国家公园中。为什么有些现代人喜欢徒步？这是他们热爱自然、回归自然的表现，徒步者希望通过回归自然获得内心的宁静。
以下哪项如果为真，不能质疑上述观点？
(A) 很多人希望通过徒步来锻炼身体，增强活力，促进身体健康。
(B) 徒步者反对现代社会所推崇的“速度”价值，希望自己的生活“慢下来”。
(C) 徒步容易激发创造力，很早就被人作为潜心思考或科学发现的重要方式。
(D) 森林公园、带薪休假、行走文学等要素的出现，让现代人徒步成为可能。
(E) 很多现代人是徒步以后才爱上自然的。

27. 在某流行病的差异研究中发现男性和女性之间的结果存在差异。研究人员注意到，虽然男性和女性感染该疾病的比例相似，但男性似乎更容易死于这种病毒诱发的肝炎。专家据此认为，免疫功能的性别差异可能是导致不同性别出现临床表现差异的原因。
以下哪项如果为真，最能削弱上述论证？
(A) 男性患者住院的概率比女性高 20%左右，一旦住院接受治疗，男性患者更有可能需要进入重症监护室，而且入院后的死亡概率更高。
(B) 随着该疾病患病人群的数据集不断扩大，支持免疫功能存在性别差距的证据不断出现。
(C) 近十年来与该疾病致病原理类似的病毒暴发的数据也显示在确诊的病例中，男性患者的死亡风险高于女性。
(D) 遗传物质存在于 X 染色体上，而女性比男性多拥有一条 X 染色体，因此女性能获得更多的免疫基因。
(E) 参与研究的大多数男性都有酗酒抽烟的不良生活习惯，这容易引起该病毒诱发的其他疾病。

28. 与老一辈相比，年轻一代的青春痘问题更为严重。有人认为，老一辈的生活条件艰苦，饮食清淡，而当代年轻人喜爱吃油炸食品和蛋糕、巧克力等甜食。因此，油炸食品和甜食是导致年轻一代青春痘问题更为严重的原因。

以下哪项如果为真，最能质疑上述观点？

(A) 青春痘是皮脂腺油脂分泌过多进而堵塞的结果。

(B) 油炸食品和甜食易使人堆积脂肪的部位是腰腹部，而非面部。

(C) 与老一辈相比，当代年轻人的食盐摄入量较高。

(D) 即使饮食清淡，少油少糖，也有可能长青春痘。

(E) 情绪压力易引发青春痘，当代年轻人压力高于老一辈。

29. 近来，国际大宗商品市场中，原油和天然气价格达到近十年以来的高位，锌矿价格也上涨了7%左右。从宏观层面看，大宗商品市场已经进入“超级周期”（大宗商品价格高于长期平均价格的时期）。历史上大宗商品进入“超级周期”往往会带动全球经济复苏，这也预示着当下全球经济正在复苏。有分析人士认为，大宗商品进入“超级周期”是全球经济出现新的增长动力的结果。

以下哪项如果为真，最能削弱上述分析人士的观点？

(A) 地缘政治的风险加剧了大宗商品供应的紧张局势，引发本轮大宗商品价格上涨。

(B) 飙升的天然气价格推高了化肥的主要成分——氨的价格，进而推高全球粮食价格。

(C) 全球经济将更注重环保，碳中和与碳达峰将改变能源产业格局，进而影响金属和原油产业的发展远景。

(D) 全球主要经济体正在加紧出台强有力的救市计划，以寻求本国新的经济增长动力。

(E) 石油价格上涨会导致化工产品价格上涨，并带动其他能源如煤炭和替代能源的价格和供给提升。

30. 人参的生长与地理环境关系密切。一种观点认为，人参在针叶林里分布很少，而在阔叶林里分布更多、长得更好，这是因为针叶林的土壤成分相对单一，且能够透下更多光线，这对于属于半阴性植物的人参生长不利，而阔叶林的遮阳效果更好，并且，阔叶林地表的厚厚落叶，可以在冬季给人参提供保暖，有利于其存活。

以下哪项如果为真，最能削弱上述观点？

(A) 人参在蒙古栎下长不好，是因为蒙古栎的落叶太厚，参苗长不出来。

(B) 茫茫山区，不同类型的林地，多多少少存在不利于人参生长的因素。

(C) 山坡的坡度太平，容易积水，导致人参烂根；坡度太陡，则人参吸收不到足够水分。

(D) 人参在椴椴、紫椴树下生长较好，这两种树的叶子密，遮阴挡雨，风一吹动，又洒光。

(E) 适合人参生长的土壤含水量一般保持在40%～50%。

满分必刷卷 9　答案详解

答案速查

1～5	(D) (B) (D) (B) (B)	6～10	(B) (B) (A) (D) (D)
11～15	(D) (D) (E) (B) (D)	16～20	(D) (B) (B) (D) (D)
21～25	(C) (B) (A) (D) (D)	26～30	(D) (E) (E) (A) (A)

1. (D)

【第 1 步　识别论证类型】

提问方式：以下哪项最可能是上述专家观点的假设？

专家的观点：科学研究发现，脑部血流量增加（S1）会显著提升老年痴呆症患者的记忆能力（P）。因此，有专家认为，唱歌（S2）可以帮助患有老年痴呆症的人更好地克服记忆障碍（P）。

题干中 S1 与 S2 不一致，故此题为拆桥搭桥模型（双 S 型）。另外，锁定关键词“可以”，可知此题也为措施目的模型。

【第 2 步　套用母题方法】

(A) 项，此项涉及的是唱歌对患有肺部疾病患者的呼吸的影响，而题干涉及的是唱歌对患有老年痴呆症患者的记忆能力的影响，无关选项。（干扰项・话题不一致）

(B) 项，题干不涉及患有老年痴呆症的人和其他老年人“对唱歌喜爱程度”的比较，无关选项。（干扰项・新比较）

(C) 项，题干不涉及参加集体合唱对人们自我价值和自信心的影响，无关选项。（干扰项・话题不一致）

(D) 项，此项指出老年痴呆症病人在唱歌时大脑皮质区的血流量会显著增加，即搭建了“脑部血流量增加”（S1）和“唱歌”（S2）之间的关系，搭桥法（双 S），必须假设。

(E) 项，此项对背景信息“内啡肽荷尔蒙会直接影响个人情绪的变化”有一定的支持作用，但不涉及唱歌对患有老年痴呆症患者的记忆能力的影响，无关选项。

2. (B)

【第 1 步　识别论证类型】

提问方式：以下哪项如果为真，最能支持上述结论？

题干：蘑菇（S）中含有一种特殊化合物——麦角硫因（P1），因此，食用蘑菇（S）有助于降低老年人患轻度认知障碍（P2）的风险。

题干中 P1 与 P2 不一致，故此题为拆桥搭桥模型（双 P 型）。另外，锁定关键词“有助于”，可知此题也为措施目的模型。

【第2步 套用母题方法】

(A) 项，题干不涉及“年轻人”，也不涉及食用蘑菇对“心脏病”的影响，无关选项。(干扰项·对象和话题不一致)

(B) 项，此项指出轻度认知障碍老年患者（P2）血浆中麦角硫因的水平较低（P1），搭桥法（双P），支持题干。

(C) 项，题干不涉及食用的蘑菇“种类”，无关选项。(干扰项·话题不一致)

(D) 项，此项涉及的是麦角硫因的“获取方式”，不涉及麦角硫因的“作用”（即降低老年人患轻度认知障碍的风险），无关选项。(干扰项·话题不一致)

(E) 项，此项的论证对象是“青少年”，而题干的论证对象是“老年人”。(干扰项·对象不一致)

3. (D)

【第1步 识别论证类型】

提问方式：以下哪项最可能是上文所作的假设？

题干：我国的土壤原位修复技术（S）相比于物理化学修复（S1）具有高效率、低成本、非破坏、适用广等特点（P）。因此，这一技术（S）与发达国家用的土壤修复技术（S2）相比具有一定的优势（P）。

题干中S1与S2不一致，故此题为拆桥搭桥模型（双S型）。

【第2步 套用母题方法】

(A) 项，题干不涉及我国的土壤原位修复技术在发达国家是否适用，无关选项。(干扰项·话题不一致)

(B) 项，此项重复了题干的论据，但不是题干的隐含假设。

(C) 项，题干不涉及土壤原位修复技术的“开发条件”，无关选项。(干扰项·话题不一致)

(D) 项，此项指出发达国家的土壤修复（S2）主要采用物理化学修复（S1），搭桥法，必须假设。

(E) 项，题干不涉及我国和发达国家的土壤修复技术“成熟度”的比较，无关选项。(干扰项·新比较)

4. (B)

【第1步 识别论证类型】

提问方式：以下哪项最可能是上述论证的假设？

题干：做笔记（S）能够对文章的主要内容进行标注（P1），因此与单纯的浏览相比，做笔记（S）能够取得更优的阅读效果（P2）。

题干中P1与P2不一致，故此题为拆桥搭桥模型（双P型）。

【第2步 套用母题方法】

(A) 项，此项涉及的是做笔记“便于日后的查询和复习”，而题干涉及的是做笔记“有更优的阅读效果”，无关选项。(干扰项·话题不一致)

(B) 项，此项指出“阅读效果的好坏（P2）”取决于“能否在阅读时抓住要点（P1）”，搭桥法，必须假设。

(C)项，此项重复了题干中“一种是浏览，从文章中收集观点和信息，使知识作为独立的单元输入大脑，称为线性策略”这一背景信息，但不是题干的假设。

(D)项，题干不涉及做笔记的“过程”，而且此项也未说明这个过程是否有助于取得更优的阅读效果，故排除。

(E)项，题干不涉及线性策略与结构策略关于“学习速度”的比较，无关选项。(干扰项·新比较)

5. (B)

【第1步 识别论证类型】

提问方式：要使上述论证成立，还需补充以下哪一前提？

题干：伤害感受神经(S1)能够对造血干细胞动员进行调控，其中分泌的神经递质分子CGRP可以显著增强造血干细胞动员(P)。因此，吃辣(S2)可以促进造血干细胞动员(P)。

题干中S1与S2不一致，故此题为拆桥搭桥模型(双S型)。

【第2步 套用母题方法】

(A)项，此项涉及的是“伤害感受神经元在骨髓神经纤维中所占的比例”，而题干涉及的是“吃辣是否可以促进造血干细胞动员”，无关选项。(干扰项·话题不一致)

(B)项，此项指出辛辣食物(S2)能激活伤害感受神经(S1)，因此能使伤害感受神经分泌CGRP，从而增强造血干细胞动员，搭桥法(双S)，必须假设。

(C)项，题干不涉及辣的食物对“消化系统”的影响，无关选项。(干扰项·话题不一致)

(D)项，题干不涉及“造血干细胞是如何对损失的血细胞进行补充的”，无关选项。(干扰项·话题不一致)

(E)项，题干不涉及CGRP的“分布情况”，无关选项。(干扰项·话题不一致)

6. (B)

【第1步 识别论证类型】

提问方式：以下哪项最可能是上述论证的隐含前提？

题干：县农业部门的工作人员(S)更重视当地的农业产业发展(P1)，而农业产业发展是增加当地农民收入(P2)的重要手段，因此县农业部门的工作人员(S)开展乡村振兴工作成效往往较好(P3)。

题干中P1、P2均与P3不一致，故此题为拆桥搭桥模型(双P型)。

【第2步 套用母题方法】

(A)项，题干不涉及“农业产业相关的专业知识”，无关选项。(干扰项·话题不一致)

(B)项，此项指出农民收入(P2)是评价乡村振兴工作成效(P3)的重要指标，搭桥法(双P)，必须假设。

(C)项，此项指出乡村振兴工作的成效(P1)只能用农业产业发展情况(P3)来衡量，故此项说明了P1与P3的关系，但“只能”一词过于绝对，假设过度。(干扰项·程度不一致)

(D)项，题干不涉及在乡村振兴工作开展前不同村庄农民收入的比较，无关选项。(干扰项·新比较)

(E)项，此项重复了题干的论据(即P2)，不必假设，而且，“唯一”过于绝对。

7. (B)

【第1步　识别论证类型】

提问方式：以下哪项最可能是上述论述的假设？

题干：某机构对在广州有创业、就业、实习等经历的港澳青年（S）进行调查，结果显示，有留穗发展意愿（P1）的港澳青年比例占七成以上；九成港澳青年通过实习了解和认识广州（P2）；有超过一半的港澳青年非常看好粤港澳大湾区的发展前景（P3）。因此，来广州实习有助于港澳青年（S）获得对粤港澳大湾区的认同感（P4）。

题干中P1、P2、P3均与P4不一致，故此题为拆桥搭桥模型（双P型）。

【第2步　套用母题方法】

(A) 项，此项指出“熟悉广州有助于港澳青年更好地适应在广州工作和生活”，而题干涉及的是“来广州实习”是否有助于“港澳青年获得对粤港澳大湾区的认同感”，无关选项。（干扰项·话题不一致）

(B) 项，此项指出港澳青年的“留穗发展意愿”（P1）是其对粤港澳大湾区“具有认同感”（P4）的重要表现，搭桥法（双P），必须假设。

(C) 项，此项说明港澳青年对粤港澳大湾区发展前景有“信心”，这能支持题干中的“认同感”，但并非隐含假设，无关选项。

(D) 项，题干论证的成立只需要保证调查的样本具有代表性即可，无须假设具体参与人数，不必假设。

(E) 项，题干不涉及“历史、文化、习俗、传统”等内容，无关选项。（干扰项·话题不一致）

8. (A)

【第1步　识别论证类型】

提问方式：以下哪项如果为真，最能支持上述结论？

题干结论：人类的嗅觉（S）经历着不断削弱、逐渐退化（P）的过程。

提问针对论点，故可优先考虑直接支持论点或在论点内部搭桥。

【第2步　套用母题方法】

(A) 项，此项说明人类的嗅觉很可能经历着不断削弱、逐渐退化的过程，补充新论据，支持题干。

(B) 项，题干不涉及视觉和嗅觉在人类感觉系统中重要性的比较。（干扰项·新比较）

(C) 项，题干不涉及“在嗅觉受体相关基因中有多少可以编码嗅觉受体”，无关选项。（干扰项·话题不一致）

(D) 项，题干不涉及老年人与年轻人关于嗅觉敏感性的比较。（干扰项·新比较）

(E) 项，此项指出“随着人类的进化，人类不需要通过嗅觉去确定植株是否有毒”，但由此不确定“人类嗅觉是否退化”。（干扰项·不确定项）

9. (D)

【第1步　识别论证类型】

提问方式：以下哪项如果为真，最能支持该研究者的观点？

研究者的观点：补充维生素 D（S）并不会产生积极作用（P）。

提问针对论点，故可优先考虑直接支持论点或在论点内部搭桥。

【第 2 步 套用母题方法】

(A) 项，此项指出“缺乏维生素 D 会增加患上免疫性疾病的风险”，说明补充维生素 D 可能有积极作用，削弱题干。

(B) 项，此项指出维生素 D 水平不佳的人的死亡率会增加，说明补充维生素 D 可能有积极作用，削弱题干。

(C) 项，此项指出“体重指数低的人补充维生素 D 对自身免疫性疾病有预防作用”，说明补充维生素 D 对部分人群有积极作用，削弱题干。

(D) 项，此项指出“口服维生素 D 和钙补充剂会使轻度和中度动脉粥样硬化患者的全因死亡风险增加 38%”，说明补充维生素 D 会产生负面作用，支持题干。

(E) 项，题干不涉及“哪些食物富含维生素 D”，无关选项。(干扰项·话题不一致)

10. (D)

【第 1 步 识别论证类型】

提问方式：以下哪项如果为真，最能支持上述专家的观点？

专家的观点：这次世界人工智能大会在甲国召开（S），充分证明了甲国在世界人工智能领域的号召力和凝聚力（P）。

提问针对论点，故可优先考虑直接支持论点或在论点内部搭桥。

【第 2 步 套用母题方法】

(A) 项，此项指出甲国“有能力保证人工智能大会的顺利召开”，但未指出这是否可以充分证明甲国在世界人工智能领域的“号召力和凝聚力”，故不能支持专家的观点。

(B) 项，此项说明甲国对人工智能人才有吸引力，但并未指出这种吸引力是不是由于“人工智能大会的顺利召开”，故不能支持专家的观点。

(C) 项，将此项符号化，可得：具备足够号召力和凝聚力→举办人工智能论坛和学术会议，但由此不能确定“举办世界人工智能大会的国家”是否“具有足够的号召力和凝聚力”。(干扰项·不确定项)

(D) 项，将此项符号化，可得：举办世界人工智能大会的国家（S）→在世界人工智能领域具备足够号召力和凝聚力的国家（P），搭桥法（SP），支持题干。

(E) 项，题干不涉及人工智能对社会的影响，无关选项。(干扰项·话题不一致)

11. (D)

【第 1 步 识别论证类型】

提问方式：以下哪项如果为真，最能支持第一种观点？

第一种观点：高温天气的出现（现象 G）是由全球气候变暖（原因 Y）造成的。

此题提问针对论点，可优先考虑在论点内部搭桥。另外，锁定关键词“由……造成”，可知此题也为现象原因模型。

【第 2 步 套用母题方法】

(A) 项，此项涉及的是“全球气候变暖的原因”，而题干涉及的是“高温天气产生的原因”，

无关选项。(干扰项·话题不一致)

(B) 项，此项涉及的是“高温天气造成的影响”，而题干涉及的是“高温天气产生的原因”，无关选项。(干扰项·话题不一致)

(C) 项，此项涉及的是“高温天气的定义”，而题干涉及的是“高温天气产生的原因”，无关选项。(干扰项·话题不一致)

(D) 项，此项指出全球气候变暖会改变大气环流特征，从而改变高温等极端天气事件的强度和发生频率，因果相关（YG 搭桥），支持第一种观点。

(E) 项，此项涉及的是“气象学家们”的观点，未必能说明事实情况，不能支持。(干扰项·非事实项)

12. (D)

【第 1 步　识别论证类型】

提问方式：以下哪项如果为真，最能支持上述结论？

题干结论：相比普通蜜蜂，农田利用方式的改变（原因 Y）对熊蜂的生存威胁更大（结果 G）。

此题提问针对论点，可优先考虑在论点内部搭桥。另外，此题涉及对现象原因的分析，故此题也为现象原因模型。

【第 2 步　套用母题方法】

(A) 项，此项涉及的是蜜蜂和熊蜂的“采食方式”，而题干涉及的是“农田利用方式的改变”是否导致了熊蜂的衰落，无关选项。(干扰项·话题不一致)

(B) 项，此项指出“出现食物短缺时熊蜂更容易受到影响”，因此可能是食物短缺导致了熊蜂的衰落，另有他因，削弱题干。

(C) 项，此项指出“熊蜂相对于蜜蜂而言更容易受到寄生虫感染而大量死亡”，因此可能是受到寄生虫感染导致了熊蜂的衰落，另有他因，削弱题干。

(D) 项，此项指出“密集型农田种植的植物如果不是处于花期，熊蜂会因无法远距离飞行而岌岌可危”，说明农田利用方式改变为“密集管理型”后对熊蜂的生存威胁更大，因果相关（YG 搭桥），支持题干。

(E) 项，此项指出密集型农业技术会对“生态环境产生不良影响”，但不确定其是否会对“熊蜂的生存产生威胁”。(干扰项·不确定项)

13. (E)

【第 1 步　识别论证类型】

提问方式：以下哪项陈述如果为真，最能质疑上述研究者的观点？

研究者的观点：从中年至老年一直处于较短睡眠模式（原因 Y）的人，失智风险会增加 30%（结果 G）。因此，中老年人适当增加睡眠时长（措施 M），可以预防失智的发生（目的 P）。

此题提问针对论点，可优先考虑在论点内部拆桥。另外，锁定关键词“可以”，可知此题也为措施目的模型（涉及因果关系）。

【第 2 步　套用母题方法】

(A) 项，题干中的建议是“适当增加”睡眠时长，而此项涉及的是睡眠时间“过长”的危害，偷换概念。(干扰项·概念不一致)

(B) 项，题干不涉及“睡眠时间变短的原因”，无关选项。(干扰项·话题不一致)

(C) 项，此项涉及的是“失智的重要风险因素”，而题干涉及的是“适当增加睡眠时长”是否可以“预防失智”，无关选项。(干扰项·话题不一致)

(D) 项，题干不涉及“中老年人失智的影响”，无关选项。(干扰项·话题不一致)

(E) 项，此项指出失智与睡眠时长无关 (YG 拆桥)，故中老年人适当增加睡眠时长 (M) 不能预防失智 (P)，削弱题干。

14. (B)

【第 1 步　识别论证类型】

提问方式：以下哪项如果为真，最能削弱上述专家的观点？

专家的观点：正是这些中国元素的融入 (原因 Y) 让国潮商品获得了国内消费者的青睐 (结果 G)。

此题提问针对论点，可优先考虑在论点内部拆桥。另外，此题涉及对现象原因的分析，故此题也为现象原因模型。

【第 2 步　套用母题方法】

(A) 项，此项指出“传统文化已深深刻在中国人的骨子里”，但不能说明其是否有助于“引起国内消费者对国潮商品的青睐”，故不能支持专家的观点。

(B) 项，此项指出“中国制造”的高品质、高性能 (他因) 提升了消费者对其的认可度和忠诚度，另有他因，削弱专家的观点。

(C) 项，此项的论证对象是“洋品牌”，而题干的论证对象是“国潮商品”，无关选项。(干扰项·对象不一致)

(D) 项，此项指出中国文化的软实力已经深深影响着我国民众日常生活的方方面面，但并未直接说明这对国潮商品的影响。(干扰项·不直接项)

(E) 项，国潮商品的中国式设计 (Y) 容易让消费者眼前一亮，从而引起消费者的购买欲望 (G)，因果相关，支持专家的观点。

15. (D)

【第 1 步　识别论证类型】

提问方式：以下哪项如果为真，最能支持上述研究者的观点？

研究者的观点：在上私立学校且父母收入较高的青少年中，牙齿磨损似乎要严重得多，因此，富 (原因 Y) 易伤牙 (结果 G)。

此题提问针对论点，可优先考虑在论点内部搭桥。另外，此题涉及对现象原因的分析，故此题为现象原因模型。

【第 2 步　套用母题方法】

(A) 项，此项涉及的是“良好的口腔卫生习惯对牙齿有益”，而题干涉及的是“牙齿磨损”是否与“富”有关，无关选项。(干扰项·话题不一致)

(B) 项，此项指出富裕家庭的孩子有更多的机会进行定期牙齿护理”，说明“富”对牙齿有好处，削弱研究者的观点。

(C) 项，此项指出“社会经济地位低的人更容易牙齿磨损”，间接说明“富人”不易伤牙，削弱研究者的观点。

(D) 项，此项指出富人的孩子（Y）更容易买到碳酸饮料，而多喝碳酸饮料会增加牙齿磨损程度（即伤牙，G），搭桥法（因果相关），支持研究者的观点。

(E) 项，此项指出“高收入家庭的儿童摄入的食物种类更丰富”，但未说明对牙齿有何影响，故不确定其是否会“伤牙”。(干扰项·不确定项)

16. (D)

【第1步　识别论证类型】

提问方式：以下哪项最可能是上述论证的假设?

题干：这种现象（即电视剧未能如以前一样对观众产生较为深刻的影响，现象G）背后的根本原因是电视剧的质量不如以往（原因Y）。

锁定关键词“原因”，可知此题为现象原因模型。

【第2步　套用母题方法】

(A) 项，此项涉及的是“电视剧的高投入不能带来高质量”，而题干涉及的是“电视剧质量不高”是否是其“难以对观众产生影响”的原因，无关选项。(干扰项·话题不一致)

(B) 项，题干不涉及“观众的要求”，不必假设。

(C) 项，题干不涉及“经典电视剧能否被超越”，无关选项。(干扰项·话题不一致)

(D) 项，此项指出电视剧的质量（原因Y）与其能否对观众产生深刻影响（结果G）紧密相关，因果相关，必须假设。

(E) 项，题干不涉及“电视剧的资本投入”与“电视剧的数量和类型”之间的关系，无关选项。(干扰项·话题不一致)

17. (B)

【第1步　识别论证类型】

提问方式：以下哪项如果为真，最能支持店长的观点?

店长的观点：销售额增加（现象G）的主要原因是引进了这些个性商品（原因Y）。

此题提问针对论点，可优先考虑在论点内部搭桥。另外，锁定关键词“主要原因”，可知此题也为现象原因模型。

【第2步　套用母题方法】

(A) 项，此项指出这些个性商品的销量和销售额很有限，说明这些个性商品可能对销售额增加的贡献程度很低，削弱店长的观点。

(B) 项，此项指出“来店消费的主要是喜欢尝试新鲜事物的年轻人”，而这一批新进的“个性商品”属于新鲜事物，进而使得销售额增加，因果相关（YG搭桥），支持店长的观点。

(C) 项，此项说明销售额的增加可能是因为“对货品摆放进行了重新规划和调整”，另有他因，削弱店长的观点。

(D) 项，此项说明销售额的增加可能是因为“常规商品增加了品牌和种类”，另有他因，削弱店长的观点。

(E) 项，此项指出“个性商品难以被绝大多数人接受”，说明店里的总销售额的增加很可能与个性商品无关，削弱店长的观点。

18.（B）

【第1步 识别论证类型】

提问方式：以下哪项如果为真，最能削弱上述结论？

题干：无论男女，不吃早餐（原因Y），体重增加的概率会比较高（结果G）。

此题提问针对论点，可优先考虑在论点内部拆桥。另外，此题涉及因果关系，故此题也为现象原因模型。

【第2步 套用母题方法】

(A) 项，题干中仅表示不吃早餐体重增加的“概率”会比较高，但不是“一定”会高，故此项指出“不一定”不能削弱题干。

(B) 项，此项指出男女体重增加是“早上睡懒觉”导致的，另有他因，削弱题干。

(C) 项，此项指出即使吃早餐，人们也有体重增加的概率，但由此不确定不吃早餐是否会使男女体重增加的概率变高。(干扰项・不确定项)

(D) 项，题干不涉及男性和女性关于不吃早餐对体重增加的影响大小的比较，无关选项。(干扰项・新比较)

(E) 项，此项指出不吃早餐会造成脂肪的堆积，因此体重会增加，支持题干。

19.（D）

【第1步 识别论证类型】

提问方式：以下哪项如果为真，最能对上述结论提出质疑？

题干：

经常练习瑜伽的人：体型更好一些；

不练习瑜伽的人：体型差一些；

故：瑜伽（原因Y）能锻炼人的柔韧性，塑造完美体型（结果G）。

题干通过两组对象的对比实验，得出一个因果关系，故此题为现象原因模型（求异法型）。

【第2步 套用母题方法】

(A) 项、(B) 项、(C) 项，均从不同角度指出瑜伽确实有助于塑造完美体型，支持题干。

(D) 项，此项指出真正体型不好的人一般不会选择练习瑜伽，说明选择练习瑜伽的一般都是体型较好的人，因果倒置，削弱题干。

(E) 项，题干不涉及“保持好体型的好处”，无关选项。(干扰项・话题不一致)

20.（D）

【第1步 识别论证类型】

提问方式：以下哪项如果为真，最能削弱上述专家的观点？

专家的观点：数据显示白糖的销售量明显下降（现象G），这说明公众对糖的危害性的警觉性提高了（原因Y）。

此题提问针对论点，可优先考虑在论点内部拆桥。另外，此题涉及对现象原因的分析，故此题也为现象原因模型。

【第2步 套用母题方法】

(A) 项，题干不涉及“盐和醋”的销售量情况，无关选项。(干扰项・对象不一致)

(B) 项，此项说明了人均白糖消费量下降，但未对其下降的原因进行分析，无关选项。

(C) 项，此项说明了公众对糖的危害性的警觉性提高了，但不涉及这是否影响了白糖的销售量，无关选项。

(D) 项，此项指出白糖价格因为甘蔗种植面积大幅缩减而飙升，说明有可能是白糖价格上升导致了其销售量下降，另有他因，削弱题干。

(E) 项，题干不涉及"减少白糖摄入的后果"，无关选项。(干扰项·话题不一致)

21. (C)

【第1步　识别论证类型】

提问方式：以下哪项如果为真，最能削弱上述研究人员的观点？

研究人员的观点：金星大气层中的磷化氢（现象G）有可能是某种生物留下的印记（原因Y）。

此题提问针对论点，可优先考虑在论点内部拆桥。另外，此题涉及对现象原因的分析，故此题也为现象原因模型。

【第2步　套用母题方法】

(A) 项，此项涉及的是"金星大气中的二氧化碳及浓硫酸云层"，而题干涉及的是"金星大气层中的磷化氢"，无关选项。(干扰项·对象不一致)

(B) 项，此项涉及的是"发现了符合金星大气条件的'不需要呼吸'的动物"，而题干涉及的是"金星上的磷化氢是否与厌氧生物有关"，无关选项。(干扰项·话题不一致)

(C) 项，此项说明金星大气层中的磷化氢有可能来自光化学过程，另有他因，削弱题干。

(D) 项，此项涉及的是"行星产生磷化氢的可能性"，而题干涉及的是"金星上的磷化氢是否是某种生物留下的"，无关选项。(干扰项·话题不一致)

(E) 项，此项指出科学家在太阳系外的行星 Proxima Centauri b 的大气层中探测到了高浓度的磷化氢（有因），但该行星没有生物的踪迹（无果），有因无果，削弱题干。同时，此项也可以作为类比削弱题干，但是该行星的情况未必与金星上的情况一致，故削弱力度弱。(干扰项·对象不一致)

22. (B)

【第1步　识别论证类型】

提问方式：以下哪项如果为真，不能支持上述研究者的结论？

研究者的结论：办公室布局（原因Y）会影响员工的工作专注力和工作效率（结果G）。

题干中涉及对现象原因的分析，故此题为现象原因模型。

【第2步　套用母题方法】

(B) 项，此项说明是优秀的员工选择了靠窗位置，而不是位置靠窗工作效率更高，因果倒置，削弱研究者的结论。

其他各选项分别从不同方面指出办公室布局确实会影响员工的工作专注力和工作效率，因果相关，支持研究者的结论。

23. (A)

【第1步　识别论证类型】

提问方式：以下哪项如果为真，不能质疑研究者的结论？

研究者的结论：只要开始走路（原因 Y），就能降低老年女性的死亡风险（结果 G）。

题干涉及对现象原因的分析，故此题为现象原因模型。另外，研究者的结论中出现绝对化的断定（只要……就……），故此题也为绝对化结论模型。

【第 2 步　套用母题方法】

(A) 项，此项的论证对象是“中青年女性”，而题干的论证对象是“老年女性”，无关选项。（干扰项・对象不一致）

(B) 项，此项指出“走路方式和姿势不当会危害身体健康”，说明走路未必能降低死亡风险，因果无关（YG 拆桥），削弱题干。

(C) 项，此项说明是更健康的老年女性步数更多，而不是步数更多的老年女性更健康，因果倒置，削弱题干。

(D) 项，此项指出有可能是“其他有益健康的行为”导致了老年女性身体健康，另有他因，削弱题干。

(E) 项，此项指出步数更多（有因）的老年女性反而寿命更短（无果），有因无果，削弱题干。

24. (D)

【第 1 步　识别论证类型】

提问方式：以下哪项如果为真，不能支持研究者的观点？

研究者的观点：这种情况（现象 G：即使我们遵循同样的饮食和锻炼计划，今天的人也要比 20 世纪 80 年代的人重 10%）可能和科技的发展有关（原因 Y）。

题干涉及对现象原因的分析，故此题为现象原因模型。

【第 2 步　套用母题方法】

(D) 项，此项说明有可能是“吃肉更多引起肠道菌群的变化让人食欲大增”导致了体重增长，另有他因，削弱题干。

其他各选项分别从不同的方面说明现代人体重增加与科技的发展有关，均支持题干。

25. (D)

【第 1 步　识别论证类型】

提问方式：下列哪项如果为真，最能质疑上述结论？

题干：

每天语文学习时长超过 2 小时的学生：学习兴致更高，其语文期末考试平均分也更高；
每天语文学习时长不足 2 小时的学生：学习兴致较低，其语文期末考试平均分也较低；

故：增加语文学习时长（原因 Y）能够有效培养学习兴趣，进而提高语文成绩（结果 G）。

题干通过两组对象的对比实验，得出一个因果关系，故此题为现象原因模型（求异法型）。另外，该教师的结论也可以认为是措施目的模型。

【第 2 步　套用母题方法】

(A) 项，此项仅涉及“该班级期末考试语文成绩最好的学生”，“少数”个体的情况不能反驳本班学生平均分的情况，不能削弱。（干扰项・有的不）

(B) 项，题干不涉及本班级和其他班级之间语文期末考试成绩的比较，无关选项。（干扰

项·新比较）

(C) 项，此项说明了“语文学习兴趣高”与“更好的学习习惯”的关系，但未说明这与“语文学习时长”的关系，故排除。

(D) 项，此项说明是语文学习兴趣高才会多花时间学习语文，而不是多花时间学习语文能够有效培养语文学习兴趣，因果倒置，削弱题干。

(E) 项，此项的论证对象是“数学成绩”，而题干的论证对象是“语文成绩”，无关选项。（干扰项·对象不一致）

26. (D)

【第1步　识别论证类型】

提问方式：以下哪项如果为真，不能质疑上述观点？

题干：为什么有些现代人喜欢徒步（现象G）？这是他们热爱自然、回归自然的表现，徒步者希望通过回归自然获得内心的宁静（原因Y）。

题干涉及现象原因的分析，故此题为现象原因模型。

【第2步　套用母题方法】

(A) 项，此项说明现代人喜欢徒步的原因可能是为了健康，另有他因，削弱题干。

(B) 项，此项说明现代人喜欢徒步的原因可能是希望自己的生活“慢下来”，另有他因，削弱题干。

(C) 项，此项说明现代人喜欢徒步的原因可能是为了激发创造力，另有他因，削弱题干。

(D) 项，“让现代人徒步成为可能”的意思是具备了徒步的条件，但具备条件无法说明“喜欢徒步”的原因（动机），无关选项。

(E) 项，此项指出不是因为爱上自然导致喜欢徒步，而是因为徒步才爱上自然，因果倒置，削弱题干。

27. (E)

【第1步　识别论证类型】

提问方式：以下哪项如果为真，最能削弱上述论证？

题干：虽然男性和女性感染该疾病的比例相似，但男性似乎更容易死于这种病毒诱发的肝炎（现象G）。专家据此认为，免疫功能的性别差异（原因Y）可能是导致不同性别出现临床表现差异的原因。

锁定关键词“原因”，可知此题为现象原因模型。

【第2步　套用母题方法】

(A) 项，此项指出“男性的住院概率和死亡概率更高”，但不涉及这一现象的原因分析，无关选项。

(B) 项，此项指出“支持免疫功能存在性别差距的证据不断出现”，支持题干的论据。

(C) 项，此项指出“与该疾病致病原理类似的病毒暴发的数据中男性患者的死亡风险高于女性”，但不确定其是否与“免疫功能的性别差异”有关。（干扰项·不确定项）

(D) 项，此项涉及的是产生免疫功能的性别差异的“原因”，而题干涉及的是“不同性别出现临床表现差异”是否是“免疫功能的性别差异”导致的，无关选项。（干扰项·话题不一致）

(E) 项，此项指出有可能是“男性的不良生活习惯”导致了他们更易患该病毒诱发的其他疾病，从而导致死亡率更高，另有他因，削弱题干。

28. (E)

【第 1 步 识别论证类型】

提问方式：以下哪项如果为真，最能质疑上述观点？

题干观点：油炸食品和甜食（原因 Y）是导致年轻一代青春痘问题更为严重（结果 G）的原因。

此题提问针对论点，可直接进行论点内部拆桥。另外，锁定关键词“原因”，可知此题也为现象原因模型。

【第 2 步 套用母题方法】

(A) 项，此项指出青春痘是“皮脂腺油脂分泌过多进而堵塞”导致的，但不确定“油炸食品和甜食”是否会让这种现象更加严重。(干扰项 • 不确定项)

(B) 项，此项涉及的是“油炸食品和甜食易使人堆积脂肪的部位”，而题干涉及的是“油炸食品和甜食是否导致年轻一代的青春痘问题更严重”，无关选项。(干扰项 • 话题不一致)

(C) 项，此项指出“当代年轻人的食盐摄入量较高”，但未说明盐分是否会“引发青春痘”，不能削弱。

(D) 项，此项指出清淡饮食也可能会引发青春痘，但未说明油炸食品和甜食是否会导致年轻一代的青春痘问题更为严重，不能削弱。

(E) 项，此项指出有可能是“较高的情绪压力”导致了“当代年轻人的青春痘问题更为严重”，另有他因，削弱题干。

29. (A)

【第 1 步 识别论证类型】

提问方式：以下哪项如果为真，最能削弱上述分析人士的观点？

分析人士的观点：大宗商品进入“超级周期”（现象 G）是全球经济出现新的增长动力的结果（原因 Y）。

此题提问针对论点，可优先考虑在论点内部拆桥。另外，此题涉及对现象原因的分析，故此题也为现象原因模型。

【第 2 步 套用母题方法】

(A) 项，此项指出是“地缘政治的风险”引发了大宗商品价格的上涨，另有他因，削弱题干。

(B) 项，题干不涉及“飙升的天然气价格对氨以及全球粮食价格的影响”，无关选项。(干扰项 • 话题不一致)

(C) 项，题干不涉及“经济发展注重环保所产生的影响”，无关选项。(干扰项 • 话题不一致)

(D) 项，此项涉及的是“全球主要经济体正在寻求本国新的经济增长动力”，而题干涉及的是“全球经济出现新的增长动力是否导致大宗商品进入‘超级周期’”，无关选项。(干扰项 • 话题不一致)

(E) 项，题干不涉及“石油价格上涨所带来的影响”，无关选项。(干扰项 • 话题不一致)

30.（A）

【第1步　识别论证类型】

提问方式：以下哪项如果为真，最能削弱上述观点？

题干：人参在针叶林里分布很少，而在阔叶林里分布更多、长得更好（现象G），这是因为针叶林的土壤成分相对单一，且能够透下更多光线，这对于属于半阴性植物的人参生长不利，而阔叶林的遮阳效果更好（原因Y1），并且，阔叶林地表的厚厚落叶，可以在冬季给人参提供保暖，有利于其存活（原因Y2）。

题干涉及现象原因的分析，故此题为现象原因模型。

【第2步　套用母题方法】

(A) 项，此项指出人参在蒙古栎下长不好（无果），是因为蒙古栎的落叶太厚（有因），有因无果，削弱题干。

(B) 项，此项未指出不同林地对人参的影响，无关选项。(干扰项·话题不一致)

(C) 项，题干不涉及“山坡的坡度对人参生长的影响”，无关选项。(干扰项·话题不一致)

(D) 项，此项指出人参在“叶子比较密的糠椴、紫椴树”下生长较好，说明人参更适合遮阳效果好的生长环境，支持题干。

(E) 项，题干不涉及适合人参生长的“土壤含水量”的情况，无关选项。(干扰项·话题不一致)

满分必刷卷 10

时间：60 分钟　　总分：30×2＝60 分　　你的得分________

1. 新的语音遥控电视机内有一个可以用声音来激活的微型语音转化控制系统，它可以直接识别语音指令，然后控制电视机；还有一种方法是在智能手机上安装语音控制 App，然后将指令发送到特定的遥控器，遥控器再将指令转换成传统的红外遥控信号，这样也可以实现对普通电视的遥控。

根据上述信息，可以得出以下哪项？

(A) 如果微型语音转化控制系统坏了，则电视机将无法实现语音控制，所以语音控制 App 的方式更先进。

(B) 语音控制 App 比微型语音转化控制系统更烦琐，因此将不会被消费者接受。

(C) 在同时具有微型语音转化控制系统与语音控制 App 遥控的电视机里，其语音控制 App 一定严格遵守微型语音转化控制系统所记录的控制指令。

(D) 微型语音转化控制系统可以独自通过语音来控制电视机的工作。

(E) 利用微型语音转化控制系统来控制电视机的效果比用语音控制 App 更好。

2. 随着我国逐渐进入老龄化社会，一系列老年人健康问题得到社会越来越多的关注，而口腔健康属于机体健康中不可缺少的组成部分。近期，一项针对老年人的跟踪调查发现，存在牙缺失、牙敏感等口腔问题的被调查者体弱多病的概率明显高于其他被调查者。因此，糟糕的口腔健康问题是令老年人身体格外虚弱的重要原因之一。

以下哪项最能削弱上述论断？

(A) 身体虚弱容易诱发口腔健康问题。

(B) 此研究的跟踪调查时间仅有 3 年。

(C) 一些口腔状况糟糕的老人身体并不虚弱。

(D) 该调查的研究对象未包含青少年及中年人。

(E) 老年人应该注意饮食选择以避免口腔问题。

3. 目前，贫困人群的风险分担有非正式风险分担和正式保险两种形式。非正式风险分担通过与其他人建立风险分担关系，贫困人群可以获得非正式信贷、馈赠等形式的资源，并运用于生产或生活，从而带来收益。非正式风险分担可以解决正式保险无法解决的交易成本高和交易难度大的问题。但是正式保险却具有非正式风险分担所不具有的稳定性和规范性。因此有人提出，针对某些贫困人群的风险状况，有必要采取上述两种形式相结合的方式来有效分担风险。

上述结论要想成立，必须建立在以下哪项假设的基础上？

(A) 非正式风险分担和正式保险两种风险分担方式各有利弊。

(B) 已经有地区尝试采用非正式风险分担和正式保险相结合的方式解决贫困人群的风险分担问题。

(C) 非正式风险分担和正式保险两种方式无法单独使用。

(D) 针对这些贫困人群的风险状况，单独采用非正式风险分担或正式保险中的任何一种方式并不能有效分担风险。

(E) 目前，理论界和实务界已经对非正式风险分担和正式保险两种风险分担方式的结合进行了深入研究和可行性探讨。

4. 杂草稻是稻田里不种自生、伴随栽培稻生长的一种"杂草型稻"。研究者在杂草稻基因组中发现了与干旱胁迫下叶片干枯程度显著相关的基因——PAPH1。消除该基因后的株系，其叶肉细胞膜内外钙离子和钾离子流速降低；而PAPH1基因过度表达的株系，其叶肉细胞膜内外钙离子和钾离子流速增加。因此，研究者指出，PAPH1基因在杂草稻抗旱性中发挥了关键作用。

以下哪项最可能是上述研究者的假设？

(A) 正常状态下的栽培稻长期生长在有水的环境中，不含PAPH1基因。

(B) 叶肉细胞膜内外钙离子和钾离子的流速也促进了PAPH1基因的表达。

(C) 叶肉细胞膜内外钙离子和钾离子流速越高，杂草稻的抗旱性越强。

(D) 杂草稻与栽培稻存在基因交流，其演化与栽培稻选育品种密切相关。

(E) 消除PAPH1基因后的杂草稻株系除了叶肉细胞膜内外钙离子和钾离子流速外无其他变化。

5. 如今，基于互联网的新型科普方式层出不穷。浅阅读、视频直播以及游戏互动等方式，使得如今获取科学知识的渠道越来越多、门槛也越来越低。研究者认为，尽管"互联网+科普"令科学知识的获取和传播方式发生了很大变化，但这不是对科普传播的一种颠覆，而是显示了公民科学素养的提升。

以下哪项如果为真，最能质疑研究者的观点？

(A) 新闻应用、微博等资讯类媒体是用户了解科学热点事件的最主要渠道。

(B) 在许多科学热点事件的传播过程中，公众很难见到权威科学家的身影。

(C) 数据表明，用户普遍乐于通过图文资讯这样轻松愉悦的形式获取知识。

(D) 比起明星八卦，在社交媒体转发科普内容更能为转发者本人形象加分。

(E) 提升青少年对科学技术的兴趣始终是"互联网+科普"的重要目的。

6. 研究人员研究了糖皮质激素在小鼠自身免疫性疾病中的作用。他们在正常小鼠和缺乏糖皮质激素受体的小鼠中诱导了脱发，两周后，研究人员看到了小鼠们之间的明显差异。正常小鼠的毛发重新长出，但缺乏糖皮质激素受体的小鼠几乎不能重新长出毛发。研究人员认为，小鼠的毛囊干细胞无法被激活，毛发因而不能重新长出。

以下哪项如果为真，最能支持研究人员的观点？

(A) 正常的小鼠体内有糖皮质激素受体。

(B) 糖皮质激素有助于激活毛囊干细胞。

(C) 要长毛发必须要有糖皮质激素。

(D) 毛囊干细胞最重要的特点之一就是具有无限多次细胞周期。

(E) 糖皮质激素对机体的发育、生长、代谢起着重要调节作用。

7. 距今约 2.25 亿年前的二叠纪末大灭绝，让超过八成的海洋物种和约九成的陆地物种消失。近期，研究人员运用红外光谱，定量测量了我国西藏南部二叠纪、三叠纪过渡期 1 000 多粒陆地植物花粉粒的物质含量。结果显示，在二叠纪末大灭绝期间，花粉外壁中香豆酸和阿魏酸的含量明显升高。研究人员据此认为，在二叠纪末大灭绝期间，大气紫外线辐射的强度明显增加。
上述论证的成立须补充以下哪项作为前提？
(A) 植物体内的香豆酸和阿魏酸含量升高，导致食草动物和昆虫大量灭绝。
(B) 植物通过调节体内香豆酸和阿魏酸的含量来抵抗紫外线对其造成的伤害。
(C) 大气紫外线辐射强度增加会大大增加动物患癌症的概率。
(D) 大气紫外线辐射强度增加，给地球上的海洋和陆地物种带来巨大的灾难。
(E) 植物体内大量合成香豆酸和阿魏酸等会相应减少叶绿素的合成。

8. 从老百姓反映的情况来看，我国各区域的民生服务水平有了很大提高。例如，在民生服务中，树立了“尊重人、理解人、关心人、依靠人”的治理理念，将“为民作主”转变为“由民作主”；同时形成了普惠民生的治理格局，让民生工作惠及千家万户。可见，我国的区域治理能力和成效大幅度提高。
以下哪项最有可能是上文的假设？
(A) 精准服务是提升民生服务水平的切入点。
(B)“为民作主”转为“由民作主”，能推动民主决策走向实处，确保民生实事办得更好。
(C) 民生服务水平是衡量我国区域治理能力和成效的重要指标。
(D) 区域治理能力和成效的提升是国家治理体系和治理能力现代化的重要内容。
(E)“由民作主”机制的形成标志着政府从注重“管理能力”向注重“治理能力”转变。

9. 一项长达 20 年的研究表明，爱做家务的求职者比不爱做家务的求职者更容易成功就业，就业后的收入前者也比后者高。此外，爱做家务的求职者比不爱做家务的求职者生活幸福感更高。通过做家务，求职者能养成合理规划的习惯和不骄不躁的品质。从这个角度看，做家务有助于培养更多的社会精英。
下列哪项如果为真，最能加强上述论证？
(A) 养成合理规划和不骄不躁的习惯为求职者所必需。
(B) 非常多的求职者都在被他们父母积极鼓励做家务。
(C) 合理规划和保持不骄不躁是社会精英的必备品质。
(D) 做家务可以提升求职者的规划能力和生活幸福感。
(E) 养成合理规划的习惯和不骄不躁的品质能提升求职者的生活幸福感。

10. 某专家指出，年轻人越来越不喜欢走亲戚，这一现象的出现有其文化、社会和个体基础，是社会结构、社会关系、人际交往方式变化的一个缩影。但这种亲戚关系的淡化并不必然意味着亲缘关系网络的瓦解。
下列哪项如果为真，无法支持专家的观点？
(A) 随着社会的不断发展，亲缘的联结在未来可能有不同的形式，但人情基底还会存在于中国社会文化之中。
(B) 互联网深刻改变了人类的交往方式和生活方式，年轻人可以通过网络寻找到志趣相投的心理群体获得情感支持。

(C) 虽然互联网可能在一定程度上弱化了亲缘关系的功能，但同时又为建立新的亲属间联结提供了契机。

(D) 中国传统文化仍然渗透于社会教养方式和社会行为规范之中，人情文化仍有相当的影响力。

(E) 年轻人在组建了自己的家庭、有了自己的子女之后，对于亲缘牵绊会有更深的感悟。

11. 地质学家在澳大利亚中部距地表3公里的地下发现了两处直径超过200公里的神秘自然景观，景观所含有的石英砂中有着一簇簇的细线，这些细线大部分是互相平行的直线。地质学家认为，这些景观很可能是巨大陨石撞击形成的陨石坑，而石英砂的结构就是造成断裂的证据。

以下哪项最可能是上述地质学家的假设？

(A) 只有经历高速的陨石撞击，地层中的石英砂才会显示出含有平行直线的断裂结构。

(B) 石英砂普遍存在于地球表面，由于坚硬、耐磨、化学性能稳定而很少发生变化。

(C) 该景观的直径之大，并不同于其他的陨石坑，很可能不是一次形成的。

(D) 该景观周围的岩石是3亿年到4.2亿年之前形成的，而撞击也发生在那一时期。

(E) 石英砂是一种坚硬、耐磨、化学性能稳定的硅酸盐矿物，一般情况下不会出现细线。

12. “志当存高远”，远大的理想目标能够帮助人生走向巅峰。近日，一项新研究发现，生活目标越高的人，死亡风险越低。因此，研究人员得出结论，远大的理想目标能让人更长寿。

以下哪项如果为真，最能削弱上述结论？

(A) 拥有充足的物质财富，才能享受好的医疗条件。

(B) 有研究表明，富人体内的DHEA－S激素水平高于中低收入人群，这种激素有助于降低患心血管疾病的风险。

(C) 有些人的远大理想根本不切实际，很容易引起失败，导致心情沮丧，郁郁寡欢。

(D) 合理的目标规划更容易实现，可以使人更加自信。

(E) 一些负面体验会导致更多炎症基因表达，从而增加心血管疾病、阿尔茨海默症和癌症等发生的风险。

13. 蛋黄含有较多的胆固醇，有的人害怕胆固醇高，不敢吃蛋黄。近期一篇涉及50万中国人、随访时长近9年的研究报告提出，每天吃鸡蛋的人比起那些基本不吃鸡蛋的人，心血管事件风险降低了11%，心血管事件死亡风险降低了18%，尤其是出血性中风风险降低了26%，相应的死亡风险则降低了28%。考虑到脑中风是我国居民第一大死因，研究者提出，每天吃一个鸡蛋有利于心血管健康。

以下哪项如果为真，最能支持研究者的观点？

(A) 来自日本的一项涉及4万人的追踪研究中，每天吃鸡蛋的人比起不吃鸡蛋的人，全因死亡率降低了。

(B) 鸡蛋的营养十分丰富，钙、磷、铁、维生素A、维生素B的含量都比较高。

(C) 食物摄入胆固醇并不等于血胆固醇水平，且鸡蛋中含有的卵磷脂能有效阻止胆固醇和脂肪在血管壁上的沉积。

(D) 每天吃鸡蛋的人，教育水平和家庭收入都更高，饮食更加健康，生活更自律，更有可能补充维生素。

(E) 患心血管疾病的人往往不敢吃鸡蛋，选择每天吃鸡蛋的往往是那些心血管较健康的人。

14. 为加强对青少年的健康监测，科学家分析了 4 257 名青少年的数据，这些孩子在 12 岁、14 岁和 16 岁的时候，戴着加速计，在至少 3 天的时间里跟踪他们至少 10 个小时并随访 6 年。加速计客观记录佩戴者是否正在进行轻度活动，是否正在进行中度体力活动，或者是否久坐。研究发现，在 12 岁、14 岁和 16 岁时，每天每增加 1 个小时的久坐时间，到 18 岁时抑郁评分分别增加 11.1%、8%、10.5%。科学家据此得出结论：青少年久坐、不运动会增加抑郁症风险。
以下哪项如果为真，最能质疑上述结论？
(A) 这些久坐的青少年大多数沉迷恐怖类游戏，对他们的精神造成严重影响。
(B) 这些孩子中，家境不好、长期奔波兼职的青少年也会患上抑郁症。
(C) 这些孩子中，长期久坐的青少年最终学习成绩普遍好于同龄学生。
(D) 与成年人相比，经常久坐不运动的青少年所占比例事实上很低。
(E) 青少年之所以久坐、不运动，是由于繁重的课业负担。

15. 某研究团队招募了 53 名年龄在 45 岁到 64 岁之间的健康志愿者，参与一项为期两年的锻炼计划。结果发现，志愿者心脏健康指标特别是左心室功能有相应改善。这是由于左心室能将富含氧气的血液泵入大动脉，供应全身器官，缺乏运动和器官老化会使左心室肌肉收缩乏力。该研究团队就此认为，适当锻炼有助于逆转心肌老化带来的危害并降低心脏病发作风险。
以下哪项如果为真，最能支持上述研究团队的结论？
(A) 越年轻开始锻炼，对身体健康的好处越明显。
(B) 适当运动有助于提高氧气吸入量，增强代谢能力。
(C) 出现左心室肌肉硬化的中老年人中大多数日常锻炼量不足。
(D) 有心脏病史的人经过适当锻炼后心脏功能得到明显改善。
(E) 上述研究未涉及其他年龄段的人群。

16. 人口增长问题是世界各国尤其是发达国家面临的问题。发达国家普遍面临着生育率低、人口增长缓慢甚至是负增长的状况，这直接影响着经济发展和民族传承。我国在实行计划生育政策的 30 年后，也面临着类似的问题，因此我国逐渐放开二胎政策，但从实际情况来看，效果并不理想。有专家指出，二胎政策效果不理想主要源于社会压力太大。
以下哪项如果为真，最能支持上述专家的观点？
(A) 二胎政策放开后，许多想生的 70 后夫妻已经过了最佳生育年龄。
(B) 90 后的青年夫妻更愿意过二人世界，不愿意多生孩子。
(C) 因为养孩子的成本过高，导致很多夫妻不愿意多生孩子。
(D) 社会环境的污染影响着很多青年夫妻的生育能力。
(E) 现代人压力过大很大程度上是由于过高的房价。

17. 在人类的进化过程中，到底是什么因素引起了人脑生长增大呢？一项研究指出，人类祖先最初主要捕食非洲大陆上最大、行动速度最慢的猎物。但在约 460 万年前，大型动物开始消失或减少，人类转而捕食体形较小的动物。研究人员认为，这种转变会让人脑承受进化压力，迫使其生长变大，因为较小的猎物更难跟踪和捕捉，捕猎小型动物的过程也更复杂。
以下哪项如果为真，最能质疑上述研究人员的观点？
(A) 随着时间的推移，吃饱喝足已经满足不了人类需求，还要思考策略与别人合作和竞争，这些过程导致了人类大脑变大。
(B) 在距今约百万年前的人类遗址中还遍布大象骨头，表明大象仍是被捕食对象。

(C) 脑组织完善、脑细胞数量增多，这是人类长期适应和改造自然界的结果。

(D) 哲学家认为，生产劳动促进了人脑生长增大及大脑形成和组织结构的完善。

(E) 研究证明，人类从捕食大型动物转而捕食体形较小的动物只是人脑变大的因素之一，但不是主要因素。

18. 哈佛大学最近的一项研究选取了权威数据库中的50多万名年龄介于40岁～69岁之间的参与者，并且所有参与者均完成了食物加盐频率的问题，研究人员还考虑了年龄、性别、吸烟、饮酒、饮食和医疗状况等综合因素。该研究显示，在50岁时与很少摄入盐的参与者相比，吃得咸的男性预期寿命减少1.5岁，吃得咸的女性预期寿命减少2.28岁，吃得咸的参与者过早死亡的风险增加了28%。因此食物中添加盐的频率越高，过早死亡风险越高，预期寿命也越短。

以下哪项如果为真，最能加强上述论证?

(A) 孙先生患有胃癌，医生发现他有吃咸泡菜的习惯，延续了30多年，医生建议孙先生妻子前来检查，其妻子也被检查出胃癌。

(B) 高盐食物容易破坏胃黏膜，腌制类食物中含有的亚硝酸盐，还会在胃部产生亚硝胺等对人体有害的物质。

(C) 日常生活中保持低盐饮食、减少钠摄入量，可以提高人们的整体生活质量。

(D) 钠是人体重要的阳离子，长期低盐导致体内钠元素不足，易造成潜在的低血钠症，会引起恶心、内分泌紊乱现象。

(E) 越来越多的证据表明，女性比男性更容易因吃得太咸而得高血压。

19. 科学家曾研究过旁观者对运动员跑步的影响。结果发现，在同一条跑道上，当没有旁观者或旁观者背对跑道时，运动员的跑步速度相近；当旁观者面对跑道时，运动员的跑步速度明显提高。因此，体育竞赛的现场一定得有观众，这有助于运动员取得更好的成绩。

以下哪项如果为真，最能削弱上述论断?

(A) 许多体育竞赛中运动员需要保持高度专注力，避免外界干扰。

(B) 其他参赛选手的关注也能让运动员在竞赛项目中发挥得更好。

(C) 运动员短时间内突破自己、超常发挥可能会对其身体造成伤害。

(D) 在没有观众的情况下，仍然有运动员在体育竞赛中打破了纪录。

(E) 体育竞赛现场的观众应该尽量避免大声喧哗、吵闹。

20. 混合动力电动汽车拥有两种不同的动力源，这两种动力源在汽车不同的行驶状态下分别或者同时工作，通过这种组合达到最少的燃油消耗和尾气排放状态。目前市场上的混合动力电动汽车有两种主流车型：一种是普通混合动力汽车（简称HEV)，一种是插电式混合动力汽车（简称PHEV)。前者不需要外接电源，操作更便捷；后者纯电行驶续航能力更强。近年来的销售数据显示，HEV汽车的销量总体高于PHEV汽车，可见，消费者更愿意购买操作更便捷的混合动力电动汽车。

以下哪项如果为真，最能削弱上述结论?

(A) PHEV车型能够实现零排放行驶，很多注重环保的人都愿意购买这种车型。

(B) 虽然HEV车型减少了对化石燃料的需求，但是它并不属于新能源汽车。

(C) 与PHEV车型相比，HEV车型通常来说制造成本更低，因此售价更便宜。

(D) 无论是HEV还是PHEV车型，都具有噪声小、驾驶舒适性强的优点。

(E) 与HEV汽车和PHEV汽车相比，纯电动汽车（简称BEV)的操作便捷性更胜一筹。

21. 有研究表明，当人们查看完手机再放下之后，肾上腺会分泌皮质醇。少量皮质醇对人体有益，但随着皮质醇升高，人们会变得愈加焦虑。因此，为了缓解焦虑情绪，人们一定会不由自主地想要查看手机，这就解释了现在人们普遍存在的“无手机恐惧症”。
以下哪项对上述论证的评价最为恰当？
(A) 不当地假设查看手机是人们缓解焦虑的唯一方法。
(B) 忽视了焦虑情绪是由多种因素导致的。
(C) 忽视了“无手机恐惧症”的其他影响因素。
(D) 不当地假设现在的人们手机使用频率相当高。
(E) 忽视了人们使用手机处理工作的具体情况。

22. 随着人口老龄化程度加剧，慢性病患者和失能、半失能老人数量与日俱增。近年来某市不少医院推出“互联网＋护理”服务，老人在家通过手机 App 下单，医护人员就可以上门提供服务，省去了老人频繁跑医院的烦恼。但是，自该项服务推出以来，“成交量”始终不温不火。不少医院表示，去年一年的接单量不足 50 单。可见，该市老人对“互联网＋护理”服务的需求并不高。
以下除哪项外，均能削弱上述结论？
(A) 只有符合条件的护士才能从事这一服务，但其中有时间上门服务的护士数量有限。
(B) 医护人员上门服务的费用需要病人自理，医保不予报销，不少老人认为费用太高。
(C) 多数老人对手机操作不熟悉，不会通过手机 App 下单预约医护人员上门提供服务。
(D) 不少老人还没有形成“花钱买服务”的消费观念，他们更愿意到医院排队、挂号。
(E) 去年，多数老人并不知道医院推出了“互联网＋护理”服务。

23. 航油是航空公司最大的成本支出，三大国有航空公司的航油成本均占总成本的 40%左右。近年来，随着油价的不断上涨，航空公司的经营成本不断增加。对此有业内人士认为，尽管航空公司面临巨大的油价上涨压力，但不会调高机票的价格。
以下哪项最有力地支持了该业内人士的观点？
(A) 机票价格以外的燃油附加费征收标准有所提高。
(B) 许多航空公司开展“节油工程”，采用计算机精准测算飞机加油量。
(C) 有些航空公司倾向于采用对冲的方式应对燃料价格的上升。
(D) 为了避免恶性竞争，几家大的航空公司结成了价格联盟。
(E) 由于经济形势的好转，航空市场的客源有可能增加。

24. 游隼会掠食黑腹滨鹬，黑腹滨鹬能持续飞行数小时。在 20 世纪 70 年代，由于杀虫剂的使用，游隼的数量减少，黑腹滨鹬持续飞行的时间也变得更少，休憩的时间更多；到了 90 年代，杀虫剂因监管而减少，游隼又回来了，黑腹滨鹬的飞行行为也恢复如前。因此，有动物学家认为：对天敌的恐惧改变了黑腹滨鹬的飞行行为。
以下哪项如果为真，最能反驳动物学家的观点？
(A) 游隼的数量变化跟杀虫剂的使用没有关系。
(B) 滥用杀虫剂会严重影响黑腹滨鹬的食物链。
(C) 游隼并不是黑腹滨鹬唯一的天敌。
(D) 杀虫剂会对黑腹滨鹬的身体机能造成伤害。
(E) 游隼的猎物有很多，如野鸭、鸥、鸠鸽类、乌鸦和鸡类等。

25. 为了测试婴儿如何对运动做出反应，研究小组对21名婴儿进行了监测，母亲们依次尝试了四种让婴儿安静下来的方法：“抱着婴儿走动”“将婴儿放在婴儿车或者摇床上来回摇动”“坐着抱住婴儿”“让婴儿躺在床上”。使用第三种和第四种方法时，哭闹的婴儿并没有平静下来；使用第一种方法时，婴儿们都停止了哭泣，其中近一半在五分钟内入睡；第二种方法有与第一种方法类似的镇静效果，但程度较小。因此，科学家得出结论：抚慰婴儿的最佳方法是让其处于轻微的运动节奏中。

以下哪项如果为真，最能削弱上述结论？

(A) 四种方法的试验分别选在了不同的时间和地点。

(B) 如果让父亲抱着婴儿走动也能使婴儿安静下来。

(C) 一些哺乳动物的母亲携带幼崽走动时，能使幼崽保持安静。

(D) 摇动婴儿车或摇床会产生与行走类似的运动节奏。

(E) 婴儿每天运动量的多少，应该由宝宝的自身身体素质来决定。

26. “创卫”是创建国家卫生城市的简称，“国家卫生城市”是一个城市综合功能和文明程度的重要标志。某省于去年开展了一年的“创卫”工作。在去年年底，有研究人员对比了某省几个城市的环境空气质量后，发现该省省会城市的环境空气质量处于较高水平。该研究人员由此认为，创建全国卫生城市有助于提升该市的环境空气质量。

以下哪项如果为真，最能支持上述结论？

(A) 参与全国卫生城市创建能够获得更多的政府专项财政补助。

(B) 众多城市考察团常常来该市学习创建全国卫生城市的经验。

(C) 周边未参与全国卫生城市创建的城市在同时期环境空气质量有所下降。

(D) 该市在创建全国卫生城市之后居民的健康水平显著提高。

(E) 参与全国卫生城市创建之前，该省会城市的环境空气质量长期处于较差的状况。

27. 火星的奥林匹斯山是太阳系中已知的最高火山，高度为25 000米，几乎是地球上最高峰——珠穆朗玛峰的3倍。研究人员认为奥林匹斯山具有如此令人称奇的高度，主要是因为相比地球而言，火星的重力较低且火山喷发的频率较高，造山熔岩流在火星上持续的时间比在地球上要长得多。

以下哪项如果为真，最能削弱上述研究人员的观点？

(A) 土星、木星属于气体星球，由于没有地幔运动，所以也就没有火山爆发。

(B) 与火星相比，地球上的河流常会侵蚀山脉的边缘物质，引发山体滑坡，这就限制了山峰生长。

(C) 金星与地球重力相近，其火山喷发的频率极高，可谓火山密布，但火山大多不高。

(D) 一些星体虽火山喷发活跃，熔岩持续出现，但因为星体表面结构的变化，熔岩无法堆积，故不能形成大型火山。

(E) 与地球相比，火星上的火山山坡坡度较为平缓。

28. 随着网络文学的兴盛，近年来传统文学开始主动汲取网络文学叙事资源，出现了小说叙事上的文类融合现象。传统文学之所以进行自我革新，其原因在于传统文学寻求自身的突破。可见，直面全新的社会现实，表现新时代的精神是传统文学自我革新的根本原因。

上述论证的成立需要补充以下哪项作为前提？

(A) 传统文学借鉴网络文学叙事资源，强调现实感和可读性，会获得更多的读者。

(B) 一直以来，传统文学都将直面社会现实、表现时代精神作为自身努力的方向。

(C) 传统文学的市场空间不断被网络文学所挤压，使得传统文学寻求自身的突破。

(D) 直面全新的社会现实，表现新时代的精神使得传统文学不断寻求自身的突破。

(E) 网络文学传播力强、影响力广，已经成为传播中华文化的重要力量。

29. 一项针对 11 岁青少年的研究发现：生活在绿化程度较低的社区的青少年空间工作记忆能力较差，生活在绿化程度较高的社区的青少年空间工作记忆能力较强。据此，有人建议青少年应该居住在绿化程度较高的地方。

以下哪项最能质疑上述建议？

(A) 青少年在 10 岁到 14 岁时，空间工作记忆能力较差。

(B) 生活在绿化程度低的城市的成年人空间工作记忆能力较强。

(C) 社区绿地数量多有利于促进青少年的大脑发育。

(D) 绿化程度较高的社区的家庭通常更注重青少年空间工作记忆能力的培养。

(E) 青少年及其家长能够分辨哪些社区绿化程度较高。

30. 近日，研究人员招募了 36 名健康人员，并将其随机分配到发酵或高纤维饮食方案小组中，使其维持该方案 10 周，并在实验开展前 3 周、采取分组饮食后 10 周，以及结束实验饮食方案 4 周后，采集参与者血液和粪便样本进行分析。结果发现，食用发酵蔬菜会增加肠道微生物多样性。研究人员认为，食用发酵蔬菜可改变人体免疫状态，这有望为成年人减少炎症提供途径。

以下哪项最可能是上述研究人员的假设？

(A) 高纤维饮食的被试者体内肠道微生物的多样性保持稳定。

(B) 肠道微生物群不仅与肠道免疫关系密切，而且影响全身免疫系统。

(C) 食用发酵蔬菜的被试者血液样本中炎症蛋白的水平有所下降。

(D) 发酵食品饮食组在实验过程中要大幅减少水分的摄入。

(E) 发酵饮食方案小组的被试者可以接受发酵蔬菜的口感和风味。

满分必刷卷10 答案详解

答案速查

1～5	(D) (A) (D) (C) (D)	6～10	(B) (B) (C) (C) (B)
11～15	(A) (C) (C) (A) (D)	16～20	(C) (A) (B) (A) (C)
21～25	(A) (D) (A) (D) (A)	26～30	(E) (B) (D) (D) (B)

1. (D)

【第1步 识别题目类型】

提问方式：根据上述信息，可以得出以下哪项？故此题为推论题。

【第2步 套用母题方法】

(A)项、(B)项、(E)项，题干不涉及“微型语音转化控制系统”和“语音控制App”的比较，无关选项。(干扰项·新比较)

(C)项，题干不涉及两种语音控制方式之间的相互作用，无关选项。(干扰项·话题不一致)

(D)项，题干指出微型语音转化控制系统可以“直接”识别语音指令，然后控制电视机，即该系统可以独自控制电视机的工作，故此项可以由题干推出。

2. (A)

【第1步 识别论证类型】

提问方式：以下哪项最能削弱上述论断？

题干：

存在牙缺失、牙敏感等口腔问题的被调查者：体弱多病的概率较高；

其他被调查者：体弱多病的概率较低；

故：糟糕的口腔健康问题（原因Y）是令老年人身体格外虚弱（结果G）的重要原因之一。

题干通过两组对象的对比，得出一个因果关系，故此题为现象原因模型（求异法型）。

【第2步 套用母题方法】

(A)项，此项指出是身体虚弱导致了口腔健康问题，而不是口腔健康问题导致了身体虚弱，因果倒置，削弱题干。

(B)项，此项指出“此研究的跟踪调查时间仅有三年”，但不能由此说明该研究不可靠，不能削弱题干。

(C)项，此项指出“一些”口腔状况糟糕的老人身体并不虚弱，不排除有其他老年人身体虚弱是口腔问题导致的，故不能削弱题干。(干扰项·有的不)

(D)项，题干不涉及“青少年及中年人”的情况，无关选项。(干扰项·对象不一致)

(E) 项，题干不涉及老年人“应该”如何做以避免口腔问题，此项为建议而非事实。（干扰项·非事实项）

3. (D)

【第1步 识别论证类型】

提问方式：上述结论要想成立，必须建立在以下哪项假设的基础上？

题干：针对某些贫困人群的风险状况，有必要采取上述两种形式（非正式风险分担和正式保险）相结合的方式（措施M）来有效分担风险（目的P）。

题干的论点中出现绝对化词“必要”，故此题为绝对化结论模型。另外，此题涉及措施目的的分析，故此题也为措施目的模型。

【第2步 套用母题方法】

(A) 项，此项指出题干中的两种方式“各有利弊”，但“各有利弊”不代表两种方式有结合的必要，不必假设。

(B) 项，“尝试两种方式相结合”不代表这样做“有必要”，无关选项。

(C) 项，题干中只需要假设这两种方式单独使用效果不好即可，不必假设这两种方式不能单独使用，故此项假设过度。

(D) 项，此项指出单独采用这两种方式达不到“有效”分担风险，故这两种方式相结合有必要，必须假设。

(E) 项，此项涉及的是理论界和实务界的研究和探讨，不确定事实情况如何。（干扰项·非事实项）

4. (C)

【第1步 识别论证类型】

提问方式：以下哪项最可能是上述研究者的假设？

研究者：消除PAPH1基因后的株系，其叶肉细胞膜内外钙离子和钾离子流速降低；而PAPH1基因（S）过度表达的株系，其叶肉细胞膜内外钙离子和钾离子流速增加（P1）。因此，PAPH1基因（S）在杂草稻抗旱性（P2）中发挥了关键作用。

题干中P1与P2不一致，故此题为拆桥搭桥模型（双P型）。

【第2步 套用母题方法】

(A) 项，此项的论证对象是“栽培稻”，而题干的论证对象是“杂草稻”，无关选项。（干扰项·对象不一致）

(B) 项，此项仅涉及“叶肉细胞膜内外钙离子和钾离子的流速与PAPH1基因表达之间的关系”，未涉及“PAPH1基因是否在抗旱性中发挥了关键作用”，无关选项。（干扰项·话题不一致）

(C) 项，此项指出“叶肉细胞膜内外钙离子和钾离子流速越高（P1），杂草稻的抗旱性越强（P2）”，搭桥法（双P），必须假设。

(D) 项，题干不涉及“杂草稻与栽培稻的关系”，无关选项。（干扰项·话题不一致）

(E) 项，题干不涉及消除PAPH1基因后的杂草稻株系“有无其他变化”，无关选项。（干扰项·话题不一致）

5. (D)

【第1步　识别论证类型】

提问方式：以下哪项如果为真，最能质疑研究者的观点？

研究者的观点：尽管“互联网+科普”令科学知识的获取和传播方式发生了很大变化（现象G)，但这不是对科普传播的一种颠覆，而是显示了公民科学素养的提升（原因Y)。

此题提问针对论点，可优先考虑在论点内部拆桥。另外，此题涉及对现象原因的分析，故此题也为现象原因模型。

【第2步　套用母题方法】

(A)项，题干不涉及用户了解科学热点事件的“最主要渠道”，无关选项。(干扰项·话题不一致)

(B)项，题干不涉及“权威科学家”的情况，无关选项。(干扰项·话题不一致)

(C)项，题干不涉及“用户对获取知识形式的偏好”，无关选项。(干扰项·话题不一致)

(D)项，此项指出公民使用“互联网+科普”很可能是因为此举能“为转发者本人形象加分”，而非为了提高科学素养，另有他因，削弱研究者的观点。

(E)项，题干不涉及“互联网+科普”的“目的”，无关选项。(干扰项·话题不一致)

6. (B)

【第1步　识别论证类型】

提问方式：以下哪项如果为真，最能支持研究人员的观点？

题干：正常小鼠的毛发重新长出，但缺乏糖皮质激素受体（S1）的小鼠几乎不能重新长出毛发（P)。研究人员认为，小鼠的毛囊干细胞无法被激活（S2)，毛发因而不能重新长出（P)。题干中S1与S2不一致，故此题为拆桥搭桥模型（双S型)。另外，此题涉及对现象原因的分析，故此题也为现象原因模型。

【第2步　套用母题方法】

(A)项，此项指出“正常的小鼠体内有糖皮质激素受体”，但不确定其是否与“毛囊干细胞”有关。(干扰项·不确定项)

(B)项，此项指出“糖皮质激素（S1）有助于激活毛囊干细胞（S2）”，搭桥法，支持题干。

(C)项，此项指出“要长毛发必须要有糖皮质激素”，但不确定其是否与“毛囊干细胞”有关。(干扰项·不确定项)

(D)项，题干不涉及毛囊干细胞的“重要特点”，无关选项。(干扰项·话题不一致)

(E)项，此项指出“糖皮质激素对机体的发育、生长、代谢起着重要调节作用”，但不确定其是否与“毛囊干细胞”有关。(干扰项·不确定项)

7. (B)

【第1步　识别论证类型】

提问方式：上述论证的成立须补充以下哪项作为前提？

题干：结果显示，在二叠纪末大灭绝期间（S)，花粉外壁中香豆酸和阿魏酸的含量明显升高(P1)。研究人员据此认为，在二叠纪末大灭绝期间（S)，大气紫外线辐射的强度明显增加（P2)。题干中P1与P2不一致，故此题为拆桥搭桥模型（双P型)。

【第 2 步 套用母题方法】

(A) 项，题干不涉及植物体内的香豆酸和阿魏酸含量升高对“动物”的影响，无关选项。(干扰项·话题不一致)

(B) 项，此项指出植物通过调节体内香豆酸和阿魏酸的含量（P1）来抵抗紫外线（P2）对其造成的伤害，搭桥法，必须假设。

(C) 项，题干不涉及紫外线辐射强度增加对“动物患癌症的概率”的影响，无关选项。(干扰项·话题不一致)

(D) 项，题干不涉及紫外线辐射强度增加对“地球上的海洋和陆地物种”的影响（题干中的相关信息出现在背景介绍中，没有出现在论证中），无关选项。(干扰项·话题不一致)

(E) 项，题干不涉及香豆酸和阿魏酸对“叶绿素”的影响，无关选项。(干扰项·话题不一致)

8. (C)

【第 1 步 识别论证类型】

提问方式：以下哪项最有可能是上文的假设？

题干：从老百姓反映的情况来看，我国各区域（S）的民生服务水平（P1）有了很大提高。可见，我国（S）的区域治理能力和成效（P2）大幅度提高。

题干中 P1 与 P2 不一致，故此题为拆桥搭桥模型（双 P 型）。

【第 2 步 套用母题方法】

(A) 项，题干不涉及“精准服务”，无关选项。(干扰项·话题不一致)

(B) 项，题干不涉及“民主决策”和“民主实事”，无关选项。(干扰项·话题不一致)

(C) 项，此项指出民生服务水平（P1）是衡量我国区域治理能力和成效（P2）的重要指标，搭桥法（双 P），必须假设。

(D) 项，题干不涉及“国家治理体系和治理能力现代化”，无关选项。(干扰项·话题不一致)

(E) 项，题干不涉及政府从注重“管理能力”向注重“治理能力”转变，无关选项。(干扰项·话题不一致)

9. (C)

【第 1 步 识别论证类型】

提问方式：下列哪项如果为真，最能加强上述论证？

题干：通过做家务（S），求职者能养成合理规划的习惯和不骄不躁的品质（P1）。从这个角度看，做家务（S）有助于培养更多的社会精英（P2）。

题干中 P1 与 P2 不一致，故此题为拆桥搭桥模型（双 P 型）。

【第 2 步 套用母题方法】

(A) 项，此项指出“养成合理规划和不骄不躁的习惯”为求职者所必需，但不确定其与“社会精英”有何关系。(干扰项·不确定项)

(B) 项，此项涉及的是“许多求职者被父母鼓励做家务”，而题干涉及的是“做家务”是否有助于培养“社会精英”，无关选项。(干扰项·话题不一致)

(C) 项，此项指出“合理规划和保持不骄不躁（P1）是社会精英（P2）的必备品质”，搭桥法（双 P），支持题干。

(D) 项、(E) 项，这两项均涉及的是做家务对“求职者的生活幸福感”的影响，而题干涉及的是做家务是否有助于培养“社会精英”，无关选项。(干扰项・话题不一致)

10. (B)

【第 1 步　识别论证类型】

提问方式：下列哪项如果为真，无法支持专家的观点？

专家的观点：这种亲戚关系的淡化（年轻人越来越不喜欢走亲戚）并不必然意味着亲缘关系网络的瓦解。

此题无论据，同时提问针对论点，故可考虑直接支持论点或在论点内部搭桥。

【第 2 步　套用母题方法】

(B) 项，此项涉及的是“志趣相投的心理群体”，而题干涉及的是“亲缘关系网络”，话题不一致，无法支持专家的观点，故此项为正确答案。

其他各项均从不同角度指出亲缘关系网络未必会瓦解。

11. (A)

【第 1 步　识别论证类型】

提问方式：以下哪项最可能是上述地质学家的假设？

地质学家：景观中的这些细线大部分是互相平行的直线（现象 G），因此，这些景观很可能是巨大陨石撞击形成的陨石坑，而石英砂的结构就是造成断裂的证据（原因 Y）。

题干涉及对现象原因的分析，故此题为现象原因模型。

【第 2 步　套用母题方法】

(A) 项，此项指出只有经历高速的陨石撞击（Y），地层中的石英砂才会显示出含有平行直线的断裂结构（G），因果相关（YG 搭桥），必须假设。

(B) 项，此项涉及的是“石英砂的稳定性”，不涉及景观形成的原因，无关选项。(干扰项・话题不一致)

(C) 项，题干不涉及“景观形成的次数问题”，无关选项。(干扰项・话题不一致)

(D) 项，题干不涉及“景观周围岩石的形成时间及撞击发生时间”，无关选项。(干扰项・话题不一致)

(E) 项，此项说的是石英砂是否会出现细线，不涉及景观形成的原因，无关选项。(干扰项・话题不一致)

12. (C)

【第 1 步　识别论证类型】

提问方式：以下哪项如果为真，最能削弱上述结论？

题干：近日，一项新研究发现，生活目标越高的人，死亡风险越低。因此，研究人员得出结论，远大的理想目标（原因 Y）能让人更长寿（结果 G）。

锁定关键词“越……越……”，可知此题为现象原因模型（共变法型）。

【第 2 步　套用母题方法】

(A) 项，此项涉及的是“物质财富与医疗条件之间的关系”，而题干涉及的是“远大的理想目标是否能让人更长寿”，无关选项。(干扰项・话题不一致)

(B) 项，题干不涉及“DHEA－S激素的作用”，也不涉及富人与中低收入人群的比较，无关选项。(干扰项·话题和比较不一致)

(C) 项，此项说明有些远大的理想目标会导致心情沮丧、郁郁寡欢，有可能不利于“长寿”，削弱题干。但此项并未直接指出对“长寿”的影响，故削弱力度并不大。

(D) 项，题干不涉及“合理的目标规划”实现的难易度及对自信心的影响，无关选项。(干扰项·话题不一致)

(E) 项，题干不涉及“一些负面体验”的影响，无关选项。(干扰项·话题不一致)

13. (C)

【第1步　识别论证类型】

提问方式：以下哪项如果为真，最能支持研究者的观点？

研究者的观点：每天吃一个鸡蛋（原因Y）有利于心血管健康（结果G）。

题干涉及对现象原因的分析，故此题为现象原因模型。

【第2步　套用母题方法】

(A) 项，此项指出每天吃鸡蛋的人比起不吃鸡蛋的人“全因死亡率”更低，但不确定“心血管疾病导致的死亡率”是否更低。(干扰项·不确定项)

(B) 项，此项指出鸡蛋“营养丰富”，但不确定其对“心血管健康”是否有影响。(干扰项·不确定项)

(C) 项，此项指出鸡蛋中含有的“卵磷脂”能“有效阻止胆固醇和脂肪在血管壁上的沉积”，说明吃鸡蛋（Y）有利于心血管健康（G），因果相关（YG搭桥），支持研究者的观点。

(D) 项，此项指出“每天吃鸡蛋的人饮食更加健康，生活更自律，更有可能补充维生素”，但不确定其对“心血管健康”是否有影响。(干扰项·不确定项)

(E) 项，此项说明是人们“心血管较为健康”才选择“每天吃鸡蛋”，而不是“每天吃鸡蛋”有利于“心血管健康”，因果倒置，削弱研究者的观点。

14. (A)

【第1步　识别论证类型】

提问方式：以下哪项如果为真，最能质疑上述结论？

题干：在12岁、14岁和16岁时，每天每增加1个小时的久坐时间，到18岁时抑郁评分分别增加11.1%、8%、10.5%。科学家据此得出结论：青少年久坐、不运动（原因Y）会增加抑郁症风险（结果G）。

此题提问针对论点，可优先考虑在论点内部拆桥。另外，题干出现三组研究对象的共变关系，可知此题也为现象原因模型（共变法型）。

【第2步　套用母题方法】

(A) 项，此项说明有可能是“玩恐怖类游戏”导致他们的“抑郁症风险增加”，另有他因，削弱题干。

(B) 项，此项说明“家境不好、长期奔波兼职”也会导致抑郁症，表面上是“另有他因”的削弱，实际上“也”字肯定了“久坐、不运动”对抑郁症的影响，支持题干。(干扰项·明否暗肯)

(C) 项，此项涉及的是“久坐和学习成绩之间的关系”，而题干涉及的是“久坐、不运动和抑郁症风险之间的关系”，无关选项。（干扰项·话题不一致）

(D) 项，题干不涉及青少年和成年人久坐不运动比例的比较，无关选项。（干扰项·新比较）

(E) 项，此项涉及的是青少年久坐、不运动的“原因”，而题干涉及的是青少年久坐、不运动的“影响”（即是否会增加抑郁症风险），无关选项。（干扰项·话题不一致）

15. (D)

【第 1 步　识别论证类型】

提问方式：以下哪项如果为真，最能支持上述研究团队的结论？

研究团队的结论：适当锻炼（S）有助于逆转心肌老化带来的危害并降低心脏病发作风险（P）。此题提问针对论点，可优先考虑在论点内部搭桥。

【第 2 步　套用母题方法】

(A) 项，此项涉及的是“锻炼年龄和身体健康之间的关系”，而题干涉及的是“适当锻炼和心脏健康之间的关系”，无关选项。（干扰项·话题不一致）

(B) 项，此项指出适当运动有助于“提高氧气吸入量、增强代谢能力”，但不确定其对“心脏健康”有何影响。（干扰项·不确定项）

(C) 项，此项指出“出现左心室肌肉硬化的中老年人中大多数日常锻炼量不足”，作为对照组支持题干。

(D) 项，此项指出“有心脏病史的人经过适当锻炼后心脏功能得到明显改善”，搭桥法（SP），支持题干。(C) 项是间接支持，(D) 项是直接支持，故 (D) 项支持力度更大。

(E) 项，此项指出上述研究未涉及其他年龄段的人群，故样本未必具有代表性，削弱题干。

16. (C)

【第 1 步　识别论证类型】

提问方式：以下哪项如果为真，最能支持上述专家的观点？

专家的观点：二胎政策效果不理想（现象 G）主要源于社会压力太大（原因 Y）。

此题提问针对论点，可优先考虑在论点内部搭桥。另外，锁定关键词“源于”，可知此题也为现象原因模型。

【第 2 步　套用母题方法】

(A) 项，此项说明可能是“许多想生的 70 后夫妻已经过了最佳生育年龄”导致二胎政策效果不理想，另有他因，削弱专家的观点。

(B) 项，此项说明可能是“90 后的青年夫妻更愿意过二人世界而不愿意多生孩子”导致二胎政策效果不理想，另有他因，削弱专家的观点。

(C) 项，此项指出“养孩子的成本过高（经济压力）导致很多夫妻不愿意多生孩子”，说明确实是社会压力太大导致政策效果不理想，因果相关（YG 搭桥），支持专家的观点。

(D) 项，此项说明可能是“社会环境的污染影响着很多青年夫妻的生育能力”导致二胎政策效果不理想，另有他因，削弱专家的观点。

(E) 项，此项涉及的是“现代人压力过大的原因”，而题干涉及的是“二胎政策效果不理想的原因”，无关选项。（干扰项·话题不一致）

17. (A)

【第 1 步 识别论证类型】

提问方式：以下哪项如果为真，最能质疑上述研究人员的观点？

研究人员的观点：人类由捕食大型动物转而捕食体形较小的动物的这种转变（原因 Y）会让人脑承受进化压力，迫使其生长变大（结果 G）。

此题提问针对论点，可优先考虑在论点内部拆桥。另外，此题涉及对现象原因的分析，故此题也为现象原因模型。

【第 2 步 套用母题方法】

(A) 项，此项说明人脑的生长增大可能是“思考策略与别人合作和竞争”等过程引起的，另有他因，削弱研究人员的观点。

(B) 项，此项指出“大象仍是百万年前人类捕猎的对象”，但无法说明当时人类“不捕食体形较小的动物”，也不能说明“人类大脑进化”与“人类转而捕食体形较小的动物”之间是否有关系，不能削弱。

(C) 项，此项指出“脑组织完善、脑细胞数量增多是人类长期适应和改造自然界的结果”，而“人类转而捕食体形较小的动物”也属于适应和改造自然界的一种行为，不能说明其与“大脑生长变大”无关，不能削弱。

(D) 项，“哲学家”的观点未必是正确的，不能削弱。(干扰项・诉诸权威)

(E) 项，此项说明人类由捕食大型动物转而捕食体形较小的动物虽不是人脑变大的主要原因，但也确实是原因之一，支持研究人员的观点。(干扰项・明否暗肯)

18. (B)

【第 1 步 识别论证类型】

提问方式：以下哪项如果为真，最能加强上述论证？

题干：在 50 岁时与很少摄入盐的参与者相比，吃得咸的男性预期寿命减少 1.5 岁，吃得咸的女性预期寿命减少 2.28 岁，吃得咸的参与者过早死亡的风险增加了 28%。因此，食物中添加盐的频率越高（原因 Y），过早死亡风险越高，预期寿命也越短（结果 G）。

题干中涉及对现象原因的分析，故此题为现象原因模型。

【第 2 步 套用母题方法】

(A) 项，此项指出孙先生和他妻子患胃癌可能与“吃咸泡菜有关”，但此项仅是个个例，作为支持项力度较弱。

(B) 项，此项指出“高盐食物容易破坏胃黏膜，腌制类食物中含有的亚硝酸盐，还会在胃部产生亚硝胺等对人体有害的物质”，从而有可能增加过早死亡的风险，支持题干。

(C) 项，此项指出“保持低盐饮食、减少钠摄入量”可以“提高人们的整体生活质量”，但未直接说明这对人的寿命的影响，故排除。(干扰项・不直接项)

(D) 项，此项指出“长期低盐”对人体有害，而题干则认为“高盐”对人体有害，削弱题干。

(E) 项，题干不涉及男性与女性之间的比较，无关选项。(干扰项・新比较)

19. (A)

【第1步 识别论证类型】

提问方式：以下哪项如果为真，最能削弱上述论断？

题干：

当没有旁观者或旁观者背对跑道时：运动员的跑步速度相近；

当旁观者面对跑道时：运动员的跑步速度明显提高；

故：体育竞赛的现场一定得有观众，这有助于运动员取得更好的成绩。

题干通过两组对象的对比，得出一个因果关系，故此题为现象原因模型（求异法型）。

【第2步 套用母题方法】

(A) 项，此项指出许多体育竞赛中运动员需要“保持高度专注力，避免外界干扰”，说明观众可能会影响运动员的发挥，不能有助于运动员取得好成绩，削弱题干。

(B) 项，此项的论证对象是“其他参赛选手”，而题干的论证对象是“观众”，无关选项。(干扰项·对象不一致)

(C) 项，此项涉及的是“运动员超常发挥对身体的影响”，而题干涉及的是“有无观众”和“运动员成绩”之间的关系，无关选项。(干扰项·话题不一致)

(D) 项，此项指出“有运动员在竞赛没有观众的情况下打破了纪录”，但不确定在“有观众”的情况下运动员的成绩是否会提高。(干扰项·不确定项)

(E) 项，此项涉及的是“体育竞赛现场的观众应该如何做”，而题干涉及的是“有无观众”和“运动员成绩”之间的关系，无关选项。(干扰项·话题不一致)

20. (C)

【第1步 识别论证类型】

提问方式：以下哪项如果为真，最能削弱上述结论？

题干结论：近年来的销售数据显示，操作更便捷的 HEV 汽车的销量总体高于纯电行驶续航能力更强的 PHEV 汽车（现象 G），可见，消费者更愿意购买操作更便捷的混合动力电动汽车（原因 Y）。

此题提问针对论点，可优先考虑在论点内部拆桥。另外，此题涉及对现象原因的分析，故此题也为现象原因模型。

【第2步 套用母题方法】

(A) 项，题干不涉及“更愿意购买 PHEV 车型的人群类型”，无关选项。(干扰项·话题不一致)

(B) 项，题干不涉及 HEV 车型是否“属于新能源汽车”，无关选项。(干扰项·话题不一致)

(C) 项，此项说明消费者可能是因为“HEV 车型售价更便宜”才选择购买 HEV 汽车，另有他因，削弱题干。

(D) 项，此项说明消费者不是因为“噪声小、驾驶舒适性强”才选择购买 HEV 汽车，排除他因，支持题干。

(E) 项，题干不涉及纯电动汽车（BEV）与 HEV 汽车、PHEV 汽车之间的比较，无关选项。(干扰项·新比较)

21. (A)

【第 1 步 识别题目类型】

提问方式：以下哪项对上述论证的评价最为恰当？故此题为评论逻辑漏洞题。

【第 2 步 套用母题方法】

(A) 项，题干的论点中出现绝对化词“一定”，即不当地假设了缓解焦虑情绪的唯一方法是查看手机，故此项正确。

(B) 项，题干不涉及焦虑情绪的产生是否有多种原因，无关选项。

(C) 项，题干不涉及“无手机恐惧症”是否有其他影响因素，无关选项。

(D) 项，此项中人们手机使用频率“相当高”，假设过度。

(E) 项，题干不涉及“人们使用手机处理工作的具体情况”，无关选项。

22. (D)

【第 1 步 识别论证类型】

提问方式：以下除哪项外，均能削弱上述结论？

题干：不少医院表示，去年一年“互联网＋护理”服务的接单量不足 50 单（现象 G）。可见，该市老人对“互联网＋护理”服务的需求并不高（原因 Y）。

题干涉及对现象原因的分析，故此题为现象原因模型。

【第 2 步 套用母题方法】

(A) 项，此项说明很可能是“上门服务的护士数量有限”导致了该服务的成交量不高，另有他因，削弱题干。

(B) 项，此项说明很可能是“不少老人认为该服务费用太高”导致了该服务的成交量不高，另有他因，削弱题干。

(C) 项，此项说明很可能是“多数老人不会用手机下单预约该服务”导致了该服务的成交量不高，另有他因，削弱题干。

(D) 项，此项指出“不少老人更愿意到医院排队、挂号”，说明老人很可能对“互联网＋护理”服务的需求确实并不高，因果相关，支持题干。

(E) 项，此项说明很可能是“多数老人并不知道有该服务”导致了该服务的成交量不高，另有他因，削弱题干。

23. (A)

【第 1 步 识别论证类型】

提问方式：以下哪项最有力地支持了该业内人士的观点？

业内人士的观点：尽管航空公司面临巨大的油价上涨压力，但不会调高机票的价格。

此题提问针对论点，故可直接支持论点或考虑在论点内部搭桥。

【第 2 步 套用母题方法】

(A) 项，此项指出飞机除机票外的燃油附加费增多，即收入增加，故可能无须调高机票的价格来缓解油价上涨的压力，补充新论据，支持业内人士的观点。

(B) 项，此项仅指出飞机加油量可以被精准测算，但未说明这是否可以应对巨大的油价上涨压力，故此项不能支持业内人士的观点。(干扰项·不确定项)

(C) 项，不确定此项中的“对冲的方式”是何种方式，以及效果如何，故此项不能支持业内人士的观点。(干扰项·不确定项)

(D) 项，此项说明几家大的航空公司结成了价格联盟，但这不能确定他们的定价策略如何。(干扰项·不确定项)

(E) 项，此项指出航空市场的客源有可能增加，说明收入可能增加，可能无须调高机票的价格来缓解油价上涨的压力，支持业内人士的观点，但“可能”力度弱。

24. (D)

【第 1 步　识别论证类型】

提问方式：以下哪项如果为真，最能反驳动物学家的观点？

动物学家的观点：对天敌（游隼）的恐惧（原因 Y）改变了黑腹滨鹬的飞行行为（现象 G）。

此题提问针对论点，可优先考虑在论点内部拆桥。另外，此题涉及对现象原因的分析，故此题也为现象原因模型。

【第 2 步　套用母题方法】

(A) 项，此项涉及的是“杀虫剂的使用”是否会影响“游隼的数量变化”，涉及的是题干的背景信息，而非动物学家的观点，无关选项。

(B) 项，此项指出“滥用杀虫剂会严重影响黑腹滨鹬的食物链”，但并未直接指出这对黑腹滨鹬的飞行行为的影响。(干扰项·不直接项)

(C) 项，此项指出“黑腹滨鹬的天敌不只有游隼”，而题干涉及的是“黑腹滨鹬的飞行行为改变的原因”，无关选项。(干扰项·话题不一致)

(D) 项，此项指出杀虫剂会对黑腹滨鹬的身体机能造成伤害，因此很可能是杀虫剂影响了黑腹滨鹬的飞行行为，另有他因，削弱题干。

(E) 项，题干不涉及“游隼的猎物有哪些”，无关选项。(干扰项·话题不一致)

25. (A)

【第 1 步　识别论证类型】

提问方式：以下哪项如果为真，最能削弱上述结论？

题干：

母亲们坐着抱住婴儿或让婴儿躺在床上：哭闹的婴儿并没有平静下来；
母亲们抱着婴儿走动：婴儿们都停止了哭泣，其中近一半在五分钟内入睡；
母亲们将婴儿放在婴儿车或者摇床上来回摇动：婴儿停止哭泣但程度较小；

故：抚慰婴儿的最佳方法是让其处于轻微的运动节奏中。

题干通过三组对象的对比实验，得出一个因果关系，故此题为现象原因模型（求异法型）。

【第 2 步　套用母题方法】

(A) 项，此项指出“题干不同方法的试验分别选择在了不同的时间和地点”，因此很可能是时间或地点导致了试验结果的不同，另有他因，削弱题干。

(B) 项，此项指出让父亲抱着婴儿走动也能使婴儿安静下来，说明让婴儿处于轻微的运动节奏中确实可以抚慰婴儿，因果相关，支持题干。

(C) 项，此项的论证对象是“一些哺乳动物”，而题干的论证对象是“人”，无关选项。(干

扰项·对象不一致)

(D) 项，此项指出摇动婴儿车或摇床会产生与行走类似的运动节奏，解释了第二种方法可以使婴儿镇静下来的原因，支持题干。

(E) 项，题干不涉及“婴儿每天运动量的决定因素”，无关选项。(干扰项·话题不一致)

26. (E)

【第 1 步　识别论证类型】

提问方式：以下哪项如果为真，最能支持上述结论？

题干：某省于去年开展了一年的“创卫”工作。在去年年底，有研究人员对比了某省几个城市的环境空气质量后，发现该省省会城市的环境空气质量处于较高水平。该研究人员由此认为，创建全国卫生城市（原因 Y）有助于提升该市的环境空气质量（结果 G）。

题干涉及对现象原因的分析，故此题为现象原因模型。

【第 2 步　套用母题方法】

(A) 项，此项指出参与全国卫生城市创建能够“获得更多的政府专项财政补助”，但不确定其是否有利于“提升该市的环境空气质量”。(干扰项·不确定项)

(B) 项，此项指出众多城市考察团常常来该市学习创建全国卫生城市的经验，但不确定创建全国卫生城市是否有助于提升该市的环境空气质量。(干扰项·不确定项)

(C) 项，题干不涉及“周边城市”的情况，无关选项。(干扰项·对象不一致)

(D) 项，此项指出“该市在创建全国卫生城市之后居民的健康水平显著提高”，但不确定其是否与环境空气质量有关。(干扰项·不确定项)

(E) 项，此项指出参与全国卫生城市创建之前（无因），该市的环境空气质量长期处于较差的状况（无果），无因无果，支持题干。

27. (B)

【第 1 步　识别论证类型】

提问方式：以下哪项如果为真，最能削弱上述研究人员的观点？

研究人员的观点：奥林匹斯山具有如此令人称奇的高度（现象 G），主要是因为相比地球而言，火星的重力较低且火山喷发的频率较高，造山熔岩流在火星上持续的时间比在地球上要长得多（原因 Y）。

此题提问针对论点，可优先考虑在论点内部拆桥。另外，锁定关键词“因为”，可知此题也为现象原因模型。

【第 2 步　套用母题方法】

(A) 项，此项的论证对象是“土星、木星”，而题干的论证对象是“火星与地球”，无关选项。(干扰项·对象不一致)

(B) 项，此项指出与火星相比，地球上的山峰不高的原因是“河流侵蚀”，另有他因，削弱研究人员的观点。

(C) 项，题干不涉及“金星”的情况，无关选项。(干扰项·对象不一致)

(D) 项，此项涉及的是“一些星体”的情况，而题干涉及的是“火星与地球”的情况，无关选项。(干扰项·对象不一致)

(E)项，此项涉及的是火山的“山坡坡度”，而题干涉及的是火山的“高度”，无关选项。(干扰项·话题不一致)

28.(D)

【第1步 识别论证类型】

提问方式：上述论证的成立需要补充以下哪项作为前提？

题干：传统文学之所以进行自我革新(S)，其原因在于传统文学寻求自身的突破(P1)。可见，直面全新的社会现实、表现新时代的精神(P2)是传统文学自我革新(S)的根本原因。

题干中P1与P2不一致，故此题为拆桥搭桥模型(双P型)。另外，锁定关键词“之所以”“其原因”，可知此题也为现象原因模型。

【第2步 套用母题方法】

此题是假设题，优先考虑搭桥法，可直接找P1与P2搭桥的项。

(D)项，此项指出“直面全新的社会现实、表现新时代的精神(P2)使得传统文学不断寻求自身的突破(P1)”，搭桥法(双P)，必须假设。

其余各项均不涉及二者的搭桥，不必假设。

29.(D)

【第1步 识别论证类型】

提问方式：以下哪项最能质疑上述建议？

题干：

生活在绿化程度较低的社区的青少年：空间工作记忆能力较差；

生活在绿化程度较高的社区的青少年：空间工作记忆能力较强；

故：青少年应该居住在绿化程度较高的地方。

题干通过两组对象的对比，得出一个因果关系，故此题为现象原因模型(求异法型)。

【第2步 套用母题方法】

(A)项，此项指出青少年10—14岁的空间工作记忆能力情况，不涉及题干中的“绿化程度”，无关选项。

(B)项，此项的论证对象是“成年人”，而题干的论证对象是“青少年”，无关选项。(干扰项·对象不一致)

(C)项，此项指出“社区绿地数量多有利于促进青少年的大脑发育”，进而说明绿化程度很可能影响青少年的空间工作记忆能力，支持题干。

(D)项，此项指出很可能是“绿化程度较高的社区的家庭更注重培养”使得青少年空间工作记忆能力较强，另有他因，削弱题干。

(E)项，此项涉及的是青少年及其家长能够“分辨”哪些社区绿化程度较高，而题干涉及的是青少年是否应该“居住”在绿化程度较高的地方，无关选项。(干扰项·话题不一致)

30.(B)

【第1步 识别论证类型】

提问方式：以下哪项最可能是上述研究人员的假设？

题干：实验结果发现，食用发酵蔬菜(S)会增加肠道微生物多样性(P1)。研究人员认为，食用发酵蔬菜（S）可改变人体免疫状态（P2），这有望为成年人减少炎症提供途径。

题干中 P1 与 P2 不一致，故此题为拆桥搭桥模型（双 P 型）。另外，锁定关键词“为”，可知此题也为措施目的模型。

【第 2 步　套用母题方法】

(A) 项，此项涉及的是“高纤维饮食”的情况，而题干涉及的是“食用发酵蔬菜”的情况，无关选项。（干扰项·话题不一致）

(B) 项，此项指出“肠道微生物群会影响肠道免疫及全身免疫系统”，即搭建了“肠道微生物群”（P1）与“人体免疫状态”（P2）之间的关系，搭桥法，必须假设。

(C) 项，题干中的目的是“减少炎症”，但是，不确定“减少炎症”是不是等同于“炎症蛋白的水平下降”，故此项不必假设。

(D) 项，此项指出发酵食品饮食组在实验过程中要大幅减少水分的摄入，说明实验设计不严谨，削弱题干。

(E) 项，题干不涉及发酵蔬菜的“口感和风味”，无关选项。（干扰项·话题不一致）